INTEGRALTAFEL

ZWEITER TEIL
BESTIMMTE INTEGRALE

HERAUSGEGEBEN

VON

WOLFGANG GRÖBNER UND **NIKOLAUS HOFREITER**
O. PROFESSOR AN DER UNIVERSITÄT INNSBRUCK   O. PROFESSOR AN DER UNIVERSITÄT WIEN

Dritte, verbesserte Auflage

SPRINGER-VERLAG WIEN GMBH

1961

ISBN 978-3-662-37557-0   ISBN 978-3-662-38333-9 (eBook)
DOI 10.1007/978-3-662-38333-9

ALLE RECHTE, INSBESONDERE DAS DER ÜBERSETZUNG
IN FREMDE SPRACHEN, VORBEHALTEN
OHNE AUSDRÜCKLICHE GENEHMIGUNG DES VERLAGES
IST ES AUCH NICHT GESTATTET, DIESES BUCH ODER TEILE DARAUS
AUF PHOTOMECHANISCHEM WEGE (PHOTOKOPIE, MIKROKOPIE)
ODER SONSTWIE ZU VERVIELFÄLTIGEN
© BY SPRINGER-VERLAG WIEN 1950, 1958, AND 1961

URSPRÜNGLICH ERSCHIENEN BEI SPRINGER-VERLAG IN VIENNA 1961.

Vorwort.

Der zweite Teil der Integraltafel, welcher die bestimmten Integrale umfaßt, gleicht in seinem Aufbau dem ersten Teil. Er enthält vor allem solche Integrale, die im ersten Teil nicht vorkommen, weil die betreffenden Integralfunktionen nicht näher bekannt oder nicht tabelliert sind, so daß nur bei speziellen Grenzen bekannte Zahlwerte oder bekannte Parameterfunktionen auftreten. Um jedoch praktischen Bedürfnissen entgegenzukommen, wurden auch viele Integrale, die schon im ersten Teil verzeichnet sind, für spezielle, besonders häufig auftretende Grenzen berechnet und in den zweiten Teil mit aufgenommen.

Noch mehr als im ersten war im zweiten Teil die Frage der richtigen Abgrenzung des Stoffes schwer zu lösen; es ist kaum möglich, hier allen Ansprüchen gerecht zu werden, ohne den Umfang der Tafel über Gebühr anschwellen zu lassen. Wir haben uns daher in allen Fällen bemüht, durch Einführung von Parametern möglichst viele gleichartige Integrale zusammenzufassen; das erleichtert zugleich die Übersicht, zieht andererseits aber die Unbequemlichkeit mit sich, daß der gerade gesuchte Integralwert nicht unmittelbar abgelesen werden kann, sondern erst durch Einsetzen der passenden Parameterwerte ermittelt werden muß. In einzelnen wichtigeren Fällen haben wir jedoch zur allgemeinen Formel noch eine Reihe von speziellen für besondere Parameterwerte hinzugefügt.

Die Einteilung und Anordnung der Integralformeln ist analog derjenigen des ersten Teiles nach den Integranden, wie aus dem Inhaltsverzeichnis unmittelbar ersichtlich ist. Bei Hinweisen wird jede Formel durch die Nummer ihres Abschnittes und durch die Nummer, die sie in diesem Abschnitt trägt, gekennzeichnet; so bedeutet z. B. 221.2a die in Abschnitt 221 (Elliptische Integrale in der Legendreschen kanonischen Form) enthaltene Formel 2a. Wird aber auf eine Formel desselben Abschnittes verwiesen, so bleibt die Abschnittsnummer weg. Bei Rückverweisungen auf Formeln des ersten Teiles tritt eine I voran; z. B. bedeutet I 16.11b die Formel 11b im Abschnitt 16 des ersten Teiles unserer Integraltafel.

Während die Überprüfung der Formeln des ersten Teiles einfach durch Differenzieren erfolgen kann, ist dasselbe im zweiten Teil nicht mehr möglich. Wir geben daher zu jeder Integralformel hier einen Weg an, der zu ihrer Berechnung dient oder dienen kann. Damit soll auch der Zweck erreicht werden, eine Anleitung zur Berechnung gleichartiger Integrale zu geben, die in die Tafel nicht aufgenommen wurden. Meistens führen verschiedene Wege zum selben Ziel; wir haben jeweils einen Weg gewählt, der sich im Rahmen unserer Tafel kurz angeben läßt, wollen aber damit keineswegs behaupten, daß dieser auch immer der kürzeste und eleganteste Weg sei.

Die wichtigsten allgemeinen Methoden und allgemeinen Integralformeln sind in den einleitenden Abschnitten 021 und 031 kurz aufgezählt. Es bedeuten demnach z. B. die der Formel 333.51a in Klammern angefügten Hinweise (322.9a, 021.3), daß diese Formel aus der Formel 322.9a durch die Methode 021.3, d. h. durch partielle Integration gewonnen werden kann.

Besondere Sorgfalt wurde auch im zweiten Teil auf die Zuverlässigkeit und Fehlerfreiheit der Formeln verwandt; sämtliche Formeln wurden unabhängig durchgerechnet und überprüft. Dabei wurde auch darauf geachtet, den Geltungsbereich der Formeln sowie der in ihnen auftretenden Variablen und Parameter genau festzulegen.

Wir danken allen unseren Mitarbeitern in Braunschweig, die in der ersten Zeit wertvolle Kontrollrechnungen durchgeführt haben, besonders aber Frau Dr. *M. Hofreiter*, die all die Jahre hindurch keine Mühe gescheut hat, um die schwierigsten Formeln sorgfältig zu überprüfen. Unser herzlichster Dank gebührt auch Herrn *W. Körperth*, der die vorbildliche Reinschrift hergestellt hat, sowie dem Springer-Verlag für die Herausgabe der Tafel.

Innsbruck und Wien, September 1950. **W. Gröbner** und **N. Hofreiter**

Vorwort zur dritten Auflage.

Aus den gleichen Gründen wie bei der dritten Auflage der unbestimmten Integrale wurde auch hier für die dritte Auflage dieselbe Reinschrift verwendet, die schon der ersten Auflage gedient hat. Dadurch konnten nur ganz wenige Änderungen vorgenommen werden. Wir danken allen, die seit Erscheinen der Integraltafel Verbesserungsvorschläge gemacht haben.

Innsbruck und Wien, August 1961. **W. Gröbner** und **N. Hofreiter**

Inhaltsverzeichnis.

Seite

011. Symbole und Bezeichnungen 1
021. Methoden zur Berechnung bestimmter Integrale 4
031. Allgemeine Integralformeln 6

1. Abschnitt. Rationale Integranden.

111. Potenzen von $\alpha x + \beta$ 10
121. Potenzprodukte von mehreren linearen Ausdrücken 11
131. Potenzen eines quadratischen Ausdrucks 13
141. Potenzprodukte von linearen und quadratischen Ausdrücken 15
151. Potenzprodukte von x und $ax^n + b$ 18
161. Beliebige Potenzprodukte 20

17. Orthogonale Polynome.

171. Legendresche Polynome für das Intervall $-1 \leq x \leq 1$ 23
172. Legendresche Polynome für das Intervall $a \leq x \leq b$ 24
173. Jacobische oder hypergeometrische Polynome 26
174. Tschebischeffsche Polynome 26
175. Assoziierte Legendresche Funktionen 28
176. Laguerresche Polynome 29
177. Hermitesche Polynome 30

2. Abschnitt. Algebraisch irrationale Integranden.

211. Rationale Funktionen von x und $\sqrt[n]{ax+b}$ 31
212. Rationale Funktionen von x, $\sqrt{ax+b}$, $\sqrt{cx+d}$ 32
213. Rationale Funktionen von x, $\sqrt{ax^2+2bx+c}$ 34
214. Spezialfall: Rationale Funktionen von x und $\sqrt{x^2+a^2}$ 35
215. Spezialfall: Rationale Funktionen von x und $\sqrt{x^2-a^2}$ 36
216. Spezialfall: Rationale Funktionen von x und $\sqrt{a^2-x^2}$ 37
221. Elliptische Integrale in der Legendreschen kanonischen Form 39
222. Elliptische Integrale in der Weierstraßschen kanonischen Form 43
223. Rationale Funktionen von x und $\sqrt{a_0 x^4 + 4a_1 x^3 + 6a_2 x^2 + 4a_3 x + a_4}$ . . 47

3. Abschnitt. Elementare transzendente Integranden.

311. Integrale der Form $\int R(e^{\lambda x}, e^{\mu x}, \ldots)\, dx$ 52

312. Integrale der Form $\int e^{-sx} f(x)\, dx$ (Laplacetransformation) 55

313. Integrale der Form $\int R(x, e^{\lambda x})\, dx$ 59

314. Integrale der Form $\int R[x, e^{f(x)}]\, dx$ 64

321. Integrale der Form $\int f(\log x)\, dx$ 68

322. Integrale der Form $\int \log[g(x)]\, dx$ 69

323. Der Eulersche Dilogarithmus und seine Verallgemeinerungen 71

324. Integrale der Form $\int f(x) \log^n x\, dx$ 74
    A. $f(x)$ rational 74
    B. $f(x)$ algebraisch irrational 79
    C. $f(x)$ transzendent 81

325. Integrale der Form $\int f(x) \log [g(x)] \, dx$ 83
326. Integrale der Form $\int F \{x, \log [f(x)]\} \, dx$ 88
327. Exponentialintegral, Integrallogarithmus, Integralsinus, Integralkosinus und verwandte Funktionen . 90
331. Integrale der Form $\int f (\sin x, \cos x) \, dx$ 94
    A. Allgemeine Formeln 94
    B. Integrale der Form $\int \sin^m x \cos^n x \, dx$ 95
    C. Integrand rational gebrochen 99
    D. Allgemeine Integranden 103
332. Integrale der Form $\int f (\sin ax, \cos bx, \ldots) \, dx$ 106
333. Integrale der Form $\int f (x, \sin ax, \cos bx) \, dx$ 116
    A. Integrale der Form $\int x^k \sin^m ax \cos^n bx \, dx$ 116
    B. Allgemeine Integranden 124
334. Integrale der Form $\int F [x, \sin f(x), \cos g(x), \ldots] \, dx$ 131
    A. $f(x)$, $g(x)$ rational 131
    B. Allgemeine Integranden 133
335. Integrale der Form $\int F (e^{ax}, \sin bx, \cos cx) \, dx$ 135
336. Integrale der Form $\int F (x, e^{ax}, \sin bx, \cos cx) \, dx$ 138
337. Integrale der Form $\int F [x, e^{f(x)}, \sin g(x), \cos h(x)] \, dx$ 143
338. Integrale der Form $\int F [x, \log f(x), \sin g(x), \cos h(x)] \, dx$ 146
341. Integrale der Form $\int F (x, \operatorname{Arc\,sin} x, \operatorname{Arc\,cos} x) \, dx$ 152
342. Integrale der Form $\int F (x, \operatorname{Arc\,tg} x, \operatorname{Arc\,ctg} x) \, dx$ 155
351. Integrale der Form $\int R (e^{\lambda x}, \operatorname{\mathfrak{Sin}} ax, \operatorname{\mathfrak{Cof}} bx) \, dx$ 160
352. Integrale der Form $\int R (x, \operatorname{\mathfrak{Sin}} ax, \operatorname{\mathfrak{Cof}} bx) \, dx$ 163
353. Integrale der Form $\int F [f(x), \operatorname{\mathfrak{Sin}} ax, \operatorname{\mathfrak{Cof}} bx] \, dx$ 164
361. Integrale von Area-Funktionen 165
    A. $\mathfrak{Ar\,Sin}\, x$ 165
    B. $\mathfrak{Ar\,Cof}\, x$ 166
    C. $\mathfrak{Ar\,Tg}\, x$ 166
    D. $\mathfrak{Ar\,Ctg}\, x$ 167
371. Grenzwerte: $\lim\limits_{k \to \infty} \int f(k, x) \, dx$ 168

4. Abschnitt. Eulersche Integrale.

411. Gammafunktion 169
421. Potenzprodukte von linearen Ausdrücken mit allgemeinen Exponenten 174
431. Potenzprodukte von zweigliedrigen Ausdrücken mit allgemeinen Exponenten 179
441. Potenzprodukte von mehrgliedrigen Ausdrücken mit allgemeinen Exponenten 183

5. Abschnitt. Integrale von Zylinderfunktionen.

511. Zylinderfunktionen (Besselsche Funktionen) 187
512. Modifizierte Zylinderfunktionen (Besselsche Funktionen mit rein imaginärem Argument) 192
513. Verwandte Funktionen 195
521. Integrale der Form $\int F [x, \mathfrak{Z}_\nu (x)] \, dx$ 196
531. Integrale der Form $\int F [x, e^x, \log x, \mathfrak{Z}_\nu (x)] \, dx$ 198
541. Integrale der Form $\int F [x, \sin x, \cos x, \mathfrak{Z}_\nu (x)] \, dx$ 200
551. Integrale der Form $\int F [x, \mathfrak{Z}_\nu (x), \mathfrak{Z}_\mu (x)] \, dx$ 202

011. Symbole und Bezeichnungen.

1) Das Symbol $(m,d;\nu)$ bedeutet:[*)]

$$(m,d;\nu) = m(m+d)(m+2d)\cdots(m+(\nu-1)d), \quad \nu=1,2,\ldots$$

$$(m,d;0)=1; \quad (m,d;-\nu) = \frac{1}{(m-d)(m-2d)\cdots(m-\nu d)}, \quad \nu=1,2,\ldots$$

Allgemein gilt:

$$(m,d;\nu) = \frac{d^\nu \cdot \Gamma\left(\frac{m}{d}+\nu\right)}{\Gamma\left(\frac{m}{d}\right)}.$$

Bemerkenswert sind folgende Beziehungen:

$$(m;-d;\nu) = (m-(\nu-1)d, d;\nu) = (-1)^\nu(-m,d;\nu), \quad \nu=0,1,2,\ldots$$

$$\Gamma(m)\cdot(m;1;\nu) = \Gamma(m+\nu) \quad \nu=0,\pm 1,\pm 2,\ldots$$

$$(1;1;\nu) = (\nu;-1;\nu) = \nu! \quad \nu=0,1,2,\ldots$$

2) $\oint$ bedeutet den Cauchyschen Hauptwert:

a) Singularität des Integranden für $x=\alpha$ $(a<\alpha<b)$:

$$\oint_a^b f(x)dx = \lim_{\varepsilon\to 0}\left\{\int_a^{\alpha-\varepsilon} f(x)dx + \int_{\alpha+\varepsilon}^b f(x)dx\right\};$$

b) Singuläres Verhalten am Rande des Intervalles:

$$\oint_{-\infty}^\infty f(x)dx = \lim_{a\to\infty}\int_{-a}^a f(x)dx.$$

Bemerkung: Wir lassen C weg, wenn das Integral als (eigentliches oder uneigentliches) Integral im Riemannschen Sinn existiert.

Wir schreiben $(\oint)$, wenn der Zusatz C nur für gewisse Parameterwerte in Frage kommt, für andere jedoch nicht.

3) $\sqrt{}$ bedeutet im Reellen immer die positive Wurzel.

4) $\log x$ bedeutet immer den natürlichen Logarithmus.

5) $F(\varphi,k), E(\varphi,k), \Pi(\varphi,\varrho,k)$ bedeuten die Legendreschen Normalintegrale. Die entsprechenden vollständigen Integrale sind: (I 241.1).

$$K(k) = F\left(\frac{\pi}{2},k\right), \quad E(k) = E\left(\frac{\pi}{2},k\right), \quad \Pi(\varrho,k) = \Pi\left(\frac{\pi}{2},\varrho,k\right).$$

[*)] In der älteren Literatur findet sich dafür die Bezeichnung $m^{\nu/d}$ („Faktorielle von Kramp").

6) Weitere Funktionszeichen:

$\text{Ei}(x)$	Exponentialintegral	(327.1, I 312.3);
$\text{li}(x)$	Integrallogarithmus	(327.2, I 321.5);
$\Phi(x)$	Fehlerintegral	(I 313.1);
$\mathcal{L}_2(x)$	Dilogarithmus	(323.1, I 322.7);
$\text{Ci}(x)$	Integralkosinus	(327.3, I 333.5a);
$\text{Si}(x)$	Integralsinus	(327.4, I 333.5b);
$C(x), S(x)$	Fresnelsche Integrale	(I 336.1);
$B(\varkappa, \lambda)$	Betafunktion oder Eulersches Integral 1.Gattung	(411.9);
$\Gamma(z)$	Gammafunktion oder Eulersches Integral 2.Gattung	(411.1);
$\Psi(z)$	Psifunktion	(411.6);

$$F(\alpha, \beta, \gamma; x) = \sum_{\nu=0}^{\infty} \frac{(\alpha; 1; \nu)(\beta; 1; \nu)}{\nu!(\gamma; 1; \nu)} x^\nu, \quad |x| < 1, \quad \gamma \neq 0, -1, -2, \ldots$$

Hypergeometrische Reihe;

$$F(\alpha, \gamma; x) = \sum_{\nu=0}^{\infty} \frac{(\alpha; 1; \nu)}{\nu!(\gamma; 1; \nu)} x^\nu, \quad |x| < 1, \quad \gamma \neq 0, -1, -2, \ldots$$

Reihe von Pochhammer-Kummer;

$\mathcal{R}(z)$	Realteil der komplexen Zahl z;
$\arg z$	Argument (Amplitude) der komplexen Zahl z, (Hauptwert: $-\pi < \arg z \leq \pi$);
$[\alpha]$	diejenige ganze Zahl n, welche $n \leq \alpha < n+1$ erfüllt.

7) Bezeichnungen der Zylinderfunktionen siehe 511–513.

8) $f(x) = g(x) + O(x^\alpha)$ bedeutet $\left| \frac{f(x) - g(x)}{x^\alpha} \right| \leq C < \infty.$

9) $\mathcal{E} = 0{,}57721\,5665\ldots$ Eulersche Konstante (411.10);

$\mathcal{G} = \sum_{\nu=0}^{\infty} \frac{(-1)^\nu}{(2\nu+1)^2} = 0{,}91596\,5594\ldots$ Catalansche Konstante (323.9b);

B_ν Bernoullische Zahlen: (I 323.8b);

$$B_0 = 1, \; B_1 = -\frac{1}{2}, \; B_2 = \frac{1}{6}, \; B_4 = -\frac{1}{30}, \; B_6 = \frac{1}{42}, \; B_8 = -\frac{1}{30}, \; B_{10} = \frac{5}{66},$$

$$B_{12} = -\frac{691}{2730}, \; B_{14} = \frac{7}{6}, \; B_{16} = -\frac{3617}{510}, \ldots$$

$$B_3 = B_5 = B_7 = \cdots = 0.$$

E_ν Eulersche Zahlen : (I 333.11b);

$E_0 = E_1 = 1$, $E_2 = 5$, $E_3 = 61$, $E_4 = 1385$, $E_5 = 50521$, $E_6 = 2702765$,

$E_7 = 199360981$, $E_8 = 19391512145$, ...

10) Bei komplexen Integralen wird der Integrationsweg gelegentlich durch hinzugefügte Pfeile präzisiert, z.B. bedeutet (411.17) $\int_{-i\infty}^{i\infty}$, daß der Integrationsweg links um den im Ursprung gelegenen Pol des Integranden herumgeführt werden soll.

11) Literaturverweise:

- (D)   Vorlesungen über bestimmte Integrale von *Dirichlet*;
- (B.d.H)   *Bierens de Haan*, Tables d'intégrales definies, Amsterdam 1858 (1867);
- (MO)   *Magnus, Oberhettinger*, Formeln und Sätze für die speziellen Funktionen der mathematischen Physik, Berlin 1943;
- (W)   *Watson*, Theory of Bessel-Functions, Cambridge 1922 (1944);
- (WW)   *Whittaker, Watson*, Modern Analysis, Cambridge 1927.

021. Methoden zur Berechnung bestimmter Integrale.

1) Wenn man das unbestimmte Integral kennt:

$$\int_a^b f(x)dx = F(b)-F(a), \quad \text{mit } F'(x)=f(x).$$

2) Auswertung bestimmter Integrale mit Hilfe ihrer Definition als Grenzwerte von Summen:

$$\int_a^b f(x)dx = \lim_{n\to\infty} \sum_{\nu=1}^n f(\xi_\nu)\Delta x_\nu.$$

Beispiel:
$$\int_0^\pi \log(1-2\alpha\cos x+\alpha^2)dx = \lim_{n\to\infty}\frac{\pi}{n}\sum_{\nu=0}^{n-1}\log\left(1-2\alpha\cos\frac{\nu\pi}{n}+\alpha^2\right) =$$

$$= \lim_{n\to\infty}\frac{\pi}{n}\log\left\{\prod_{\nu=0}^{n-1}(\alpha-e^{\frac{i\nu\pi}{n}})(\alpha-e^{-\frac{i\nu\pi}{n}})\right\} = \lim_{n\to\infty}\frac{\pi}{n}\log\frac{\alpha^{2n}-1}{\alpha+1}(\alpha-1) =$$

$$= \begin{cases} \pi\log\alpha^2 & \text{für } |\alpha|>1, \\ 0 & \text{„ } |\alpha|<1, \end{cases} \qquad (322.14).$$

3) Partielle Integration (031.2).
4a) Substitution neuer Variablen (031.3);
4b) Algebraische Umformungen des Integranden, insbesondere Partialbruchzerlegung.
5) Differentiation nach einem Parameter p unter dem Integralzeichen:[*]

$$\mathcal{J} = \int_a^b f(p,x)dx, \quad \frac{d\mathcal{J}}{dp} = f(p,b)\cdot\frac{db}{dp} - f(p,a)\cdot\frac{da}{dp} + \int_a^b \frac{\partial f(p,x)}{\partial p}dx,$$

$$= \int_a^b \frac{\partial f(p,x)}{\partial p}dx, \text{ wenn } a \text{ und } b \text{ von } p \text{ nicht abhängen.}$$

6) Integration nach einem Parameter p unter dem Integralzeichen:[*]

$$\mathcal{J} = \int_a^b f(p,x)dx, \quad \int_\alpha^\beta \mathcal{J}dp = \int_a^b dx \int_\alpha^\beta f(p,x)dp.$$

7) Reihenentwicklung des Integranden und gliedweise Integration:[*]

Beispiel:
$$\int_0^1 \log(x+1)\frac{dx}{x} = \sum_{\nu=1}^\infty (-1)^{\nu-1}\int_0^1 \frac{x^{\nu-1}}{\nu}dx = \frac{\pi^2}{12}.$$

---

[*] Hinsichtlich der Bedingungen, unter denen diese Operationen zulässig sind, vergleiche die einschlägigen Lehrbücher.

8) Zerlegung des Integrationsintervalles (in endlich oder unendlich viele Teilintervalle):

Beispiel: $\int_0^\infty \frac{\sin x}{x}dx = \int_0^{\pi/2} \sim + \int_{\pi/2}^\pi \sim + \cdots = \int_0^{\pi/2} \sin x\left(\frac{1}{x} + \frac{1}{\pi-x} - \frac{1}{\pi+x} - \cdots\right)dx = \int_0^{\pi/2} dx = \frac{\pi}{2}.$

9) Auflösung einer Gleichung:

Beispiel: $\mathfrak{J} = \int_0^\pi x\sin^m x\, dx = \int_0^\pi (\pi-x)\sin^m x\, dx = \pi\int_0^\pi \sin^m x\, dx - \mathfrak{J}$, also $\mathfrak{J} = \frac{\pi}{2}\int_0^\pi \sin^m x\, dx.$

10) Auflösung einer Differentialgleichung:

Beispiel:
$$\mathfrak{J} = \int_0^\infty e^{-(x^2+\frac{a^2}{x^2})}dx = a\int_0^\infty e^{-(y^2+\frac{a^2}{y^2})}\frac{dy}{y^2}, \qquad (x=\frac{a}{y})$$

$$\frac{d\mathfrak{J}}{da} = -2\mathfrak{J}, \quad \text{also} \quad \mathfrak{J} = \frac{\sqrt{\pi}}{2}e^{-2a}$$

11) Berechnung von einfachen Integralen mit Hilfe von Doppelintegralen:

a) Um $\mathfrak{J} = \int_a^b f(x)dx$ zu finden, berechnet man $\mathfrak{J}^2 = \int_a^b\int_a^b f(x)f(y)dx\,dy$, (031.16);

b) Es wird ein Faktor des Integranden durch ein bestimmtes Integral ersetzt und darauf die Integrationen vertauscht.

12) Residuensatz von Cauchy:

$$\int_C f(z)dz = 2\pi i \sum R,$$

wobei $\sum R$ die Summe der Residuen von $f(z)$ im Innern von C bedeutet; insbesondere ist

$$\int_C f(z)dz = 0,$$

wenn $f(z)$ im Innern von C und auf C selbst regulär ist.

a) $\mathfrak{J} = \int_0^{2\pi} F(\sin\varphi, \cos\varphi)d\varphi = \int_C F\left(\frac{z-z^{-1}}{2i}, \frac{z+z^{-1}}{2}\right)\cdot\frac{dz}{iz}$, ($z = e^{i\varphi}$, C ... Einheitskreis);

Beispiel: $\int_0^{2\pi}\frac{dx}{1-2p\cos x+p^2} = i\int_C \frac{dz}{(z-p)(pz-1)} = \frac{2\pi}{1-p^2}$, $|p|<1$, (ww);

b) $\mathfrak{J} = \int_{-\infty}^\infty Q(x)dx$, $Q(x)$ rational, Nenner ohne reellen Nullstellen, Grad des Nenners wenigstens um 2 größer als derjenige des Zählers;

dann ist: $\mathfrak{J} = 2\pi i \sum R,$

021

wo $\sum R$ die Summe der Residuen von $Q(z)$ in den Polen oberhalb der reellen Achse bedeutet.

c) $J = \int_0^\infty x^{k-1} Q(x) dx$, $Q(x)$ rational, ohne Pole auf der positiven reellen Achse, $x^k Q(x) \to 0$ für $x \to 0$ und $x \to \infty$;

dann ist: $\quad J = \dfrac{\pi}{\sin k\pi} \sum R$,

wo $\sum R$ die Summe der Residuen von $(-z)^{k-1} Q(z)$ bedeutet. Hat $Q(x)$ einfache Pole auf der positiven Achse, so gilt:

$$\oint_0^\infty x^{k-1} Q(x) dx = \frac{\pi}{\sin k\pi} \sum R - \pi \operatorname{ctg} k\pi \sum R',$$

wo $\sum R'$ die Summe der Residuen von $z^{k-1} Q(z)$ auf der positiven reellen Achse bedeutet.

031

031. Allgemeine Integralformeln.

1) $\displaystyle\int_a^b f(x) dx = -\int_b^a f(x) dx$.

2) $\displaystyle\int_a^b f(x) G(x) dx = F(x) G(x) \Big|_a^b - \int_a^b F(x) g(x) dx$, mit $F'(x) = f(x)$, $G'(x) = g(x)$, (021.3).

3) $\displaystyle\int_a^b f(x) dx = \int_\alpha^\beta f(g(y)) g'(y) dy$, mit $x = g(y)$, $y = g_{(-1)}(x)$, $\alpha = g_{(-1)}(a)$, $\beta = g_{(-1)}(b)$; $g_{(-1)}(x)$ eindeutig in $a \leq x \leq b$, bzw. $g'(y)$ immer >0 od. <0 in $a \leq x \leq b$, bzw. $\beta \leq y \leq \alpha$; (021.4a).

4) $\displaystyle\int_{-a}^a f(x) dx = \int_0^a [f(x) + f(-x)] dx = \begin{cases} 0, & \text{wenn } f(-x) = -f(x), \\ 2\int_0^a f(x) dx, & \text{wenn } f(-x) = f(x). \end{cases}$

5) $\displaystyle\int_0^a f(x) dx = \int_0^a f(a-x) dx = \frac{1}{2} \int_0^a [f(x) + f(a-x)] dx$, $\quad (x \to a-x)$.

6) $\displaystyle\int_0^{2a} f(x) dx = \int_0^a [f(x) + f(2a-x)] dx = \begin{cases} 0, & \text{wenn } f(2a-x) = -f(x), \\ 2\int_0^a f(x) dx, & \text{wenn } f(2a-x) = f(x). \end{cases}$

031

7a) $\int_a^b f(x)dx = \frac{b-a}{h}\int_0^h f\left(a+\frac{b-a}{h}y\right)dy,$ $\qquad\left(x = a+\frac{b-a}{h}y\right);$

7b) $\qquad = \frac{b-a}{d-c}\int_c^d f\left(\frac{ad-bc+(b-a)y}{d-c}\right)dy,$ $\qquad\left(x = \frac{ad-bc+(b-a)y}{d-c}\right).$

8) $\int_{-\infty}^{\infty} f(a+bx)dx = \frac{1}{|b|}\int_{-\infty}^{\infty} f(y)dy,\quad |b|>0,$ $\qquad\left(x = \frac{y-a}{b}\right).$

9a) $\int_0^{\infty} f\left(\frac{x}{a}+\frac{a}{x}\right)g(x)\frac{dx}{x} = \int_0^{\infty} f\left(\frac{y}{a}+\frac{a}{y}\right)g\left(\frac{a^2}{y}\right)\frac{dy}{y},\quad a^2>0$ $\qquad\left(x=\frac{a^2}{y}\right),$

9b) $\qquad = \frac{1}{2}\int_0^{\infty} f\left(\frac{x}{a}+\frac{a}{x}\right)\left[g(x)+g\left(\frac{a^2}{x}\right)\right]\frac{dx}{x};$

9c) $\int_0^{\infty} f\left(\frac{x}{a}+\frac{a}{x}\right)\log x\, \frac{dx}{x} = \log a \int_0^{\infty} f\left(\frac{x}{a}+\frac{a}{x}\right)\frac{dx}{x},\quad a>0,$ $\qquad$ (9b);

9d) $\int_0^{\infty} f\left(x+\frac{1}{x}\right)\text{Arc tg}\, x\, \frac{dx}{x} = \frac{\pi}{4}\int_0^{\infty} f\left(x+\frac{1}{x}\right)\frac{dx}{x},$ $\qquad$ (9b).

10) $\int_{-\infty}^{\infty} f\left(ax-\frac{b}{x}\right)dx = \frac{1}{|a|}\int_{-\infty}^{\infty} f(y)dy,\quad ab>0,$ $\qquad\left(y = ax-\frac{b}{x}\right).$

11) $\int_0^{\infty} f(x)x^k dx = \frac{1}{k+1}\int_0^{\infty} f\left(y^{\frac{1}{k+1}}\right)dy,\quad k>-1$ $\qquad\left(y = x^{k+1}\right).$

12) $\int_0^{\infty} f\left(\left[ax-\frac{b}{x}\right]^2\right)x^n dx = \frac{1}{(2a)^{n+1}}\int_0^{\infty} f(y^2)\left[\left(-y+\sqrt{y^2+4ab}\right)^n\left(1-\frac{y}{\sqrt{y^2+4ab}}\right)+\right.$

$\qquad\qquad\qquad\qquad\qquad\left.+\left(y+\sqrt{y^2+4ab}\right)^n\left(1+\frac{y}{\sqrt{y^2+4ab}}\right)\right]dy,$

$\qquad a>0, b>0,\quad \left(ax-\frac{b}{x} = \mp y \text{ für } \begin{array}{l}0\le x \le \sqrt{b/a}\\ \sqrt{b/a}\le x < \infty\end{array}\right);$

12a) $\int_0^{\infty} f\left(\left[ax-\frac{b}{x}\right]^2\right)dx = \frac{1}{a}\int_0^{\infty} f(y^2)dy,\quad a>0, b>0,$ $\qquad$ (12);

12b) $\int_0^{\infty} f\left(\left[ax-\frac{b}{x}\right]^2\right)\frac{dx}{x^2} = \frac{1}{b}\int_0^{\infty} f(y^2)dy,\quad a>0, b>0,$ $\qquad$ (12);

12c) $\int_0^\infty f\left(\left[ax-\frac{b}{x}\right]^2\right)x^2\,dx = \frac{1}{a^3}\int_0^\infty f(y^2)(y^2+ab)\,dy, \quad a>0, b>0,$ \hfill (12);

12d) $\int_0^\infty f\left(\left[ax-\frac{b}{x}\right]^2\right)\frac{dx}{x^4} = \frac{1}{b^3}\int_0^\infty f(y^2)(y^2+ab)\,dy, \quad a>0, b>0,$ \hfill (12);

12e) $\int_0^\infty f\left(\left[ax-\frac{b}{x}\right]^2\right)x^4\,dx = \frac{1}{a^5}\int_0^\infty f(y^2)(y^4+3aby^2+a^2b^2)\,dy, \quad a>0, b>0,$ \hfill (12).

13) $\int_0^\infty f\left(ax+\frac{b}{x}\right)x^n\frac{dx}{\sqrt{x}} = \frac{1}{(2\sqrt{a})^{2n+1}}\int_0^\infty f(y+2\sqrt{ab})\left[\left(-\sqrt{y}+\sqrt{y+4\sqrt{ab}}\right)^{2n}\left(1-\frac{\sqrt{y}}{\sqrt{y+4\sqrt{ab}}}\right)\right.$

$\left. + \left(\sqrt{y}+\sqrt{y+4\sqrt{ab}}\right)^{2n}\left(1+\frac{\sqrt{y}}{\sqrt{y+4\sqrt{ab}}}\right)\right]\frac{dy}{\sqrt{y}},$

$\qquad\qquad a>0, b>0,$ \hfill (12);

13a) $\int_0^\infty f\left(ax+\frac{b}{x}\right)\frac{dx}{\sqrt{x}} = \frac{1}{\sqrt{a}}\int_0^\infty f(y+2\sqrt{ab})\cdot\frac{dy}{\sqrt{y}}, \qquad a>0, b>0,$ \hfill (13);

13b) $\int_0^\infty f\left(ax+\frac{b}{x}\right)\sqrt{x}\,dx = \frac{1}{\sqrt{a^3}}\int_0^\infty f(y+2\sqrt{ab})(y+\sqrt{ab})\frac{dy}{\sqrt{y}}, \quad a>0, b>0,$ \hfill (13);

13c) $\int_0^\infty f\left(ax+\frac{b}{x}\right)\frac{dx}{\sqrt{x^3}} = \frac{1}{\sqrt{b}}\int_0^\infty f(y+2\sqrt{ab})\frac{dy}{\sqrt{y}}, \qquad a>0, b>0,$ \hfill (13);

13d) $\int_0^\infty f\left(ax+\frac{b}{x}\right)\sqrt{x^3}\,dx = \frac{1}{\sqrt{a^5}}\int_0^\infty f(y+2\sqrt{ab})(y^2+3\sqrt{ab}\,y+ab)\frac{dy}{\sqrt{y}}, \quad a>0, b>0,$ \hfill (13);

13e) $\int_0^\infty f\left(ax+\frac{b}{x}\right)dx = \frac{1}{a}\int_{2\sqrt{ab}}^\infty \frac{xf(x)}{\sqrt{x^2-4ab}}\,dx, \qquad a>0, b>0,$ \hfill (13);

13f) $\int_0^\infty f\left(ax+\frac{b}{x}\right)\frac{dx}{x} = 2\int_{2\sqrt{ab}}^\infty \frac{f(x)}{\sqrt{x^2-4ab}}\,dx, \qquad a>0, b>0,$ \hfill (13).

Transformation von Doppelintegralen:

14a) $\int_0^\infty f(x)\,dx \int_0^\infty g(y)\,dy = 2\int_0^\infty du \int_{-u}^u f(u-v)g(u+v)\,dv, \qquad (x=u-v,\ y=u+v);$

14b) $\qquad\qquad = \int_0^\infty \varrho\,d\varrho \int_0^{\pi/2} f(\varrho\cos\varphi)g(\varrho\sin\varphi)\,d\varphi, \qquad (x=\varrho\cos\varphi,\ y=\varrho\sin\varphi).$

15) $$\int_0^\infty e^{-x} x^{\alpha-1} dx \int_0^\infty e^{-x} x^{\beta-1} dx = 2^{1-\alpha-\beta} \int_0^\infty e^{-x} x^{\alpha+\beta-1} dx \int_{-1}^1 (1-x)^{\alpha-1}(1+x)^{\beta-1} dx, \quad (14a).$$

16) $$\left[\int_0^\infty e^{-x^2} dx\right]^2 = \frac{\pi}{4}, \quad (14b).$$

Fouriersches Integraltheorem:

17a) $$\frac{1}{2}\left[f(x+0) + f(x-0)\right] = \frac{1}{2\pi} \int_{-\infty}^\infty e^{ixy} dy \int_{-\infty}^\infty e^{-iy\xi} f(\xi) d\xi,$$

wenn $f(x)$ in der Umgebung von x von beschränkter Variation ist und die Bedingungen unter (17b) erfüllt;[*)]

17b) $$\int_0^x f(\xi) d\xi = \frac{1}{2\pi} \int_{-\infty}^\infty \frac{e^{ixy}-1}{iy} dy \int_{-\infty}^\infty e^{-iy\xi} f(\xi) d\xi,$$

wenn $f(x)$ in jedem endlichen Intervall integrabel ist und $\int_{-\infty}^\infty |f(x)| dx$ konvergiert.[*)]

Mittelwertsätze:

18) $$\int_a^b f(x) g(x) dx = \mu \int_a^b g(x) dx, \quad g \leq \mu \leq G,$$

wenn in $a \leq x \leq b$ $g(x)$ immer ≥ 0 oder ≤ 0 und g die untere, G die obere Grenze von $f(x)$ ist. (D);

18a) $$\int_a^b f(x) dx = \mu(b-a), \quad g \leq \mu \leq G, \quad (18).$$

19) $$\int_a^b f(x) g(x) dx = g(a) \int_a^\xi f(x) dx + g(b) \int_\xi^b f(x) dx, \quad a \leq \xi \leq b,$$

wenn $g(x)$ in $a \leq x \leq b$ monoton ist.

[*)] G. *Doetsch*, Theorie und Anwendung der Laplace-Transformation, 1937, S. 91-95.

1. Abschnitt: Rationale Integranden. *)

111. Potenzen von $\alpha x+\beta$.

1) $\int\limits_{a}^{b}(\alpha x+\beta)^n dx = \frac{1}{\alpha}\int\limits_{\alpha a+\beta}^{\alpha b+\beta} y^n dy = \frac{(\alpha b+\beta)^{n+1}-(\alpha a+\beta)^{n+1}}{\alpha(n+1)}$, $\alpha \neq 0$, $n > -1$,
$(y=\alpha x+\beta,\ \text{I } 11.1)$;

1a) $\int\limits_{0}^{a} x^n dx = \frac{a^{n+1}}{n+1}$, $n > -1$;

1b) $\int\limits_{-a}^{a} x^n dx = \frac{1+(-1)^n}{n+1} a^{n+1}$, $n > -1$.

2) $(\mathcal{C})\int\limits_{a}^{b}\frac{dx}{\alpha x+\beta} = \frac{1}{\alpha}\log\left|\frac{\alpha b+\beta}{\alpha a+\beta}\right|$, $\alpha \neq 0$, (I 11.4a, 011.2);

2a) $\int\limits_{a}^{b}\frac{dx}{x} = \log\frac{b}{a}$, $ab > 0$;

2b) $\oint\limits_{-a}^{a}\frac{dx}{x} = \log\frac{b}{a}$, $ab > 0$.

3) $(\mathcal{C})\int\limits_{a}^{b}\frac{dx}{(\alpha x+\beta)^n} = \frac{1}{\alpha(n-1)}\left[\frac{1}{(\alpha a+\beta)^{n-1}} - \frac{1}{(\alpha b+\beta)^{n-1}}\right]$, $\alpha \neq 0$,
für $(\alpha a+\beta)(\alpha b+\beta)>0$, $n>1$
für $(\alpha a+\beta)(\alpha b+\beta)<0$, $n=3,5,7,\ldots$ als Cauchyscher Hauptwert
(I 11.2);

3a) $\int\limits_{0}^{\infty}\frac{dx}{(\alpha x+\beta)^n} = \frac{1}{(n-1)\alpha\beta^{n-1}}$, $\alpha\beta > 0$, $n > 1$.

4a) $\oint\limits_{0}^{1}\frac{dx}{x-\alpha} = \log\frac{1-\alpha}{\alpha}$, $0 < \alpha < 1$, (2);

4b) $(\mathcal{C})\int\limits_{-a}^{a}\frac{dx}{x-\alpha} = \log\left|\frac{a-\alpha}{a+\alpha}\right|$, $a \neq \pm\alpha$, (2);

4c) $\oint\limits_{-\infty}^{\infty}\frac{dx}{x-\alpha} = 0$, (2).

---

*) Die Formeln dieses Abschnitts gelten, wenn nicht anders angegeben, auch für beliebig reelle Exponenten; bei solchen ist jedoch die Vieldeutigkeit der Funktion x^a genau zu beachten.   Die Formeln bleiben sicher dann richtig, wenn die Basis der Potenz im gesamten Integrationsintervall positiv ist und x^a überall als (positiver) Hauptwert bestimmt wird.

121. Potenzprodukte von mehreren linearen Ausdrücken.[*]

1) $\int_a^b (x-a)^m (b-x)^n dx = \int_a^b (x-a)^n (b-x)^m dx = (b-a)^{m+n+1} \cdot \dfrac{m!\, n!}{(m+n+1)!}$, $m,n = 0,1,2,\ldots$ (421.2a);

1a) $\int_0^1 x^m (1-x)^n dx = \dfrac{m!\, n!}{(m+n+1)!}$, $m,n = 0,1,2,\ldots$;

1b) $\int_{-1}^1 (1+x)^m (1-x)^n dx = 2^{m+n+1} \dfrac{m!\, n!}{(m+n+1)!}$, $m,n = 0,1,2,\ldots$.

2) $\int_a^b \dfrac{(x-a)^m (b-x)^n}{(\alpha x+\beta)^{m+n+2}} dx = \dfrac{m!\, n!\, (b-a)^{m+n+1}}{(m+n+1)!\, (\alpha a+\beta)^{n+1} (\alpha b+\beta)^{m+1}}$, $(\alpha a+\beta)(\alpha b+\beta) > 0$, $m,n = 0,1,2,\ldots$ (421.4);

2a) $\int_a^b \dfrac{(x-a)^m}{(\alpha x+\beta)^{m+2}} dx = \dfrac{(b-a)^{m+1}}{(m+1)(\alpha a+\beta)(\alpha b+\beta)^{m+1}}$, $(\alpha a+\beta)(\alpha b+\beta) > 0$, $m = 0,1,2,\ldots$;

2b) $\int_a^b \dfrac{(b-x)^n}{(\alpha x+\beta)^{n+2}} dx = \dfrac{(b-a)^{n+1}}{(n+1)(\alpha a+\beta)^{n+1} (\alpha b+\beta)}$, $(\alpha a+\beta)(\alpha b+\beta) > 0$, $n = 0,1,2,\ldots$.

3) $\int_0^1 \dfrac{x^m}{(x+1)^{2m+2}} dx = \int_1^\infty \approx = \dfrac{1}{2} \int_0^\infty \approx = \dfrac{m!\, m!}{2(2m+1)!}$, $m = 0,1,2,\ldots$ (421.8a).

4a) $\int_0^a \dfrac{x^m}{x+a} dx = (-a)^m \left[\log 2 - 1 + \dfrac{1}{2} - \dfrac{1}{3} + - \cdots + \dfrac{(-1)^m}{m} \right]$, $m = 1,2,\ldots$ (421.10a);

4b) $\int_0^a \dfrac{x^m}{(x+a)^2} dx = m(-a)^{m-1} \left[\log 2 - 1 + \dfrac{1}{2} - \dfrac{1}{3} + - \cdots + \dfrac{(-1)^{m-1}}{m-1} + \dfrac{(-1)^m}{2m} \right]$, $m = 1,2,\ldots$ (421.10b).

5) $\int_0^\infty \dfrac{x^m}{(\alpha x+\beta)^{m+n+2}} dx = \dfrac{m!\, n!}{(m+n+1)!\, \alpha^{m+1} \beta^{n+1}}$, $\alpha\beta > 0$, $m,n = 0,1,2,\ldots$ (421.13a);

5a) $\int_0^\infty \dfrac{Ax+B}{(\alpha x+\beta)^{m+3}} dx = \dfrac{A\beta + (m+1)B\alpha}{(m+1)(m+2)\alpha^2 \beta^{m+2}}$, $\alpha\beta > 0$, $m = 0,1,2,\ldots$.

6) $\int_0^\infty \dfrac{(\alpha x+\beta)^{\lambda-1}}{(\gamma x+\delta)^{\lambda+1}} dx = \dfrac{(\alpha\delta)^\lambda - (\beta\gamma)^\lambda}{\lambda(\alpha\delta - \beta\gamma)(\gamma\delta)^\lambda}$, $\gamma\delta > 0$, $\alpha\delta \neq \beta\gamma$, $\lambda \geq 1$,   (I 14.3c).

---

[*] Für allgemeine Exponenten siehe 421.

7) $\int_0^\infty \frac{dx}{(x+a)^m(x+b)^n} = \binom{m+n-2}{n-1}\frac{(-1)^m}{(b-a)^{m+n-1}}\log\frac{a}{b} - \frac{1}{(a-b)^{m+n-1}}\sum_{\nu=0}^{m+n-2}{}'\binom{m+n-2}{\nu}\frac{(-1)^\nu}{n-\nu-1}\left[1-\left(\frac{a}{b}\right)^{n-\nu-1}\right]$,

$a>0, b>0, a\neq b, m+n\geq 2$, *) (I 12.6d);

7a) $(\!\!\!\!\!\!\!\!\oint\!\!\!\!\!\!\!\!)_0^\infty \frac{dx}{(ax+b)(cx+d)} = \frac{1}{ad-bc}\log\left|\frac{ad}{bc}\right|$, $abcd\neq 0$, $ad\neq bc$, (I 12.8a);

7b) $(\!\!\!\!\!\!\!\!\oint\!\!\!\!\!\!\!\!)_0^\infty \frac{dx}{(ax+b)^2(cx+d)} = \frac{1}{bD} - \frac{c}{D^2}\log\left|\frac{ad}{bc}\right|$, $D=ad-bc\neq 0, ab>0, cd\neq 0$, (I 12.8b);

7c) $\int_0^\infty \frac{dx}{(ax+b)^2(cx+d)^2} = \frac{-1}{bdD} + \frac{2a}{bD^2} - \frac{2ac}{D^3}\log\frac{ad}{bc}$, $D=ad-bc\neq 0, ab>0, cd>0$, (I 12.8c).

8a) $\int_{-\infty}^\infty \frac{dx}{(a+ix)^n(b-ix)^m} = \frac{(m+n-2)!\, 2\pi}{(m-1)!(n-1)!(a+b)^{m+n-1}}$, $m+n>1, a>0, b>0$, (421.18a);

8b) $\int_{-\infty}^\infty \frac{dx}{(a+ix)^n(b+ix)^m} = 0$, $m+n>1, ab>0$, (421.18b).

9) $(\!\!\!\!\!\!\!\!\oint\!\!\!\!\!\!\!\!)_0^\infty \frac{x\,dx}{(ax+b)^2(cx+d)} = \frac{d}{D^2}\log\left|\frac{ad}{bc}\right| - \frac{1}{aD}$, $ab>0, D=ad-bc\neq 0, cd\neq 0$, (I 14.2c).

10) $\int_0^\infty \frac{(Ax+B)dx}{(a_1x+b_1)(a_2x+b_2)(a_3x+b_3)} = \frac{Ba_1-Ab_1}{pq}\log\frac{a_1b_2}{a_2b_1} + \frac{Ba_3-Ab_3}{qr}\log\frac{a_3b_2}{a_2b_3}$,

$p=a_1b_2-a_2b_1$, $q=a_1b_3-a_3b_1$, $r=a_2b_3-a_3b_2$, $\frac{a_1}{b_1} > \frac{a_2}{b_2} > \frac{a_3}{b_3} > 0$, (I 11.13).

11) $\int_0^\infty \frac{x^m(x+a)^m}{(2x+a)^{2m+2}}dx = \frac{m!\,m!}{2a(2m+1)!}$, $m=0,1,2,\ldots$, $a>0$, (421.19a).

12) $\int_a^b x^m(x-a)^n(x-b)^p dx = \frac{(-1)^p m!\,(b-a)^{n+p+1}}{(m+n+p+1)!}\sum_{\nu=0}^m \frac{(n+\nu)!(m+p-\nu)!}{\nu!(m-\nu)!}a^{m-\nu}b^\nu$, (1);

12a) $\int_{-1}^1 x^{2m}(x+1)^n(1-x)^n dx = \frac{n!\,2^{n+1}}{(2m+1;2;n+1)}$, $m,n=0,1,2,\ldots$ (421.1).

---

*) Das Glied für $\nu=n-1$ ist in der Summe wegzulassen.

131. Potenzen eines quadratischen Ausdrucks.

1) $\int_{-a}^{a}(a^2-x^2)^n dx = 2\int_{0}^{a}\sim = \dfrac{n!\,2^{n+1}}{(1;2;n+1)}a^{2n+1}$, $\quad n=0,1,2,\ldots$ \hfill (121.1).

2a) $\int_{0}^{1}\dfrac{dx}{ax^2+2bx+c} = \dfrac{1}{\sqrt{ac-b^2}}\left[\operatorname{Arc\,tg}\dfrac{a+b}{\sqrt{ac-b^2}} - \operatorname{Arc\,tg}\dfrac{b}{\sqrt{ac-b^2}}\right]$, $ac>b^2$, \hfill (I 11.7c);

2b) $(\mathfrak{C})\int_{0}^{1}\sim = \dfrac{1}{2\sqrt{b^2-ac}}\log\left|\dfrac{b+c+\sqrt{b^2-ac}}{b+c-\sqrt{b^2-ac}}\right|$, $ac<b^2, c\neq 0$, \hfill (I 11.7b);

2c) $\int_{0}^{1}\sim = \dfrac{a}{(a+b)b}$, $ac=b^2>0$, $\dfrac{b}{a}>0$ oder $\dfrac{b}{a}<-1$, \hfill (I 11.7d);

3a) $\int_{0}^{\infty}\sim = \dfrac{1}{\sqrt{ac-b^2}}\operatorname{Arc\,ctg}\dfrac{b}{\sqrt{ac-b^2}}$, $a>0, ac>b^2$, \hfill (I 11.7c);

3b) $(\mathfrak{C})\int_{0}^{\infty}\sim = \dfrac{1}{2\sqrt{b^2-ac}}\log\left|\dfrac{b+\sqrt{b^2-ac}}{b-\sqrt{b^2-ac}}\right|$, $ac\neq 0, ac<b^2$, \hfill (I 11.7b);

3c) $\int_{0}^{\infty}\sim = \dfrac{1}{b}$, $ab>0, ac=b^2$, \hfill (I 11.7d);

3d) $\int_{-\infty}^{\infty}\sim = \dfrac{\pi}{\sqrt{ac-b^2}}$, $a>0, ac>b^2$, \hfill (I 11.7c).

4) $\int_{0}^{\infty}\dfrac{dx}{(ax^2+2bx+c)^n} = \dfrac{(-1)^{n-1}}{(n-1)!}\dfrac{\partial^{n-1}}{\partial c^{n-1}}\left[\dfrac{1}{\sqrt{ac-b^2}}\operatorname{Arc\,ctg}\dfrac{b}{\sqrt{ac-b^2}}\right]$, $a>0, ac>b^2$, \hfill (3a, 021.5);

4a) $\int_{0}^{\infty}\dfrac{dx}{(ax^2+2bx+c)^2} = \dfrac{1}{2c(ac-b^2)}\left[-b + \dfrac{ac}{\sqrt{ac-b^2}}\operatorname{Arc\,ctg}\dfrac{b}{\sqrt{ac-b^2}}\right]$, $a>0, ac>b^2$.

5) $\int_{-\infty}^{\infty}\dfrac{dx}{(ax^2+2bx+c)^n} = \dfrac{(1;2;n-1)\pi a^{n-1}}{2^{n-1}(n-1)!(ac-b^2)^{n-1}\sqrt{ac-b^2}}$, $a>0, ac>b^2$, \hfill (3d, 021.5);

5a) $\int_{-\infty}^{\infty}\dfrac{dx}{(ax^2+2bx+c)^2} = \dfrac{\pi a}{2(ac-b^2)^{3/2}}$, $a>0, ac>b^2$.

6a) $\int_{0}^{\sqrt{c/a}}\dfrac{dx}{ax^2+c} = \int_{\sqrt{c/a}}^{\infty}\sim = \dfrac{1}{2}\int_{0}^{\infty}\sim = \dfrac{1}{4}\int_{-\infty}^{\infty}\sim = \dfrac{\pi}{4\sqrt{ac}}$, $a>0, c>0$, \hfill (3a);

131

6b) $\displaystyle\int_{-r}^{r}\frac{dx}{ax^2+c} = 2\int_0^r \sim = \frac{2}{\sqrt{ac}}\,\mathrm{Arc\,tg}\,\frac{ar}{\sqrt{ac}}$, $\quad ac>0$, $\hfill (I\,15.10).$

7) $\displaystyle\int_{-\infty}^{\infty}\frac{dx}{(ax^2+c)^n} = 2\int_0^\infty \sim = \frac{(1;2;n-1)\pi}{(n-1)!(2c)^{n-1}\sqrt{ac}}$, $\quad a>0,\ c>0,$ $\hfill (5).$

8a) $\displaystyle\int_0^b \frac{dx}{x^2+a^2} = \frac{1}{a}\mathrm{Arc\,tg}\,\frac{b}{a} = \frac{1}{|a|}\mathrm{Arc\,sin}\,\frac{b}{\sqrt{a^2+b^2}}$, $\quad |a|>0,$ $\hfill (I\,15.15b);$

8b) $\displaystyle\int_0^a \sim = \int_a^\infty \sim = \frac{\pi}{4a}$, $\quad a>0;$

8c) $\displaystyle\int_{-\infty}^{\infty}\sim = 2\int_0^\infty \sim = \frac{\pi}{|a|}$, $\quad |a|>0;$

8d) $\displaystyle\int_1^\infty \sim = \frac{1}{a}\mathrm{Arc\,tg}\,a$, $\quad a\neq 0.$

9) $\displaystyle\int_0^\infty \frac{dx}{(x^2+a^2)^n} = \frac{1}{2}\int_{-\infty}^\infty \sim = \frac{(1;2;n-1)\pi}{2^n a^{2n-1}(n-1)!}$, $\quad a>0,$ $\hfill (7).$

10a) $\displaystyle(\!\not\!\int)_0^b \frac{dx}{a^2-x^2} = \frac{1}{2a}\log\left|\frac{a+b}{a-b}\right|$, $\quad a>0,\ b>0,$ $\hfill (I\,15.23b);$

10b) $\displaystyle\not\!\int_0^\infty \sim = 0,\quad a\neq 0.$

11a) $\displaystyle\int_0^1 \frac{dx}{x^2+2x\cos\lambda+1} = \int_1^\infty \sim = \frac{1}{2}\int_0^\infty \sim = \frac{\lambda}{2\sin\lambda}$, $\quad 0<|\lambda|<\pi,$ $\hfill (2a);$

11b) $\hspace{6cm}=\dfrac{1}{2}\quad \text{für } \lambda=0;$

11c) $\displaystyle\int_0^1 \frac{dx}{x^2-2x\cos\lambda+1} = \int_1^\infty \sim = \frac{1}{2}\int_0^\infty \sim = \frac{\pi-\lambda}{2\sin\lambda}$, $\quad 0<\lambda<\pi,$ $\hfill (2a);$

12a) $\displaystyle\int_0^\infty \frac{dx}{(x^2+2x\cos\lambda+1)^2} = \frac{\lambda-\sin\lambda\cos\lambda}{2\sin^3\lambda}$, $\quad 0<|\lambda|<\pi,$ $\hfill (4a);$

12b) $\displaystyle\int_0^\infty \frac{dx}{(x^2+2x\cos\lambda+1)^3} = \frac{3\lambda-3\sin\lambda\cos\lambda-2\sin^3\lambda\cos\lambda}{8\sin^5\lambda}$, $\quad 0<|\lambda|<\pi,$ $\hfill (4);$

131

12c) $\int_0^\infty \dfrac{dx}{(x^2+2x\cos\lambda+1)^4} = \dfrac{15\lambda - \sin\lambda\cos\lambda\,(15+10\sin^2\lambda+8\sin^4\lambda)}{48\sin^7\lambda}$ $\quad 0<|\lambda|<\pi$ (4).

13a) $\int_0^1 \dfrac{dx}{x^2+x+1} = \int_1^\infty \sim = \dfrac{1}{2}\int_0^\infty \sim = \dfrac{\pi}{3\sqrt{3}},$ (11a);

13b) $\int_0^1 \dfrac{dx}{x^2-x+1} = \int_1^\infty \sim = \dfrac{1}{2}\int_0^\infty \sim = \dfrac{2\pi}{3\sqrt{3}},$ (11a).

141

141. Potenzprodukte von linearen und quadratischen Ausdrücken.

1) $\int_0^a x^m (a^2-x^2)^n\, dx = \dfrac{n!\, 2^n\, a^{m+2n+1}}{(m+1;\,2;\,n+1)},$ $\quad m,n=0,1,2,\ldots$ (I 16.1b).

2a) $\int_0^r \dfrac{Ax+B}{ax^2+2bx+c}\, dx = \dfrac{A}{2a}\log\dfrac{ar^2+2br+c}{c} + \dfrac{aB-bA}{a\sqrt{ac-b^2}}\left[\operatorname{Arc\,tg}\dfrac{r\sqrt{ac-b^2}}{br+c} + \varepsilon\pi\right],$

$\quad ac>b^2,\quad \varepsilon = \begin{cases} 0 & \text{für } c(br+c)\geq 0, \\ \operatorname{sign}(rc) & \text{"}\ c(br+c)<0, \end{cases}$ (I 11.7a-c);

2b) $(\oint_0^r) \quad \sim \quad = \dfrac{A}{2a}\log\dfrac{ar^2+2br+c}{c} + \dfrac{aB-bA}{2a\sqrt{b^2-ac}}\log\left|\dfrac{rb+c+r\sqrt{b^2-ac}}{rb+c-r\sqrt{b^2-ac}}\right|,$

$\quad b^2>ac,$ (I 11.7a-c).

3a) $\int_0^r \dfrac{Ax+B}{(ax^2+2bx+c)^2}\, dx = \dfrac{r(ar+b)(cA-bB)+rB(ac-b^2)}{2c(ac-b^2)(ar^2+2br+c)} + \dfrac{aB-bA}{2(ac-b^2)^{3/2}}\left[\operatorname{Arc\,tg}\dfrac{r\sqrt{ac-b^2}}{br+c}+\varepsilon\pi\right],$

$\quad ac>b^2,\ \varepsilon$ wie in (2a), (2a, 021.5);

3b) $\int_0^r \quad \sim \quad = \dfrac{r(ar+b)(bB-cA)+rB(b^2-ac)}{2c(b^2-ac)(ar^2+2br+c)} - \dfrac{aB-bA}{4(b^2-ac)^{3/2}}\log\dfrac{rb+c+r\sqrt{b^2-ac}}{rb+c-r\sqrt{b^2-ac}},$

$\quad$ für $ac<0$ und $-b-\sqrt{b^2-ac}<ar<-b+\sqrt{b^2-ac},$

$\quad$ oder $b^2>ac>0$ und $\begin{cases} ar>-b+\sqrt{b^2-ac} & \text{falls } b>0, \\ ar<-b-\sqrt{b^2-ac} & \text{"}\ b<0, \end{cases}$ (2b, 021.5).

4a) $\int_0^\infty \sim \quad = \dfrac{cA-bB}{2c(ac-b^2)} + \dfrac{aB-bA}{2(ac-b^2)^{3/2}}\operatorname{Arc\,ctg}\dfrac{b}{\sqrt{ac-b^2}},\quad a>0,\ ac>b^2,$ (3a);

4b) $\int_0^\infty \sim \quad = \dfrac{bB-cA}{2c(b^2-ac)} - \dfrac{aB-bA}{4(b^2-ac)^{3/2}}\log\dfrac{b+\sqrt{b^2-ac}}{b-\sqrt{b^2-ac}},$

$\quad a>0,\ b>0,\ b^2>ac>0,$ (3b);

141

4c) $\int_0^\infty \dfrac{Ax+B}{(ax^2+2bx+c)^2}dx = \dfrac{A}{6ac}+\dfrac{B}{3bc}$, $\qquad ac=b^2$, $ab>0$.

5a) $\int_0^\infty \dfrac{x\,dx}{(ax^2+2bx+c)^n} = \dfrac{(-1)^n}{(n-1)!}\cdot\dfrac{\partial^{n-2}}{\partial c^{n-2}}\left\{\dfrac{1}{2(ac-b^2)}-\dfrac{b}{2(ac-b^2)^{3/2}}\operatorname{Arcctg}\dfrac{b}{\sqrt{ac-b^2}}\right\}$,

$\qquad\qquad a>0$, $ac>b^2$, $n=2,3,\ldots$ $\qquad$ (4a, 021.5);

5b) $\int_0^\infty \sim \;=\; \dfrac{(-1)^n}{(n-1)!}\cdot\dfrac{\partial^{n-2}}{\partial c^{n-2}}\left\{\dfrac{-1}{2(b^2-ac)}+\dfrac{b}{4(b^2-ac)^{3/2}}\log\dfrac{b+\sqrt{b^2-ac}}{b-\sqrt{b^2-ac}}\right\}$,

$\qquad\qquad a>0$, $b>0$, $b^2>ac>0$, $n=2,3,\ldots$ (4b, 021.5);

5c) $\int_0^\infty \sim \;=\; \dfrac{a^{n-2}}{(2n-2)(2n-1)b^{2n-2}}$, $\qquad ac=b^2$, $ab>0$, $n=2,3,\ldots$ (121.5).

6) $\int_{-\infty}^\infty \sim \;=\; -\dfrac{(1;2,n-1)\pi b a^{n-2}}{(2;2,n-1)(ac-b^2)^{\frac{2n-1}{2}}}$, $\qquad ac>b^2$, $a>0$, $n=2,3,\ldots$ $\qquad$ (5a).

7a) $\int_0^\infty \dfrac{x\,dx}{(x^2+2x\cos\lambda+1)^2} = \dfrac{\sin\lambda-\lambda\cos\lambda}{2\sin^3\lambda}$, $\quad 0<|\lambda|<\pi$, $\qquad$ (131.11a, 021.5);

7b) $\int_0^\infty \dfrac{x\,dx}{(x^2+2x\cos\lambda+1)^3} = \dfrac{-3\lambda\cos\lambda+3\sin\lambda-\sin^3\lambda}{8\sin^5\lambda}$, $0<|\lambda|<\pi$, (131.12a, 021.5);

7c) $\int_0^\infty \dfrac{x\,dx}{(x^2+2x\cos\lambda+1)^4} = \dfrac{-15\lambda\cos\lambda+15\sin\lambda-5\sin^3\lambda-2\sin^5\lambda}{48\sin^7\lambda}$, $0<|\lambda|<\pi$

$\qquad\qquad$ (131.12b, 021.5).

8a) $\int_0^\infty \dfrac{x^{2m}dx}{(ax^2+c)^n} = \dfrac{1}{2}\int_{-\infty}^\infty \sim \;=\; \dfrac{(1,2;m)(1,2;n-m-1)\pi}{(n-1)!\,2^n a^m c^{n-m-1}\sqrt{ac}}$, $a>0$, $c>0$, $n\geq m+1$

$\qquad\qquad$ (I15.4c, 131.7);

8b) $\int_0^\infty \dfrac{x^{2m+1}dx}{(ax^2+c)^n} = \dfrac{m!(n-m-2)!}{2(n-1)!\,a^{m+1}c^{n-m-1}}$, $ac>0$, $n>m+1\geq 1$, (121.5, 021.4a);

8c) $\int_0^\infty \dfrac{x\,dx}{(ax^2+c)^n} = \dfrac{1}{2(n-1)ac^{n-1}}$, $ac>0$, $n=2,3,\ldots$ $\qquad$ (8b).

9) $\int_0^r \dfrac{Ax+B}{x^2+a^2}dx = \dfrac{A}{2}\log\dfrac{r^2+a^2}{a^2}+\dfrac{B}{a}\operatorname{Arctg}\dfrac{r}{a}$, $a>0$, $\qquad$ (2a);

9a) $\int_0^a \sim \;=\; \dfrac{A}{2}\log 2+\dfrac{B\pi}{4a}$, $a>0$, $\qquad$ (9).

141

10) $\int_0^\infty \frac{Ax+B}{(x^2+a^2)^n} dx = \frac{A}{2(n-1)a^{2n-2}} + \frac{(1;2;n-1)\pi B}{(n-1)!\, 2^n a^{2n-1}}$, $\quad a>0$, $\qquad$ (8c, 131.9).

11a) $\int_0^\infty \frac{x^{2m} dx}{(x^2+a^2)^n} = \frac{1}{2}\int_{-\infty}^\infty \sim = \frac{(1;2;m)(1;2;n-m-1)\pi}{(n-1)!\, 2^n a^{2n-2m-1}}$, $a>0$, $n \geq m+1$, $\quad$ (8a);

11b) $\int_0^\infty \frac{x^{2m+1} dx}{(x^2+a^2)^n} = \frac{m!(n-m-2)!}{2(n-1)!\, a^{2n-2m-2}}$, $\quad |a|>0$, $n>m+1$, $\qquad$ (8b).

12a) $\int_0^\infty \frac{dx}{(x^2+a^2)(x+b)} = \frac{1}{a^2+b^2}\left(\frac{b\pi}{2a} - \log\frac{b}{a}\right)$, $a>0, b>0$, vgl. 161.6, (I 15.18);

12b) $\int_0^\infty \frac{dx}{(x^2+a^2)(x-b)} = \frac{-1}{a^2+b^2}\left(\frac{b\pi}{2a} + \log\frac{b}{a}\right)$, $a>0, b>0$, vgl. 161.7, (I 15.18).

13) $\int_0^\infty \frac{dx}{(x^2+a^2)(x^2-b^2)} = \frac{-\pi}{2a(a^2+b^2)}$, $\quad a>0, |b|>0$, $\qquad$ (12a-b).

14) $\int_0^\infty \frac{dx}{(x^2+a^2)(x^2+b^2)} = \frac{1}{2}\int_{-\infty}^\infty \sim = \frac{\pi}{2ab(a+b)}$, $\quad a>0, b>0$, $\qquad$ (021.12).

15) $\int_0^\infty \frac{dx}{(x^2+a_1^2)(x^2+a_2^2)(x^2+a_3^2)} = \frac{1}{2}\int_{-\infty}^\infty \sim =$

$$= \frac{\pi}{2(a_1^2-a_2^2)(a_2^2-a_3^2)(a_1^2-a_3^2)}\left[\frac{a_2^2-a_3^2}{a_1} + \frac{a_3^2-a_1^2}{a_2} + \frac{a_1^2-a_2^2}{a_3}\right],$$
$a_1>0, a_2>0, a_3>0$, $\qquad$ (021.12).

16) $\int_0^\infty \frac{Ax^2+Bx+C}{(ax+b)^m} dx = \frac{2b^2 A + (m-3)ab B + (m-2)(m-3)a^2 C}{(m-1)(m-2)(m-3)a^3 b^{m-3}}$, $ab>0$, $m\geq 4$, (121.5);

16a) $\int_0^\infty \frac{Ax^2+Bx+C}{(ax+b)^4} dx = \frac{2b^2 A + ab B + 2a^2 C}{6a^3 b^3}$, $\quad ab>0$, $\qquad$ (16).

17) $\int_{-\infty}^\infty \frac{x^m dx}{(ax^2+2bx+c)^n} = \frac{(-1)^m \pi a^{n-m-1} b^m}{(n-1)!\, 2^{n-1}(ac-b^2)^{n-\frac{1}{2}}} \sum_{\alpha=0}^{[\frac{m}{2}]} \binom{m}{2\alpha}(1;2;\alpha)(1;2;n-\alpha-1)\left(\frac{ac-b^2}{b^2}\right)^\alpha$,
$ac>b^2$, $0\leq m \leq 2n-2$, $\qquad$ (021.12).

18) $\int_0^\infty \left[\frac{1}{1+\lambda^2 x^2} - \frac{1}{1+\lambda x}\right]\frac{dx}{x} = 0$, $\quad \lambda>0$, $\qquad (\lambda x = \frac{1}{y})$.

141

19) $\int_{-\infty}^{\infty} \frac{dx}{[(x-r_1)^2+s_1^2][(x-r_2)^2+s_2^2]} = \pi \frac{(s_1+s_2)[(r_1-r_2)^2+(s_1-s_2)^2]}{s_1 s_2 [(r_1-r_2)^4+2(s_1^2+s_2^2)(r_1-r_2)^2+(s_1^2-s_2^2)^2]}$, $s_1>0$, $s_2>0$, (021.12b).

20) $\int_{-\infty}^{\infty} \frac{dx}{[(x-r_1)^2+s_1^2][(x-r_2)^2+s_2^2][(x-r_3)^2+s_3^2]} = \pi \left[\frac{A_1}{s_1 B_2 B_3} + \frac{A_2}{s_2 B_3 B_1} + \frac{A_3}{s_3 B_1 B_2}\right]$, $s_1, s_2, s_3 > 0$,

$A_i = [(r_i-r_j)^2-s_i^2+s_j^2][(r_i-r_k)^2-s_i^2+s_k^2] - 4s_i^2(r_i-r_j)(r_i-r_k)$,

$B_i = (r_j-r_k)^4 + 2(s_j^2+s_k^2)(r_j-r_k)^2 + (s_j^2-s_k^2)^2 \ne 0$,

$(i,j,k) = (1,2,3), (2,3,1), (3,1,2)$ (021.12b).

151

151. Potenzprodukte von x und ax^n+b.

1) $\int_0^1 x^p(1-x^m)^n dx = \frac{m^n n!}{(p+1, m; n+1)}$, $m=1,2,\ldots$; $p,n=0,1,2,\ldots$ (431.1).

2) $\int_0^a x^p(a^m-x^m)^n dx = \frac{n! m^n a^{mn+p+1}}{(p+1; m; n+1)}$, $a>0$, $m=1,2,\ldots$; $p,n=0,1,2,\ldots$ (431.2);

2a) $\int_0^a (a^m-x^m)^n dx = \frac{n! m^n a^{mn+1}}{(1; m; n+1)}$, $a>0$, $m=1,2,\ldots$; $n=0,1,2,\ldots$ (2).

3a) $\int_0^{\infty} \frac{x^{p-1}}{(ax^n+b)^m} dx = \binom{m-\frac{p}{n}-1}{m-1}\left(\frac{b}{a}\right)^{\frac{p}{n}} \cdot \frac{\pi}{nb^m \sin\frac{p\pi}{n}}$, $m,n,p=1,2,\ldots$; $m>\frac{p}{n}$, $\frac{p}{n}$ nicht ganz, $ab>0$, (431.16a);

3b) $\int_0^{\infty} \frac{x^{np-1}}{(ax^n+b)^m} dx = \frac{(p-1)!(m-p-1)!}{n(m-1)! a^p b^{m-p}}$, $m,n,p=1,2,\ldots$; $m>p$, $ab>0$, (431.16).

4) $\int_0^{\infty} \frac{x^{p-1}}{ax^n+b} dx = \frac{\pi}{nb \sin\frac{p\pi}{n}} \left(\frac{b}{a}\right)^{\frac{p}{n}}$, $n>p=1,2,\ldots$; $ab>0$, (3a).

5a) $\int_0^{\infty} \frac{dx}{ax^3+b} = \frac{2\pi}{3\sqrt{3}\,b} \sqrt[3]{\frac{b}{a}}$, $ab>0$, (4);

5b) $\int_0^{\infty} \frac{x\,dx}{ax^3+b} = \frac{2\pi}{3\sqrt{3}\,b} \sqrt[3]{\frac{b^2}{a^2}}$, $ab>0$, (4).

151

6a) $\quad \int_0^\infty \dfrac{dx}{ax^4+b} = \dfrac{\pi}{4b}\sqrt[4]{\dfrac{4b}{a}}, \quad ab>0,$ \hfill (4);

6b) $\quad \int_0^\infty \dfrac{x\,dx}{ax^4+b} = \dfrac{\pi}{4b}\sqrt{\dfrac{b}{a}}, \quad ab>0,$ \hfill (4);

6c) $\quad \int_0^\infty \dfrac{x^2\,dx}{ax^4+b} = \dfrac{\pi}{4b}\sqrt[4]{\dfrac{4b^3}{a^3}}, \quad ab>0,$ \hfill (4).

7a) $\quad \int_0^\infty \dfrac{dx}{ax^6+b} = \dfrac{\pi}{3b}\sqrt[6]{\dfrac{b}{a}}, \quad ab>0,$ \hfill (4);

7b) $\quad \int_0^\infty \dfrac{x\,dx}{ax^6+b} = \dfrac{\pi}{3\sqrt{3}\,b}\sqrt[3]{\dfrac{b}{a}}, \quad ab>0,$ \hfill (4);

7c) $\quad \int_0^\infty \dfrac{x^2\,dx}{ax^6+b} = \dfrac{\pi}{6b}\sqrt{\dfrac{b}{a}}, \quad ab>0,$ \hfill (4);

7d) $\quad \int_0^\infty \dfrac{x^3\,dx}{ax^6+b} = \dfrac{\pi}{3\sqrt{3}\,b}\sqrt[3]{\dfrac{b^2}{a^2}}, \quad ab>0,$ \hfill (4);

7e) $\quad \int_0^\infty \dfrac{x^4\,dx}{ax^6+b} = \dfrac{\pi}{3b}\sqrt[6]{\dfrac{b^5}{a^5}}, \quad ab>0,$ \hfill (4).

8a) $\quad \int_{-\infty}^\infty \dfrac{x^{2p}\,dx}{(ax^{2n}+b)^m} = 2\int_0^\infty \sim = \dfrac{\pi}{nb^m \sin\frac{(2p+1)\pi}{2n}}\cdot\binom{m-1-\frac{2p+1}{2n}}{m-1}\left(\dfrac{b}{a}\right)^{\frac{2p+1}{2n}}, \quad ab>0,$

$\qquad p=0,1,2,\ldots\,;\; m,n=1,2,\ldots\,;\; m>\dfrac{2p+1}{2n},$ \hfill (3a);

8b) $\quad \int_{-\infty}^\infty \dfrac{x^{2p+1}\,dx}{(ax^{2n}+b)^m} = 0, \quad ab>0,\; p=0,1,2,\ldots\,;\; m,n=1,2,\ldots\,;\; m>\dfrac{p}{n};$ \hfill (3a).

9a) $\quad \int_0^1 \dfrac{x^{\frac{mn}{2}-1}}{(x^n+1)^m}\,dx = \int_1^\infty \sim = \dfrac{1}{2}\int_0^\infty \sim = \binom{\frac{m}{2}-1}{m-1}\cdot\dfrac{(-1)^{\frac{m-1}{2}}\pi}{2n},\; m=1,3,5,\ldots\,;\, n=1,2,\ldots$ \hfill (3a);

9b) $\qquad\qquad\qquad\qquad\qquad\qquad = \dfrac{(\frac{m}{2}-1)!\,(\frac{m}{2}-1)!}{2n(m-1)!}, \quad m=2,4,6,\ldots\,;\, n=1,2,\ldots$ \hfill (3b).

10a) $\quad \int_0^1 \dfrac{x^{m-1}}{(x^2+1)^m}\,dx = \int_1^\infty \sim = \dfrac{1}{2}\int_0^\infty \sim = (-1)^{\frac{m-1}{2}}\binom{\frac{m}{2}-1}{m-1}\dfrac{\pi}{4},\; m=1,3,5,\ldots$ \hfill (9a);

10b) $\qquad\qquad\qquad\qquad\qquad\qquad = \dfrac{(\frac{m}{2}-1)!\,(\frac{m}{2}-1)!}{4(m-1)!}, \quad m=2,4,6,\ldots$ \hfill (9b).

151

11) $\int_0^1 \frac{x^{3m-1}}{(x^3+1)^{2m}} dx = \int_1^\infty \sim = \frac{1}{2}\int_0^\infty \sim = \frac{(m-1)!(m-1)!}{6(2m-1)!}$, $\quad m=1,2,\ldots$ \hfill (9b).

12) $\oint_0^\infty \frac{x^{m-1}}{ax^n-b} dx = \frac{1}{b}\left(\frac{b}{a}\right)^{\frac{m}{n}} \int_0^1 \frac{x^{m-1}-x^{n-m-1}}{x^n-1} dx = \frac{-\pi}{nb}\left(\frac{b}{a}\right)^{\frac{m}{n}} \text{ctg}\frac{m\pi}{n}$, $ab>0$,

$\qquad\qquad\qquad m,n=1,2,\ldots \,; m \leq n-1$, \hfill (161.2).

13) $\oint_0^\infty \frac{dx}{1-x^3} = \oint_0^\infty \frac{x\,dx}{x^3-1} = \frac{\pi}{3\sqrt{3}}$, \hfill (12).

14a) $\oint_0^\infty \frac{dx}{1-x^4} = \oint_0^\infty \frac{x^2 dx}{x^4-1} = \frac{\pi}{4}$, \hfill (12);

14b) $\oint_0^\infty \frac{x\,dx}{1-x^4} = 0$, \hfill (12).

15a) $\oint_0^\infty \frac{dx}{1-x^6} = \oint_0^\infty \frac{x^4 dx}{x^6-1} = \frac{\pi}{2\sqrt{3}}$, \hfill (12);

15b) $\oint_0^\infty \frac{x\,dx}{1-x^6} = \oint_0^\infty \frac{x^3 dx}{x^6-1} = \frac{\pi}{6\sqrt{3}}$, \hfill (12);

15c) $\oint_0^\infty \frac{x^2 dx}{1-x^6} = 0$, \hfill (12).

161

161. Beliebige Potenzprodukte.

1) $\int_0^1 \frac{x^m-1}{x-1} dx = \sum_{\gamma=1}^m \frac{1}{\gamma}$, $\quad m=1,2,\ldots$ \hfill (021.1);

1a) $\int_0^1 \frac{x^m-x^n}{x-1} dx = \sum_{\gamma=n+1}^m \frac{1}{\gamma}$, $\quad m,n=1,2,\ldots \,; m \geq n+1$ \hfill (1).

2) $\int_0^1 \frac{x^{m-1}-x^{n-m-1}}{1-x^n} dx = \frac{\pi}{n}\text{ctg}\frac{m\pi}{n}$, $\quad m,n=1,2,\ldots\,; m \leq n-1$, \hfill (431.4a).

161

3) $\int_0^\infty \dfrac{x^{m-1}-x^{p-1}}{x^n-1}\,dx = \dfrac{\pi}{n}\left[\operatorname{ctg}\dfrac{p\pi}{n} - \operatorname{ctg}\dfrac{m\pi}{n}\right]$, $\quad m,n,p=1,2,\ldots\,;\ n>m,\ n>p$, $\hfill (431.21).$

4a) $\int_0^1 \dfrac{x^{m-1}\,dx}{1+x+x^2+\cdots+x^{2m}} = \int_0^1 \dfrac{x^{m-1}-x^m}{1-x^{2m+1}}\,dx = \dfrac{\pi}{2m+1}\operatorname{tg}\dfrac{\pi}{2(2m+1)}$, $\quad m=1,2,\ldots\quad (2);$

4b) $\int_0^\infty \sim\ =2\int_0^1 \sim\ =\dfrac{2\pi}{2m+1}\operatorname{tg}\dfrac{\pi}{2(2m+1)}$, $\quad m=1,2,\ldots\hfill (4a);$

4c) $\int_0^\infty \dfrac{x^{m-1}\,dx}{1+x+x^2+\cdots+x^{n-1}} = \dfrac{\pi}{n}\left[\operatorname{ctg}\dfrac{m\pi}{n} - \operatorname{ctg}\dfrac{(m+1)\pi}{n}\right] = \dfrac{\pi\sin\frac{\pi}{n}}{n\sin\frac{m\pi}{n}\sin\frac{(m+1)\pi}{n}}$,

$\qquad n,m=1,2,\ldots\,;\ n>m+1,\hfill (3).$

5a) $\int_0^1 \dfrac{x^{p-1}+x^{mn-p-1}}{(x^n+1)^m}\,dx = \int_1^\infty \sim\ = \dfrac{1}{2}\int_0^\infty \sim\ = \int_0^\infty \dfrac{x^{p-1}\,dx}{(x^n+1)^m} = \binom{m-1-\frac{p}{n}}{m-1}\cdot\dfrac{\pi}{n\sin\frac{p\pi}{n}}$,

$\qquad m,n,p=1,2,\ldots\,;\ m>\dfrac{p}{n},\ \dfrac{p}{n}\text{ nicht ganz},\hfill (151.3a);$

5b) $\qquad = \dfrac{(\frac{p}{n}-1)!\,(m-1-\frac{p}{n})!}{n(m-1)!}$, wenn $\dfrac{p}{n}$ ganz ist, $\hfill (151.3b)$

6a) $\int_0^\infty \dfrac{x^m\,dx}{(x^2+a^2)(x+b)^n} = \sum_{\nu=0}^m \binom{m}{\nu}(-b)^{m-\nu}\int_0^\infty \dfrac{dx}{(x^2+a^2)(x+b)^{n-\nu}}$, $\quad m\le n=1,2,\ldots$

$\qquad a>0,\ b>0,\quad \left(x^m = (x+b-b)^m\right);$

6b) $\int_0^\infty \dfrac{dx}{(x^2+a^2)(x+b)^n} = \dfrac{(-1)^{n-1}}{(n-1)!}\cdot\dfrac{\partial^{n-1}}{\partial b^{n-1}}\left\{\dfrac{1}{a^2+b^2}\left(\dfrac{b\pi}{2a}-\log\dfrac{b}{a}\right)\right\}$, $\quad n=1,2,\ldots;\ a>0,\ b>0$,

$\hfill (141.12a,\,021.5);$

6c) $\int_0^\infty \dfrac{x\,dx}{(x^2+a^2)(x+b)} = \dfrac{1}{a^2+b^2}\left(\dfrac{a\pi}{2}+b\log\dfrac{b}{a}\right)$, $\quad a>0,\ b>0$, $\hfill (141.10-12a).$

7a) $\oint_0^\infty \dfrac{x\,dx}{(x^2+a^2)(x-b)} = \dfrac{1}{a^2+b^2}\left(\dfrac{a\pi}{2}-b\log\dfrac{b}{a}\right)$, $\quad a>0,\ b>0$, $\hfill (141.10-12b);$

7b) $\oint_0^\infty \dfrac{dx}{(x^2+a^2)^n(x-b)} = \dfrac{-1}{2(n-1)a^{2n-2}(a^2+b^2)} - \dfrac{(1,2;n-1)b\pi}{(n-1)!\,2^n a^{2n-1}(a^2+b^2)} + \dfrac{1}{a^2+b^2}\oint_0^\infty \dfrac{dx}{(x^2+a^2)^{n-1}(x-b)}$,

$\qquad a>0,\ b>0,\ n=2,3,\ldots\hfill (\mathrm{I}15.8a);$

7c) $\oint_0^\infty \dfrac{dx}{(x^2+a^2)^2(x-b)} = \dfrac{-1}{2a^2(a^2+b^2)}\left[1+\dfrac{(3a^2+b^2)b\pi}{2a(a^2+b^2)}\right] - \dfrac{1}{(a^2+b^2)^2}\log\dfrac{b}{a}$,

$\qquad a>0,\ b>0,\hfill (7b).$

161

8a) $\displaystyle\int_0^\infty \frac{Ax^2+2Bx+C}{(ax^2+b)(cx^2+d)}dx = \frac{B}{ad-bc}\log\frac{ad}{bc} + \frac{(A\sqrt{bd}+C\sqrt{ac})\pi}{2\sqrt{abcd}(\sqrt{ad}+\sqrt{bc})}$,

$\qquad a,b,c,d > 0, \quad ad \neq bc,$ \hfill (I 11.8e);

8b) $\displaystyle\int_0^\infty \frac{x^2 dx}{(x^2+a^2)(x^2+b^2)} = \frac{\pi}{2(a+b)}, \qquad a>0, b>0,$ \hfill (8a);

8c) $\displaystyle\int_0^\infty \frac{x^2 dx}{(x^2+a^2)^2(x^2+b^2)} = \frac{\pi}{4a(a+b)^2}, \qquad a>0, b>0,$ \hfill (8b, 021.5).

9) $\displaystyle\int_{-\infty}^\infty \frac{(A_1x^2+B_1)(A_2x^2+B_2)\cdots(A_{n-1}x^2+B_{n-1})}{(a_1x^2+b_1)(a_2x^2+b_2)\cdots(a_nx^2+b_n)}dx = 2\int_0^\infty \widetilde{\cdot} =$

$= \pi\left\{\dfrac{(A_1b_1-B_1a_1)(A_2b_1-B_2a_1)\cdots(A_{n-1}b_1-B_{n-1}a_1)}{\sqrt{a_1b_1}(a_2b_1-b_2a_1)(a_3b_1-b_3a_1)\cdots(a_nb_1-b_na_1)} + \dfrac{(A_1b_2-B_1a_2)(A_2b_2-B_2a_2)\cdots(A_{n-1}b_2-B_{n-1}a_2)}{\sqrt{a_2b_2}(a_1b_2-b_1a_2)(a_3b_2-b_3a_2)\cdots(a_nb_2-b_na_2)} + \right.$

$\left. +\cdots + \dfrac{(A_1b_n-B_1a_n)(A_2b_n-B_2a_n)\cdots(A_{n-1}b_n-B_{n-1}a_n)}{\sqrt{a_nb_n}(a_1b_n-b_1a_n)(a_2b_n-b_2a_n)\cdots(a_{n-1}b_n-b_{n-1}a_n)}\right\}$,

$\qquad a_i > 0, \ b_i > 0, \ a_ib_k \neq a_kb_i, \ n = 2,3,\ldots$ \hfill (021.12).

10) $\displaystyle\int_0^\infty \frac{A_0x^n+A_1x^{n-1}+\cdots+A_n}{(ax+b)^{n+2}}dx = \frac{1}{(n+1)ab}\left\{\frac{A_0}{\binom{n}{0}a^n} + \frac{A_1}{\binom{n}{1}a^{n-1}b} + \cdots + \frac{A_n}{\binom{n}{n}b^n}\right\}$,

$\qquad ab > 0, \quad n = 0,1,2,\ldots$ \hfill (121.5).

11) $\displaystyle\int_0^\infty \frac{A_0x^{2n}+A_1x^{2n-1}+\cdots+A_{2n}}{(x^2+a^2)^{n+1}}dx = \frac{\pi}{n!\,2^{n+1}a}\sum_{j=0}^n (1,2;n-j)(1,2;j)\frac{A_{2j}}{a^{2j}} +$

$\qquad + \dfrac{1}{n!\,2a^2}\sum_{j=0}^{n-1} j!(n-j-1)!\dfrac{A_{2j+1}}{a^{2j}}, \quad a>0,$ \hfill (141.11).

12) $\displaystyle\int_0^1 \frac{x^{2n-2}+x^{2n-4}+\cdots+x^2+1}{x^{2n}+x^{2n-2}+\cdots+x^2+1}dx = \frac{1}{2}\int_0^\infty \widetilde{\cdot} = \frac{\pi}{2(n+1)}\operatorname{ctg}\frac{\pi}{2n+2}, \ n=1,2,\ldots$ \hfill (3);

12a) $\displaystyle\int_0^1 \frac{x^2+1}{x^4+x^2+1}dx = \int_1^\infty \widetilde{\cdot} = \frac{1}{2}\int_0^\infty \widetilde{\cdot} = \frac{\pi}{2\sqrt{3}}$, \hfill (12).

13) $\displaystyle\int_0^1 \frac{x^2+1}{x^4-x^2+1}dx = \int_1^\infty \widetilde{\cdot} = \frac{1}{2}\int_0^\infty \widetilde{\cdot} = \frac{\pi}{2}$, \hfill (151.4).

14) $\displaystyle\int_{-\infty}^\infty \frac{dx}{(a^2x^2+b^2)(c^2x^4+d^2)} = 2\int_0^\infty \widetilde{\cdot} = \frac{\pi}{a^4d^2+b^4c^2}\left\{\frac{a^3}{b} - \frac{a^2d-b^2c}{d}\sqrt{\frac{c}{2d}}\right\}$,

$\qquad a,b,c,d > 0,$ \hfill (021.12b).

17. Orthogonale Polynome.

171. Legendresche Polynome für das Intervall $-1 \leq x \leq +1$.

1a) $\quad P_n(x) = \dfrac{1}{2^n n!} \dfrac{d^n}{dx^n}\left[(x^2-1)^n\right], \qquad n=0,1,2,\ldots\ ;$

1b) $\quad = \dfrac{1}{2^n} \sum_{\nu=0}^{n} \binom{n}{\nu}^2 (x-1)^\nu (x+1)^{n-\nu}\ ;$

1c) $\quad = \dfrac{1}{2^n} \sum_{\nu=0}^{[\frac{n}{2}]} \dfrac{(-1)^\nu (2n-2\nu)!}{\nu!(n-\nu)!(n-2\nu)!}\, x^{n-2\nu}\ ;$

1d) $\quad P_n(-x) = (-1)^n P_n(x),\quad P_n(1)=1,\quad P_n(-1)=(-1)^n,\quad P_n(0) = \begin{cases} 0 & \text{für } n=2\mu+1, \\ \binom{-\frac{1}{2}}{\mu} & \text{"}\ n=2\mu\ ; \end{cases}$

1e) $\quad P_0(x)=1,\ P_1(x)=x,\ P_2(x)=\dfrac{3x^2-1}{2},\ P_3(x)=\dfrac{5x^3-3x}{2},\ P_4(x)=\dfrac{35x^4-30x^2+3}{8},\ldots$

2a) $\quad P_n(x) = \dfrac{1}{\pi}\displaystyle\int_0^\pi \left[x+\sqrt{x^2-1}\,\cos\varphi\right]^n d\varphi,$ \hfill (Laplace);

2b) $\quad P_n(x) = \dfrac{1}{\pi}\displaystyle\int_0^\pi \dfrac{d\varphi}{\left[x+\sqrt{x^2-1}\,\cos\varphi\right]^{n+1}},$ \hfill (Jacobi);

2c) $\quad P_n(\cos\vartheta) = \dfrac{2}{\pi}\displaystyle\int_0^\vartheta \dfrac{\cos(n+\frac{1}{2})\varphi}{\sqrt{2(\cos\varphi-\cos\vartheta)}}\, d\varphi = \dfrac{2}{\pi}\displaystyle\int_\vartheta^\pi \dfrac{\sin(n+\frac{1}{2})\varphi}{\sqrt{2(\cos\vartheta-\cos\varphi)}}\, d\varphi,$ \hfill (Dirichlet).

3) $\quad \displaystyle\int_{-1}^{1} P_n(x) P_m(x)\, dx = \begin{cases} 0 & \text{für } n \neq m, \\ \dfrac{2}{2n+1} & \text{"}\ n=m, \end{cases}$ \hfill (1a,1d,021.3).

4) $\quad \displaystyle\int_{-1}^{1} x P_n(x) P_m(x)\, dx = \begin{cases} 0 & \text{für } m \neq n \pm 1, \\ \dfrac{2n+2}{(2n+1)(2n+3)} & \text{"}\ m=n+1, \end{cases}$ \hfill (1a-d, 021.3).

5) $\quad \displaystyle\int_{-1}^{1} P_n'(x) P_m(x)\, dx = \begin{cases} 0 & \text{für } m \geq n, \\ 1-(-1)^{m+n} & \text{"}\ m<n, \end{cases}$ \hfill (1a-d, 021.3).

6) $\quad \displaystyle\int_{-1}^{1} x P_n'(x) P_m(x)\, dx = \begin{cases} 0 & \text{für } m > n, \\ \dfrac{2n}{2n+1} & \text{"}\ m=n, \\ 1+(-1)^{m+n} & \text{"}\ m<n, \end{cases}$ \hfill (1a-d, 021.3).

171

7) $\int_{-1}^{1} x^m P_n(x)\,dx = \begin{cases} 0 & \text{für } m<n \text{ oder } m-n \text{ ungerade,} \\ \frac{2(2\mu+2;1;n-1)}{(2\mu+3;2;n)} & \text{"}\quad m-n=2\mu, \end{cases}$ (021.3, 121.12a).

8a) $(n+1)P_{n+1}(x) - (2n+1)xP_n(x) + nP_{n-1}(x) = 0,\quad n=1,2,\ldots$ (3,4);

8b) $(x^2-1)P_n''(x) + 2xP_n'(x) - n(n+1)P_n(x) = 0,\quad n=0,1,2,\ldots$ (1c);

8c) $\dfrac{1}{\sqrt{1-2xt+t^2}} = \sum_{n=0}^{\infty} P_n(x)t^n,\quad |t|<1,\ |x|\leq 1,$ (8b).

9a) $\int_{-1}^{1} \dfrac{P_n(x)}{\sqrt{1-2xt+t^2}}\,dx = \dfrac{2t^n}{2n+1},\quad |t|<1,\ n=0,1,2,\ldots$ (8c);

9b) $\int_{-1}^{1} \dfrac{P_n(x)}{\sqrt{a+bx}}\,dx = \dfrac{(-1)^n[\sqrt{a+b}-\sqrt{a-b}]^{2n+1}}{(2n+1)2^{n-1}b^{n+1}},\quad a\geq|b|>0,\ n=0,1,2,\ldots$ (9a);

9c) $\int_{-1}^{1} \dfrac{P_n(x)}{\sqrt{1+x}}\,dx = \dfrac{(-1)^n 2\sqrt{2}}{2n+1},\quad n=0,1,2,\ldots$ (9b);

9d) $\int_{-1}^{1} \dfrac{P_n(x)}{\sqrt{1-x}}\,dx = \dfrac{2\sqrt{2}}{2n+1},\quad n=0,1,2,\ldots$ (9b).

10) $\int_{-1}^{1} e^{ixy} P_n(x)\,dx = i^n \sqrt{\dfrac{2\pi}{y}}\, J_{n+\frac{1}{2}}(y),\quad n=0,1,2,\ldots$ (1a, 511.11a, 021.3);

10a) $\int_{-1}^{1} \cos\alpha x \cdot P_n(x)\,dx = \begin{cases} 0 & \text{für } n=2\nu+1, \\ (-1)^\nu \sqrt{\dfrac{2\pi}{\alpha}} J_{2\nu+\frac{1}{2}}(\alpha) & \text{"}\quad n=2\nu, \end{cases}$ (10);

10b) $\int_{-1}^{1} \sin\alpha x \cdot P_n(x)\,dx = \begin{cases} 0 & \text{für } n=2\nu, \\ (-1)^\nu \sqrt{\dfrac{2\pi}{\alpha}} J_{2\nu+\frac{3}{2}}(\alpha) & \text{"}\quad n=2\nu+1, \end{cases}$ (10).

172

172. Legendresche Polynome für das Intervall $a \leq x \leq b$.

1a) $P_n(x) = \dfrac{1}{n!(b-a)^n} \dfrac{d^n}{dx^n}\left[(x-a)^n(x-b)^n\right],\quad n=0,1,2,\ldots$ (171.1a);[*]

---

[*] Mittels der Substitution $x \to \dfrac{2x-a-b}{b-a}$.

172

1b) $$P_n(x) = \frac{1}{(b-a)^n} \sum_{\nu=0}^{n} \binom{n}{\nu}^2 (x-a)^{n-\nu}(x-b)^{\nu}, \quad n=0,1,2,\ldots \qquad (171.1b)^*$$

1c) $$= \frac{1}{2^n} \sum_{\nu=0}^{[\frac{n}{2}]} \frac{(-1)^{\nu}(2n-2\nu)!}{\nu!(n-\nu)!(n-2\nu)!} \left(\frac{2x-a-b}{b-a}\right)^{n-2\nu}, \quad n=0,1,2,\ldots \qquad (171.1c)^*$$

1d) $$P_n(a) = (-1)^n, \quad P_n(b) = 1, \quad P_n\left(\frac{a+b}{2}\right) = \begin{cases} 0 & \text{für } n=2\mu+1, \\ \binom{-\frac{1}{2}}{\mu} & \text{"} \quad n=2\mu; \end{cases}$$

1e) $$P_0(x)=1, \quad P_1(x) = \frac{2x-a-b}{b-a}, \quad P_2(x) = \frac{6x^2-6(a+b)x+a^2+4ab+b^2}{(b-a)^2}, \ldots \qquad (1).$$

2) $$\int_a^b P_n(x) P_m(x)\, dx = \begin{cases} 0 & \text{für } n \ne m \\ \frac{b-a}{2n+1} & \text{"} \quad n=m \end{cases} \qquad (171.3).$$

3a) $$(n+1)(b-a) P_{n+1}(x) - (2n+1)(2x-a-b) P_n(x) + n(b-a) P_{n-1}(x) = 0, \quad n=1,2,\ldots \qquad (171.8a);$$

3b) $$(x-a)(x-b) P_n''(x) + (2x-a-b) P_n'(x) - n(n+1) P_n(x) = 0, \quad n=0,1,2,\ldots \qquad (171.8b);$$

3c) $$\left[1 - \frac{2}{b-a}(2x-a-b)t + t^2\right]^{-\frac{1}{2}} = \sum_{n=0}^{\infty} P_n(x) t^n, \quad a \le x \le b, \; |t|<1, \qquad (171.8c).$$

4a) $$\int_a^b \frac{P_n(x)\, dx}{\sqrt{1-\frac{2}{b-a}(2x-a-b)t+t^2}} = \frac{(b-a)t^n}{2n+1}, \quad n=0,1,2,\ldots, \; |t|<1, \qquad (3c);$$

4b) $$\int_a^b \frac{P_n(x)}{\sqrt{b-x}}\, dx = \frac{2\sqrt{b-a}}{2n+1}, \quad n=0,1,2,\ldots \qquad (4a, t=1);$$

4c) $$\int_a^b \frac{P_n(x)}{\sqrt{x-a}}\, dx = \frac{(-1)^n 2\sqrt{b-a}}{2n+1}, \quad n=0,1,2,\ldots \qquad (4a, t=-1).$$

---

*) Mittels der Substitution $x \to \frac{2x-a-b}{b-a}$.

173. Jacobische oder hypergeometrische Polynome.[*]

1a) $$P_n(x;\alpha,\beta) = \frac{(-1)^n}{2^n n!}(x+1)^{-\alpha}(1-x)^{-\beta}\frac{d^n}{dx^n}\left[(x+1)^{n+\alpha}(1-x)^{n+\beta}\right],$$

1b) $$= \frac{1}{2^n}\sum_{\nu=0}^{n}(-1)^{\nu}\binom{n+\alpha}{\nu}\binom{n+\beta}{n-\nu}(x+1)^{n-\nu}(1-x)^{\nu},$$

1c) $$= \sum_{\nu=0}^{n}(-1)^{n-\nu}\binom{n+\alpha}{n-\nu}\binom{n+\alpha+\beta+\nu}{\nu}\left(\frac{x+1}{2}\right)^{\nu},$$

1d) $$= (-1)^n\binom{n+\alpha}{n}\mathscr{F}\left(-n, n+\alpha+\beta+1, \alpha+1; \frac{x+1}{2}\right),$$

$$\alpha > -1,\ \beta > -1,\ n = 0, 1, 2, \ldots \qquad (011.6).$$

2) $$\int_{-1}^{1}(x+1)^{\alpha}(1-x)^{\beta}P_n(x;\alpha,\beta)P_m(x;\alpha,\beta)dx = \begin{cases} 0 & \text{für } n \neq m, \\ \dfrac{2^{\alpha+\beta+1}\Gamma(n+\alpha+1)\Gamma(n+\beta+1)}{n!(2n+\alpha+\beta+1)\Gamma(n+\alpha+\beta+1)} & \text{" } n = m, \end{cases}$$

$$(021.3, 421.2).$$

174. Tschebischeffsche Polynome.

1a) $$T_n(x) = \frac{n!}{(1;2;n)}P_n\left(x; -\tfrac{1}{2}, -\tfrac{1}{2}\right) = \frac{(-1)^n\sqrt{1-x^2}}{2^n(1;2;n)}\frac{d^n}{dx^n}\left[(1-x^2)^{n-\frac{1}{2}}\right],\ n=0,1,2,\ldots$$
$$(173.1);$$

1b) $$= \frac{n!}{2^n(1;2;n)}\sum_{\nu=0}^{n}(-1)^{\nu}\binom{n-\frac{1}{2}}{\nu}\binom{n-\frac{1}{2}}{n-\nu}(x+1)^{n-\nu}(1-x)^{\nu},$$

1c) $$= \frac{(-1)^n}{2^n}\sum_{\nu=0}^{n}\frac{(-n;1;\nu)(n;1;\nu)}{\nu!(\tfrac{1}{2};1;\nu)}\left(\frac{x+1}{2}\right)^{\nu},$$

1d) $$= \frac{(-1)^n}{2^n}\mathscr{F}\left(-n, n, \tfrac{1}{2}; \frac{x+1}{2}\right), \qquad (011.6),$$

---

[*] Für das Intervall $-1 \leq x \leq 1$, mittels der Substitution $x \to \frac{2x-a-b}{b-a}$ erhält man die entsprechenden Polynome für das Intervall $a \leq x \leq b$.
Spezialfälle: $\alpha = \beta = 0$, Legendresche Polynome,
$\alpha = \beta = -\tfrac{1}{2}$, Tschebischeffsche Polynome,
$\alpha = \beta = m$, assoziierte Legendresche Polynome (Funktionen).

174

1e) $\quad T_n(x) = \frac{1}{2^n} \cos[n \operatorname{Arc} \cos x]$

2) $\quad T_n(1) = \frac{1}{2^n}, \quad T_n(-1) = \frac{(-1)^n}{2^n}, \quad T_n(-x) = (-1)^n T_n(x),$ (1b).

3a) $\quad T_{n+2}(x) - x T_{n+1}(x) + \frac{1}{4} T_n(x) = 0, \quad n = 0, 1, 2, \ldots$;

3b) $\quad (1-x^2) T_n''(x) - x T_n'(x) + n^2 T_n(x) = 0, \quad n = 0, 1, 2, \ldots$;

3c) $\quad \dfrac{1-xt}{1-2xt+t^2} = \sum\limits_{n=0}^{\infty} T_n(x)(2t)^n, \quad |x| < 1, \ |t| < 1.$

4) $\quad \int\limits_{-1}^{1} T_n(x) T_m(x) \cdot \dfrac{dx}{\sqrt{1-x^2}} = \begin{cases} 0 & \text{für } n \neq m, \\ \dfrac{\pi}{2^{2n+1}} & \text{ " } n = m \neq 0, \\ \pi & \text{ " } n = m = 0, \end{cases}$ (021.3, 421.2).

5) $\quad \int\limits_{-1}^{1} \dfrac{(1-xt) T_n(x)}{(1-2xt+t^2)\sqrt{1-x^2}} dx = \begin{cases} \dfrac{\pi t^n}{2^{n+1}} & \text{für } n=1,2,\ldots \ |t|<1, \\ \pi & \text{ " } n = 0, \end{cases}$ (3c).

6) $\quad \int\limits_{-1}^{1} \dfrac{x^m}{\sqrt{1-x^2}} T_n(x) dx = \begin{cases} 0 & \text{für } m < n \text{ und } m-n = 2\mu+1 \\ \dfrac{\pi}{2^{m+n}} \binom{m}{\mu} & \text{ " } m-n = 2\mu \end{cases}$ (021.3).

7) $\quad \int\limits_{-1}^{1} e^{ixy} T_n(x) \dfrac{dx}{\sqrt{1-x^2}} = \dfrac{i^n \pi}{2^n} J_n(y), \quad n = 0, 1, 2, \ldots$ (1a, 021.3, 511.11a);

7a) $\quad \int\limits_{-1}^{1} \cos \alpha x \cdot T_n(x) \dfrac{dx}{\sqrt{1-x^2}} = \begin{cases} 0 & \text{für } n = 2\nu+1, \\ \dfrac{(-1)^\nu \pi}{2^n} J_n(\alpha) & \text{ " } n = 2\nu, \end{cases}$ (7);

7b) $\quad \int\limits_{-1}^{1} \sin \alpha x \cdot T_n(x) \dfrac{dx}{\sqrt{1-x^2}} = \begin{cases} 0 & \text{für } n = 2\nu, \\ \dfrac{(-1)^\nu \pi}{2^n} J_n(\alpha) & \text{ " } n = 2\nu+1, \end{cases}$ (7).

175. Assoziierte Legendresche Funktionen.

1a) $\quad P_n^m(x) = (1-x^2)^{\frac{m}{2}} \dfrac{d^m}{dx^m} P_n(x) = \dfrac{(1-x^2)^{\frac{m}{2}}}{2^n n!} \dfrac{d^{m+n}}{dx^{m+n}}\left[(x^2-1)^n\right], \quad n=m, m+1,\ldots \quad (171.1);$

1b) $\quad = \dfrac{(m+n)!}{2^m n!}(1-x^2)^{\frac{m}{2}} P_{n-m}(x; m, m), \quad n=m, m+1, m+2,\ldots \quad (173.1);$

1c) $\quad = \dfrac{(1-x^2)^{\frac{m}{2}}}{2^n} \sum\limits_{\nu=0}^{[\frac{n-m}{2}]} \dfrac{(-1)^\nu (2n-2\nu)!}{\nu!(n-\nu)!(n-m-2\nu)!} x^{n-m-2\nu}, \quad n=m, m+1,\ldots \quad (171.1c).$

2a) $\quad P_n^m(-x) = (-1)^{n-m} P_n^m(x);$

2b) $\quad P_m^m(x) = (1;2;m)(1-x^2)^{\frac{m}{2}}, \quad P_{m+1}^m(x) = (1;2;m+1)x(1-x^2)^{\frac{m}{2}},$

$P_{m+2}^m(x) = \dfrac{1}{2}(1;2;m+2)\left(x^2 - \dfrac{1}{2m+3}\right)(1-x^2)^{\frac{m}{2}},$

$P_{m+3}^m(x) = \dfrac{1}{6}(1;2;m+3)\left(x^3 - \dfrac{3x}{2m+5}\right)(1-x^2)^{\frac{m}{2}}, \ldots$

3) $\quad \int\limits_{-1}^{1} P_n^m(x) P_p^m(x)\, dx = \begin{cases} 0 & \text{für } p \neq n, \\ \dfrac{2(n+m)!}{(2n+1)(n-m)!} & \text{"} \quad p = n, \end{cases} \quad (173.2).$

4a) $\quad (n-m+2) P_{n+2}^m(x) - (2n+3) x P_{n+1}^m(x) + (n+m+1) P_n^m(x) = 0, \quad n=m, m+1, \ldots;$

4b) $\quad (1-x^2)\dfrac{d^2}{dx^2} P_n^m(x) - 2x \dfrac{d}{dx} P_n^m(x) + \left[n(n+1) - \dfrac{m^2}{1-x^2}\right] P_n^m(x) = 0, \quad n=m, m+1, \ldots$
$\hfill (171.8).$

4c) $\quad \dfrac{(1-x^2)^{\frac{m}{2}}}{(1-2xt+t^2)^{m+\frac{1}{2}}} = \dfrac{1}{(1;2;m)} \sum\limits_{\nu=0}^{\infty} P_{m+\nu}^m(x) t^\nu, \quad |x|<1, |t|<1, \quad (171.8).$

5) $\quad \int\limits_{-1}^{1} \dfrac{(1-x^2)^{\frac{m}{2}} P_n^m(x)}{(1-2xt+t^2)^{m+\frac{1}{2}}} dx = \dfrac{2(n+m)! \, t^{n-m}}{(2n+1)(n-m)!\,(1;2;m)}, \quad n \geq m, |t|<1, \quad (4c);$

5a) $\quad \int\limits_{-1}^{1} \dfrac{(1-x^2)^m}{(1-2xt+t^2)^{m+\frac{1}{2}}} dx = \begin{cases} \dfrac{2^{m+1} m!}{(1;2;m+1)}, & \text{für } |t| \leq 1, \\ \dfrac{2^{m+1} m!}{t^{2m+1}(1;2;m+1)}, & \text{"} \quad |t| \geq 1, \end{cases}$
$\hfill m=0,1,2,\ldots \quad (5, n=m).$

176. Laguerresche Polynome.

1a) $\quad L_n(x;\alpha,\beta) = e^{\alpha x} x^{1-\beta} \dfrac{d^n}{dx^n}(e^{-\alpha x} x^{n+\beta-1})$, $\quad \alpha>0, \beta>0, n=0,1,2,\ldots$; *)

1b) $\quad\quad\quad = \sum\limits_{\nu=0}^{n} \binom{n}{\nu}(\beta+\nu;1;n-\nu)(-\alpha x)^{\nu}$;

1c) $\quad L_n(0;\alpha,\beta) = (\beta;1;n)$, $\quad n=0,1,2,\ldots$ \hfill (1b);

1d) $\quad L_0(x;\alpha,\beta)=1$, $\quad L_1(x;\alpha,\beta)=\beta-\alpha x$, $\quad L_2(x;\alpha,\beta)=\beta(\beta+1)-2(\beta+1)\alpha x+\alpha^2 x^2$,

$\quad L_3(x;\alpha,\beta) = \beta(\beta+1)(\beta+2) - 3(\beta+1)(\beta+2)\alpha x + 3(\beta+2)\alpha^2 x^2 - \alpha^3 x^3, \ldots$ \hfill (1a-b).

2) $\quad \displaystyle\int_0^\infty e^{-\alpha x} x^{\beta-1} L_n(x;\alpha,\beta) L_m(x;\alpha,\beta)\,dx = \begin{cases} 0 & \text{für } m \neq n, \\ \dfrac{n!\,\Gamma(\beta+n)}{\alpha^\beta} & \text{„ } m=n, \end{cases}$ \hfill (021.3, 411.1a).

3) $\quad \displaystyle\int_0^\infty e^{-\alpha x} x^{\beta} L_n(x;\alpha,\beta) L_m(x;\alpha,\beta)\,dx = \begin{cases} 0 & \text{für } m>n+1, m<n-1, \\ -(n+1)!\,\Gamma(\beta+n+1)\alpha^{-\beta-1} & \text{„ } m=n+1, \\ (2n+\beta)n!\,\Gamma(\beta+n)\alpha^{-\beta-1} & \text{„ } m=n, \end{cases}$

\hfill (021.3, 411.1a).

4a) $\quad L_{n+2}(x;\alpha,\beta) + (\alpha x-2n-\beta-2)L_{n+1}(x;\alpha,\beta) + (n+1)(n+\beta)L_n(x;\alpha,\beta) = 0$, $n=0,1,2,\ldots$ (2,3);

4b) $\quad x L_n''(x;\alpha,\beta) + (\beta-\alpha x)L_n'(x;\alpha,\beta) + n\alpha L_n(x;\alpha,\beta) = 0$, $\quad n=0,1,2,\ldots$.

5) $\quad \displaystyle\int_0^\infty e^{-\alpha x} x^{m+\beta-1} L_n(x;\alpha,\beta)\,dx = \begin{cases} (-1)^n \dfrac{m!\,\Gamma(\beta+m)}{(m-n)!\,\alpha^{\beta+m}}, & m \geq n, \\ 0, & m<n, \end{cases}$ \hfill (021.3).

6) $\quad \displaystyle\int_0^\infty e^{-\alpha x} x^{\frac{\beta-1}{2}} J_{\beta-1}(2\sqrt{\alpha xy}) L_n(x;\alpha,\beta)\,dx = \alpha^{-\frac{\beta+1}{2}} y^{n+\frac{\beta-1}{2}} e^{-y}$, $n=0,1,2,\ldots$ (021.7, 5).

6a) $\quad \displaystyle\int_0^\infty e^{-x} J_0(2\sqrt{xy}) L_n(x)\,dx = y^n e^{-y}$, $\quad L_n(x)=L_n(x;1,1), n=0,1,2,\ldots$ \hfill (6).

---

*) Für $\alpha=\beta=1$ erhält man die gewöhnlichen Laguerreschen Polynome:

$$L_n(x) = e^x \dfrac{d^n}{dx^n}(e^{-x} x^n) = \sum_{\nu=0}^{n} \binom{n}{\nu}\dfrac{n!}{\nu!}(-x)^\nu.$$

177. Hermitesche Polynome.

1a) $\quad H_n(x;\alpha) = (-1)^n e^{\alpha x^2} \dfrac{d^n}{dx^n} e^{-\alpha x^2}, \quad \alpha > 0, \quad n = 0,1,2,\ldots\,;$ *)

1b) $\quad = \alpha^n \displaystyle\sum_{\nu=0}^{\left[\frac{n}{2}\right]} (-1)^\nu \dfrac{(n;-1;2\nu)}{\alpha^\nu \nu!} (2x)^{n-2\nu};$

1c) $\quad H_n(-x;\alpha) = (-1)^n H_n(x;\alpha),\qquad\qquad\qquad\qquad\qquad\qquad\qquad\qquad\;(1b);$

1d) $\quad H_0(x;\alpha)=1,\; H_1(x;\alpha)=2\alpha x,\; H_2(x;\alpha)=(2\alpha x)^2 - 2\alpha,\; H_3(x;\alpha)=(2\alpha x)^3 - 12\alpha^2 x, \ldots$

2) $\quad \displaystyle\int_{-\infty}^{\infty} e^{-\alpha x^2} H_n(x;\alpha) H_m(x;\alpha)\,dx = \begin{cases} 0 & \text{für } m \neq n, \\ \sqrt{\dfrac{\pi}{\alpha}}\, n!\,(2\alpha)^n & \text{''}\quad m=n, \end{cases}\qquad (021.3).$

3) $\quad \displaystyle\int_{-\infty}^{\infty} e^{-\alpha x^2} x\, H_n(x;\alpha) H_m(x;\alpha)\,dx = \begin{cases} 0 & \text{für } m \neq n \pm 1, \\ \sqrt{\dfrac{\pi}{\alpha}}\, (n+1)!\,(2\alpha)^n & \text{''}\quad m=n+1, \end{cases}\qquad (021.3).$

4a) $\quad H_n'(x;\alpha) = 2n\alpha\, H_{n-1}(x;\alpha), \quad n=1,2,\ldots \qquad\qquad\qquad\qquad\qquad\quad (1);$

4b) $\quad H_{n+2}(x;\alpha) - 2\alpha x\, H_{n+1}(x;\alpha) + 2(n+1)\alpha\, H_n(x;\alpha) = 0, \quad n=0,1,2,\ldots \qquad (3);$

4c) $\quad H_n''(x;\alpha) - 2\alpha x\, H_n'(x;\alpha) + 2n\alpha\, H_n(x;\alpha) = 0, \quad n=0,1,2,\ldots \qquad\qquad (4a\text{-}b);$

4d) $\quad e^{-t^2 + 2\sqrt{\alpha}\,x t} = \displaystyle\sum_{n=0}^{\infty} \dfrac{1}{n!} H_n(x;\alpha) \left(\dfrac{t}{\sqrt{\alpha}}\right)^n.$

5) $\quad \displaystyle\int_{-\infty}^{\infty} e^{-(t-\sqrt{\alpha}\,x)^2} H_n(x;\alpha)\,dx = \sqrt{\pi}\, 2^n \alpha^{\frac{n-1}{2}} t^n, \quad n=0,1,2,\ldots \qquad (4d).$

6) $\quad \displaystyle\int_{-\infty}^{\infty} e^{-\alpha x^2} x^m H_n(x;\alpha)\,dx = \begin{cases} 0 & \text{für } m<n \text{ und } m-n=2\mu-1, \\ \dfrac{m!}{\mu!(4\alpha)^\mu}\sqrt{\dfrac{\pi}{\alpha}} & \text{''}\quad m-n = 2\mu, \end{cases}\qquad (021.3).$

---

*) Die gebräuchlichsten Werte für α sind: $\alpha = 1$ und $\alpha = \dfrac{1}{2}$.

2. Abschnitt: Algebraisch irrationale Integranden.

211. Rationale Funktionen von x und $\sqrt[n]{ax+b}$.

1a) $\displaystyle\int_0^1 \frac{dx}{\sqrt[n]{x}} = \frac{n}{n-1}, \qquad n=2,3,\ldots$ \hfill (021.4a, I11.1);

1b) $\displaystyle\int_0^1 \frac{dx}{a+b\sqrt{x}} = \frac{2}{b} - \frac{2a}{b^2}\log\frac{a+b}{a}, \quad b\neq 0, \; a(a+b)>0,$ \hfill (021.4a, I12.4c);

1c) $\displaystyle\int_0^1 \frac{\sqrt[n]{x^m}}{c\sqrt[n]{x}+d}\,dx = n\sum_{\nu=0}^{m+n-2}\frac{(-d)^\nu}{(m+n-\nu-1)c^{\nu+1}} + \frac{n(-d)^{m+n-1}}{c^{m+n}}\log\frac{c+d}{d},$

$c\neq 0,\;(c+d)d>0,\;n=2,3,\ldots;\;m+n=1,2,\ldots$ *) \hfill (021.4a, I12.5e).

2) $\displaystyle\int_0^a x^{m-\frac{1}{2}}(a-x)^n\,dx = \int_0^a x^n(a-x)^{m-\frac{1}{2}}\,dx = \frac{n!\,2^{n+1}a^{m+n+\frac{1}{2}}}{(2m+1;\,2;\,n+1)},\; a>0,\; m,n=0,1,2,\ldots$ \hfill (421.2).

3) $\displaystyle\int_0^1 \frac{x^{m-\frac{1}{2}}}{(x+1)^{2m+1}}\,dx = \int_1^\infty \sim\; = \frac{1}{2}\int_0^\infty \sim\; = \frac{\pi(1;2;m)}{2^{3m+1}\,m!},\quad m=0,1,2,\ldots$ \hfill (421.8a).

4a) $\displaystyle\int_0^\infty \left(\frac{x}{ax^2+b}\right)^m \frac{dx}{\sqrt{x}} = \frac{\pi(1;\,2;\,m-1)}{(m-1)!\,2^{2m-\frac{3}{2}}(ab)^{\frac{2m-1}{4}}\sqrt{a}},\; a>0,\,b>0,\,m=1,2,\ldots$ \hfill (031.13a, 5);

4b) $\displaystyle\int_0^\infty \left(\frac{x}{ax^2+b}\right)^m \frac{dx}{x\sqrt{x}} = \frac{\pi(1;\,2;\,m-1)}{(m-1)!\,2^{2m-\frac{3}{2}}(ab)^{\frac{2m-1}{4}}\sqrt{b}},\; a>0,\,b>0,\,m=1,2,\ldots$ \hfill (031.13c, 5);

4c) $\displaystyle\int_0^\infty \left(\frac{x}{ax^2+b}\right)^m \sqrt{x}\,dx = \frac{\pi(2m-1)(1;\,2;\,m-2)}{(m-1)!\,2^{2m-\frac{3}{2}}(ab)^{\frac{2m-3}{4}}\sqrt{a^3}},\; a>0,\,b>0,\,m=2,3,\ldots$ \hfill (031.13b, 5).

5) $\displaystyle\int_0^\infty \frac{x^{n-\frac{1}{2}}}{(ax+b)^m}\,dx = \frac{\pi(1;\,2;\,n)(1;\,2;\,m-n-1)}{(m-1)!\,2^{m-1}\,a^{n+\frac{1}{2}}\,b^{m-n-\frac{1}{2}}},\; ab>0,\; m\geq n+1\geq 1,$ \hfill (421.13a).

6a) $\displaystyle\int_0^\infty \frac{dx}{(ax^2+2bx+c)\sqrt{x}} = \frac{\pi}{\sqrt{2c(\sqrt{ac}+b)}},\; a>0,\,b>0,\,ac>b^2,$ \hfill (021.12);

6b) $\displaystyle\int_0^\infty \frac{\sqrt{x}\,dx}{ax^2+2bx+c} = \frac{\pi}{\sqrt{2a(\sqrt{ac}+b)}},\; a>0,\,b>0,\,ac>b^2,$ \hfill (021.12).

---

*) Bei $m+n=1$ ist die Summe $\sum$ wegzulassen.

211

7) $\int_0^\infty \dfrac{dx}{(ax+b)\sqrt{x}} = \dfrac{\pi}{\sqrt{ab}}$, $a>0, b>0$, (021.4a, 131.3a).

8a) $\int_{-1}^1 \dfrac{(1-x^2)^m dx}{(ax+b)^{m+\frac{1}{2}}} = \dfrac{m!\, 2^{m+1}}{(1;2;m+1)} \left(\dfrac{\sqrt{a+b}-\sqrt{b-a}}{a}\right)^{2m+1}$, $b>|a|>0, m=0,1,2,\ldots$ (175.5a);

8b) $\int_{-1}^1 \dfrac{(1-x^2)^m x\, dx}{(ax+b)^{m+\frac{1}{2}}} = \dfrac{-m!\, 2^m (\sqrt{a+b}-\sqrt{b-a})^{2m+3}}{(2m+3)(1;2;m)\, a^{2m+2}}$, $b>|a|>0, m=0,1,2,\ldots$ (175.5).

9) $\int_0^\infty \dfrac{x^p dx}{(ax+b)^{m+q/n}} = \dfrac{p!\, n^{p+1}}{(nm-n+q;-n;p+1)\, a^{p+1} b^{m-p-1+q/n}}$, $a>0, b>0, p<m-1+q/n$. (421.13a);

9a) $\int_0^\infty \dfrac{x^p dx}{(ax+b)^{m+\frac{1}{2}}} = \dfrac{p!\, 2^{p+1}}{(2m-1;-2;p+1)\, a^{p+1} b^{m-p-\frac{1}{2}}}$, $a>0, b>0, p<m-\frac{1}{2}$ (9);

9b) $\int_0^\infty \dfrac{dx}{(ax+b)^{m+1/n}} = \dfrac{n}{(mn-n+1)\, a\, b^{m-1+1/n}}$, $a>0, b>0, m=1,2,\ldots$ (9);

9c) $\int_0^\infty \dfrac{dx}{(ax+b)^m \sqrt{ax+b}} = \dfrac{2}{(2m-1)\, a\, b^{m-\frac{1}{2}}}$, $a>0, b>0, m=1,2,\ldots$ (9b).

10a) $\int_0^\infty \dfrac{dx}{(x-\alpha)\sqrt{ax+b}} = \dfrac{2}{\sqrt{-(a\alpha+b)}} \operatorname{Arc tg}\sqrt{\dfrac{-(a\alpha+b)}{b}}$, $a>0, b>0, a\alpha+b<0$, (I 212.9b);

10b) $(\!C\!)\int_0^\infty \sim\ = \dfrac{1}{\sqrt{a\alpha+b}} \log\left|\dfrac{\sqrt{b}+\sqrt{a\alpha+b}}{\sqrt{b}-\sqrt{a\alpha+b}}\right|$, $a>0, b>0, a\alpha+b>0$, (I 212.9a);

10c) $\int_0^\infty \sim\ = \dfrac{2}{\sqrt{b}}$, $a>0, b>0, a\alpha+b=0$, (I 212.9c).

11) $\int_0^\infty \dfrac{dx}{(x+\varrho e^{i\Theta})\sqrt{x}} = \dfrac{\pi}{\sqrt{\varrho}}\left(\cos\dfrac{\Theta}{2} - i\sin\dfrac{\Theta}{2}\right)$, $\varrho>0, -\pi<\Theta<\pi$, (421.15).

212

212. Rationale Funktionen von $x, \sqrt{ax+b}, \sqrt{cx+d}$.

1a) $\int_a^b R(x,\sqrt{x-a},\sqrt{b-x})\, dx = \int_0^1 R\!\left(a+\dfrac{4(b-a)t^2}{(1+t^2)^2},\, \dfrac{2\sqrt{b-a}\, t}{1+t^2},\, \dfrac{\sqrt{b-a}\,(1-t^2)}{1+t^2}\right) \dfrac{8(b-a)t(1-t^2)}{(1+t^2)^3}\, dt$ (I 221.1);

212

1b) $\int_a^b R(x,\sqrt{x-a},\sqrt{b-x})dx = (b-a)\int_0^{\pi/2} R(a+(b-a)\sin^2\varphi, \sqrt{b-a}\sin\varphi, \sqrt{b-a}\cos\varphi)\sin 2\varphi\, d\varphi$, (1a, $t=tg\frac{\varphi}{2}$);

1c) $\quad = (b-a)\int_0^\infty R\left(\frac{a+by}{1+y}, \sqrt{\frac{(b-a)y}{1+y}}, \sqrt{\frac{b-a}{1+y}}\right)\frac{dy}{(1+y)^2}$, (021.4a)[*];

1d) $\int_a^b R(x,\sqrt{(x-a)(b-x)})dx = (b-a)\int_0^\infty R\left(\frac{a+by}{1+y}, \frac{(b-a)\sqrt{y}}{1+y}\right)\frac{dy}{(1+y)^2}$, (021.4a)[*];

2) $\int_a^b x^m [(x-a)(b-x)]^{\frac{n}{2}} dx = \frac{(-1)^m m!}{(m+n+1)!}\left\{\Gamma\left(\frac{n}{2}+1\right)\right\}^2 (b-a)^{n+1} \sum_{\mu=0}^m \binom{-\frac{n}{2}-1}{\mu}\binom{-\frac{n}{2}-1}{m-\mu} a^\mu b^{m-\mu}$,

$\qquad m=0,1,2,\ldots$; $n=-1,0,1,2,\ldots$ \qquad (1d).

3) $\int_a^b [(x-a)(b-x)]^{\frac{n}{2}} dx = \frac{(b-a)^{n+1}}{(n+1)!}\left\{\Gamma\left(\frac{n}{2}+1\right)\right\}^2$, \quad $n=-1,0,1,2,\ldots$ \qquad (2);

3a) $\int_a^b \frac{dx}{\sqrt{(x-a)(b-x)}} = \pi$, \qquad (3);

3b) $\int_a^b \sqrt{(x-a)(b-x)}\, dx = \frac{\pi}{8}(b-a)^2$, \qquad (3).

4) $\int_a^b \frac{(x-a)^m (b-x)^n}{\sqrt{(x-a)(b-x)}} dx = \frac{\pi(1,2;m)(1,2;n)}{(m+n)!}\left(\frac{b-a}{2}\right)^{m+n}$, $m,n=0,1,2,\ldots$ (421.2);

4a) $\int_a^b \sqrt{\frac{x-a}{b-x}}\, dx = \int_a^b \sqrt{\frac{b-x}{x-a}}\, dx = \frac{\pi}{2}(b-a)$, \qquad (4).

5a) $\int_a^b \frac{dx}{(cx+d)\sqrt{(x-a)(b-x)}} = \frac{\pi}{\sqrt{(ac+d)(bc+d)}}$, $ac+d>0$, $bc+d>0$, (1d, 211.7);

5b) $\int_a^b \frac{\sqrt{(x-a)(b-x)}}{cx+d} dx = \frac{\pi}{2c^2}\left[\sqrt{ac+d} - \sqrt{bc+d}\right]^2$, $c\neq 0$, $ac+d>0$, $bc+d>0$, (I 231.6);

5c) $\int_a^b \frac{\sqrt{(x-a)(b-x)}}{(cx+d)^2} dx = \frac{\pi}{2c^2}\frac{\left[\sqrt{ac+d}-\sqrt{bc+d}\right]^2}{\sqrt{(ac+d)(bc+d)}}$, $c\neq 0$, $ac+d>0$, $bc+d>0$, (I 231.5a oder 021.5);

5d) $\int_a^b \frac{\sqrt{(x-a)(b-x)}}{(cx+d)^3} dx = \frac{\pi(b-a)^2}{8(ac+d)^{3/2}(bc+d)^{3/2}}$, $ac+d>0$, $bc+d>0$ \quad (421.4).

---

[*] $x=\frac{a+by}{1+y}$, $y=\frac{x-a}{b-x}$, $x-a=\frac{(b-a)y}{1+y}$, $b-x=\frac{b-a}{1+y}$.

212

6) $\int_0^1 \frac{\sqrt{x(1-x)}}{(1-tx)^n} dx = \frac{\pi}{8} \mathcal{F}(\frac{3}{2}, n, 3; t)$, $\quad |t|<1$, $\hfill (421.12).$

7) $\int_0^\infty \frac{x^{m-\frac{1}{2}} dx}{(ax+b)^{m+n+3/2}} = \frac{n! \, 2^{n+1}}{(2m+1; 2; n+1) a^{m+\frac{1}{2}} b^{n+1}}$, $\quad a>0, b>0, m,n=0,1,2,\ldots$
$\hfill (421.13a).$

213

213. Rationale Funktionen von $x, \sqrt{ax^2+2bx+c}$.

1) $\int_0^\infty \frac{dx}{(ax^2+2bx+c)^{3/2}} = \frac{1}{\sqrt{c}(\sqrt{ac}+b)}$, $\quad a \geq 0, c>0, b>-\sqrt{ac}$, $\hfill (I\,231.20b).$

2) $\int_0^\infty \frac{x\,dx}{(ax^2+2bx+c)^{3/2}} = \frac{1}{\sqrt{a}(\sqrt{ac}+b)}$, $\quad a>0, c\geq 0, b>-\sqrt{ac}$, $\hfill (I\,231.20a).$

3) $\int_0^\infty \frac{Ax^3+Bx^2+Cx+D}{(ax^2+2bx+c)^{5/2}} dx = \frac{1}{3(\sqrt{ac}+b)^2} \left\{ (2\sqrt{ac}+b)\left(\frac{A}{a^{3/2}} + \frac{D}{c^{3/2}}\right) + \frac{B}{\sqrt{a}} + \frac{C}{\sqrt{c}} \right\}$,
$\quad a>0, c>0, b>-\sqrt{ac}$, $\hfill (1,2,021.5).$

4) $\int_0^\infty \frac{dx}{(ax^2+2bx+c)^{n+3/2}} = \frac{(-2)^n}{(3,2;n)} \cdot \frac{\partial^n}{\partial c^n} \left[\frac{1}{\sqrt{c}(\sqrt{ac}+b)}\right]$, $a\geq 0, c>0, b>-\sqrt{ac}$,
$\quad n=0,1,2,\ldots$ $\hfill (1,021.5).$

5a) $\int_0^\infty \frac{x^n dx}{(ax^2+2bx+c)^{n+3/2}} = \frac{n!}{(3;2;n)\sqrt{c}(\sqrt{ac}+b)^{n+1}}$, $a\geq 0, c>0, b>-\sqrt{ac}$,
$\quad n=0,1,2,\ldots$ $\hfill (1,021.5 \text{ oder } 031.13c, 212\,7);$

5b) $\int_0^\infty \frac{x^{n+1} dx}{(ax^2+2bx+c)^{n+3/2}} = \frac{n!}{(3;2;n)\sqrt{a}(\sqrt{ac}+b)^{n+1}}$, $a>0, c\geq 0, b>-\sqrt{ac}$,
$\quad n=0,1,2,\ldots$ $\hfill (2,021.5 \text{ oder } 031.13a, 212\,7).$

6a) $\int_0^\infty \frac{dx}{(\alpha x+\beta)\sqrt{ax^2+2bx+c}} = \frac{1}{\gamma} \log \frac{\alpha[\gamma\sqrt{c}+\alpha c - \beta b]}{\beta[\gamma\sqrt{a}+\alpha b - \beta a]}$, $\alpha,\beta,a>0, c\geq 0, b>-\sqrt{ac}$,
$\quad \gamma=\sqrt{a\beta^2-2b\alpha\beta+c\alpha^2}>0$, $\hfill (I\,231.10a);$

6b) $\quad = \frac{1}{\gamma} \text{Arc cos}\left[1 - \frac{\gamma^2}{\alpha\beta(\sqrt{ac}+b)}\right]$, $\alpha,\beta,a>0, c\geq 0, b>\sqrt{ac}$,
$\quad \gamma=\sqrt{-a\beta^2+2b\alpha\beta-c\alpha^2}>0$, $\hfill (I\,231.10b);$

6c) $\quad = \frac{2}{\beta\sqrt{a}+\alpha\sqrt{c}}$, $\alpha,\beta,a>0, c\geq 0, a\beta^2-2b\alpha\beta+c\alpha^2=0$,
$\quad \alpha b - \beta a \neq 0$, $\hfill (I\,231.10c).$

214. Spezialfall: Rationale Funktionen von x und $\sqrt{x^2+a^2}$.

1a) $\displaystyle\int_0^a \frac{x^n dx}{\sqrt{x^2+a^2}} = a^{2n+1}\int_a^\infty \frac{dy}{y^{n+1}\sqrt{y^2+a^2}} =$ $\left(y=\frac{a^2}{x}\right)$,

$$= a^n\left\{\sqrt{2}\sum_{\nu=0}^{n-1}(-1)^\nu \frac{(n-1;-2;\nu)}{(n;-2;\nu+1)} + (-1)^r\left[(1-s)\frac{(n-1;-2;r)}{(n;-2;r)}\log(1+\sqrt{2})+\right.\right.$$

$$\left.\left.+ s\frac{(n-1;-2;r-1)}{(n;-2;r)}\right]\right\}, \quad r=\left[\frac{n+1}{2}\right], \quad n=2r-s=1,2,3,\ldots$$
(I 234.2b-c);

1b) $\displaystyle\int_0^a \frac{dx}{\sqrt{x^2+a^2}} = a\int_a^\infty \frac{dy}{y\sqrt{y^2+a^2}} = \log(1+\sqrt{2})$, (I 234.5a);

1c) $\displaystyle\int_0^a \frac{x\,dx}{\sqrt{x^2+a^2}} = a^3\int_a^\infty \frac{dy}{y^2\sqrt{y^2+a^2}} = a(\sqrt{2}-1)$, (1a);

1d) $\displaystyle\int_0^a \frac{x^2 dx}{\sqrt{x^2+a^2}} = a^5\int_a^\infty \frac{dy}{y^3\sqrt{y^2+a^2}} = \frac{a^2}{2}\left(\sqrt{2} - \log(1+\sqrt{2})\right)$, (1a).

2a) $\displaystyle\int_0^\infty \frac{x^{2m}dx}{(x^2+a^2)^{n+\frac{1}{2}}} = \frac{1}{2}\int_{-\infty}^\infty \sim \ = \frac{(n-m-1)!\,2^{n-m-1}}{(2m+1;2;n-m)\,a^{2n-2m}}, \quad n>m\geq 0,$ (431.16);

2b) $\displaystyle\int_0^\infty \frac{x^{2m+1}dx}{(x^2+a^2)^{n+\frac{1}{2}}} = \frac{m!\,2^m}{(2n-1;-2;m+1)\,a^{2n-2m-1}}, \quad n>m\geq 0,$ (431.16);

3) $\displaystyle\int_0^\infty \frac{dx}{(x+\alpha)\sqrt{x^2+a^2}} = \frac{1}{\sqrt{a^2+\alpha^2}}\log\frac{a[\sqrt{a^2+\alpha^2}+a]}{\alpha[\sqrt{a^2+\alpha^2}-\alpha]}, \quad a,\alpha>0,$ (213.6a);

3a) $\displaystyle\int_a^\infty \frac{dx}{x\sqrt{x^2+a^2}} = \frac{1}{a}\log(1+\sqrt{2}), \quad a>0,$ (I 234.5d).

4a) $\displaystyle\int_0^\infty \frac{dx}{(x^2+\alpha^2)\sqrt{x^2+a^2}} = \frac{1}{\alpha\sqrt{a^2-\alpha^2}}\operatorname{Arc\,tg}\frac{\sqrt{a^2-\alpha^2}}{\alpha}, \quad a>\alpha>0;$

4b) $\displaystyle\qquad\qquad\qquad = \frac{1}{\alpha\sqrt{\alpha^2-a^2}}\log\frac{\alpha+\sqrt{\alpha^2-a^2}}{a}, \quad \alpha>a>0,$ (I 234.19);

4c) $\displaystyle\qquad\qquad\qquad = \frac{1}{a^2}, \qquad\qquad\qquad \alpha=a>0,$ (2a).

214

5) $\int_0^\infty \dfrac{x^m dx}{[x+\sqrt{x^2+a^2}]^n} = \dfrac{n \cdot m!}{(n-m-1; 2; m+2)\, a^{n-m-1}}$, $\quad a>0,\ 0\le m\le n-2$,

$\qquad\qquad\qquad\left(x=\dfrac{ay}{2\sqrt{y+1}},\ x+\sqrt{x^2+a^2}=a\sqrt{y+1},\quad 421.13b\right);$

5a) $\int_0^\infty \dfrac{dx}{[x+\sqrt{x^2+a^2}]^n} = \dfrac{n}{a^{n-1}(n^2-1)},\quad n=2,3,\ldots$ \hfill (5).

6) $\int_0^\infty x^m[\sqrt{x^2+a^2}-x]^n\,dx = \dfrac{n \cdot m!\, a^{m+n+1}}{(n-m-1; 2; m+2)},\quad 0\le m\le n-2,\ a>0,\ (\text{wie } 5);$

6a) $\int_0^\infty [\sqrt{x^2+a^2}-x]^n\,dx = \dfrac{n\, a^{n+1}}{n^2-1},\quad n=2,3,\ldots$ \hfill (6).

7) $\int_\lambda^\infty [\sqrt{x^2+1}-x]^n\,dx = \dfrac{[\sqrt{\lambda^2+1}-\lambda]^{n-1}}{2(n-1)} + \dfrac{[\sqrt{\lambda^2+1}-\lambda]^{n+1}}{2(n+1)},\ n\ge 2,\ (\sqrt{x^2+1}-x=y).$

215

215. Spezialfall: Rationale Funktionen von x und $\sqrt{x^2-a^2}$.

1a) $\int_\alpha^\beta R(x,\sqrt{x^2-a^2})\,dx = 4a\int_{t_\alpha}^{t_\beta} R\!\left(\dfrac{a(1+t^2)}{1-t^2},\dfrac{2at}{1-t^2}\right)\dfrac{t\,dt}{(1-t^2)^2},\quad 0<a\le\alpha<\beta,$

$\qquad\qquad\qquad t_\alpha=\dfrac{\sqrt{\alpha^2-a^2}}{\alpha+a},\ t_\beta=\dfrac{\sqrt{\beta^2-a^2}}{\beta+a},$ \hfill (I 231.1d);

1b) $\qquad = a\int_{\varphi_\alpha}^{\varphi_\beta} R\!\left(\dfrac{a}{\cos\varphi},\ a\,\mathrm{tg}\,\varphi\right)\cdot\dfrac{\sin\varphi}{\cos^2\varphi}\,d\varphi,\quad 0<a\le\alpha<\beta,$

$\qquad\qquad\qquad \cos\varphi_\alpha=\dfrac{a}{\alpha},\ \cos\varphi_\beta=\dfrac{a}{\beta},\quad 0\le\varphi_\alpha<\varphi_\beta\le\dfrac{\pi}{2};$

1c) $\int_a^\infty \sim\ = a\int_0^{\pi/2} R\!\left(\dfrac{a}{\cos\varphi},\ a\,\mathrm{tg}\,\varphi\right)\cdot\dfrac{\sin\varphi}{\cos^2\varphi}\,d\varphi,$ \hfill (1b).

2a) $\int_\alpha^\beta \dfrac{dx}{\sqrt{x^2-a^2}} = \log\dfrac{\beta+\sqrt{\beta^2-a^2}}{\alpha+\sqrt{\alpha^2-a^2}},\quad 0<a\le\alpha<\beta,$ \hfill (I 235.5a);

2b) $\int_\alpha^\beta \dfrac{dx}{x\sqrt{x^2-a^2}} = \dfrac{1}{a}\left[\mathrm{Arc\,cos}\dfrac{a}{\beta} - \mathrm{Arc\,cos}\dfrac{a}{\alpha}\right],\quad 0<a\le\alpha<\beta,$ (I 235.5d).

215

2c) $\quad \int_a^\infty \dfrac{dx}{x\sqrt{x^2-a^2}} = \dfrac{\pi}{2a}, \qquad a>0,$ \hfill (2b).

3a) $\quad \int_a^\infty \dfrac{dx}{x^{2n}\sqrt{x^2-a^2}} = \dfrac{(n-1)!\,2^{n-1}}{(1;2;n)\,a^{2n}}, \qquad n=1,2,\ldots$ \hfill (1c);

3b) $\quad \int_a^\infty \dfrac{dx}{x^{2n+1}\sqrt{x^2-a^2}} = \binom{2n}{n}\dfrac{\pi}{(2a)^{2n+1}}, \qquad n=0,1,2,\ldots$ \hfill (1c).

4a) $\quad \int_a^\infty \dfrac{dx}{(cx+d)\sqrt{x^2-a^2}} = \dfrac{2}{\sqrt{a^2c^2-d^2}}\,\operatorname{Arc\,tg}\sqrt{\dfrac{ac-d}{ac+d}},\quad a>0,\,c>0,\,ac>|d|,$
\hfill (1a);

4b) $\qquad\qquad = \dfrac{1}{\sqrt{d^2-a^2c^2}}\,\log\dfrac{\sqrt{d+ac}+\sqrt{d-ac}}{\sqrt{d+ac}-\sqrt{d-ac}},\quad a>0,\,c>0,\,ac<d,$ \hfill (1a);

4c) $\qquad\qquad = \dfrac{1}{d},\qquad a>0,\,c>0,\,ac=d,$ \hfill (1a).

5) $\quad \int_b^\infty \left[x-\sqrt{x^2-a^2}\right]^n dx = \dfrac{a^2}{2(n-1)}\left[b-\sqrt{b^2-a^2}\right]^{n-1} - \dfrac{1}{2(n+1)}\left[b-\sqrt{b^2-a^2}\right]^{n+1},$
$\qquad\qquad 0<a\le b,\ n\ge 2,\quad (x-\sqrt{x^2-a^2}=y).$

6) $\quad \int_a^\infty (x-a)^m \left[x-\sqrt{x^2-a^2}\right]^n dx = \dfrac{n(n-m-2)!\,(2m+1)!\,a^{m+n+1}}{2^m(n+m+1)!},\quad a>0,\,n\ge m+2,$
$\qquad\qquad (x-\sqrt{x^2-a^2}=ay).$

216

216. Spezialfall: Rationale Funktionen von x und $\sqrt{a^2-x^2}$.

1a) $\quad \int_\alpha^\beta R\!\left(x,\sqrt{a^2-x^2}\right)dx = 2a\int_{t_\alpha}^{t_\beta} R\!\left(\dfrac{2at}{1+t^2},\dfrac{a(1-t^2)}{1+t^2}\right)\dfrac{1-t^2}{(1+t^2)^2}dt,\ -a\le\alpha<\beta\le a,$
$\qquad\qquad t_\alpha=\dfrac{a-\sqrt{a^2-\alpha^2}}{\alpha},\ t_\beta=\dfrac{a-\sqrt{a^2-\beta^2}}{\beta},\qquad$ (I 231.1c);

1b) $\qquad\qquad = a\int_{\varphi_\alpha}^{\varphi_\beta} R(a\sin\varphi,a\cos\varphi)\cos\varphi\,d\varphi,\quad -a\le\alpha<\beta\le a,$
$\qquad\qquad \sin\varphi_\alpha=\dfrac{\alpha}{a},\ \sin\varphi_\beta=\dfrac{\beta}{a},\ -\dfrac{\pi}{2}\le\varphi_\alpha<\varphi_\beta\le\dfrac{\pi}{2}$
$\qquad\qquad (x=a\sin\varphi);$

216

1c) $\displaystyle\int_0^a R(x,\sqrt{a^2-x^2})\,dx = a\int_0^{\pi/2} R(a\sin\varphi, a\cos\varphi)\cos\varphi\,d\varphi$, (1b).

2) $\displaystyle\int_\alpha^\beta \frac{dx}{\sqrt{a^2-x^2}} = \operatorname{Arcsin}\frac{\beta}{a} - \operatorname{Arcsin}\frac{\alpha}{a}$, $-a \le \alpha < \beta \le a$, (I 236.5a);

2a) $\displaystyle\int_0^a \sim\; = \int_{-a}^0 \sim\; = \frac{\pi}{2}$, $a>0$, (2);

2b) $\displaystyle\int_0^{a/2} \sim\; = \int_{-a/2}^0 \sim\; = \frac{\pi}{6}$, $a>0$, (2).

3a) $\displaystyle\int_0^a x^{2m}(a^2-x^2)^{n-\frac{1}{2}}\,dx = \frac{(1;2;m)(1;2;n)\pi\, a^{2m+2n}}{(m+n)!\,2^{m+n+1}}$, $m,n=0,1,2,\ldots$, $a>0$, (431.2);

3b) $\displaystyle\int_0^a x^{2m+1}(a^2-x^2)^{n-\frac{1}{2}}\,dx = \frac{m!\,2^m a^{2m+2n+1}}{(2n+1;2;m+1)}$, $m,n=0,1,2,\ldots$, $a>0$, (431.2).

4a) $\displaystyle\int_0^a \frac{x^{2m}}{\sqrt{a^2-x^2}}\,dx = \frac{(1;2;m)\pi\,a^{2m}}{m!\,2^{m+1}}$, $m=0,1,2,\ldots$, $a>0$, (3a);

4b) $\displaystyle\int_0^a \frac{x^{2m+1}}{\sqrt{a^2-x^2}}\,dx = \frac{m!\,2^m a^{2m+1}}{(1;2;m+1)}$, $m=0,1,2,\ldots$, $a>0$, (3b).

5a) $\displaystyle\int_0^a x^{2m}\sqrt{a^2-x^2}\,dx = \frac{(1;2;m)\pi\,a^{2m+2}}{(m+1)!\,2^{m+2}}$, $m=0,1,2,\ldots$, $a>0$, (3a);

5b) $\displaystyle\int_0^a x^{2m+1}\sqrt{a^2-x^2}\,dx = \frac{m!\,2^m a^{2m+3}}{(3;2;m+1)}$, $m=0,1,2,\ldots$, $a>0$, (3b).

6a) $\displaystyle\int_0^a (a^2-x^2)^{n-\frac{1}{2}}\,dx = \frac{(1;2;n)\pi\,a^{2n}}{n!\,2^{n+1}}$, $n=0,1,2,\ldots$, $a>0$, (3a);

6b) $\displaystyle\int_0^a x(a^2-x^2)^{n-\frac{1}{2}}\,dx = \frac{a^{2n+1}}{2n+1}$, $n=0,1,2,\ldots$, $a>0$, (3b).

7a) $\displaystyle\int_0^a \frac{dx}{(\alpha x+\beta)\sqrt{a^2-x^2}} = \frac{2}{\sqrt{\beta^2-a^2\alpha^2}}\operatorname{Arctg}\sqrt{\frac{\beta-a\alpha}{\beta+a\alpha}}$, $\beta > a\alpha \ge 0$, $a>0$, (1a, I 15.10);

7b) $\qquad\qquad = \dfrac{1}{\sqrt{a^2\alpha^2-\beta^2}}\log\dfrac{\sqrt{a\alpha+\beta}+\sqrt{a\alpha-\beta}}{\sqrt{a\alpha+\beta}-\sqrt{a\alpha-\beta}}$, $a\alpha > \beta > 0$, $a>0$, (1a, I 15.10);

216

7c) $\int_0^a \dfrac{dx}{(\alpha x+\beta)\sqrt{a^2-x^2}} = \dfrac{1}{a\alpha}$, $\quad \beta=a\alpha>0$, $a>0$, $\hfill$ (1a, I 15.10).

8a) $\int_0^a \dfrac{dx}{(x^2+c^2)\sqrt{a^2-x^2}} = \dfrac{\pi}{2c\sqrt{a^2+c^2}}$, $\quad a,c>0$, $\hfill$ (I 236.20);

8b) $\int_0^a \dfrac{x\,dx}{(x^2+c^2)\sqrt{a^2-x^2}} = \dfrac{1}{\sqrt{a^2+c^2}} \log \dfrac{a+\sqrt{a^2+c^2}}{c}$, $\quad a,c>0$, $\hfill$ ($x^2=a^2-y^2$).

9a) $\int_0^a \dfrac{dx}{(c^2-x^2)\sqrt{a^2-x^2}} = \dfrac{\pi}{2c\sqrt{c^2-a^2}}$, $\quad c>a>0$, $\hfill$ (I 236.19b);

9b) $\int_0^a \dfrac{x\,dx}{(c^2-x^2)\sqrt{a^2-x^2}} = \dfrac{1}{\sqrt{c^2-a^2}} \operatorname{Arctg} \dfrac{a}{\sqrt{c^2-a^2}} = \dfrac{1}{\sqrt{c^2-a^2}} \operatorname{Arcsin} \dfrac{a}{c}$, $\quad c>a>0$,
$\hfill$ ($x^2=a^2-y^2$, I 15.15b).

221

221. Elliptische Integrale in der Legendreschen kanonischen Form.

1a) $\int_0^1 \dfrac{dx}{\sqrt{(1-x^2)(1-k^2x^2)}} = \int_{-1}^0 \sim = \int_{1/k}^\infty \sim = \int_{-\infty}^{-1/k} \sim = F\left(\dfrac{\pi}{2},k\right) = \mathbf{K}(k)$, $\quad 0<k<1$,

(vollständiges Legendresches Normalintegral 1. Gattung, I 241.1);

1b) $\int_1^{1/k} \dfrac{dx}{\sqrt{(x^2-1)(1-k^2x^2)}} = \int_{-1/k}^{-1} \sim = \mathbf{K}(k')$, $\quad k'=\sqrt{1-k^2}$, $\quad \left(x=\dfrac{1}{\sqrt{1-k'^2 y^2}},\ 1a\right)$.

2a) $\mathbf{K}(k) = \int_0^{\pi/2} \dfrac{d\varphi}{\sqrt{1-k^2\sin^2\varphi}} = \dfrac{\pi}{2} \mathcal{F}\left(\dfrac{1}{2},\dfrac{1}{2},1;k^2\right) = \dfrac{\pi}{2} \sum_{\nu=0}^\infty \dfrac{\left(\frac{1}{2};1;\nu\right)^2}{\nu!\,\nu!} k^{2\nu}$, $\quad 0<k<1$,
$\hfill$ (I 241.2a);

2b) $\mathbf{K}(k) = \dfrac{2}{\pi} \log \dfrac{4}{k'} \cdot \mathbf{K}(k') - \sum_{\nu=1}^\infty c_\nu k'^{2\nu}$, $c_\nu = 2\left(\dfrac{1}{1.2} + \dfrac{1}{3.4} + \cdots + \dfrac{1}{(2\nu-1)2\nu}\right)\dfrac{\left(\frac{1}{2};1;\nu\right)^2}{\nu!\,\nu!}$,

$k'=\sqrt{1-k^2}$, $0<k<1$, (für k nahe 1)*);

2c) $\mathbf{K}(k) = \dfrac{\pi}{2} \prod_{\nu=1}^\infty (1+k_\nu)$, $k_0=k$, $k_{\nu+1} = \dfrac{1-\sqrt{1-k_\nu^2}}{1+\sqrt{1-k_\nu^2}}$, $\quad 0<k<1$, $\hfill$ (3).

---

*) Mit Hilfe der Differentialgleichung:

$$k(1-k^2)\dfrac{d^2\mathbf{K}}{dk^2} + (1-3k^2)\dfrac{d\mathbf{K}}{dk} - k\mathbf{K} = 0.$$

221

3) $\quad K(k)=(1+k_1)K(k_{-1})=\dfrac{1}{1+k}K(k_{-1})\,,\quad k_1=\dfrac{1-k'}{1+k'}\,,\quad k'=\sqrt{1-k^2}\,,\quad k_{-1}=\dfrac{2\sqrt{k}}{1+k}\,,$

$$\hfill (I\,241.24c-25c).$$

4a) $\quad \displaystyle\int_0^1 \sqrt{\dfrac{1-k^2x^2}{1-x^2}}\,dx = \int_{-1}^0 \sim\; = E\!\left(\dfrac{\pi}{2},k\right) = E(k)\,,\quad 0<k<1\,,$

(vollständiges Legendresches Normalintegral 2.Gattung, I 241.1);

4b) $\quad \displaystyle\int_1^{1/k}\sqrt{\dfrac{1-k^2x^2}{x^2-1}}\,dx = \int_{-1/k}^{-1}\sim\; = K(k')-E(k')\,,\quad k'=\sqrt{1-k^2}\,,\; 0<k<1\,,\quad$ (wie 1b).

5a) $\quad E(k)=\displaystyle\int_0^{\pi/2}\sqrt{1-k^2\sin^2\varphi}\,d\varphi = \dfrac{\pi}{2}\,\mathcal{F}\!\left(-\dfrac{1}{2},\dfrac{1}{2},1,k^2\right)=\dfrac{\pi}{2}\sum_{\nu=0}^{\infty}\dfrac{(-\frac{1}{2};1,\nu)(\frac{1}{2};1,\nu)}{\nu!\,\nu!}k^{2\nu}\,,$

$$0<k<1\,,\qquad (I\,241.2b);$$

5b) $\quad E(k)=\log\dfrac{4}{k'}\displaystyle\sum_{\nu=1}^{\infty}\dfrac{(\frac{1}{2};1,\nu-1)(\frac{1}{2};1,\nu)}{(\nu-1)!\,\nu!}k'^{2\nu}+1-\dfrac{1}{4}k'^2-$

$$-\sum_{\nu=2}^{\infty}\left(\dfrac{2}{1\cdot 2}+\dfrac{2}{3\cdot 4}+\cdots+\dfrac{2}{(2\nu-3)(2\nu-2)}+\dfrac{1}{(2\nu-1)2\nu}\right)\dfrac{(\frac{1}{2};1,\nu-1)(\frac{1}{2};1,\nu)}{(\nu-1)!\,\nu!}k'^{2\nu},$$

$$k'=\sqrt{1-k^2},\quad *)$$

6) $\quad E(k)=\dfrac{2}{1+k_1}E(k_1)-(1-k_1)K(k_1)=\dfrac{1+k}{2}E(k_{-1})+\dfrac{1-k}{2}K(k_{-1})\,,$

$$k_1=\dfrac{1-k'}{1+k'}\,,\quad k'=\sqrt{1-k^2}\,,\quad k_{-1}=\dfrac{2\sqrt{k}}{1+k}\,,\; 0<k<1\,,$$

$$\hfill (I\,241.24d-25d).$$

7) $\quad K(k)E(k')+E(k)K(k')-K(k)K(k')=\dfrac{\pi}{2}\,,\quad k'=\sqrt{1-k^2}\,,\qquad$ (Legendre).

8) $\quad \displaystyle\int_0^1 \dfrac{dx}{(1+\varrho x^2)\sqrt{(1-x^2)(1-k^2x^2)}} = \int_{-1}^0 \sim\; = \Pi\!\left(\dfrac{\pi}{2},\varrho,k\right)=\Pi(\varrho,k)\,,\; 0<k<1,\,\varrho>-1\,,$

(vollständiges Legendresches Normalintegral 3.Gattung, I 241.1);

8a) $\quad \Pi(-k^2,k)=\dfrac{1}{1-k^2}E(k)\,,\hfill (I\,241.2i);$

---

*) Aus 2b mit Hilfe der Formel: $E(k)=k(1-k^2)\dfrac{dK}{dk}+(1-k^2)K$ oder

der Differentialgleichung: $k(1-k^2)\dfrac{d^2E}{dk^2}+(1-k^2)\dfrac{dE}{dk}+kE=0$.

221

8b) $\displaystyle\int_1^{1/k}\frac{dx}{(1+\varrho x^2)\sqrt{(x^2-1)(1-k^2x^2)}}=\int_{-1/k}^{-1}\sim = K(k')-\frac{\varrho}{1+\varrho}\Pi\left(\frac{-k'^2}{1+\varrho},k'\right)$, $k'=\sqrt{1-k^2}$,

$\qquad 0<k<1,\ (1+\varrho)(k^2+\varrho)>0$, (wie 1b);

8c) $\displaystyle\int_{1/k}^{\infty}\frac{dx}{(1+\varrho x^2)\sqrt{(x^2-1)(k^2x^2-1)}}=\int_{-\infty}^{-1/k}\sim =\Pi(\varrho,k)-\frac{\pi}{2}\sqrt{\frac{\varrho}{(1+\varrho)(k^2+\varrho)}}$,

$\qquad 0<k<1,\ \varrho(k^2+\varrho)>0,\ \varrho>-1$, $\quad(x=\tfrac{1}{ky},9a)$.

9a) $\Pi(\varrho,k)+\Pi\!\left(\dfrac{k^2}{\varrho},k\right)-K(k)=\dfrac{\pi}{2}\sqrt{\dfrac{\varrho}{(1+\varrho)(k^2+\varrho)}}$, $\quad 0<k<1$, $\qquad$ (I 241.26e);

9b) $(1+\varrho)(k^2+\varrho)\Pi(\varrho,k)-\varrho(1-k^2)\Pi\!\left(-\dfrac{k^2+\varrho}{1+\varrho},k\right)-k^2(1+\varrho)K(k)=0$, $\ 0<k<1$ [*]

10a) $\Pi(\varrho,k)=\dfrac{\pi}{2}\displaystyle\sum_{\mu=0}^{\infty}\dfrac{(1;2;\mu)}{(2;2;\mu)}\!\left(\dfrac{k^2}{-\varrho}\right)^{\!\mu}\!\left[\dfrac{1}{\sqrt{1+\varrho}}-\sum_{\nu=0}^{\mu-1}\dfrac{(1;2;\nu)}{(2;2;\nu)}(-\varrho)^{\nu}\right]$,

$\qquad\qquad\qquad\qquad\qquad\qquad\qquad\qquad\qquad\qquad\qquad\qquad 0<k<1,\ \varrho>-1$ [**]

10b) $\quad =\dfrac{\pi}{2}\displaystyle\sum_{\mu=0}^{\infty}\sum_{\nu=0}^{\mu}\dfrac{(1;2;\mu)(1;2;\nu)}{(2;2;\mu)(2;2;\nu)}k^{2\nu}(-\varrho)^{\mu-\nu}$, $\ 0<k<1,\ |\varrho|<1$, (I 241.2e);

10c) $\quad =\dfrac{1}{1+\varrho}\log\dfrac{4}{k'}+\dfrac{\sqrt{\varrho}}{1+\varrho}\operatorname{Arc\,tg}\sqrt{\varrho}+O(k'^2)$, $k'=\sqrt{1-k^2},\ 0<k<1,\ \varrho>0$,

$\qquad\qquad\qquad\qquad\qquad\qquad\qquad\qquad\qquad\qquad\qquad\qquad\qquad\qquad\qquad\qquad (8);$

10d) $\quad =\dfrac{\pi}{2k'\sqrt{1+\varrho}}+K(k)-\dfrac{E(k)}{k'^2}+\dfrac{\pi k^2}{4k'^3}\sqrt{1+\varrho}+O(1+\varrho)$, $\qquad\qquad (8).$

---

[*] Kann durch Differentiation nach k und ϱ bestätigt werden; es gilt:

$\dfrac{\partial\Pi}{\partial k}=\dfrac{k}{k^2+\varrho}\left[-\Pi(\varrho,k)+\dfrac{E(k)}{1-k^2}\right]$,

$\dfrac{\partial\Pi}{\partial\varrho}=\dfrac{1}{2\varrho(1+\varrho)(k^2+\varrho)}\left[(k^2-\varrho^2)\Pi(\varrho,k)+\varrho E(k)-(\varrho+k^2)K(k)\right]$.

[**] Durch Entwicklung des Integranden nach Potenzen von k^2.
$\Pi(\varrho,k)$ genügt folgenden Differentialgleichungen:

(I) $(k^2+\varrho)\dfrac{\partial^2\Pi}{\partial k\,\partial\varrho}+\dfrac{\partial\Pi}{\partial k}+k\dfrac{\partial\Pi}{\partial\varrho}=0$;

(II) $k^2(1-k^2)(\varrho+k^2)\dfrac{\partial^3\Pi}{\partial k^3}-k(\varrho-4k^2+3\varrho k^2+8k^4)\dfrac{\partial^2\Pi}{\partial k^2}+(\varrho+2k^2-13k^4)\dfrac{\partial\Pi}{\partial k}-3k^3\Pi=0$;

(III) $2\varrho(1+\varrho)(k^2+\varrho)\dfrac{\partial^3\Pi}{\partial\varrho^3}+(8\varrho+3k^2+13\varrho^2+8\varrho k^2)\dfrac{\partial^2\Pi}{\partial\varrho^2}+4(1+4\varrho+k^2)\dfrac{\partial\Pi}{\partial\varrho}+2\Pi=0.$

221

11a) $\quad K(k')\Pi(\varrho,k) + \dfrac{\varrho}{1+\varrho}K(k)\Pi\left(\dfrac{-k'^2}{1+\varrho},k'\right) - K(k)K(k') =$

$$= \dfrac{\pi}{2}\sqrt{\dfrac{\varrho}{(1+\varrho)(k^2+\varrho)}}\, F(\varphi,k'), \quad \varphi = \arcsin\sqrt{\dfrac{\varrho}{k^2+\varrho}},\; k' = \sqrt{1-k^2},\; 0<k<1,\; \varrho>0;\;{}^{*)}$$

11b) $\quad = -\dfrac{\pi}{2}\sqrt{\dfrac{-\varrho}{(1+\varrho)(k^2+\varrho)}}\, F(\varphi,k), \quad \varphi = \arcsin\dfrac{\sqrt{-\varrho}}{k},\; -1<-k^2<\varrho<0;\;{}^{*)}$

11c) $\quad K(k')\Pi(\varrho,k) + \dfrac{k^2}{k^2+\varrho}K(k)\left[\Pi\left(-1-\dfrac{k^2}{\varrho},k'\right)-K(k')\right] = \dfrac{\pi}{2}\sqrt{\dfrac{\varrho}{(1+\varrho)(k^2+\varrho)}}\, F(\varphi,k'),$

$$\varphi = \arcsin\dfrac{1}{k'}\sqrt{\dfrac{k^2+\varrho}{\varrho}},\; k' = \sqrt{1-k^2},\; -1<\varrho<-k^2<0.\;{}^{*)}$$

12a) $\quad [K(k')-E(k')]\Pi(\varrho,k) + \dfrac{\varrho}{1+\varrho}E(k)\Pi\left(\dfrac{-k'^2}{1+\varrho},k'\right) - E(k)K(k') =$

$$= \dfrac{\pi}{2}\sqrt{\dfrac{\varrho}{(1+\varrho)(k^2+\varrho)}}\{F(\varphi,k')-E(\varphi,k')\} - \dfrac{\pi k^2}{2(k^2+\varrho)},\; \varphi = \arcsin\sqrt{\dfrac{\varrho}{k^2+\varrho}},\; k' = \sqrt{1-k^2},\; \varrho>0;\;{}^{**)}$$

12b) $\quad = -\dfrac{\pi}{2}\sqrt{\dfrac{-\varrho}{(1+\varrho)(k^2+\varrho)}}\, E(\varphi,k) - \dfrac{\pi}{2},\quad \varphi = \arcsin\dfrac{\sqrt{-\varrho}}{k},\; -1<-k^2<\varrho<0;\;{}^{**)}$

12c) $\quad E(k')\Pi(\varrho,k) + \dfrac{k^2}{k^2+\varrho}[K(k)-E(k)]\left[\Pi\left(-1-\dfrac{k^2}{\varrho},k'\right)-K(k')\right] = \dfrac{\pi}{2}\sqrt{\dfrac{\varrho}{(1+\varrho)(k^2+\varrho)}}\, E(\varphi,k'),$

$$\varphi = \arcsin\dfrac{1}{k'}\sqrt{\dfrac{k^2+\varrho}{\varrho}},\; k' = \sqrt{1-k^2},\; -1<\varrho<-k^2<0.\;{}^{**)}$$

13a) $\quad \Pi(\varrho,k) = \dfrac{k^2}{k^2+\varrho}K(k) + \sqrt{\dfrac{\varrho}{(1+\varrho)(k^2+\varrho)}}\{[E(k)-K(k)]F(\varphi,k') + K(k)E(\varphi,k')\},$

$$\varphi = \arcsin\sqrt{\dfrac{\varrho}{k^2+\varrho}},\; \varrho>0,\; k' = \sqrt{1-k^2},\; 0<k<1,$$
$$(11a,12a);\;{}^{**)}$$

13b) $\quad \Pi(\varrho,k) = K(k) - \sqrt{\dfrac{-\varrho}{(1+\varrho)(k^2+\varrho)}}\{E(k)F(\varphi,k) - K(k)E(\varphi,k)\},$

$$\varphi = \arcsin\dfrac{\sqrt{-\varrho}}{k},\; -1<-k^2<\varrho<0,\quad (11b,12b);\;{}^{*)}$$

---

*) Periodenrelation der Legendreschen Normalintegrale 1.u.3.Gattung.
**) Periodenrelation der Legendreschen Normalintegrale 2.u.3.Gattung.
***) Berechnung des vollständigen Integrals 3.Gattung durch die Integrale 1.und 2.Gattung (I 241.26f-h).

221

13c) $\Pi(\varrho,k) = \sqrt{\dfrac{\varrho}{(1+\varrho)(k^2+\varrho)}}\left\{[E(k)-K(k)]F(\varphi,k') + K(k)E(\varphi,k')\right\}$,

$\varphi = \arcsin\dfrac{1}{k'}\sqrt{\dfrac{k^2+\varrho}{\varrho}}$, $k'=\sqrt{1-k^2}$, $-1<\varrho<-k^2<0$, (11c, 12c)[*)]

14) $\displaystyle\int_0^1 \dfrac{f(x^2)\,dx}{\sqrt{(1-x^2)(1-k^2x^2)}} = \int_0^1 \dfrac{f\left(\dfrac{1-y^2}{1-k^2y^2}\right)}{\sqrt{(1-y^2)(1-k^2y^2)}}\,dy$,

$\left(021.4a,\; x^2=\dfrac{1-y^2}{1-k^2y^2},\; dx = \dfrac{-k'^2 y\,dy}{(1-k^2y^2)^{3/2}(1-y^2)^{1/2}}\right)$;

14a) $\displaystyle\int_0^1 \dfrac{\log(1-k^2x^2)}{\sqrt{(1-x^2)(1-k^2x^2)}}\,dx = K(k)\log k'$, $k'=\sqrt{1-k^2}$, $0<k<1$, (14).

15a) $\displaystyle\int_0^{1/\sqrt{1+k'}} \dfrac{dx}{\sqrt{(1-x^2)(1-k^2x^2)}} = \tfrac{1}{2}K(k)$, $k'=\sqrt{1-k^2}$, $0<k<1$, (I 241.24);

15b) $\displaystyle\int_0^{1/\sqrt{1+k'}} \sqrt{\dfrac{1-k^2x^2}{1-x^2}}\,dx = \tfrac{1}{2}E(k) + \dfrac{1-k'}{2}$, $k'=\sqrt{1-k^2}$, $0<k<1$, (I 241.24).

16) $F(\varphi_1,k) + F(\varphi_2,k) = K(k)$, wenn $\operatorname{tg}\varphi_1 \cdot \operatorname{tg}\varphi_2 = \dfrac{1}{k'}$,

$k'=\sqrt{1-k^2}$, $0<k<1$, $0 \leq \dfrac{\varphi_1}{\varphi_2} \leq \dfrac{\pi}{2}$, (I 241.1, 021.4a).

222

222. Elliptische Integrale in der Weierstraßschen kanonischen Form.

1) Im folgenden bedeutet $p(x)$ ein Polynom 3. Grades, und zwar je nach der Realität der Nullstellen:

1a) $p(x) = 4(x-e_1)(x-e_2)(x-e_3)$, $e_1 > e_2 > e_3$; [**)]

1b) $p(x) = 4(x-e)(x^2+2rx+s^2)$, $0 \leq r^2 < s^2$. [**)]

2a) $\displaystyle\int_{e_3}^{e_2} \dfrac{dx}{\sqrt{p(x)}} = \int_{e_1}^{\infty} \sim\; = \dfrac{1}{\sqrt{e_1-e_3}} K\left(\sqrt{\dfrac{e_2-e_3}{e_1-e_3}}\right)$, (1a, I 243.8a);

[*)] Berechnung des vollständigen Integrals 3. Gattung durch die Integrale 1. und 2. Gattung (I 241.26 f–h).

[**)] Die Weierstraßsche Normierung $e_1+e_2+e_3=0$, bzw. $2r-e=0$, ist für die Gültigkeit der Formeln dieses Abschnittes nicht notwendig.

222

2b) $\displaystyle\int_{-\infty}^{e_3}\frac{dx}{\sqrt{-p(x)}} = \int_{e_2}^{e_1}\sim = \frac{1}{\sqrt{e_1-e_3}}\mathbf{K}\!\left(\sqrt{\frac{e_1-e_2}{e_1-e_3}}\right),$ \hfill (1a, I 243.8a);

2c) $\displaystyle\int_{e}^{\infty}\frac{dx}{\sqrt{p(x)}} = \frac{1}{\sqrt[4]{e^2+2er+s^2}}\mathbf{K}\!\left(\sqrt{\frac{1}{2}-\frac{e+r}{2\sqrt{e^2+2er+s^2}}}\right),$ \hfill (1b, I 243.8b);

2d) $\displaystyle\int_{-\infty}^{e}\frac{dx}{\sqrt{-p(x)}} = \frac{1}{\sqrt[4]{e^2+2er+s^2}}\mathbf{K}\!\left(\sqrt{\frac{1}{2}+\frac{e+r}{2\sqrt{e^2+2er+s^2}}}\right),$ \hfill (1b, I 243.8b).

3a) $\displaystyle\int_{e_3}^{e_2}\frac{x\,dx}{\sqrt{p(x)}} = \int_{e_1}^{\infty}\!\left[\frac{x}{\sqrt{p(x)}}-\frac{1}{2\sqrt{x-e_1}}\right]dx = \frac{e_1}{\sqrt{e_1-e_3}}\mathbf{K}(k)-\sqrt{e_1-e_3}\,\mathbf{E}(k),\ k=\sqrt{\frac{e_2-e_3}{e_1-e_3}},$
\hfill (1a, 2a, I 241.12s);

3b) $\displaystyle\int_{e_2}^{e_1}\frac{x\,dx}{\sqrt{-p(x)}} = \int_{-\infty}^{e_3}\!\left[\frac{x}{\sqrt{-p(x)}}+\frac{1}{2\sqrt{e_3-x}}\right]dx = \frac{e_3}{\sqrt{e_1-e_3}}\mathbf{K}(k)+\sqrt{e_1-e_3}\,\mathbf{E}(k),\ k=\sqrt{\frac{e_1-e_2}{e_1-e_3}},$
\hfill (1a, I 243.8a);

3c) $\displaystyle\int_{e}^{\infty}\!\left[\frac{x}{\sqrt{p(x)}}-\frac{1}{2\sqrt{x-e}}\right]dx = \frac{e+\sigma^2}{\sigma}\mathbf{K}(k)-2\sigma\mathbf{E}(k),\ \sigma=\sqrt[4]{e^2+2er+s^2},\ k^2=\frac{1}{2}-\frac{e+r}{2\sigma^2},$
\hfill (1b, I 243.8b);

3d) $\displaystyle\int_{-\infty}^{e}\!\left[\frac{x}{\sqrt{-p(x)}}+\frac{1}{2\sqrt{e-x}}\right]dx = \frac{e-\sigma^2}{\sigma}\mathbf{K}(k)+2\sigma\mathbf{E}(k),\ \sigma=\sqrt[4]{e^2+2er+s^2},\ k^2=\frac{1}{2}+\frac{e+r}{2\sigma^2},$
\hfill (1b, I 243.8b).

4a) $\displaystyle\int_{e_3}^{e_2}\frac{dx}{(x-\varrho)\sqrt{p(x)}} = \int_{e_1}^{\infty}\sim + \frac{\pi}{2(e_2-\varrho)}\sqrt{\frac{e_2-\varrho}{(e_1-\varrho)(e_3-\varrho)}} = \frac{1}{(e_3-\varrho)\sqrt{e_1-e_3}}\Pi\!\left(\frac{e_2-e_3}{e_3-\varrho},k\right),$
$k^2=\dfrac{e_2-e_3}{e_1-e_3},\ p(\varrho)<0,$ \hfill (1a, 221.9a,b, I 243.8a);

4b) $\displaystyle\int_{e_2}^{e_1}\frac{dx}{(x-\varrho)\sqrt{-p(x)}} = \int_{-\infty}^{e_3}\sim - \frac{\pi}{2(\varrho-e_2)}\sqrt{\frac{\varrho-e_2}{(\varrho-e_1)(\varrho-e_3)}} = \frac{-1}{(\varrho-e_1)\sqrt{e_1-e_3}}\Pi\!\left(\frac{e_1-e_2}{\varrho-e_1},k\right),$
$k^2=\dfrac{e_1-e_2}{e_1-e_3},\ p(\varrho)>0,$ \hfill (1a, 221.9a,b, I 243.8a);

4c) $\displaystyle\int_{e_3}^{e_2}\frac{dx}{(x-e_1)\sqrt{p(x)}} = \int_{e_1}^{\infty}\!\left[\frac{1}{(x-e_1)\sqrt{p(x)}}-\frac{(x-e_1)^{-3/2}}{2\sqrt{(e_1-e_2)(e_1-e_3)}}\right]dx = \frac{-\mathbf{E}(k)}{(e_1-e_2)\sqrt{e_1-e_3}},$
$k^2=\dfrac{e_2-e_3}{e_1-e_3},$ \hfill (1a, I 243.8a);

222

4d) $\displaystyle\int_{e_3}^{e_2}\left[\frac{1}{(x-e_2)\sqrt{p(x)}}+\frac{(e_2-x)^{-3/2}}{2\sqrt{(e_1-e_2)(e_2-e_3)}}\right]dx+\frac{1}{(e_2-e_3)\sqrt{e_1-e_2}}=$

$\displaystyle=\int_{e_1}^{\infty}\frac{dx}{(x-e_2)\sqrt{p(x)}}=\frac{1}{e_2-e_3}\left[\frac{\sqrt{e_1-e_3}}{e_1-e_2}E(k)-\frac{K(k)}{\sqrt{e_1-e_3}}\right],\quad k^2=\frac{e_2-e_3}{e_1-e_3},$

(1a, I 243.8a);

4e) $\displaystyle\int_{e_3}^{e_2}\left[\frac{1}{(x-e_3)\sqrt{p(x)}}-\frac{(x-e_3)^{-3/2}}{2\sqrt{(e_1-e_3)(e_2-e_3)}}\right]dx-\frac{1}{(e_2-e_3)\sqrt{e_1-e_3}}=$

$\displaystyle=\int_{e_1}^{\infty}\frac{dx}{(x-e_3)\sqrt{p(x)}}=\frac{K(k)-E(k)}{(e_2-e_3)\sqrt{e_1-e_3}},\quad k^2=\frac{e_2-e_3}{e_1-e_3},$

(1a, I 243.8a);

4f) $\displaystyle\int_{-\infty}^{e_3}\frac{dx}{(x-e_1)\sqrt{-p(x)}}=\int_{e_2}^{e_1}\left[\frac{1}{(x-e_1)\sqrt{-p(x)}}+\frac{(e_1-x)^{-3/2}}{2\sqrt{(e_1-e_2)(e_1-e_3)}}\right]dx+\frac{1}{(e_1-e_2)\sqrt{e_1-e_3}}=$

$\displaystyle=\frac{E(k)-K(k)}{(e_1-e_2)\sqrt{e_1-e_3}},\quad k^2=\frac{e_1-e_2}{e_1-e_3},$

(1a, I 243.8a);

4g) $\displaystyle\int_{-\infty}^{e_3}\frac{dx}{(x-e_2)\sqrt{-p(x)}}=\int_{e_2}^{e_1}\left[\frac{1}{(x-e_2)\sqrt{-p(x)}}-\frac{(x-e_2)^{-3/2}}{2\sqrt{(e_1-e_2)(e_2-e_3)}}\right]dx-\frac{1}{(e_1-e_2)\sqrt{e_2-e_3}}=$

$\displaystyle=\frac{\sqrt{e_1-e_3}\,[(1-k^2)K(k)-E(k)]}{(e_1-e_2)(e_2-e_3)},\quad k^2=\frac{e_1-e_2}{e_1-e_3},$

(1a, I 243.8a);

4h) $\displaystyle\int_{e_2}^{e_1}\frac{dx}{(x-e_3)\sqrt{-p(x)}}=\int_{-\infty}^{e_3}\left[\frac{1}{(x-e_3)\sqrt{-p(x)}}+\frac{(e_3-x)^{-3/2}}{2\sqrt{(e_1-e_3)(e_2-e_3)}}\right]dx=\frac{E(k)}{(e_2-e_3)\sqrt{e_1-e_3}},$

$k^2=\frac{e_1-e_2}{e_1-e_3},$ (1a, I 243.8a);

4i) $\displaystyle\int_{\varrho}^{\infty}\frac{dx}{(x-\varrho)\sqrt{p(x)}}=\frac{1}{\sigma(e-\varrho-\sigma^2)}\left[K(k)-\frac{e-\varrho+\sigma^2}{2(e-\varrho)}\Pi(\varrho_1,k)\right]^{*)},$

$\varrho<e,\quad \sigma^4=e^2+2er+s^2,\quad k^2=\frac{1}{2}-\frac{e+r}{2\sigma^2},\quad \varrho_1=\frac{(e-\varrho-\sigma^2)^2}{4\sigma^2(e-\varrho)},$

(1b, I 243.8b);

4j) $\displaystyle\int_{-\infty}^{e}\frac{dx}{(x-\varrho)\sqrt{-p(x)}}=\frac{-1}{\sigma(\varrho-e-\sigma^2)}\left[K(k)-\frac{\varrho-e+\sigma^2}{2(\varrho-e)}\Pi(\varrho_1,k)\right]^{**)},$

$\varrho>e,\quad \sigma^4=e^2+2er+s^2,\quad k^2=\frac{1}{2}+\frac{e+r}{2\sigma^2},\quad \varrho_1=\frac{(\varrho-e-\sigma^2)^2}{4\sigma^2(\varrho-e)},$

(1b, I 243.8b);

_____

$^{*)}=\dfrac{1}{2\sigma^3}K(k)$ für $\varrho=e-\sigma^2$. $^{**)}=-\dfrac{1}{2\sigma^3}K(k)$ für $\varrho=e+\sigma^2$.

222

4k) $\int_e^\infty \left[\frac{1}{(x-e)\sqrt{p(x)}} - \frac{(x-e)^{-3/2}}{2\sigma^2}\right]dx = \frac{1}{\sigma^3}\left[\mathbf{K}(k) - 2\mathbf{E}(k)\right],$ (4i);

4l) $\int_{-\infty}^e \left[\frac{1}{(x-e)\sqrt{-p(x)}} + \frac{(e-x)^{-3/2}}{2\sigma^2}\right]dx = -\frac{1}{\sigma^3}\left[\mathbf{K}(k) - 2\mathbf{E}(k)\right],$ (4j).

5a) $\int_{e_3}^\alpha \frac{dx}{\sqrt{p(x)}} = \int_\alpha^{e_2} \sim\ = \frac{1}{2}\int_{e_3}^{e_2} \sim\ = \frac{1}{2\sqrt{e_1-e_3}}\mathbf{K}\left(\sqrt{\frac{e_2-e_3}{e_1-e_3}}\right), \quad \alpha = e_1 - \sqrt{(e_1-e_2)(e_1-e_3)},$
(1a, 2a, 221.15a);

5b) $\int_{e_1}^\alpha \frac{dx}{\sqrt{p(x)}} = \int_\alpha^\infty \sim\ = \frac{1}{2}\int_{e_1}^\infty \sim\ = \frac{1}{2\sqrt{e_1-e_3}}\mathbf{K}\left(\sqrt{\frac{e_2-e_3}{e_1-e_3}}\right), \quad \alpha = e_1 + \sqrt{(e_1-e_2)(e_1-e_3)},$
(1a, 2a, 221.15a);

5c) $\int_\alpha^{e_3} \frac{dx}{\sqrt{-p(x)}} = \int_{-\infty}^\alpha \sim\ = \frac{1}{2}\int_{-\infty}^{e_3} \sim\ = \frac{1}{2\sqrt{e_1-e_3}}\mathbf{K}\left(\sqrt{\frac{e_1-e_2}{e_1-e_3}}\right), \quad \alpha = e_3 - \sqrt{(e_1-e_3)(e_2-e_3)},$
(1a, 2b, 221.15a);

5d) $\int_{e_2}^\alpha \frac{dx}{\sqrt{-p(x)}} = \int_\alpha^{e_1} \sim\ = \frac{1}{2}\int_{e_2}^{e_1} \sim\ = \frac{1}{2\sqrt{e_1-e_3}}\mathbf{K}\left(\sqrt{\frac{e_1-e_2}{e_1-e_3}}\right), \quad \alpha = e_3 + \sqrt{(e_1-e_3)(e_2-e_3)},$
(1a, 2b, 221.15a);

5e) $\int_{e+\sigma^2}^\infty \frac{dx}{\sqrt{p(x)}} = \frac{1}{2}\int_e^\infty \sim\ = \frac{1}{2\sigma}\mathbf{K}(k), \quad \sigma^4 = e^2 + 2er + s^2, \quad k^2 = \frac{1}{2} - \frac{e+r}{2\sigma^2},$ (1b, 2c);

5f) $\int_{e-\sigma^2}^e \frac{dx}{\sqrt{-p(x)}} = \frac{1}{2}\int_{-\infty}^e \sim\ = \frac{1}{2\sigma}\mathbf{K}(k), \quad \sigma^4 = e^2 + 2er + s^2, \quad k^2 = \frac{1}{2} + \frac{e+r}{2\sigma^2},$ (1b, 2d).

6a) $\int_{e_3}^\alpha \frac{x\,dx}{\sqrt{p(x)}} = \int_\alpha^{e_2} \sim\ -\sqrt{e_1-e_3} + \sqrt{e_1-e_2} = \frac{e_1}{2\sqrt{e_1-e_3}}\mathbf{K}(k) - \frac{\sqrt{e_1-e_3}}{2}\mathbf{E}(k) - \frac{\sqrt{e_1-e_3}-\sqrt{e_1-e_2}}{2},$
$k^2 = \frac{e_2-e_3}{e_1-e_3}, \quad \alpha = e_1 - \sqrt{(e_1-e_2)(e_1-e_3)},$ (1a, 3a, 221.15, I 243.8a6);

6b) $\int_{e_2}^\alpha \frac{x\,dx}{\sqrt{-p(x)}} = \int_\alpha^{e_1} \sim\ -\sqrt{e_1-e_3} + \sqrt{e_2-e_3} = \frac{e_3}{2\sqrt{e_1-e_3}}\mathbf{K}(k) + \frac{\sqrt{e_1-e_3}}{2}\mathbf{E}(k) - \frac{\sqrt{e_1-e_3}-\sqrt{e_2-e_3}}{2},$
$k^2 = \frac{e_1-e_2}{e_1-e_3}, \quad \alpha = e_3 + \sqrt{(e_1-e_3)(e_2-e_3)},$ (1a, 3b, 221.15, I 243.8a7).

7) $\int_0^1 \frac{dx}{\sqrt{1-x^3}} = \frac{1}{\sqrt{3}}\int_1^\infty \frac{dx}{\sqrt{x^3-1}} = 2 \cdot 3^{-3/4}\mathbf{K}\left(\sin\frac{\pi}{12}\right) = \frac{\left(\Gamma(\frac{1}{3})\right)^3}{\sqrt{3}\sqrt[3]{16}\,\pi},$
(2c, 021.12, 431.1a).

223. Rationale Funktionen von x und $\sqrt{a_0 x^4 + 4a_1 x^3 + 6a_2 x^2 + 4a_3 x + a_4}$.

1) Im folgenden bedeutet $p(x)$ ein Polynom 4.Grades, und zwar je nach der Realität der Nullstellen:

1a) $\quad p(x) = a_0(x-\alpha_1)(x-\alpha_2)(x-\alpha_3)(x-\alpha_4), \quad \alpha_1 > \alpha_2 > \alpha_3 > \alpha_4,$ (I 244.8a);

1b) $\quad p(x) = a_0(x-\alpha_1)(x-\alpha_2)[(x-r)^2+s^2], \quad \alpha_1 > \alpha_2,\, s > 0,$ (I 244.8b);

1c) $\quad p(x) = a_0[(x-r_1)^2+s_1^2][(x-r_2)^2+s_2^2], \quad s_1 \geq s_2 > 0,$ (I 244.8c).

2a) $\displaystyle\int_{\alpha_2}^{\alpha_1}\frac{dx}{\sqrt{p(x)}} = \int_{\alpha_4}^{\alpha_3}\sim \;=\; \frac{2}{\sqrt{-a_0(\alpha_1-\alpha_3)(\alpha_2-\alpha_4)}}\, \mathbf{K}\!\left(\sqrt{\frac{(\alpha_1-\alpha_2)(\alpha_3-\alpha_4)}{(\alpha_1-\alpha_3)(\alpha_2-\alpha_4)}}\right),\quad a_0<0,$ (1a);

2b) $\displaystyle\int_{\alpha_3}^{\alpha_2}\frac{dx}{\sqrt{p(x)}} = \int_{-\infty}^{\alpha_4}\sim +\int_{\alpha_1}^{\infty}\sim \;=\; \frac{2}{\sqrt{a_0(\alpha_1-\alpha_3)(\alpha_2-\alpha_4)}}\,\mathbf{K}\!\left(\sqrt{\frac{(\alpha_1-\alpha_4)(\alpha_2-\alpha_3)}{(\alpha_1-\alpha_3)(\alpha_2-\alpha_4)}}\right),\quad a_0>0,$ (1a);

2c) $\displaystyle\int_{\alpha_2}^{\alpha_1}\frac{dx}{\sqrt{p(x)}} = 2\sqrt{\frac{2kk'}{-a_0 s(\alpha_1-\alpha_2)}}\,\mathbf{K}(k),\quad a_0<0,$ [*] (1b);

2d) $\displaystyle\int_{-\infty}^{\alpha_2}\frac{dx}{\sqrt{p(x)}} + \int_{\alpha_1}^{\infty}\sim \;=\; 2\sqrt{\frac{2kk'}{a_0 s(\alpha_1-\alpha_2)}}\,\mathbf{K}(k'),\quad a_0>0,$ [*] (1b);

2e) $\displaystyle\int_{-\infty}^{\infty}\frac{dx}{\sqrt{p(x)}} = \frac{2}{\sqrt{a_0 s_1 s_2 k_1}}\,\mathbf{K}(k),$

$\quad k^2 = \dfrac{k_1^2 - 1}{k_1^2},\; k_1 = A + \sqrt{A^2-1},\; A = \dfrac{(r_1-r_2)^2 + s_1^2 + s_2^2}{2 s_1 s_2},\; a_0>0,$ (1c).

3a) $\displaystyle\int_{\alpha_2}^{\alpha_1}\frac{x\,dx}{\sqrt{p(x)}} = \frac{2}{\sqrt{-a_0(\alpha_1-\alpha_3)(\alpha_2-\alpha_4)}}\left[\alpha_3 \mathbf{K}(k) + (\alpha_2-\alpha_3)\,\mathbf{\Pi}\!\left(-\frac{\alpha_1-\alpha_2}{\alpha_1-\alpha_3},k\right)\right],\; a_0<0,$ [**] (1a);

3b) $\displaystyle\int_{\alpha_4}^{\alpha_3}\frac{x\,dx}{\sqrt{p(x)}} = \frac{2}{\sqrt{-a_0(\alpha_1-\alpha_3)(\alpha_2-\alpha_4)}}\left[\alpha_1 \mathbf{K}(k) - (\alpha_1-\alpha_4)\,\mathbf{\Pi}\!\left(\frac{\alpha_3-\alpha_4}{\alpha_1-\alpha_3},k\right)\right],\; a_0<0,$ [**] (1a);

3c) $\displaystyle\int_{\alpha_3}^{\alpha_2}\frac{x\,dx}{\sqrt{p(x)}} = \frac{2}{\sqrt{a_0(\alpha_1-\alpha_3)(\alpha_2-\alpha_4)}}\left[\alpha_4 \mathbf{K}(k') + (\alpha_3-\alpha_4)\,\mathbf{\Pi}\!\left(-\frac{\alpha_2-\alpha_3}{\alpha_2-\alpha_4},k'\right)\right],\; a_0>0,$ [**] (1a);

---

[*] $k^2 = \dfrac{1}{2} - \dfrac{s^2 + (\alpha_1-r)(\alpha_2-r)}{2\sqrt{[s^2+(\alpha_1-r)^2][s^2+(\alpha_2-r)^2]}},\quad k'^2 = 1 - k^2.$

[**] $k^2 = 1 - k'^2 = \dfrac{(\alpha_1-\alpha_2)(\alpha_3-\alpha_4)}{(\alpha_1-\alpha_3)(\alpha_2-\alpha_4)},\quad k'^2 = \dfrac{(\alpha_1-\alpha_4)(\alpha_2-\alpha_3)}{(\alpha_1-\alpha_3)(\alpha_2-\alpha_4)}.$

223

3d) $\displaystyle\int_{\alpha_2}^{\alpha_1}\frac{x\,dx}{\sqrt{p(x)}} = \sqrt{\frac{2kk'}{-a_0 s(\alpha_1-\alpha_2)}}\left[\left(\alpha_1+\alpha_2-(\alpha_1-\alpha_2)\frac{d}{c}\right)\mathbf{K}(k) + (\alpha_1-\alpha_2)\frac{d}{c}\mathbf{\Pi}(\varrho,k)\right],$
$\qquad\qquad a_0<0,\ \alpha_1+\alpha_2\neq 2r,$ [*)] $\qquad$ (1b);

3e) $\qquad = \dfrac{2rk}{\sqrt{-a_0}\,(\alpha_1-r)}\mathbf{K}(k),\quad a_0<0,\ k^2=\dfrac{(\alpha_1-r)^2}{(\alpha_1-r)^2+s^2},\ \text{für}\ \alpha_1+\alpha_2=2r,\quad$ (1b).

4a) $\displaystyle\int_{-\infty}^{\infty}\frac{x\,dx}{\sqrt{p(x)}} = \dfrac{2}{\sqrt{a_0 s_1 s_2 k_1}}\left\{r_1\mathbf{K}(k) + \dfrac{s_1(k_1 s_1-s_2)}{k_1(r_1-r_2)}\mathbf{\Pi}(-\varrho,k)\right\},\quad r_1\neq r_2,$

$\qquad k_1 = A+\sqrt{A^2-1},\ A=\dfrac{(r_1-r_2)^2+s_1^2+s_2^2}{2s_1 s_2},\ k^2=\dfrac{k_1^2-1}{k_1^2},\ \varrho=\dfrac{k^2 s_2(k_1 s_1-s_2)}{(r_1-r_2)^2},$
$\qquad\qquad\qquad$ (1c);

4b) $\qquad = \dfrac{2r_1}{s_1\sqrt{a_0}}\mathbf{K}(k)\quad\text{für}\ r_1=r_2,\qquad$ (4a, 1c).

5a) $\displaystyle\int_0^p\frac{dx}{\sqrt{(p^2-x^2)(q^2-x^2)}} = \dfrac{1}{2}\int_{-p}^p \sim\ = \dfrac{1}{q}\mathbf{K}\!\left(\dfrac{p}{q}\right),\ 0<p<q,\qquad (x=p\sin\varphi);$

5b) $\displaystyle\int_0^p\frac{x\,dx}{\sqrt{(p^2-x^2)(q^2-x^2)}} = \dfrac{1}{2}\log\dfrac{q+p}{q-p},\ 0<p<q,\qquad (x=p\sin\varphi,\ \text{I 241.12b});$

5c) $\displaystyle\int_0^p\frac{x^2\,dx}{\sqrt{(p^2-x^2)(q^2-x^2)}} = q\,\mathbf{K}\!\left(\dfrac{p}{q}\right) - q\,\mathbf{E}\!\left(\dfrac{p}{q}\right),\ 0<p<q,$
$\qquad\qquad\qquad (x=p\sin\varphi,\ \text{I 241.12k});$

5d) $\displaystyle\int_0^p\sqrt{\dfrac{q^2-x^2}{p^2-x^2}}\,dx = q\,\mathbf{E}\!\left(\dfrac{p}{q}\right),\ 0<p<q,\qquad$ (5a, 5c);

5e) $\displaystyle\int_0^p\sqrt{\dfrac{p^2-x^2}{q^2-x^2}}\,dx = \dfrac{p^2-q^2}{q}\mathbf{K}\!\left(\dfrac{p}{q}\right) + q\,\mathbf{E}\!\left(\dfrac{p}{q}\right),\ 0<p<q,\qquad$ (5a, 5c);

5f) $\displaystyle\int_0^p\frac{x^3\,dx}{\sqrt{(p^2-x^2)(q^2-x^2)}} = -\dfrac{pq}{2} + \dfrac{p^2+q^2}{4}\log\dfrac{q+p}{q-p},\ 0<p<q,$
$\qquad\qquad\qquad (x=p\sin\varphi,\ \text{I 241.12t});$

5g) $\displaystyle\int_0^p\frac{x^4\,dx}{\sqrt{(p^2-x^2)(q^2-x^2)}} = \dfrac{q}{3}(p^2+2q^2)\mathbf{K}\!\left(\dfrac{p}{q}\right) - \dfrac{2q}{3}(p^2+q^2)\mathbf{E}\!\left(\dfrac{p}{q}\right),\ 0<p<q,$
$\qquad\qquad\qquad (x=p\sin\varphi,\ \text{I 241.16a}).$

6a) $\displaystyle\int_p^q\frac{dx}{\sqrt{(x^2-p^2)(q^2-x^2)}} = \dfrac{2}{q+p}\mathbf{K}\!\left(\dfrac{q-p}{q+p}\right),\ 0<p<q,\qquad$ (2a);

[*)] $k^2 = 1-k'^2 = \dfrac{1}{2} - \dfrac{s^2+(\alpha_1-r)(\alpha_2-r)}{2\sqrt{[s^2+(\alpha_1-r)^2][s^2+(\alpha_2-r)^2]}},\ \dfrac{d}{c} = \dfrac{(\alpha_1-r)kk'+sk'^2}{(\alpha_1-r)kk'-sk^2},\ \varrho = \dfrac{c^2}{d^2-c^2} = \dfrac{1}{(d/c)^2-1}.$

223

6b) $\displaystyle\int_p^q \frac{x\,dx}{\sqrt{(x^2-p^2)(q^2-x^2)}} = \frac{\pi}{2}, \quad 0<p<q,$ \hfill (I 231.8b);

6c) $\displaystyle\int_p^q \frac{x^2\,dx}{\sqrt{(x^2-p^2)(q^2-x^2)}} = \frac{-2pq}{q+p}\mathbf{K}\!\left(\frac{q-p}{q+p}\right) + (q+p)\mathbf{E}\!\left(\frac{q-p}{q+p}\right),\ 0<p<q,$ \hfill (I 244.8a);

$$= q\,\mathbf{E}\!\left(\frac{\sqrt{q^2-p^2}}{q}\right),\ 0<p<q,$$ \hfill (221.3, 221.6);

6d) $\displaystyle\int_p^q \sqrt{\frac{x^2-p^2}{q^2-x^2}}\,dx = -2p\,\mathbf{K}\!\left(\frac{q-p}{q+p}\right) + (q+p)\mathbf{E}\!\left(\frac{q-p}{q+p}\right),\ 0<p<q,$ \hfill (6a, 6c);

6e) $\displaystyle\int_p^q \sqrt{\frac{q^2-x^2}{x^2-p^2}}\,dx = 2q\,\mathbf{K}\!\left(\frac{q-p}{q+p}\right) - (q+p)\mathbf{E}\!\left(\frac{q-p}{q+p}\right),\ 0<p<q,$ \hfill (6a, 6c);

6f) $\displaystyle\int_p^q \frac{x^3\,dx}{\sqrt{(x^2-p^2)(q^2-x^2)}} = \frac{p^2+q^2}{4}\pi, \quad 0<p<q,$ \hfill (I 231.7b);

6g) $\displaystyle\int_p^q \frac{x^4\,dx}{\sqrt{(x^2-p^2)(q^2-x^2)}} = \frac{-2pq}{3(q+p)}(2q^2+qp+2p^2)\mathbf{K}\!\left(\frac{q-p}{q+p}\right) + \frac{2}{3}(q+p)(q^2+p^2)\mathbf{E}\!\left(\frac{q-p}{q+p}\right),$

$$= -\frac{p^2 q}{3}\mathbf{K}\!\left(\frac{\sqrt{q^2-p^2}}{q}\right) + \frac{2}{3}q(q^2+p^2)\mathbf{E}\!\left(\frac{\sqrt{q^2-p^2}}{q}\right),\ 0<p<q,$$

\hfill (I 244.4a, 221.3, 221.6).

7a) $\displaystyle\int_0^p \frac{dx}{(x-\varrho)\sqrt{(p^2-x^2)(q^2-x^2)}} = -\frac{1}{\varrho q}\,\mathbf{\Pi}\!\left(-\frac{p^2}{\varrho^2},\frac{p}{q}\right) + D,$

$$D = \frac{-1}{\sqrt{(\varrho^2-p^2)(\varrho^2-q^2)}}\,\log\frac{|\varrho|\sqrt{q^2-p^2}}{q\sqrt{\varrho^2-p^2}-p\sqrt{\varrho^2-q^2}}\ \text{für }|\varrho|>q>p>0,$$

$$D = \frac{-1}{2\sqrt{(\varrho^2-p^2)(q^2-\varrho^2)}}\left[\frac{\pi}{2} - \operatorname{Arc\,sin}\frac{\varrho^2(q^2+p^2)-2q^2p^2}{\varrho^2(q^2-p^2)}\right]\ \text{für }q>|\varrho|>p>0,$$

\hfill $(x = p\sin\varphi,\ \text{I 241.5b})$;

7b) $\displaystyle\int_0^p \sim\ = \frac{1}{\varrho q}\mathbf{\Pi}\!\left(-\frac{\varrho^2}{q^2},\frac{p}{q}\right) - \frac{1}{\varrho q}\mathbf{K}\!\left(\frac{p}{q}\right) +$

$$+ \frac{1}{\sqrt{(p^2-\varrho^2)(q^2-\varrho^2)}}\,\log\frac{|\varrho|\sqrt{q^2-p^2}}{p\sqrt{q^2-\varrho^2}-q\sqrt{p^2-\varrho^2}},$$

$$0<-\varrho<p<q,\qquad (x=p\sin\varphi);$$

7c) $\displaystyle\int_0^p \sim\ = \frac{-q}{\varrho(q^2-p^2)}\left[\mathbf{E}\!\left(\frac{p}{q}\right) + \frac{p}{\varrho}\right]\ \text{für }\varrho = \pm q,$

\hfill $(x=p\sin\varphi,\ \text{I 241.7b})$;

223

7d) $\int_0^p \dfrac{dx}{(x-\varrho)\sqrt{(p^2-x^2)(q^2-x^2)}} = \dfrac{-q}{p(q^2-p^2)}\left[E\!\left(\dfrac{p}{q}\right)-1\right] + \dfrac{1}{pq}K\!\left(\dfrac{p}{q}\right)$ für $\varrho = -p$,

$(x = p\sin\varphi,\ \text{I } 241.6\text{b})$.

8) $\int_p^q \dfrac{dx}{(x-\varrho)\sqrt{(x^2-p^2)(q^2-x^2)}} = \dfrac{2}{(q+p)(p+\varrho)}\left[-K(k) + \dfrac{2p}{p-\varrho}\Pi\!\left(k\,\dfrac{p+\varrho}{p-\varrho},k\right)\right]$,

$k = \dfrac{q-p}{q+p},\ 0 < p < q,\ \varrho < p\ \text{oder}\ \varrho > q,\ (\text{I } 244.8\text{a7})$;

8a) $\int_p^q \dfrac{dx}{x\sqrt{(x^2-p^2)(q^2-x^2)}} = \dfrac{\pi}{2pq},\quad 0 < p < q,\qquad (8,\ 221.9\text{a oder I } 231.10\text{b})$.

9a) $\int_0^p \dfrac{dx}{\sqrt{(p^2-x^2)(q^2+x^2)}} = \dfrac{1}{\sqrt{p^2+q^2}}K\!\left(\dfrac{p}{\sqrt{p^2+q^2}}\right),\quad p>0,\ q>0,\qquad (2\text{c})$;

9b) $\int_0^p \dfrac{x\,dx}{\sqrt{(p^2-x^2)(q^2+x^2)}} = \dfrac{\pi}{4} + \dfrac{1}{2}\operatorname{Arc\,sin}\dfrac{p^2-q^2}{p^2+q^2},\quad p>0,\ q>0,\qquad (\text{I } 231.8\text{b})$;

9c) $\int_0^p \dfrac{x^2\,dx}{\sqrt{(p^2-x^2)(q^2+x^2)}} = \dfrac{-q^2}{\sqrt{p^2+q^2}}K\!\left(\dfrac{p}{\sqrt{p^2+q^2}}\right) + \sqrt{p^2+q^2}\,E\!\left(\dfrac{p}{\sqrt{p^2+q^2}}\right)$,

$p>0,\ q>0,\qquad (\text{I } 244.8\text{b})$;

9d) $\int_0^p \dfrac{x^3\,dx}{\sqrt{(p^2-x^2)(q^2+x^2)}} = \dfrac{pq}{2} + \dfrac{p^2-q^2}{4}\left(\dfrac{\pi}{2} + \operatorname{Arc\,sin}\dfrac{p^2-q^2}{p^2+q^2}\right)$,

$p>0,\ q>0,\qquad (\text{I } 231.7\text{b})$;

9e) $\int_0^p \dfrac{x^4\,dx}{\sqrt{(p^2-x^2)(q^2+x^2)}} = \dfrac{q^2(2q^2-p^2)}{3\sqrt{p^2+q^2}}K\!\left(\dfrac{p}{\sqrt{p^2+q^2}}\right) + \dfrac{2}{3}(p^2-q^2)\sqrt{p^2+q^2}\,E\!\left(\dfrac{p}{\sqrt{p^2+q^2}}\right)$,

$p>0,\ q>0,\qquad (\text{I } 244.8\text{b})$;

9f) $\int_0^p \sqrt{\dfrac{q^2+x^2}{p^2-x^2}}\,dx = \sqrt{p^2+q^2}\,E\!\left(\dfrac{p}{\sqrt{p^2+q^2}}\right),\quad p>0,\ q>0,\qquad (9\text{a},9\text{c})$;

9g) $\int_0^p \sqrt{\dfrac{p^2-x^2}{q^2+x^2}}\,dx = \sqrt{p^2+q^2}\left[K\!\left(\dfrac{p}{\sqrt{p^2+q^2}}\right) - E\!\left(\dfrac{p}{\sqrt{p^2+q^2}}\right)\right]$,

$p>0,\ q>0,\qquad (9\text{a},9\text{c})$.

223

10a) $\displaystyle\int_0^p \frac{dx}{(x-\varrho)\sqrt{(p^2-x^2)(q^2+x^2)}} = \frac{-\varrho}{(\varrho^2-p^2)\sqrt{p^2+q^2}}\,\Pi\!\left(\frac{p^2}{\varrho^2-p^2},\frac{p}{\sqrt{p^2+q^2}}\right) -$

$$- \frac{1}{\sqrt{(\varrho^2-p^2)(\varrho^2+q^2)}}\,\mathrm{Arc\,tg}\,\frac{p\sqrt{\varrho^2+q^2}}{q\sqrt{\varrho^2-p^2}},$$

$|\varrho|>p>0,\; q>0,\qquad (x=-p\cos\varphi,\, \mathrm{I}\,241.8c);$

10b) $\displaystyle\qquad\qquad = \frac{\varrho}{(p^2-\varrho^2)\sqrt{p^2+q^2}}\left[K\!\left(\frac{p}{\sqrt{p^2+q^2}}\right) - \Pi\!\left(\frac{\varrho^2-p^2}{p^2+q^2},\frac{p}{\sqrt{p^2+q^2}}\right)\right] +$

$$+ \frac{1}{\sqrt{(p^2-\varrho^2)(q^2+\varrho^2)}}\,\log\frac{q\sqrt{p^2-\varrho^2}+p\sqrt{q^2+\varrho^2}}{|\varrho|\sqrt{p^2+q^2}},$$

$p>-\varrho>0,\; q>0;\qquad (x=p\cos\varphi);$

10c) $\displaystyle\qquad\qquad = \frac{1}{p\sqrt{p^2+q^2}}\left[K\!\left(\frac{p}{\sqrt{p^2+q^2}}\right) - E\!\left(\frac{p}{\sqrt{p^2+q^2}}\right) + \frac{q}{\sqrt{p^2+q^2}}\right],$

$-\varrho=p>0,\; q>0.\qquad (x=-p\cos\varphi).$

11) $\displaystyle\int_0^\infty \frac{dx}{\sqrt{(x^2+p^2)(x^2+q^2)}} = \frac{1}{q}\,K\!\left(\frac{\sqrt{q^2-p^2}}{q}\right),\quad q>p>0,\qquad (2e).$

12) $\displaystyle\int_0^\infty \frac{dx}{(x+\varrho)\sqrt{(x^2+p^2)(x^2+q^2)}} = \frac{\varrho}{q(\varrho^2+q^2)}\,\Pi\!\left(\frac{p^2-q^2}{\varrho^2+q^2},\frac{\sqrt{q^2-p^2}}{q}\right) -$

$$- \frac{1}{\sqrt{(\varrho^2+p^2)(\varrho^2+q^2)}}\,\log\frac{\varrho\left[\sqrt{\varrho^2+q^2}+\sqrt{\varrho^2+p^2}\right]}{p\sqrt{\varrho^2+q^2}+q\sqrt{\varrho^2+p^2}},$$

$\varrho>0,\; q>p>0,\qquad (x=q\,\mathrm{ctg}\,\varphi,\, \mathrm{I}\,241.10b).$

3. Abschnitt: Elementare transzendente Integranden.

311. Integrale von der Form $\int R(e^{\lambda x}, e^{\mu x}, \ldots) dx$.

1a) $\int_a^b R(e^{\lambda x}) dx = \frac{1}{\lambda} \int_{e^{\lambda a}}^{e^{\lambda b}} R(y) \frac{dy}{y}, \qquad \lambda \neq 0,$ \hfill $(021.4a, e^{\lambda x} = y);$

1b) $\int_\alpha^\beta R(e^{i\lambda x}) dx = \frac{1}{\lambda} \int_{\lambda\alpha}^{\lambda\beta} R(\cos\varphi + i\sin\varphi) d\varphi, \qquad \lambda \neq 0,$ \hfill $(\lambda x = \varphi);$

1c) $\int_0^{2\pi} R(e^{ix}) dx = 2\pi \sum R,$ $\Big(\sum R = $ Summe der Residuen von $\frac{R(z)}{z}$ innerhalb des Einheitskreises$\Big),$ \hfill $(021.12).$

2) $\int_a^b e^{\lambda x} dx = \frac{e^{\lambda b} - e^{\lambda a}}{\lambda}, \qquad \lambda \neq 0,$ \hfill $(1a);$

2a) $\int_0^\infty e^{-\lambda x} dx = \frac{1}{\lambda}, \qquad \mathcal{R}(\lambda) > 0,$ \hfill $(2);$

2b) $\int_a^b t^x dx = \frac{t^b - t^a}{\log t}, \qquad t > 0, \neq 1,$ \hfill $(\text{I } 311.3b).$

3a) $\int_0^{2\pi} e^{i\lambda x} dx = \frac{1}{i\lambda}\left(e^{2\pi\lambda i} - 1\right), \qquad \lambda \neq 0,$ \hfill $(1c);$

3b) $\qquad\qquad = 0 \qquad$ für $\lambda = \pm 1, \pm 2, \ldots$ \hfill $(3a);$

3c) $\int_0^\pi \sim \; = \frac{1 - (-1)^\lambda}{\lambda} i, \qquad \lambda = \pm 1, \pm 2, \ldots$ \hfill $(1b);$

3d) $\int_{-\alpha}^\alpha \sim \; = \frac{2}{\lambda} \sin \lambda\alpha, \qquad \lambda \neq 0,$ \hfill $(1b).$

4) $\int_a^b \frac{\alpha + \beta e^{\lambda x}}{\gamma + \delta e^{\lambda x}} dx = \frac{\alpha}{\gamma}(b-a) - \frac{\alpha\delta - \beta\gamma}{\lambda\gamma\delta} \log \frac{\gamma + \delta e^{\lambda b}}{\gamma + \delta e^{\lambda a}},$
$\lambda\gamma\delta \neq 0, \; (\gamma + \delta e^{\lambda b})(\gamma + \delta e^{\lambda a}) > 0,$ \hfill $(1a);$

311

4a) $\displaystyle\int_a^b \frac{e^{\lambda x}}{\gamma+\delta e^{\lambda x}}dx = \frac{1}{\lambda\delta}\log\frac{\gamma+\delta e^{\lambda b}}{\gamma+\delta e^{\lambda a}}, \quad \lambda\delta\neq 0, \ (\gamma+\delta e^{\lambda b})(\gamma+\delta e^{\lambda a})>0,\quad (4);$

4b) $\displaystyle\int_0^\infty \frac{e^{-\lambda x}}{\gamma+\delta e^{-\lambda x}}dx = \int_0^\infty \frac{dx}{\gamma e^{\lambda x}+\delta} = \frac{1}{\lambda\delta}\log\frac{\gamma+\delta}{\gamma}, \quad \lambda>0,\ \delta\neq 0,\ \gamma(\gamma+\delta)>0,\quad (4);$

4c) $\displaystyle\int_a^\infty \frac{e^{-\lambda x}}{\gamma+\delta e^{-\lambda x}}dx = \int_a^\infty \frac{dx}{\gamma e^{\lambda x}+\delta} = -\frac{a}{\delta}+\frac{1}{\lambda\delta}\log\left(e^{\lambda a}+\frac{\delta}{\gamma}\right), \quad \lambda>0,\ \gamma(\gamma e^{\lambda a}+\delta)>0,$
$\hfill (4).$

5a) $\displaystyle\int_0^\infty \frac{dx}{\sqrt{ae^{\lambda x}+b}} = \frac{1}{\lambda\sqrt{b}}\log\frac{\sqrt{a+b}+\sqrt{b}}{\sqrt{a+b}-\sqrt{b}}, \quad \lambda,a,b>0,$

5b) $\hphantom{\int_0^\infty \frac{dx}{\sqrt{ae^{\lambda x}+b}}} = \frac{2}{\lambda\sqrt{-b}}\operatorname{Arc tg}\frac{\sqrt{-b}}{\sqrt{a+b}}, \quad \lambda>0,\ 0<-b<a,\quad (1a, I\,15.10);$

5c) $\displaystyle\int_0^\infty \frac{dx}{\sqrt{e^{\lambda x}+1}} = \frac{2}{\lambda}\log(\sqrt{2}+1), \quad \lambda>0, \hfill (5a).$

6a) $\displaystyle\int_{-\infty}^\infty \frac{e^{\lambda x}}{ae^{2\lambda x}+b}dx = \int_{-\infty}^\infty \frac{dx}{ae^{\lambda x}+be^{-\lambda x}} = \frac{\pi}{2\lambda\sqrt{ab}}, \quad \lambda,a,b>0, \hfill (1a, 13.3a);$

6b) $\displaystyle\int_0^\infty \sim\ = \frac{1}{\lambda\sqrt{ab}}\operatorname{Arc tg}\sqrt{\frac{b}{a}}, \quad \lambda,a,b>0;$

6c) $\hphantom{\int_0^\infty} = \frac{1}{2\lambda\sqrt{-ab}}\log\frac{\sqrt{a}+\sqrt{-b}}{\sqrt{a}-\sqrt{-b}}, \quad \lambda>0,\ a>-b>0,\quad (1a, I\,15.10);$

6d) $\displaystyle\int_0^\infty \frac{dx}{e^{\lambda x}+e^{-\lambda x}} = \frac{1}{2}\int_{-\infty}^\infty \sim\ = \frac{\pi}{4\lambda}, \quad \lambda>0, \hfill (6b).$

7) $\displaystyle\int_0^\infty \frac{e^{(m+\frac{1}{2})\lambda x}}{(e^{\lambda x}+1)^{2m+1}}dx = \frac{(1;2;m)\pi}{\lambda\, m!\, 2^{3m+1}}, \quad \lambda>0,\ m=0,1,2,\ldots \hfill (1a, 211.3).$

8) $\displaystyle\int_{-\infty}^\infty \frac{e^{\lambda x}}{(ae^{2\lambda x}+2b+ce^{-2\lambda x})^{\kappa+\frac{1}{2}}}dx = \frac{\sqrt{\pi}\,\Gamma(\kappa)}{2\lambda\sqrt{a}\,(2\sqrt{ac}+2b)^{\kappa}\Gamma(\kappa+\frac{1}{2})}, \quad \kappa,\lambda,a,c>0,\ b>-\sqrt{ac},$
$\hfill (441.6a).$

9) $\displaystyle\int_{-\infty}^\infty \frac{e^{\kappa x}}{(ae^{\lambda x}+be^{\mu x})^\nu}dx = \frac{\Gamma\!\left(\frac{\kappa-\nu\lambda}{\mu-\lambda}\right)\Gamma\!\left(\frac{\nu\mu-\kappa}{\mu-\lambda}\right)}{(\mu-\lambda)\,a^{\frac{\nu\mu-\kappa}{\mu-\lambda}}\,b^{\frac{\kappa-\nu\lambda}{\mu-\lambda}}\Gamma(\nu)}, \quad ab>0,\ \nu>0,\ \mu>\frac{\kappa}{\nu}>\lambda,$
$\hfill (421.13a).$

10) $\displaystyle\int_{-\infty}^\infty \frac{e^{\kappa x}}{(e^{\lambda x}+e^{-\lambda x})^\nu}dx = \frac{\Gamma\!\left(\frac{\nu}{2}+\frac{\kappa}{2\lambda}\right)\Gamma\!\left(\frac{\nu}{2}-\frac{\kappa}{2\lambda}\right)}{2\lambda\,\Gamma(\nu)}, \quad \nu>0,\ \left|\frac{\kappa}{\nu}\right|<\lambda, \hfill (9);$

311

10a) $\int_{-\infty}^{\infty} \frac{dx}{(e^{\lambda x}+e^{-\lambda x})^{\nu}} = 2\int_{0}^{\infty} \sim = \frac{[\Gamma(\frac{\nu}{2})]^2}{2\lambda\,\Gamma(\nu)}, \quad \nu>0,\ \lambda>0,$ (10);

10b) $\int_{-\infty}^{\infty} \frac{dx}{(e^{\lambda x}+e^{-\lambda x})^{2n}} = 2\int_{0}^{\infty} \sim = \frac{(n-1)!}{2^n \lambda (1;2;n)}, \quad n=1,2,\ldots,\ \lambda>0,$ (10);

10c) $\int_{-\infty}^{\infty} \frac{dx}{(e^{\lambda x}+e^{-\lambda x})^{2n+1}} = 2\int_{0}^{\infty} \sim = \frac{(1;2;n)\pi}{\lambda\, n!\, 2^{3n+1}}, \quad n=0,1,2,\ldots,\ \lambda>0,$ (10).

11) $\int_{-\infty}^{\infty} \frac{e^{\kappa x}+e^{-\kappa x}}{(e^{\lambda x}+e^{-\lambda x})^{\nu}}dx = 2\int_{0}^{\infty} \sim = \frac{\Gamma(\frac{\nu}{2}+\frac{\kappa}{2\lambda})\Gamma(\frac{\nu}{2}-\frac{\kappa}{2\lambda})}{\lambda\,\Gamma(\nu)}, \quad \lambda>0,\ 0\le\kappa<\nu\lambda,$ (10);

11a) $\int_{-\infty}^{\infty} \frac{e^{\kappa x}+e^{-\kappa x}}{e^{\lambda x}+e^{-\lambda x}}dx = 2\int_{0}^{\infty} \sim = \frac{\pi}{\lambda\cos\frac{\kappa\pi}{2\lambda}}, \quad 0\le\kappa<\lambda,$ (11, 411.4b).

12a) $\int_{-\infty}^{\infty} \frac{\alpha^x}{(a\beta^x + b\gamma^{-x})^{\nu}}dx = \frac{\Gamma(\mu)\Gamma(\lambda)}{\log\frac{\gamma}{\beta}\cdot a^{\lambda}b^{\mu}\Gamma(\nu)}, \quad a,b>0,\ \nu>0,\ \gamma>\alpha^{\frac{1}{\nu}}>\beta>0,$

$\mu = \frac{\log\frac{\alpha}{\beta^{\nu}}}{\log\frac{\gamma}{\beta}}, \quad \lambda = \frac{\log\frac{\gamma^{\nu}}{\alpha}}{\log\frac{\gamma}{\beta}},$ (9);

12b) $\int_{-\infty}^{\infty} \frac{dx}{(\alpha^x+\alpha^{-x})^{\nu}} = 2\int_{0}^{\infty}\sim = \frac{[\Gamma(\frac{\nu}{2})]^2}{2\log\alpha\cdot\Gamma(\nu)}, \quad \nu>0,\ \alpha>1,$ (10a);

12c) $\int_{-\infty}^{\infty} \frac{\alpha^{mx}}{a\alpha^{nx}+b}dx = \frac{\pi}{n|\log\alpha|a^{\frac{m}{n}}b^{1-\frac{m}{n}}\sin\frac{m\pi}{n}}, \quad \alpha>0,\ne 1,\ 0<m<n,\ a,b>0,$ (12a);

12d) $\int_{-\infty}^{\infty} \frac{\alpha^x+\alpha^{-x}}{(\beta^x+\beta^{-x})^{\nu}}dx = 2\int_{0}^{\infty}\sim = \frac{\Gamma(\frac{\nu}{2}+\frac{\log\alpha}{2\log\beta})\Gamma(\frac{\nu}{2}-\frac{\log\alpha}{2\log\beta})}{\log\beta\cdot\Gamma(\nu)}, \quad \nu>0,\ 1<\alpha<\beta^{\nu}$ (11).

13) $\int_{0}^{\infty} \frac{e^{-x}-e^{-zx}}{1-e^{-x}}dx = \mathcal{E}+\Psi(z), \quad \mathcal{R}(z)>0,$ (411.6c, $u=e^{-x}$).

14) $\int_{0}^{\infty} \frac{e^{\kappa x}-e^{-\kappa x}}{e^{\lambda x}+e^{-\lambda x}}dx = \frac{\pi}{2\lambda\cos\frac{\kappa\pi}{2\lambda}} + \frac{1}{2\lambda}\Psi\left(\frac{\kappa+\lambda}{4\lambda}\right) - \frac{1}{2\lambda}\Psi\left(\frac{\kappa+3\lambda}{4\lambda}\right),\ 0\le\kappa<\lambda,$ (431.13a).

15) $\int_{0}^{\infty} \frac{e^{\kappa x}}{e^{\lambda x}+e^{-\lambda x}}dx = \frac{\pi}{2\lambda\cos\frac{\kappa\pi}{2\lambda}} + \frac{1}{4\lambda}\Psi\left(\frac{\kappa+\lambda}{4\lambda}\right) - \frac{1}{4\lambda}\Psi\left(\frac{\kappa+3\lambda}{4\lambda}\right),\ 0\le|\kappa|<\lambda,$ (14, 11a);

15a) $\qquad = \frac{-1}{4\lambda}\Psi\left(\frac{\lambda-\kappa}{4\lambda}\right) + \frac{1}{4\lambda}\Psi\left(\frac{3\lambda-\kappa}{4\lambda}\right),\quad \lambda>\kappa$ (15, 411.8d).

311

16) $\int_0^\infty \dfrac{e^{\kappa x} - e^{\lambda x}}{e^{\mu x} - e^{\nu x}}\, dx = \dfrac{1}{\mu - \nu}\left\{\Psi\left(\dfrac{\mu-\lambda}{\mu-\nu}\right) - \Psi\left(\dfrac{\mu-\kappa}{\mu-\nu}\right)\right\}$, $\mu > \nu, \mu > \kappa, \mu > \lambda$, (13);

16a) $\int_0^\infty \dfrac{\alpha^x - \beta^x}{\gamma^x - \delta^x}\, dx = \dfrac{1}{\log\frac{\gamma}{\delta}}\left\{\Psi\left(\dfrac{\log\frac{\gamma}{\beta}}{\log\frac{\gamma}{\delta}}\right) - \Psi\left(\dfrac{\log\frac{\gamma}{\alpha}}{\log\frac{\gamma}{\delta}}\right)\right\}$, $\gamma > \alpha, \beta, \delta > 0$, (16);

16b) $\int_0^\infty \dfrac{e^{\kappa x} - e^{\lambda x}}{e^{(\kappa+\lambda-\nu)x} - e^{\nu x}}\, dx = \dfrac{\pi}{\kappa + \lambda - 2\nu}\, \text{ctg}\, \dfrac{(\lambda-\nu)\pi}{\kappa + \lambda - 2\nu}$, $\kappa > \nu, \lambda > \nu$, (411.8d);

16c) $\int_0^\infty \dfrac{e^{-\kappa x} - e^{-\lambda x}}{1 - e^{-(\kappa+\lambda)x}}\, dx = \dfrac{\pi}{\kappa+\lambda}\, \text{ctg}\, \dfrac{\kappa\pi}{\kappa+\lambda}$, $\kappa > 0, \lambda > 0$, (16).

17a) $\int_0^\infty \dfrac{e^{\kappa x} - e^{-\kappa x}}{e^{\lambda x} - e^{-\lambda x}}\, dx = \dfrac{\pi}{2\lambda}\, \text{tg}\, \dfrac{\pi\kappa}{2\lambda}$, $\lambda > \kappa \geq 0$, (16, 411.8d);

17b) $\int_0^\infty \dfrac{e^{i\kappa x} - e^{-i\kappa x}}{e^{\lambda x} - e^{-\lambda x}}\, dx = \dfrac{i\pi}{2\lambda}\, \text{tg}\, \dfrac{\pi\kappa}{2\lambda}$, $\lambda > 0$, (17a).

312

312. Integrale der Form $\int e^{-sx} f(x)\, dx$ (Laplace-Transformation).[*]

1) $\int_0^\infty e^{-x} x^{\lambda-1}\, dx = \Gamma(\lambda)$, $\mathcal{R}(\lambda) > 0$, Eulersches Integral 2. Gattung, (411.1a).

2) $\int_0^\infty e^{-sx} x^\lambda e^{\alpha x}\, dx = \dfrac{\Gamma(\lambda+1)}{(s-\alpha)^{\lambda+1}}$, $s > \alpha$, $\mathcal{R}(\lambda) > -1$, (1);

2a) $\int_0^\infty e^{-sx} x^n\, dx = \dfrac{n!}{s^{n+1}}$, $n = 0, 1, 2, \ldots$, $s > 0$, (2);

2b) $\int_0^\infty e^{-sx} \dfrac{dx}{\sqrt{x}} = \sqrt{\dfrac{\pi}{s}}$, $s > 0$, (2);

2c) $\int_0^\infty e^{-sx} \sqrt{x}\, dx = \dfrac{1}{2s}\sqrt{\dfrac{\pi}{s}}$, $s > 0$, (2).

---

[*] Siehe auch die Abschnitte 324C, 335, 336, 531. Vgl. *Doetsch*, Theorie und Anwendung der Laplace-Transformation, Berlin 1937.

312

3) $\int_a^\infty e^{-sx}(x-a)^\lambda e^{\alpha x+\beta}dx = \dfrac{e^{-(s-\alpha)a+\beta}\Gamma(\lambda+1)}{(s-\alpha)^{\lambda+1}}$, $s>\alpha$, $\mathcal{R}(\lambda)>-1$ (1);

3a) $\int_a^\infty e^{-sx}dx = \dfrac{e^{-sa}}{s}$, $s>0$, (3).

4) $\int_0^\infty e^{-sx}\dfrac{1-e^{-x}}{x}dx = \log\left(1+\dfrac{1}{s}\right)$, $s>0$, (313.3b).

5a) $\int_0^\infty e^{-sx}\dfrac{x^\alpha-1}{\alpha}dx = \dfrac{1}{\alpha}\left[\dfrac{\Gamma(\alpha+1)}{s^{\alpha+1}}-\dfrac{1}{s}\right]$, $\alpha>0$, $s>0$, (2);

5b) $\int_0^\infty e^{-sx}\log x\,dx = \dfrac{-\log s - \mathscr{E}}{s}$, $s>0$, (5a, $\alpha\to 0$);

5c) $\int_0^\infty e^{-sx}x^k\log x\,dx = \dfrac{\Gamma(k+1)}{s^{k+1}}\left[\Psi(k+1)-\log s\right]$, $k>-1, s>0$, (2, 021.5);

5d) $\int_0^\infty e^{-sx}\log(x^2+a^2)dx = \dfrac{2}{s}\left[-\cos as\,\text{Ci}(as)-\sin as\,\text{Si}(as)+\log a+\dfrac{\pi}{2}\sin as\right]$,
$a,s>0$, (9b, 021.6, 327.15-18);

5e) $\int_0^\infty e^{-sx}\left(\dfrac{1}{1-e^{-x}}-\dfrac{1}{x}-\dfrac{1}{2}\right)\dfrac{dx}{x} = \log\dfrac{e^s\Gamma(s)}{s^{s-\frac{1}{2}}\sqrt{2\pi}}$, $\mathcal{R}(s)>0$, (411.11d).

6a) $\int_0^\infty e^{-sx}\sinh\lambda x\,dx = \dfrac{\lambda}{s^2-\lambda^2}$, $s>\lambda\geq 0$, (2);

6b) $\int_0^\infty e^{-sx}\cosh\lambda x\,dx = \dfrac{s}{s^2-\lambda^2}$, $s>\lambda\geq 0$, (2);

6c) $\int_0^\infty e^{-sx}\sin\lambda x\,dx = \dfrac{\lambda}{s^2+\lambda^2}$, $s>0$, (2);

6d) $\int_0^\infty e^{-sx}\cos\lambda x\,dx = \dfrac{s}{s^2+\lambda^2}$, $s>0$, (2).

7) $\int_0^2 e^{-sx}[x(2-x)]^{\nu-\frac{1}{2}}dx = (1;2;\nu)\pi s^{-\nu}e^{-s}I_\nu(s)$, $\nu=0,1,2,\ldots$
(313.21b, 512.4a);

312

7a) $\displaystyle\int_0^2 \frac{e^{-sx}}{\sqrt{x(2-x)}}\,dx = \pi e^{-s} I_0(s),$ (7);

7b) $\displaystyle\int_a^b \frac{e^{-sx}}{\sqrt{(x-a)(b-x)}}\,dx = \pi e^{-s\cdot\frac{a+b}{2}} I_0\left(s\cdot\frac{b-a}{2}\right),$ $(7a, x\to\frac{b-a}{2}x+a).$

8) $\displaystyle\int_0^\infty e^{-sx}[x(2+x)]^{\nu-\frac{1}{2}}\,dx = (1;2;\nu)s^{-\nu}e^s \mathcal{K}_\nu(s),\quad s>0,\ \nu=0,1,2,\ldots$
(313.23, 512.10a);

8a) $\displaystyle\int_0^\infty \frac{e^{-sx}}{\sqrt{x(x+a)}}\,dx = e^{\frac{as}{2}} \mathcal{K}_0\left(\frac{as}{2}\right),\quad a>0,\ s>0,$ (8).

9) $\displaystyle\int_0^\infty \frac{e^{-sx}}{x+a}\,dx = -e^{as}\mathcal{E}i(-as),\quad a>0,\ s>0,$ (I 312.4c);

9a) $\displaystyle\int_c^\infty \frac{e^{-sx}}{x+a}\,dx = -e^{as}\mathcal{E}i(-s(a+c)),\quad a+c>0,\ s>0,$ (9, 327.1);

9b) $\displaystyle\int_0^\infty \frac{e^{-sx}}{x^2+a^2}\,dx = \frac{1}{a}\left[\sin as\,Ci(as) - \cos as\left(Si(as)-\frac{\pi}{2}\right)\right],\ a>0,\ s>0,$
(021.4b, 327.1e);

9c) $\displaystyle\int_0^\infty e^{-sx}\frac{x}{x^2+a^2}\,dx = \sin as\left(\frac{\pi}{2}-Si(as)\right)-\cos as\,Ci(as),\ a>0,\ s>0,$
(021.3, 5d).

10a) $\displaystyle\int_0^\infty e^{-sx}e^{-\alpha x^2}\,dx = \frac{1}{2}\sqrt{\frac{\pi}{\alpha}}\,e^{\frac{s^2}{4\alpha}}\left[1-\Phi\left(\frac{s}{2\sqrt{\alpha}}\right)\right],\quad \alpha>0,$ (314.5a);

10b) $\displaystyle\int_0^\infty e^{-sx}e^{-\alpha x^2}x\,dx = \frac{1}{2\alpha} - \frac{s}{4\alpha}\sqrt{\frac{\pi}{\alpha}}\,e^{\frac{s^2}{4\alpha}}\left[1-\Phi\left(\frac{s}{2\sqrt{\alpha}}\right)\right],\ \alpha>0,$ (314.5a).

11a) $\displaystyle\int_0^\infty e^{-sx}e^{\alpha\sqrt{x}}\,dx = \frac{1}{s} + \frac{\alpha}{2s}\sqrt{\frac{\pi}{s}}\,e^{\frac{\alpha^2}{4s}}\left[1+\Phi\left(\frac{\alpha}{2\sqrt{s}}\right)\right],\ s>0,$ (10b);

11b) $\displaystyle\int_0^\infty e^{-sx}e^{\alpha\sqrt{x}}\frac{dx}{\sqrt{x}} = \sqrt{\frac{\pi}{s}}\,e^{\frac{\alpha^2}{4s}}\left[1+\Phi\left(\frac{\alpha}{2\sqrt{s}}\right)\right],\ s>0,$ (10a).

12a) $\displaystyle\int_0^\infty e^{-sx}\sin\lambda\sqrt{x}\,dx = \frac{\lambda}{2s}\sqrt{\frac{\pi}{s}}\,e^{-\frac{\lambda^2}{4s}},\ s>0,$ (11a);

12b) $\displaystyle\int_0^\infty e^{-sx}\frac{\cos\lambda\sqrt{x}}{\sqrt{x}}\,dx = \sqrt{\frac{\pi}{s}}\,e^{-\frac{\lambda^2}{4s}},\ s>0,$ (11b).

312

13a) $\quad \int_0^\infty e^{-sx} \sin \lambda\sqrt{x}\, dx = \dfrac{\lambda}{2s}\sqrt{\dfrac{\pi}{s}}\, e^{\frac{\lambda^2}{4s}}, \qquad s>0,$ \hfill (11a);

13b) $\quad \int_0^\infty e^{-sx} \dfrac{\cos \lambda\sqrt{x}}{\sqrt{x}}\, dx = \sqrt{\dfrac{\pi}{s}}\, e^{\frac{\lambda^2}{4s}}, \qquad s>0,$ \hfill (11b).

14a) $\quad \int_0^\infty e^{-sx} e^{-\frac{\alpha^2}{4x}} \dfrac{dx}{\sqrt{x}} = \sqrt{\dfrac{\pi}{s}}\, e^{-\alpha\sqrt{s}}, \qquad s>0,\ \alpha\geq 0,$ \hfill (031.13a,1);

14b) $\quad \int_0^\infty e^{-sx} e^{-\frac{\alpha^2}{4x}} \dfrac{dx}{\sqrt{x^3}} = \dfrac{2\sqrt{\pi}}{\alpha}\, e^{-\alpha\sqrt{s}}, \qquad s\geq 0,\ \alpha>0,$ \hfill (031.13c,1).

15) $\quad \int_0^\infty e^{-sx} x^k L_n(x;\alpha,\beta)\, dx = \dfrac{\Gamma(k+1)(\beta;1;n)}{s^{k+1}}\, \mathscr{F}\!\left(-n,k+1,\beta;\dfrac{\alpha}{s}\right),$

$\qquad\qquad \alpha,\beta,s>0,\ k>-1,\ n=0,1,2,\dots$ \hfill (176.1b);

15a) $\quad \int_0^\infty e^{-sx} x^{\beta-1} L_n(x;\alpha,\beta)\, dx = \Gamma(\beta+n)\dfrac{(s-\alpha)^n}{s^{\beta+n}}, \quad \alpha,\beta,s>0,\ n=0,1,2,\dots$ \hfill (15);

15b) $\quad \int_0^\infty e^{-sx} L_n(x)\, dx = \dfrac{n!}{s}\left(1-\dfrac{1}{s}\right)^n, \quad s>0,\ n=0,1,2,\dots$ \hfill (15a, $\alpha=\beta=1$);

15c) $\quad \int_0^\infty e^{-sx} x^\beta L_n(x;\alpha,\beta)\, dx = \Gamma(\beta+n)\dfrac{(\beta s -\beta\alpha -n\alpha)(s-\alpha)^{n-1}}{s^{\beta+n+1}},$

$\qquad\qquad \alpha,\beta,s>0,\ n=0,1,2,\dots$ \hfill (15);

15d) $\quad \int_0^\infty e^{-sx} x L_n(x)\, dx = \dfrac{n!\,(s-n-1)(s-1)^{n-1}}{s^{n+2}}, \quad s>0,\ n=0,1,2,\dots$ \hfill (15c, $\alpha=\beta=1$).

16) $\quad \int_0^\infty e^{-sx} x^k H_n(\sqrt{x};\alpha)\, dx = \dfrac{(2\alpha)^n\, \Gamma\!\left(\frac{n}{2}+k+1\right)}{s^{\frac{n}{2}+k+1}}\, \mathscr{F}\!\left(-\dfrac{n}{2},-\dfrac{n-1}{2},-\dfrac{n+2k}{2};\dfrac{s}{\alpha}\right),$

$\qquad\qquad \alpha,s>0,\ k>-1,\ n=0,1,2,\dots,\ \dfrac{n+2k}{2}$ nicht ganz, (177.1b);

16a) $\quad \int_0^\infty e^{-sx} H_{2n+1}(\sqrt{x};\alpha)\, dx = \dfrac{(2n+1)!\sqrt{\pi}\,\alpha^{2n+1}\left(1-\frac{s}{\alpha}\right)^n}{n!\, s^{n+\frac{3}{2}}}, \quad s>0,\ n=0,1,2,\dots$ \hfill (16);

16b) $\quad \int_0^\infty e^{-sx} H_{2n}(\sqrt{x};\alpha)\dfrac{dx}{\sqrt{x}} = \dfrac{(2n)!\sqrt{\pi}\,\alpha^{2n}\left(1-\frac{s}{\alpha}\right)^n}{n!\, s^{n+\frac{1}{2}}}, \quad s>0,\ n=0,1,2,\dots$ \hfill (16).

17) $\quad \int_0^\infty e^{-sx} x^k J_\nu(\alpha x)\, dx = \dfrac{\alpha^\nu\, \Gamma(k+\nu+1)}{2^\nu s^{k+\nu+1}\Gamma(\nu+1)}\, \mathscr{F}\!\left(\dfrac{k+\nu+1}{2},\dfrac{k+\nu+2}{2},\nu+1;-\dfrac{\alpha^2}{s^2}\right),$

$\qquad\qquad k+\nu>-1,\ s>|\alpha|,$ \hfill (511.2, 021.7, 011.6);

312

17a) $\displaystyle\int_0^\infty e^{-sx} J_\nu(\alpha x)\,dx = \frac{[\sqrt{\alpha^2+s^2}-s]^\nu}{\alpha^\nu \sqrt{\alpha^2+s^2}}$, $\quad \nu>-1,\ s>0,$ \hfill (17)*);

17b) $\displaystyle\int_0^\infty e^{-sx} J_\nu(\alpha x)\frac{dx}{x} = \frac{[\sqrt{\alpha^2+s^2}-s]^\nu}{\nu\alpha^\nu}$, $\quad \nu>0,\ s>0,$ \hfill (17)**);

17c) $\displaystyle\int_0^\infty e^{-sx} x^\nu J_\nu(\alpha x)\,dx = \frac{\Gamma(\nu+\tfrac{1}{2})(2\alpha)^\nu}{\sqrt{\pi}\,(\alpha^2+s^2)^{\nu+\tfrac{1}{2}}}$, $\quad \nu>-\tfrac{1}{2},\ s>0,$ \hfill (17);

17d) $\displaystyle\int_0^\infty e^{-sx} x^{\nu+1} J_\nu(\alpha x)\,dx = \frac{2\,\Gamma(\nu+\tfrac{3}{2})(2\alpha)^\nu s}{\sqrt{\pi}\,(\alpha^2+s^2)^{\nu+\tfrac{3}{2}}}$, $\quad \nu>-1,\ s>0,$ \hfill (17).

18a) $\displaystyle\int_0^\infty e^{-sx} J_0(\alpha x)\,dx = \frac{1}{\sqrt{\alpha^2+s^2}}$, $\quad s>0,$ \hfill (17a);

18b) $\displaystyle\int_0^\infty e^{-sx} x J_0(\alpha x)\,dx = \frac{s}{(\alpha^2+s^2)^{3/2}}$, $\quad s>0,$ \hfill (17d);

18c) $\displaystyle\int_0^\infty e^{-sx}[J_0(\alpha x)-1]\frac{dx}{x} = \log\left[\frac{2s}{\alpha^2}\left(\sqrt{\alpha^2+s^2}-s\right)\right]$, $\quad s>0,$ \hfill (021.7).

19) $\displaystyle\int_0^\infty e^{-sx} x^{\tfrac{\nu}{2}} J_\nu(\alpha\sqrt{x})\,dx = \frac{\alpha^\nu}{2^\nu s^{\nu+1}} e^{-\tfrac{\alpha^2}{4s}}$, $\quad s>0,\ \nu>-1,$ \hfill (511.2, 021.7).

313

313. Integrale der Form $\int R(x, e^{\lambda x})\,dx$.

1) $\displaystyle\int_0^1 e^{\lambda x} x^n\,dx = e^\lambda \sum_{\nu=0}^n (-1)^\nu \frac{(n;-1;\nu)}{\lambda^{\nu+1}} + (-1)^{n+1}\frac{n!}{\lambda^{n+1}}$, $\quad \lambda\neq 0,\ n=0,1,2,\ldots$ \hfill (I 312.1b).

2) $\displaystyle\int_0^1 \frac{x e^x}{(x+1)^2}\,dx = \frac{e-2}{2}$, \hfill (I 312.7b).

---

*) $\mathcal{F}\left(\dfrac{\nu+1}{2}, \dfrac{\nu+2}{2}, \nu+1; x\right) = \dfrac{2^\nu [1-\sqrt{1-x}]^\nu}{x^\nu \sqrt{1-x}}$, $\quad |x|<1.$

**) $\mathcal{F}\left(\dfrac{\nu}{2}, \dfrac{\nu+1}{2}, \nu+1; x\right) = \dfrac{2^\nu [1-\sqrt{1-x}]^\nu}{x^\nu}$, $\quad |x|<1.$

313

3a) $\displaystyle\int_0^\infty \frac{e^{-\alpha x}-e^{-\beta x}}{x^\gamma}dx = \Gamma(1-\gamma)\left[\alpha^{\gamma-1}-\beta^{\gamma-1}\right],\qquad \alpha,\beta>0,\ \gamma<1,$ \hfill (312.2);

3b) $\displaystyle\int_0^\infty \frac{e^{-\alpha x}-e^{-\beta x}}{x}dx = \log\frac{\beta}{\alpha},\qquad \alpha,\beta>0,$ \hfill (3a, $\gamma\to 1$ oder 021.6);

3c) $\displaystyle\int_0^\infty \left(\frac{e^{-\alpha x}-e^{-\beta x}}{x}\right)^2 dx = 2\alpha\log\frac{2\alpha}{\alpha+\beta}+2\beta\log\frac{2\beta}{\alpha+\beta},\qquad \alpha,\beta>0,$ \hfill (3b, 021.3).

4) $\displaystyle\int_0^\infty \frac{x^\kappa}{ae^{\alpha x}+be^{\beta x}}dx = \Gamma(\kappa+1)\sum_{\nu=0}^\infty \frac{(-b)^\nu}{a^{\nu+1}(\alpha+\nu\alpha-\nu\beta)^{\kappa+1}},$

$\alpha>0,\ \alpha>\beta\ \begin{cases}a>|b|\ \text{und}\ a=b,\ \kappa>-1\\ a=-b,\ \kappa>0,\end{cases}$ \hfill (021.7, 312.2).

5a) $\displaystyle\int_0^\infty \frac{x^\kappa}{e^{\alpha x}-e^{-\alpha x}}dx = \frac{\Gamma(\kappa+1)}{\alpha^{\kappa+1}}\sum_{\nu=0}^\infty \frac{1}{(2\nu+1)^{\kappa+1}},\qquad \alpha>0,\ \kappa>0,$ \hfill (4);

5b) $\displaystyle\int_0^\infty \frac{x^\kappa}{e^{\alpha x}+e^{-\alpha x}}dx = \frac{\Gamma(\kappa+1)}{\alpha^{\kappa+1}}\sum_{\nu=0}^\infty \frac{(-1)^\nu}{(2\nu+1)^{\kappa+1}},\qquad \alpha>0,\ \kappa>-1,$ \hfill (4).

6a) $\displaystyle\int_0^\infty \frac{x^{2n-1}}{e^{\alpha x}-e^{-\alpha x}}dx = \frac{2^{2n}-1}{4n}|B_{2n}|\left(\frac{\pi}{\alpha}\right)^{2n},\qquad \alpha>0,\ n=1,2,\ldots$ \hfill (5a, 011.9);*)

6b) $\displaystyle\int_0^\infty \frac{x}{e^{\alpha x}+e^{-\alpha x}}dx = \frac{\pi^2}{8\alpha^2},\qquad \alpha>0,$ \hfill (6a).

7a) $\displaystyle\int_0^\infty \frac{x^{2n}}{e^{\alpha x}+e^{-\alpha x}}dx = \frac{E_n}{2}\left(\frac{\pi}{2\alpha}\right)^{2n+1},\qquad \alpha>0,\ n=0,1,2,\ldots$ \hfill (5b);*)

7b) $\displaystyle\int_0^\infty \frac{2x^{2n}}{e^{\frac{\pi}{2}x}+e^{-\frac{\pi}{2}x}}dx = E_n,\qquad n=0,1,2,\ldots$ \hfill (7a);*)

7c) $\displaystyle\int_0^\infty \frac{x}{e^x+e^{-x}}dx = G,$ \hfill (5b, 011.9).

8a) $\displaystyle\int_0^\infty \frac{x^\kappa}{e^{\alpha x}-1}dx = \frac{\Gamma(\kappa+1)}{\alpha^{\kappa+1}}\sum_{\nu=1}^\infty \frac{1}{\nu^{\kappa+1}} = \alpha^{-\kappa-1}\Gamma(\kappa+1)\zeta(\kappa+1),\quad \kappa>0,\ \alpha>0$ \hfill (4);

---

*) $\displaystyle\sum_{\nu=1}^\infty \frac{1}{\nu^{2n}} = \frac{(2\pi)^{2n}|B_{2n}|}{2(2n)!};\quad \sum_{\nu=1}^\infty \frac{(-1)^{\nu-1}}{\nu^{2n}} = \frac{2^{2n-1}-1}{(2n)!}|B_{2n}|\pi^{2n};$

$\displaystyle\sum_{\nu=0}^\infty \frac{1}{(2\nu+1)^{2n}} = \frac{2^{2n}-1}{2(2n)!}|B_{2n}|\pi^{2n};\quad \sum_{\nu=0}^\infty \frac{(-1)^\nu}{(2\nu+1)^{2n+1}} = \frac{E_n\pi^{2n+1}}{2^{2n+2}(2n)!};$ \hfill (011.9).

313

8b) $\int_0^\infty \dfrac{x^\kappa}{e^{\alpha x}+1} dx = \dfrac{\Gamma(\kappa+1)}{\alpha^{\kappa+1}} \sum_{\nu=1}^\infty \dfrac{(-1)^{\nu-1}}{\nu^{\kappa+1}} = \alpha^{-\kappa-1}(1-2^{-\kappa})\Gamma(\kappa+1)\xi(\kappa+1)$, $\kappa>-1, \alpha>0$, (4).

9a) $\int_0^\infty \dfrac{x^{2n-1}}{e^{\alpha x}-1} dx = \dfrac{|B_{2n}|}{4n}\left(\dfrac{2\pi}{\alpha}\right)^{2n}$, $\alpha>0$, $n=1,2,\ldots$ (8a)*);

9b) $\int_0^\infty \dfrac{x^{2n-1}}{e^{2\pi x}-1} dx = \dfrac{|B_{2n}|}{4n}$, $n=1,2,\ldots$ (9a);

9c) $\int_0^\infty \dfrac{x}{e^x-1} dx = \dfrac{\pi^2}{6}$, (9a).

10a) $\int_0^\infty \dfrac{x^{2n-1}}{e^{\alpha x}+1} dx = \dfrac{2^{2n-1}-1}{2n}|B_{2n}|\left(\dfrac{\pi}{\alpha}\right)^{2n}$, $\alpha>0, n=1,2,\ldots$ (8b)*);

10b) $\int_0^\infty \dfrac{x}{e^x+1} dx = \dfrac{\pi^2}{12}$, (10a).

11) $\int_0^\infty \dfrac{e^{\lambda x} x^\kappa}{[ae^{\alpha x}+be^{\beta x}]^2} dx = \Gamma(\kappa+1) \sum_{\nu=0}^\infty \dfrac{(\nu+1)(-b)^\nu}{a^{\nu+2}(\nu\alpha-\nu\beta+2\alpha-\lambda)^{\kappa+1}}$,

$\alpha>\beta$, $\alpha>\dfrac{\lambda}{2}$, $\begin{cases} a>|b|, \kappa>-1, \\ a=b, \kappa>0, \\ a=-b, \kappa>1, \end{cases}$ (021.7, 312.2);

11a) $\int_0^\infty \dfrac{x^{2n}e^x}{(e^x-1)^2} dx = 2^{2n-1}\pi^{2n}|B_{2n}|$, $n=1,2,\ldots$ (11)*);

11b) $\int_0^\infty \dfrac{x^{2n}e^x}{(e^x+1)^2} dx = (-1)^{n-1}(2^{2n-1}-1)\pi^{2n}B_{2n}$, $n=0,1,2,\ldots$ (11)*);

11c) $\int_0^\infty \dfrac{e^x+e^{-x}}{(e^x-e^{-x})^2} x^{2n} dx = \dfrac{1}{2}(2^{2n}-1)\pi^{2n}|B_{2n}|$, $n=1,2,\ldots$ (11)*).

12a) $\int_0^\infty \left[e^{-\lambda x}-\dfrac{1}{(1+\lambda x)^\alpha}\right]\dfrac{dx}{x} = \Psi(\alpha)$, $\lambda>0, \alpha>0$, (411.6d);

12b) $\int_0^\infty \left[e^{-\lambda x}-\dfrac{1}{1+\lambda x}\right]\dfrac{dx}{x} = -\mathscr{C}$, $\lambda>0$, (411.10d);

12c) $\int_0^\infty \left[\dfrac{1}{1+\lambda x}-e^{-\mu x}\right]\dfrac{dx}{x} = \mathscr{C}+\log\dfrac{\mu}{\lambda}$, $\mu>0, \lambda>0$, (12b, 3b);

---

*) Siehe Anmerkung auf Seite 60.

313

12d) $\displaystyle\int_0^\infty \left[\frac{1}{1+\lambda^2 x^2} - e^{-\mu x}\right]\frac{dx}{x} = \mathscr{E} + \log\frac{\mu}{\lambda}$, $\mu > 0, \lambda > 0$,   (12c, 141.18).

13) $\displaystyle\int_0^\infty e^{-(\lambda+i\mu)x} x^{\kappa-1} dx = \frac{\Gamma(\kappa)}{(\lambda+i\mu)^\kappa}$, $\mathcal{R}(\kappa) > 0, \lambda > 0$,   (411.1a, 021.12).

14) $\displaystyle\int_0^\infty e^{i\mu x} x^{\kappa-1} dx = \frac{\Gamma(\kappa)}{(-i\mu)^\kappa}$, $0 < \mathcal{R}(\kappa) < 1, \mu \neq 0$,   (13, $\lambda \to 0$, D);

14a) $\displaystyle\int_0^\infty e^{i\mu x}\frac{dx}{\sqrt{x}} = \sqrt{\frac{\pi}{\mu}}\, e^{\frac{\pi i}{4}}$, $\mu > 0$,   (14);

14b) $\displaystyle\int_0^\infty \frac{e^{i\mu x} - e^{i\nu x}}{x} dx = \log\frac{\nu}{\mu}$, $\mu\nu > 0$,   (14, $\kappa \to 0$, 411.6a oder 021.6).

15a) $\displaystyle\int_{-i\infty}^{i\infty} \frac{e^{-\lambda z}}{z^\alpha} dz = \begin{cases} 0, & \lambda > 0, \alpha > 0, \\ \dfrac{2\pi i}{|\lambda|^{1-\alpha}\Gamma(\alpha)}, & \lambda < 0, \alpha > 0, \end{cases}$ (021.12)*);

15b) $\displaystyle\int_{-i\infty}^{i\infty} \frac{e^{-\lambda z}}{(z+k)^\alpha} dz = 0$, $\lambda > 0, \alpha > 0, k > 0$,   (021.12);

15c) $\displaystyle\int_{-i\infty}^{i\infty} \frac{e^{-\lambda z}}{(z-k)^\alpha} dz = 2\pi i\, e^{-\pi i\alpha - \lambda k}\frac{\lambda^{\alpha-1}}{\Gamma(\alpha)}$, $\alpha > 0, \lambda > 0, k > 0$,   (021.12)**);

16) $\displaystyle\int_{-i\infty}^{i\infty} \frac{e^{\lambda z}}{z} dz = \begin{cases} 0 & \text{für } \lambda < 0, \\ \pi i & \text{"} \quad \lambda = 0, \\ 2\pi i & \text{"} \quad \lambda > 0, \end{cases}$ (15a).

17) $\displaystyle\int_{-\infty}^\infty \frac{e^{i\lambda x}}{(k+ix)^\alpha} dx = \int_{-\infty}^\infty \frac{e^{-i\lambda x}}{(k-ix)^\alpha} dx = \begin{cases} \dfrac{2\pi}{\Gamma(\alpha)} e^{-\lambda k}\lambda^{\alpha-1} & \text{für } \lambda > 0, \\ 0 & \text{"} \quad \lambda < 0, \end{cases}$ $k > 0, \alpha > 0$,   (15b,c,D).

---

*) Schleifen-Integral der Gammafunktion:

$$\Gamma(z) = \frac{1}{2i\sin\pi z}\int_{\mathscr{L}} e^t\, t^{z-1} dt, \quad z \neq 0, \pm 1, \pm 2, \ldots$$

**) z-Ebene von $z = k$ nach $+\infty$ aufgeschnitten, Hauptwert von $(z-k)^\alpha$ auf dem oberen Schnittrand.

18) $\displaystyle\int_{-i\infty}^{i\infty}\frac{e^{-\lambda z}}{z-k}z^{\alpha}(z+a_1)^{\alpha_1}\ldots(z+a_n)^{\alpha_n}dz = \begin{cases} 0 & \text{für } k<0, \\ -2\pi i e^{-\lambda k}k^{\alpha}(k+a_1)^{\alpha_1}\ldots(k+a_n)^{\alpha_n} & \text{\textquotedbl } k>0, \end{cases}$

$\lambda>0,\ \alpha+\alpha_1+\cdots+\alpha_n<1, a_1>0,\ldots a_n>0,\ (021.12).$

19a) $\displaystyle\int_{-\infty}^{\infty}\frac{e^{-i\lambda x}}{k+ix}(ix)^{\alpha}(a_1+ix)^{\alpha_1}\ldots(a_n+ix)^{\alpha_n}dx = 0;$

19b) $\displaystyle\int_{-\infty}^{\infty}\frac{e^{-i\lambda x}}{k-ix}(ix)^{\alpha}(a_1+ix)^{\alpha_1}\ldots(a_n+ix)^{\alpha_n}dx = 2\pi e^{-\lambda k}k^{\alpha}(k+a_1)^{\alpha_1}\ldots(k+a_n)^{\alpha_n},$

$\lambda>0, k>0,\ \alpha+\alpha_1+\cdots+\alpha_n<1, a_1>0,\ldots,a_n>0,\quad (18).$

20) $\displaystyle\int_{-\infty}^{\infty}\frac{e^{-i\lambda x}}{k^2+x^2}(ix)^{\alpha}(a_1+ix)^{\alpha_1}\ldots(a_n+ix)^{\alpha_n}dx = \pi e^{-\lambda k}k^{\alpha-1}(k+a_1)^{\alpha_1}\ldots(k+a_n)^{\alpha_n},$

$\lambda>0, k>0,\ \alpha+\alpha_1+\cdots+\alpha_n<1, a_1>0,\ldots,a_n>0,$

$(021.4b,19a\text{-}b);$

20a) $\displaystyle\int_{-\infty}^{\infty}\frac{e^{i\lambda x}}{k^2+x^2}dx = \frac{\pi}{k}e^{-|\lambda|k},\quad k>0,\ \lambda\text{ reell},\qquad (20,D);$

20b) $\displaystyle\int_{-\infty}^{\infty}\frac{e^{-i\lambda x}}{(k^2+x^2)x^{\alpha}}dx = \pi k^{-\alpha-1}e^{-\lambda k+\frac{i\pi\alpha}{2}},\quad k>0,\lambda>0,|\alpha|<1,\qquad (20);$

20c) $\displaystyle\int_{-\infty}^{\infty}\frac{e^{-i\lambda x}}{(k^2+x^2)(a+ix)^{\alpha}}dx = \frac{\pi e^{-\lambda k}}{k(k+a)^{\alpha}},\quad \lambda,k,a>0,\ \alpha>-1,\qquad (20).$

21a) $\displaystyle\int_{-1}^{1}e^{izx}(1-x^2)^{\nu-\frac{1}{2}}dx = 2^{\nu}\sqrt{\pi}\,\Gamma(\nu+\tfrac{1}{2})z^{-\nu}J_{\nu}(z),\quad \mathcal{R}(\nu)>-\tfrac{1}{2},$

$(021.7, 431.2, 511.11a);$

21b) $\displaystyle\int_{-1}^{1}e^{zx}(1-x^2)^{\nu-\frac{1}{2}}dx = 2^{\nu}\sqrt{\pi}\,\Gamma(\nu+\tfrac{1}{2})z^{-\nu}I_{\nu}(z),\quad \mathcal{R}(\nu)>-\tfrac{1}{2},$

$(021.7, 431.2, 512.4a).$

22) $\displaystyle\int_{1}^{\infty}\frac{e^{\varepsilon izx}}{(x^2-1)^{\nu+\frac{1}{2}}}dx = \varepsilon i\sqrt{\pi}\,\Gamma(\tfrac{1}{2}-\nu)2^{-\nu-1}z^{\nu}\mathcal{H}_{\nu}^{(\frac{3-\varepsilon}{2})}(z),\ \varepsilon=\pm 1, z>0, -\tfrac{1}{2}<\mathcal{R}(\nu)<\tfrac{1}{2},$

$(021.10, 511.19b, W).$

23) $\displaystyle\int_{1}^{\infty}e^{-zx}(x^2-1)^{\nu-\frac{1}{2}}dx = \frac{2^{\nu}\Gamma(\nu+\tfrac{1}{2})}{\sqrt{\pi}\,z^{\nu}}\mathcal{K}_{\nu}(z),\ \mathcal{R}(z)>0, \mathcal{R}(\nu)>-\tfrac{1}{2},\ (512.10a);$

23a) $\displaystyle\int_{1}^{\infty}\frac{e^{-zx}}{\sqrt{x^2-1}}dx = \mathcal{K}_0(z),\quad \mathcal{R}(z)>0,\qquad (512.10d).$

24) $\displaystyle\int_{-\infty}^{\infty}\frac{e^{\pm izx}}{(x^2+a^2)^{\nu+\frac{1}{2}}}dx = \frac{\sqrt{\pi}\,z^{\nu}\mathcal{K}_{\nu}(az)}{2^{\nu-1}a^{\nu}\Gamma(\nu+\tfrac{1}{2})},\ a>0, z>0, |\nu|<\tfrac{1}{2},\ (511.19c\text{-}d, 512.3b).$

313

24a) $\displaystyle\int_{-\infty}^{\infty}\frac{e^{\pm izx}}{\sqrt{x^2+a^2}}dx = 2\mathcal{K}_0(az),\quad a>0, z>0,$ (24).

25a) $\displaystyle\int_{-\infty}^{\infty}\frac{dx}{ae^x+\frac{1}{ae^x}+2\cos\gamma}=\frac{\gamma}{\sin\gamma},\quad 0\le\gamma<\pi,$ $(e^x=y, 131.3a)$;

25b) $\displaystyle\int_{-\infty}^{\infty}\frac{x\,dx}{ae^x+\frac{1}{ae^x}+2\cos\gamma}=\frac{-\gamma\log a}{\sin\gamma},\quad 0\le\gamma<\pi, a>0,$ $(e^x=y, 031.9a, 131.3a)$.

26) $\displaystyle\int_{-\infty}^{\infty}\frac{x^{2n}dx}{e^x+e^{-x}+2\cos\gamma}=\frac{2(2n)!}{\sin\gamma}\sum_{\nu=1}^{\infty}\frac{(-1)^{\nu+1}\sin\nu\gamma}{\nu^{2n+1}},\ 0\le\gamma<\pi,$ $(021.4b, 313.4)$;

26a) $\displaystyle\int_{-\infty}^{\infty}\frac{x^2 dx}{e^x+e^{-x}+2\cos\gamma}=\frac{\gamma(\pi^2-\gamma^2)}{3\sin\gamma},\quad 0\le\gamma<\pi,$ $(26, B.d.H.)$;

26b) $\displaystyle\int_{-\infty}^{\infty}\frac{x^4 dx}{e^x+e^{-x}+2\cos\gamma}=\frac{\gamma(\pi^2-\gamma^2)(7\pi^2-3\gamma^2)}{15\sin\gamma},\quad 0\le\gamma<\pi,$ (26);

26c) $\displaystyle\int_{-\infty}^{\infty}\frac{x^6 dx}{e^x+e^{-x}+2\cos\gamma}=\frac{\gamma(\pi^2-\gamma^2)(31\pi^4-18\pi^2\gamma^2+3\gamma^4)}{21\sin\gamma},\ 0\le\gamma<\pi,$ (26).

27) $\displaystyle\int_0^{\infty}\frac{x\,dx}{(x^2+n^2)(e^{2\pi x}-1)}=\frac{1}{2}\mathscr{E}+\frac{1}{4n}+\frac{1}{2}\log n-\frac{1}{2}\sum_{\nu=1}^{n}\frac{1}{\nu},\ n=1,2,\ldots$ $(021.7, 312.9c)$.

314

314. Integrale von der Form $\int R(x, e^{f(x)})dx$.

1) $\displaystyle\int_0^t e^{-x^2}dx=\frac{\sqrt{\pi}}{2}\Phi(t),\qquad \Phi(-t)=-\Phi(t),$ (Fehlerintegral, I 313.1);

1a) $\displaystyle\int_0^{\infty}e^{-x^2}dx=\frac{1}{2}\int_{-\infty}^{\infty}\sim=\frac{\sqrt{\pi}}{2},$ (031.16);

1b) $\displaystyle\int_{-\infty}^{\infty}e^{-\lambda x^2}dx=2\int_0^{\infty}\sim=\sqrt{\frac{\pi}{\lambda}},\quad \lambda>0,$ $(1a, 021.4a)$.

2) $\displaystyle\int_0^{\infty}e^{-\lambda x^2}x^k dx=\frac{1}{2}\lambda^{-\frac{k+1}{2}}\Gamma\left(\frac{k+1}{2}\right),\quad k>-1, \lambda>0,$ $(021.4a, 312.2)$;

314

2a) $\displaystyle\int_0^\infty e^{-\lambda x^2} x^{2n} dx = \frac{1}{2}\int_{-\infty}^\infty \sim \; = \frac{(1;2;n)}{2^{n+1}\lambda^n}\sqrt{\frac{\pi}{\lambda}}, \quad \lambda>0, n=0,1,2,\ldots \hfill (2);$

2b) $\displaystyle\int_0^\infty e^{-\lambda x^2} x^{2n+1} dx = \frac{n!}{2\lambda^{n+1}}, \quad \lambda>0, n=0,1,2,\ldots \hfill (2).$

3) $\displaystyle\int_{-\infty}^\infty e^{-\lambda^2 x^2}(x+a)^n dx = \frac{\sqrt{\pi}\, a^n}{\lambda}\sum_{\nu=0}^{[n/2]} \frac{(n;-1;2\nu)}{\nu!(2a\lambda)^{2\nu}}, \quad \lambda>0, n=0,1,2,\ldots \hfill (2a\text{-}b).$

4) $\displaystyle\int_0^\infty \frac{e^{-\lambda x^2}}{\sqrt{x^2+a^2}} dx = \frac{1}{2} e^{\frac{a^2\lambda}{2}} \mathcal{K}_0\!\left(\frac{a^2\lambda}{2}\right), \quad \lambda>0, a^2>0, \hfill (021.4a, 312.8a).$

5a) $\displaystyle\int_0^\infty e^{-(ax^2+2bx+c)} f(x) dx = \frac{1}{\sqrt{a}} e^{\frac{b^2-ac}{a}} \int_{b/\sqrt{a}}^\infty e^{-y^2} f\!\left(\frac{y}{\sqrt{a}}-\frac{b}{a}\right) dy, \quad a>0, \hfill (031.3);$

5b) $\displaystyle\int_{-\infty}^\infty e^{-(ax^2+2bx+c)} f(x) dx = \frac{1}{\sqrt{a}} e^{\frac{b^2-ac}{a}} \int_{-\infty}^\infty e^{-y^2} f\!\left(\frac{y}{\sqrt{a}}-\frac{b}{a}\right) dy, \quad a>0, \hfill (031.3).$

6) $\displaystyle\int_{-\infty}^\infty e^{-(ax^2+2bx+c)} x^n dx = \left(\frac{-b}{a}\right)^n \sqrt{\frac{\pi}{a}}\, e^{\frac{b^2-ac}{a}} \sum_{\nu=0}^{[n/2]} \frac{(n;-1;2\nu)}{\nu!}\left(\frac{a}{4b^2}\right)^\nu,$
$\hfill a>0, n=0,1,2,\ldots \hfill (5b,3);$

6a) $\displaystyle\int_{-\infty}^\infty e^{-(ax^2+2bx+c)} dx = \sqrt{\frac{\pi}{a}}\, e^{\frac{b^2-ac}{a}}, \quad a>0, \hfill (6);$

6b) $\displaystyle\int_0^\infty \sim \; = \frac{1}{2}\sqrt{\frac{\pi}{a}}\, e^{\frac{b^2-ac}{a}}\left[1-\Phi\!\left(\frac{b}{\sqrt{a}}\right)\right], \quad a>0, \hfill (1);$

6c) $\displaystyle\int_{-\infty}^\infty e^{-(ax^2+2bx+c)} x\, dx = \frac{-b}{a}\sqrt{\frac{\pi}{a}}\, e^{\frac{b^2-ac}{a}}, \quad a>0, \hfill (6);$

6d) $\displaystyle\int_{-\infty}^\infty e^{-(ax^2+2bx+c)} x^2 dx = \frac{a+2b^2}{2a^2}\sqrt{\frac{\pi}{a}}\, e^{\frac{b^2-ac}{a}}, \quad a>0, \hfill (6).$

7a) $\displaystyle\int_{-\infty}^\infty e^{-\lambda x^2}\cos\mu x\, dx = 2\int_0^\infty \sim \; = \sqrt{\frac{\pi}{\lambda}}\, e^{-\frac{\mu^2}{4\lambda}}, \quad \lambda>0, \hfill (312.12b);$

7b) $\displaystyle\int_{-\infty}^\infty e^{-\lambda x^2}\sin\mu x\cdot x\, dx = 2\int_0^\infty \sim \; = \frac{\mu}{2\lambda}\sqrt{\frac{\pi}{\lambda}}\, e^{-\frac{\mu^2}{4\lambda}}, \quad \lambda>0, \hfill (312.12a);$

314

7c) $\int_{-\infty}^{\infty} e^{-\lambda x^2} \sin\mu x \frac{dx}{x} = 2\int_0^{\infty} \sim = \pi \Phi\left(\frac{\mu}{2\sqrt{\lambda}}\right), \quad \lambda > 0,$ (7a, 021.6).

8a) $\int_0^a \frac{e^{-\lambda x^2}}{x^2+a^2} dx = \frac{\pi}{4a} e^{\lambda a^2}\left[1-\Phi^2(\sqrt{\lambda}\,a)\right] \quad a, \lambda > 0,$ (1, 021.6);[*]

8b) $\int_0^{\infty} \frac{e^{-\lambda x^2}}{x^2+1} dx = \frac{\pi}{2} e^{\lambda}\left[1-\Phi(\sqrt{\lambda})\right], \quad \lambda > 0,$ (021.6).

9a) $\int_0^{\infty} e^{-ax-\frac{b}{x}} \frac{dx}{\sqrt{x}} = \sqrt{\frac{\pi}{a}}\, e^{-2\sqrt{ab}}, \quad a > 0, b \geq 0,$ (031.13a);

9b) $\int_0^{\infty} e^{-ax-\frac{b}{x}} \sqrt{x}\, dx = \frac{1+2\sqrt{ab}}{2a}\sqrt{\frac{\pi}{a}}\, e^{-2\sqrt{ab}}, \quad a > 0, b \geq 0,$ (031.13b);

9c) $\int_0^{\infty} e^{-ax-\frac{b}{x}} \frac{dx}{\sqrt{x^3}} = \sqrt{\frac{\pi}{b}}\, e^{-2\sqrt{ab}}, \quad a \geq 0, b > 0,$ (031.13c);

9d) $\int_0^{\infty} e^{-ax-\frac{b}{x}} \sqrt{x^3}\, dx = \frac{3+6\sqrt{ab}+4ab}{4a^2}\sqrt{\frac{\pi}{a}}\, e^{-2\sqrt{ab}}, \quad a > 0, b \geq 0,$ (031.13d);

9e) $\int_0^{\infty} e^{-ax-\frac{b}{x}} \frac{dx}{x} = 2\mathcal{K}_0(2\sqrt{ab}), \quad a > 0, b > 0,$ (031.13f, 312.8a).

10a) $\int_0^{\infty} e^{-a^2x^2-\frac{b^2}{x^2}} dx = \frac{1}{2}\int_{-\infty}^{\infty} \sim = \frac{\sqrt{\pi}}{2a} e^{-2ab}, \quad a > 0, b \geq 0,$ (031.12a);

10b) $\int_0^{\infty} e^{-a^2x^2-\frac{b^2}{x^2}} \frac{dx}{x^2} = \frac{1}{2}\int_{-\infty}^{\infty} \sim = \frac{\sqrt{\pi}}{2b} e^{-2ab}, \quad a \geq 0, b > 0,$ (031.12b);

10c) $\int_0^{\infty} e^{-a^2x^2-\frac{b^2}{x^2}} x^2\, dx = \frac{1}{2}\int_{-\infty}^{\infty} \sim = \frac{1+2ab}{4a^3}\sqrt{\pi}\, e^{-2ab}, \quad a > 0, b \geq 0,$ (031.12c).

11) $\int_0^{\infty} \frac{1-e^{-a^2x^2}}{x^2} dx = a\sqrt{\pi}, \quad a \geq 0,$ (1b, 021.6).

12) $\int_0^{\infty} \frac{1-e^{-\lambda x^2}}{x^{2-k}} dx = \frac{1}{1-k}\lambda^{\frac{1-k}{2}}\Gamma\left(\frac{1+k}{2}\right), \quad |k| < 1, \lambda > 0,$ (2, 021.6).

---

[*] Aus $\int_0^a e^{-\lambda(x^2+a^2)} dx = \frac{\pi}{4a}\cdot\frac{\partial}{\partial \lambda}\Phi^2(\sqrt{\lambda}\,a)$ nach 021.6.

314

13) $\int_0^\infty e^{-\lambda x^m} f(x) dx = \frac{1}{m \lambda^{1/m}} \int_0^\infty e^{-y} f\left(\sqrt[m]{\frac{y}{\lambda}}\right) \frac{dy}{y^{1-1/m}}, \quad m>0, \lambda>0,$ \hfill $(y=\lambda x^m).$

14) $\int_0^\infty e^{-\lambda x^m} x^k dx = \frac{1}{m} \lambda^{-\frac{k+1}{m}} \Gamma\left(\frac{k+1}{m}\right), \quad k>-1, m>0, \lambda>0,$ \hfill (13);

14a) $\int_0^\infty e^{-\lambda x^m} dx = \frac{\Gamma\left(\frac{1}{m}\right)}{m \lambda^{1/m}}, \quad m>0, \lambda>0,$ \hfill (14).

15) $\int_0^\infty e^{-i\lambda x^2} x^k dx = \frac{1}{2} e^{-\frac{(k+1)\pi i}{4}} \lambda^{-\frac{k+1}{2}} \Gamma\left(\frac{k+1}{2}\right), \quad k>-1, \lambda>0,$ \hfill (2, 021.12);

15a) $\int_{-\infty}^\infty e^{-i\lambda x^2} dx = 2\int_0^\infty \sim \; = \sqrt{\frac{\pi}{\lambda}} e^{-\frac{\pi i}{4}}, \quad \lambda>0,$ \hfill (15).

16) $\int_{-\infty}^\infty e^{-(ax^2+2bx+c)i} f(x) dx = \frac{1}{\sqrt{a}} e^{\frac{b^2-ac}{a} i} \int_{-\infty}^\infty e^{-iy^2} f\left(\frac{y}{\sqrt{a}} - \frac{b}{a}\right) dy, \quad a>0,$ \hfill (031.3);

16a) $\int_{-\infty}^\infty e^{(\alpha x^2 + \beta x)i} dx = \sqrt{\frac{\pi}{\alpha}} e^{\frac{\pi i}{4} - \frac{\beta^2}{4\alpha} i}, \quad \alpha>0,$ \hfill (16).

17) $\int_{-\infty}^\infty e^{x - \lambda e^{kx}} x \, dx = \frac{1}{k^2} \lambda^{-\frac{1}{k}} \Gamma\left(\frac{1}{k}\right) \left[\Psi\left(\frac{1}{k}\right) - \log \lambda\right], \quad k>0, \lambda>0,$ \hfill (312.5c);

17a) $\int_{-\infty}^\infty e^{-e^x} x e^x dx = -\mathscr{C},$ \hfill (411.7b).

18a) $\int_\alpha^{\alpha+2\pi} e^{i(nx - z \sin x)} dx = 2\pi J_n(z), \quad n=0, \pm 1, \pm 2, \ldots$ \hfill (511.12a-d);

18b) $\int_0^\pi e^{i(nx - z \sin x)} dx = \pi \left[J_n(z) - i \Omega_n(z)\right], \quad n=0, \pm 1, \pm 2, \ldots$ \hfill (513.4).

19) $\int_{\alpha - i\infty}^{\alpha + i\infty} e^{x - \frac{z^2}{x}} \frac{dx}{x^{\nu+1}} = \frac{2\pi i}{z^\nu} J_\nu(2z), \quad z \neq 0, \alpha>0, \Re(\nu)>-1,$ (511.14b, 021.12).

20a) $\int_0^\infty e^{i(ax - \frac{b}{x})} \frac{dx}{\sqrt{x}} = (1+i) \sqrt{\frac{\pi}{2a}} e^{-2\sqrt{ab}}, \quad a>0, b \geq 0,$ \hfill (021.12, 9a);

20b) $\int_0^\infty e^{i(ax - \frac{b}{x})} \frac{dx}{x} = 2 \mathcal{K}_0(2\sqrt{ab}), \quad a>0, b>0,$ \hfill (021.12, 9e).

321. Integrale von der Form $\int f(\log x)dx$.

1) $\displaystyle\int_a^b f(\log x)dx = \int_{\log a}^{\log b} f(y)e^y dy = \int_{-\log b}^{-\log a} f(-y)e^{-y}dy$, $\quad 0 \leq a < b$, $\quad (021.4a, \text{vgl. } 312, 313)$;

1a) $\displaystyle\int_0^1 f(\log x)dx = \int_0^\infty f(-y)e^{-y}dy$, $\hfill (1)$;

1b) $\displaystyle\int_1^\infty f(\log x)dx = \int_0^\infty f(y)e^y dy$, $\hfill (1)$.

2a) $\displaystyle\int_0^1 (\log x)^\kappa dx = e^{\pi i \kappa} \Gamma(\kappa+1)$, $\quad \kappa > -1$, $\hfill (1, 312.1)$;

2b) $\displaystyle\int_0^1 \left(\log \tfrac{1}{x}\right)^n dx = n!$, $\quad n = 0, 1, 2, \ldots$ $\hfill (2a)$;

2c) $\displaystyle\int_0^1 \sqrt{\log \tfrac{1}{x}}\, dx = \frac{\sqrt{\pi}}{2}$, $\hfill (2a, 411.4c)$;

2d) $\displaystyle\int_0^1 \frac{dx}{\sqrt{\log \tfrac{1}{x}}} = \sqrt{\pi}$, $\hfill (2a, 411.4c)$.

3) $\displaystyle\int_0^{1/e} \frac{dx}{\sqrt{(\log x)^2 - 1}} = \mathcal{K}_0(1)$, $\hfill (1, 313.23a)$.

4) $\displaystyle\int_0^z \frac{dx}{\log x} = li(z)$, $\hfill (\text{I } 321.5, 327.2)$.

5) $\displaystyle\int_0^1 \frac{dx}{a - b\log x} = -\frac{1}{b} e^{a/b} li\!\left(e^{-a/b}\right)$, $\quad a > 0, b > 0$, $\hfill (x = e^{a/b} y, 4)$.

6) $\displaystyle\int_0^1 \frac{dx}{(a - b\log x)^n} = \frac{1}{a^n} \sum_{\nu=1}^{n-1} \frac{(-1)^{\nu-1}}{(n-1;-1;\nu)}\left(\frac{a}{b}\right)^\nu + \frac{(-1)^n}{(n-1)!\, b^n} e^{a/b} li\!\left(e^{-a/b}\right)$,
$\quad a > 0, b > 0, n = 2, 3, \ldots$ $\hfill (\text{I } 321.7)$.

322. Integrale von der Form $\int \log[g(x)]\,dx$.

1) $\int_a^b \log[g(x)]\,dx = \int_{g(a)}^{g(b)} \log y \cdot g'_{(-1)}(y)\,dy$, (I 10.6, die inverse Funktion $g_{(-1)}$ sei im Intervall $g(a) \leq y \leq g(b)$ eindeutig und stetig differenzierbar).

2a) $\int_0^1 \log(ax+b)\,dx = \dfrac{a+b}{a}\log(a+b) - \dfrac{b}{a}\log b - 1$, $a \neq 0$, $b > 0$, $a+b > 0$,   (I 323.11b);

2b) $\int_0^a \log\left(\dfrac{a+x}{a-x}\right)dx = 2a\log 2$, $a > 0$,   (I 323.13b).

3a) $\int_a^b \log x^m \cdot dx = m(b\log b - a\log a + a - b)$, $a > 0$, $b > 0$,   (I 321.3c);

3b) $\int_0^1 \log x^m \cdot dx = -m$,   (3a).

4) $\int_\alpha^{\alpha+1} \log\Gamma(x)\,dx = \alpha\log\alpha - \alpha + \log\sqrt{2\pi}$, $\alpha \geq 0$,   (411.15).

5a) $\int_0^{\pi/2} \log(\sin x)\,dx = \dfrac{1}{2}\int_0^\pi \sim \; = -\dfrac{\pi}{2}\log 2$, $\left(\log(\sin x)+\log(\cos x)=\log\dfrac{\sin 2x}{2}\right)$;

5b) $\int_0^{\pi/2} \log(\cos x)\,dx = \dfrac{1}{2}\int_{-\pi/2}^{\pi/2} \sim \; = -\dfrac{\pi}{2}\log 2$,   (5a, 331.1a).

6a) $\int_0^{\pi/4} \log(\sin x)\,dx = -\dfrac{\pi}{4}\log 2 - \dfrac{1}{2}G$,   (8b);

6b) $\int_0^{\pi/4} \log(\cos x)\,dx = -\dfrac{\pi}{4}\log 2 + \dfrac{1}{2}G$, $\left(\log(\sin x)-\log(\cos x)=\log(\mathrm{tg}\,x),\,7a\right)$.

7) $\int_0^\varphi \log(\mathrm{tg}\,x)\,dx = \varphi\log(\mathrm{tg}\,\varphi) - \Lambda_2(\mathrm{tg}\,\varphi)$, $0 \leq \varphi \leq \dfrac{\pi}{4}$,   (1, 021.7, 323.6);

7a) $\int_0^{\pi/4} \sim \; = -\int_{\pi/4}^{\pi/2} \sim \; = -G$,   (7, 323.9b).

8a) $\int_0^\varphi \log(\cos x)\,dx = \dfrac{i}{2}\mathcal{L}_2(e^{i(2\varphi-\pi)}) - \varphi\log 2 - \dfrac{i}{2}\left(\varphi^2 - \dfrac{\pi^2}{12}\right)$, $-\dfrac{\pi}{2} \leq \varphi \leq \dfrac{\pi}{2}$,   (I 323.9a, 323.3);

322

8b) $\int_0^\varphi \log(\sin x)dx = -\frac{i}{2}\mathcal{L}_2(e^{-2i\varphi}) - \varphi\log 2 + \frac{i}{2}\left(\frac{\pi}{2}-\varphi\right)^2 - \frac{i\pi^2}{24}$, $\quad 0 \leq \varphi \leq \pi$

$\hfill(\text{I } 323.8a, 323.3).$

9) $\int_0^\varphi \log(a\cos x + b\sin x)dx = \varphi\log\frac{\sqrt{a^2+b^2}}{2} - \frac{i}{2}\mathcal{L}_2(-e^{2i(\alpha-\varphi)}) + \frac{i}{2}\mathcal{L}_2(-e^{2i\alpha}) + \frac{i}{2}\varphi(\varphi-2\alpha)$

$a = \sqrt{a^2+b^2}\cos\alpha, \, b = \sqrt{a^2+b^2}\sin\alpha, \, |\alpha| \leq \frac{\pi}{2}, \, |\varphi-\alpha| \leq \frac{\pi}{2}, (8a);$

9a) $\int_0^{\pi/4}\log(\cos x + \sin x)dx = \frac{1}{2}\int_0^{\pi/2}\sim \; = -\frac{\pi}{8}\log 2 + \frac{1}{2}\mathcal{G}, \quad (9, \alpha=\varphi=\frac{\pi}{4}, 323.10a\text{-}b);$

9b) $\int_0^{\pi/4}\log(\cos x - \sin x)dx = -\frac{\pi}{8}\log 2 - \frac{1}{2}\mathcal{G}, \hfill (9, \alpha=-\varphi=-\frac{\pi}{4}, 323.10a\text{-}b);$

9c) $\int_0^{\pi/4}\log(1+\text{tg}\,x)dx = \frac{\pi}{8}\log 2, \hfill (9a, 6b);$

9d) $\int_0^{\pi/2}\log(1+\text{tg}\,x)dx = \frac{\pi}{4}\log 2 + \mathcal{G}, \hfill (9a, 5b);$

9e) $\int_0^{\pi/4}\log(1-\text{tg}\,x)dx = \frac{\pi}{8}\log 2 - \mathcal{G}, \hfill (9b, 6b).$

10) $\int_0^\varphi \log(\sin\alpha + \sin x)dx = -i\mathcal{L}_2(e^{-i(\alpha+\varphi)}) - i\mathcal{L}_2(e^{i(\alpha-\varphi-\pi)}) + i\mathcal{L}_2(e^{-i\alpha}) +$

$+ i\mathcal{L}_2(e^{i(\alpha-\pi)}) - \varphi\log 2 + \frac{i}{2}\varphi(\varphi-\pi), \hfill (8a\text{-}b).$

11) $\int_0^\varphi \log(\cos\alpha + \cos x)dx = i\mathcal{L}_2(e^{i(\alpha+\varphi-\pi)}) - i\mathcal{L}_2(e^{i(\alpha-\varphi-\pi)}) - \varphi\log 2 - i\alpha\varphi,$

$\hfill (8a).$

12a) $\int_0^{\pi/2}\log(1+a\sin^2 x)dx = \frac{1}{2}\int_0^\pi \sim \; = \pi\log\frac{1+\sqrt{1+a}}{2}, \, a \geq -1, \, (\sin x=y, 325.21.b);$

12b) $\int_0^{\pi/2}\log(1+a\cos^2 x)dx = \frac{1}{2}\int_0^\pi \sim \; = \pi\log\frac{1+\sqrt{1+a}}{2}, \, a \geq -1, \, (\cos x=y, 325.21b).$

13) $\int_0^{\pi/2}\log(a^2\cos^2 x + b^2\sin^2 x)dx = \frac{1}{2}\int_0^\pi \sim \; = \pi\log\frac{a+b}{2}, \, a>0, b>0, \, (12a\text{-}b).$

14) $\int_0^\pi \log(1-2a\cos x + a^2)dx = \begin{cases} \pi\log a^2 & \text{für } |a|>1, \\ 0 & \text{\textquotedbl}\; |a|<1, \end{cases} \hfill (021.2);$

322

14a) $\int_0^\pi \log(a^2 - 2ab\cos x + b^2)\,dx = \begin{cases} \pi \log b^2 & \text{für } b^2 \geq a^2, \\ \pi \log a^2 & \text{"} \quad b^2 \leq a^2, \end{cases}$ \hfill (14).

15) $\int_0^\pi \log(a + b\cos x)\,dx = \pi \log \dfrac{a + \sqrt{a^2 - b^2}}{2}, \quad a \geq |b| \geq 0,$ \hfill (14a).

16a) $\int_0^{\pi/2} \log(1 \pm \sin x)\,dx = \dfrac{1}{2}\int_0^\pi \sim\ = -\dfrac{\pi}{2}\log 2 \pm 2G,$ \hfill (10, 323.10a-b);

16b) $\int_0^{\pi/2} \log(1 \pm \cos x)\,dx = -\dfrac{\pi}{2}\log 2 \pm 2G,$ \hfill (11, 323.10a-b);

16c) $\int_0^\pi \log(1 \pm \cos x)\,dx = -\pi \log 2,$ \hfill (15).

17) $\int_0^{\pi/2} \log(a^2 + b^2 \mathrm{tg}^2 x)\,dx = \dfrac{1}{2}\int_0^\pi \sim\ = \pi \log(a+b), \quad a>0, b>0,$ \hfill (13, 5b).

18) $\int_0^{\pi/2} \log\left(\dfrac{1 + \sin\alpha \cos^2 x}{1 - \sin\alpha \cos^2 x}\right) dx = \pi \log \dfrac{1 + \sin\frac{\alpha}{2}}{\cos\frac{\alpha}{2}}, \quad |\alpha| < \dfrac{\pi}{2},$ \hfill (12b).

19) $\int_0^1 \log\left(\log \dfrac{1}{x}\right) dx = -\mathfrak{C},$ \hfill (321.1a, 312.5b).

20) $\int_0^\infty \log \dfrac{a^2 + x^2}{b^2 + x^2}\,dx = (a-b)\pi, \quad a, b \geq 0,$ \hfill (338.22, $\mu \to 0$).

323

323. Der Eulersche Dilogarithmus und seine Verallgemeinerungen.[*]

1a) $\mathcal{L}_n(z) = \sum_{\nu=1}^\infty \dfrac{z^\nu}{\nu^n}, \quad |z| < 1, \; n = 0, 1, 2, \ldots$ \hfill („Enlogarithmus");

1b) $\phantom{\mathcal{L}_n(z)} = \int_0^z \mathcal{L}_{n-1}(x) \dfrac{dx}{x}, \quad n = 1, 2, \ldots\ ;$

---

[*] Vgl. *Niels Nielsen*, Der Eulersche Dilogarithmus und seine Verallgemeinerungen, Nova Acta 90, Nr. 3, Halle 1909.

323

1c) $\quad \mathcal{L}_n(z) = \dfrac{(-1)^{n-1}}{(n-1)!} \displaystyle\int_0^1 \dfrac{\log^{n-1} x}{\frac{1}{z} - x}\, dx, \qquad n = 1, 2, \ldots \;\;{}^{*)}.$

2) $\quad \mathcal{L}_0(z) = \dfrac{z}{1-z}, \quad \mathcal{L}_1(z) = \log\dfrac{1}{1-z}.$

3a) $\quad \mathcal{L}_2(z) = \displaystyle\sum_{\nu=1}^{\infty} \dfrac{z^\nu}{\nu^2} = -\int_0^z \dfrac{\log(1-x)}{x}\, dx = \int_0^1 \dfrac{\log x}{x - \frac{1}{z}}\, dx,$ ("Dilogarithmus", 1a–c für n=2);

3b) $\quad \mathcal{L}_2\!\left(\dfrac{x}{1-y}\cdot\dfrac{y}{1-x}\right) = \mathcal{L}_2\!\left(\dfrac{x}{1-y}\right) + \mathcal{L}_2\!\left(\dfrac{y}{1-x}\right) - \mathcal{L}_2(x) - \mathcal{L}_2(y) - \log(1-x)\log(1-y),$ (Abel);

3c) $\quad \mathcal{L}_2(xy) = \mathcal{L}_2(x) + \mathcal{L}_2(y) + \mathcal{L}_2\!\left(\dfrac{xy-x}{1-x}\right) + \mathcal{L}_2\!\left(\dfrac{xy-y}{1-y}\right) + \dfrac{1}{2}\log^2\!\left(\dfrac{1-x}{1-y}\right),$ (Hill);

3d) $\quad \mathcal{L}_2(z) + \mathcal{L}_2(-z) = \dfrac{1}{2}\mathcal{L}_2(z^2), \quad |z| < 1,$ \hfill (1a);

3e) $\quad \mathcal{L}_2(-z) = \mathcal{L}_2\!\left(\dfrac{1}{1+z}\right) + \dfrac{1}{2}\log^2\!\left(1+\dfrac{1}{z}\right) - \dfrac{1}{2}\log^2 z - \dfrac{\pi^2}{6}, \quad z > 0,$ (Euler);

3f) $\quad \mathcal{L}_2(z) = \mathcal{L}_2\!\left(\dfrac{1}{1-z}\right) + \dfrac{1}{2}\log^2(1-z) - \log(-z)\log(1-z) - \dfrac{\pi^2}{6}, \quad -1 < z \leq 0;$

3g) $\quad \mathcal{L}_2(z) + \mathcal{L}_2(1-z) = \dfrac{\pi^2}{6} - \log z \log(1-z), \quad 0 \leq z \leq 1;$

3h) $\quad \mathcal{L}_2(z) + \mathcal{L}_2\!\left(\dfrac{1}{z}\right) = \pm\pi i \log z - \dfrac{1}{2}\log^2 z + \dfrac{\pi^2}{3}, \quad z > 0.$

4) $\quad \mathcal{L}_n(z) + (-1)^n \mathcal{L}_n\!\left(\dfrac{1}{z}\right) = \displaystyle\sum_{\nu=0}^{n-1} \dfrac{\log^\nu y}{\nu!}\left[(-1)^\nu \mathcal{L}_{n-\nu}(yz) + (-1)^n \mathcal{L}_{n-\nu}\!\left(\dfrac{1}{yz}\right)\right] + (-1)^{n+1}\dfrac{\log^n y}{n!},$
$\hfill n = 1, 2, \ldots;$

4a) $\quad \mathcal{L}_n(z) + (-1)^n \mathcal{L}_n\!\left(\dfrac{1}{z}\right) = 2 \displaystyle\sum_{\nu=1}^{[\frac{n}{2}]} \dfrac{\log^{n-2\nu} z}{(n-2\nu)!} \mathcal{L}_{2\nu}(1) \pm \dfrac{\pi i}{(n-1)!} \log^{n-1} z - \dfrac{1}{n!}\log^n z,$
$\hfill n = 1, 2, \ldots \quad (4,\, y = \tfrac{1}{z});$

4b) $\quad = 2 \displaystyle\sum_{\nu=1}^{[\frac{n}{2}]} \dfrac{\log^{n-2\nu}(-z)}{(n-2\nu)!} \mathcal{L}_{2\nu}(-1) - \dfrac{1}{n!}\log^n(-z), \quad n = 1, 2, \ldots,$
$\hfill (4,\, y = -\tfrac{1}{z},\, \text{Jonquière}).$

---

*) Hauptwert von $\mathcal{L}_n(z)$; z-Ebene von $+1$ bis $+\infty$ aufgeschnitten:
es gilt: $\mathcal{L}_n^+(z) - \mathcal{L}_n^-(z) = 2\pi i \dfrac{\log^{n-1} z}{(n-1)!}, \; 1 < z < \infty.$

323

5) $\mathcal{L}_n(z) + \mathcal{L}_n(\varepsilon z) + \mathcal{L}_n(\varepsilon^2 z) + \cdots + \mathcal{L}_n(\varepsilon^{m-1} z) = \dfrac{1}{m^{n-1}} \mathcal{L}_n(z^m)$, $\varepsilon = e^{\frac{2\pi i}{m}}$, $n, m = 1, 2, \ldots$ \hfill (1a);

5a) $\mathcal{L}_n(z) + \mathcal{L}_n(-z) = 2^{1-n} \mathcal{L}_n(z^2)$, $n = 0, 1, 2, \ldots$ \hfill (5);

5b) $\mathcal{L}_n(iz) + \mathcal{L}_n(-iz) = 4^{1-n} \mathcal{L}_n(z^4) - 2^{1-n} \mathcal{L}_n(z^2)$, $n = 0, 1, 2, \ldots$ \hfill (5, m=4).

6) $\Lambda_n(z) = \dfrac{1}{2i}\left[\mathcal{L}_n(iz) - \mathcal{L}_n(-iz)\right] = \sum_{j=0}^{\infty} \dfrac{(-1)^j z^{2j+1}}{(2j+1)^n}$, $n = 0, 1, 2, \ldots$, $|z| < 1$.

7a) $\dfrac{1}{2i}\left[\mathcal{L}_n(\varrho e^{\varphi i}) - \mathcal{L}_n(\varrho e^{-\varphi i})\right] = \sum_{\nu=1}^{\infty} \dfrac{\varrho^\nu \sin \nu \varphi}{\nu^n}$, $0 \leq \varrho < 1$, $-\pi < \varphi \leq \pi$, \hfill (1a);

7b) $\dfrac{1}{2}\left[\mathcal{L}_n(\varrho e^{\varphi i}) + \mathcal{L}_n(\varrho e^{-\varphi i})\right] = \sum_{\nu=1}^{\infty} \dfrac{\varrho^\nu \cos \nu \varphi}{\nu^n}$, $0 \leq \varrho < 1$, $-\pi < \varphi \leq \pi$, \hfill (1a).

8a) $\mathcal{L}_n(1) = \sum_{\nu=1}^{\infty} \dfrac{1}{\nu^n}$, $\mathcal{L}_n(-1) = \sum_{\nu=1}^{\infty} \dfrac{(-1)^\nu}{\nu^n}$;

8b) $\mathcal{L}_n(-1) = -\left(1 - \dfrac{1}{2^{n-1}}\right) \mathcal{L}_n(1)$;

8c) $\mathcal{L}_{2n}(1) = (-1)^{n-1} \dfrac{B_{2n}(2\pi)^{2n}}{2(2n)!}$, $\mathcal{L}_{2n}(-1) = (-1)^n \dfrac{2^{2n-1}-1}{(2n)!} B_{2n} \pi^{2n}$, $n = 1, 2, \ldots$ \hfill (011.9).

9a) $\Lambda_n(1) = -\Lambda_n(-1) = \sum_{j=0}^{\infty} \dfrac{(-1)^j}{(2j+1)^n}$, \hfill (6);

9b) $\Lambda_2(1) = \mathcal{G} = 0{\cdot}915\,965\,594\ldots$ \hfill (Catalansche Konstante, 011.9);

9c) $\Lambda_{2n+1}(1) = \dfrac{E_n \pi^{2n+1}}{2^{2n+2}(2n)!}$, $n = 0, 1, 2, \ldots$ \hfill (011.9).

10a) $\mathcal{L}_2(1) = \dfrac{\pi^2}{6}$, $\mathcal{L}_2(-1) = -\dfrac{\pi^2}{12}$, \hfill (8c);

10b) $\mathcal{L}_2(\pm i) = -\dfrac{\pi^2}{48} \pm i\mathcal{G}$, \hfill (5b, 6, 9b).

324. Integrale der Form $\int f(x)\log^n x\, dx$.

A. $f(x)$ rational. [*]

1) $\int_0^1 x^m \left(\log \frac{1}{x}\right)^n dx = \frac{\Gamma(n+1)}{(m+1)^{n+1}}$, $\quad m>-1, n>-1$, $\hfill (x=e^{-y}, 312.2);$

1a) $\int_0^1 x^m \log x\, dx = \frac{-1}{(m+1)^2}$, $\quad m>-1$, $\hfill (1);$

1b) $\int_1^a \log^n x \cdot \frac{dx}{x} = \frac{1}{n+1}\log^{n+1} a$, $\quad a>0,\ n=0,1,2,\ldots$ $\hfill (\text{I }322.3c);$

1c) $\int_0^1 x^m \sqrt{\log \frac{1}{x}}\, dx = \frac{1}{2(m+1)}\sqrt{\frac{\pi}{m+1}}$, $\quad m>-1$, $\hfill (1);$

1d) $\int_0^1 \frac{x^m}{\sqrt{\log \frac{1}{x}}}\, dx = \sqrt{\frac{\pi}{m+1}}$, $\quad m>-1$, $\hfill (1).$

2) $\int_1^\infty \frac{\log^n x}{x^m}\, dx = \frac{\Gamma(n+1)}{(m-1)^{n+1}}$, $\quad m>1, n>-1$, $\hfill (x=e^y, 312.2).$

3) $\int_0^1 x^{p-1}(1-x)^{q-1}\log x\, dx = \frac{\Gamma(p)\Gamma(q)}{\Gamma(p+q)}\left[\Psi(p)-\Psi(p+q)\right]$, $p>0, q>0$, $\hfill (421.1, 021.5);$

3a) $\int_0^1 x^m(1-x)^n \log x\, dx = -\frac{m!\, n!}{(m+n+1)!}\sum_{\nu=1}^{n+1}\frac{1}{m+\nu}$, $\quad m,n=0,1,2,\ldots$ $\hfill (411.7a);$

3b) $\int_0^1 x^{p-1}(1-x^\alpha)^{q-1}\log x\, dx = \frac{\Gamma(\frac{p}{\alpha})\Gamma(q)}{\alpha^2 \Gamma(\frac{p}{\alpha}+q)}\left[\Psi(\frac{p}{\alpha})-\Psi(\frac{p}{\alpha}+q)\right]$, $\alpha,p,q>0$, $\hfill (3).$

4) $\int_0^1 \frac{x^{p-1}}{1-x}\log x\, dx = -\Psi'(p) = -\sum_{n=0}^\infty \frac{1}{(n+p)^2}$, $\quad p>0$, $\hfill (3, q\to 0);$

4a) $\int_0^1 \frac{x^n}{x-1}\log x\, dx = \Psi'(n+1) = \frac{\pi^2}{6} - \sum_{\nu=1}^n \frac{1}{\nu^2}$, $\quad n=1,2,\ldots$ $\hfill (4);$

---

[*] Die Formeln dieses Abschnittes gelten, wenn nicht ausdrücklich anders bemerkt, auch für reelle Exponenten.

324

4b) $\displaystyle\int_0^1 \frac{\log x}{x-1}\,dx = \frac{\pi^2}{6},$ (4)*)

5) $\displaystyle\int_0^1 \frac{x^{p-1}}{1-x^\alpha}\log x\,dx = -\frac{1}{\alpha^2}\Psi'\!\left(\frac{p}{\alpha}\right),\quad \alpha,p>0,$ (4);

5a) $\displaystyle\int_0^1 \frac{\log x}{x^2-1}\,dx = \frac{\pi^2}{8},$ (5)*)

5b) $\displaystyle\int_0^1 \frac{x\log x}{x^2-1}\,dx = \frac{\pi^2}{24},$ (5).

6) $\displaystyle\int_0^1 \frac{x^{p-1}}{x+1}\log x\,dx = \frac{1}{4}\Psi'\!\left(\frac{p+1}{2}\right) - \frac{1}{4}\Psi'\!\left(\frac{p}{2}\right),\quad p>0,$ (421.10a, 021.5);

6a) $\displaystyle\int_0^1 \frac{\log x}{x+1}\,dx = -\frac{\pi^2}{12},$ (6)*)

6b) $\displaystyle\int_0^1 \frac{x\log x}{x+1}\,dx = \frac{\pi^2}{12}-1,$ (6)*)

7) $\displaystyle\int_0^1 \frac{x^{p-1}}{x^\alpha+1}\log x\,dx = \frac{1}{4\alpha^2}\left[\Psi'\!\left(\frac{p+\alpha}{2\alpha}\right) - \Psi'\!\left(\frac{p}{2\alpha}\right)\right],\quad p,\alpha>0,$ (6);

7a) $\displaystyle\int_0^1 \frac{\log x}{x^2+1}\,dx = -\int_1^\infty \sim\;= -\mathcal{G},$ (7, 323.9b);

7b) $\displaystyle\int_0^\infty \frac{\log x}{x^2+a^2}\,dx = \frac{\pi\log a}{4a} - \frac{\mathcal{G}}{a},\quad a>0,$ (7a);

7c) $\displaystyle\int_0^1 \frac{x\log x}{x^2+1}\,dx = -\frac{\pi^2}{48},$ (7)*)

8a) $\displaystyle\int_0^1 x^{p-1}(1-x^\alpha)^{q-1}\log^2 x\,dx = \frac{\Gamma\!\left(\frac{p}{\alpha}\right)\Gamma(q)}{\alpha^3\Gamma\!\left(\frac{p}{\alpha}+q\right)}\left[\Psi'\!\left(\frac{p}{\alpha}\right) - \Psi'\!\left(\frac{p}{\alpha}+q\right) + \left\{\Psi\!\left(\frac{p}{\alpha}\right) - \Psi\!\left(\frac{p}{\alpha}+q\right)\right\}^2\right],$

$\alpha,p,q>0,$ (3b, 021.5);

8b) $\displaystyle\int_0^1 x^m(1-x^\alpha)^n \log^p x\,dx = (-1)^p p!\sum_{\nu=0}^n \binom{n}{\nu}\frac{(-1)^\nu}{(m+\alpha\nu+1)^{p+1}},\quad m>-1,\ \alpha>0,\ n,p=0,1,2,\ldots$ (1).

---

*) $\Psi'(z) = \displaystyle\sum_{\nu=0}^\infty \frac{1}{(\nu+z)^2},\ z\neq 0,-1,-2,\ldots;\ \Psi'(1) = \frac{\pi^2}{6};\ \Psi'\!\left(\frac{1}{2}\right) = \frac{\pi^2}{2};\ \Psi'\!\left(\frac{3}{2}\right) = \Psi'\!\left(\frac{1}{2}\right) - 4 = \frac{\pi^2}{2} - 4.$

324

9) $\displaystyle\int_0^1 \frac{x^{p-1}}{1-x^\alpha}\log^n x\, dx = \frac{-1}{\alpha^{n+1}}\Psi^{(n)}\!\left(\frac{p}{\alpha}\right),\quad \alpha, p>0,\ n=1,2,\ldots \hfill (5,021.5);^{*)}$

9a) $\displaystyle\int_0^1 \frac{(\log x)^{2n-1}}{1-x}\, dx = \frac{(-1)^n}{n}B_{2n}2^{2n-2}\pi^{2n},\quad n=1,2,\ldots \hfill (9,011.9);$

9b) $\displaystyle\int_0^1 \frac{(\log x)^{s-1}}{1-x}\, dx = e^{i\pi(s-1)}\Gamma(s)\xi(s),\quad \xi(s)=\sum_{n=1}^{\infty}\frac{1}{n^s},\ s>1,\hfill (021.7,1).$

10) $\displaystyle\int_0^1 \frac{x^{p-1}}{x^\alpha+1}\log^n x\, dx = \frac{1}{(2\alpha)^{n+1}}\left[\Psi^{(n)}\!\left(\frac{p+\alpha}{2\alpha}\right)-\Psi^{(n)}\!\left(\frac{p}{2\alpha}\right)\right],\ \alpha,p>0,\ n=1,2,\ldots$
$\hfill (7,021.5);$

10a) $\displaystyle\int_0^1 \frac{\log^{2n} x}{x^2+1}\, dx = \frac{1}{2}\int_0^\infty \sim\ =\frac{\pi^{2n+1}}{2^{2n+2}}E_n,\quad n=0,1,2,\ldots \hfill (10,011.9).$

11) $\displaystyle\int_0^1 \frac{x^{p-1}\log^n x}{(x^\alpha+1)^m}\, dx = (-1)^n\Gamma(n+1)\sum_{\nu=0}^{\infty}\binom{-m}{\nu}\frac{1}{(p+\alpha\nu)^{n+1}},$
$\hfill p>0,\ n>-1,\ \alpha>0,\ m<n+2,\ (021.7,1);$

11a) $\displaystyle\int_0^1 \frac{\log x}{(x+1)^2}\, dx = -\log 2,\hfill (11);$

11b) $\displaystyle\int_0^\infty \frac{x^{\frac{\alpha m}{2}-1}\log^{2n} x}{(x^\alpha+1)^m}\, dx = 2\int_0^1 \sim\ = 2(2n)!\left(\frac{2}{\alpha}\right)^{2n+1}\sum_{\nu=0}^{\infty}\binom{-m}{\nu}\frac{1}{(m+2\nu)^{2n+1}},$
$\hfill \alpha>0,\ 0<m<2n+2,\ n=0,1,2,\ldots \hfill (11).$

12) $\displaystyle\int_0^\infty \frac{x^{k-1}}{cx+d}\log x\, dx = \frac{\pi}{c^k d^{1-k}\sin\pi k}\left[\log\frac{d}{c}-\pi\operatorname{ctg}\pi k\right],\ c,d>0,\ 0<k<1,$
$\hfill (421.13e, 021.5);$

12a) $\displaystyle\int_0^\infty \frac{x^{k-1}}{x+1}\log x\, dx = -\frac{\pi^2\cos\pi k}{\sin^2\pi k},\quad 0<k<1,\hfill (12).$

13a) $\displaystyle\int_0^\infty \frac{x^{k-1}\log x}{x^2+2x\varrho\cos\vartheta+\varrho^2}\, dx = \frac{\pi\sin\vartheta(1-k)}{\varrho^{2-k}\sin\vartheta\sin\pi k}\left[\log\varrho-\vartheta\operatorname{ctg}\vartheta(1-k)-\pi\operatorname{ctg}\pi k\right],$
$\hfill \varrho>0,\ 0<\vartheta<\pi,\ 0<k<2\ (k\neq 1),\ (441.5a, 021.5);$

13b) $\displaystyle\int_0^\infty \frac{x^{k-1}}{(x+\varrho)^2}\log x\, dx = \frac{(1-k)\pi}{\varrho^{2-k}\sin\pi k}\left[\log\varrho-\pi\operatorname{ctg}\pi k-\frac{1}{1-k}\right],$
$\hfill \varrho>0,\ 0<k<2\ (k\neq 1),\quad (13a,\vartheta\to 0);$

$^{*)}\Psi^{(n)}(z)=(-1)^{n-1}n!\displaystyle\sum_{\nu=0}^{\infty}\frac{1}{(\nu+z)^{n+1}},\ z\neq 0,-1,-2,\ldots$

324

13c) $\quad \displaystyle\int_0^\infty \frac{\log x}{x^2+2x\varrho\cos\vartheta+\varrho^2}\,dx = \frac{\vartheta\log\varrho}{\varrho\sin\vartheta}, \quad \varrho>0,\ 0<\vartheta<\pi,$ $\qquad$ (13a, $\kappa\to 1$);

13d) $\quad \displaystyle\int_0^\infty \frac{\log x}{(x+\varrho)^2}\,dx = \frac{1}{\varrho}\log\varrho, \quad \varrho>0,$ $\qquad$ (13c, $\vartheta\to 0$).

14) $\quad \displaystyle\int_0^\infty \frac{\log x}{p^2+q^2x^2}\,dx = \frac{\pi}{2pq}\log\frac{p}{q}, \quad p,q>0,$ $\qquad$ (13c, $\vartheta=\frac{\pi}{2}$).

15) $\quad \displaystyle\int_0^1 \frac{(x^\kappa-x^{-\kappa})\log x}{x^2+2x\cos\vartheta+1}\,dx = \frac{1}{2}\int_0^\infty \sim\ = \frac{\pi\sin\vartheta\kappa}{\sin\vartheta\sin\pi\kappa}\left[\vartheta\operatorname{ctg}\vartheta\kappa - \pi\operatorname{ctg}\pi\kappa\right],$

$\qquad\qquad 0<\vartheta<\pi,\ 0<\kappa<1,$ $\qquad$ (441.10, 021.5).

16) $\quad \displaystyle\int_0^1 \frac{(x^\kappa+x^{-\kappa})\log^2 x}{x^2+2x\cos\vartheta+1}\,dx = \frac{1}{2}\int_0^\infty \sim\ = \frac{\pi\sin\vartheta\kappa}{\sin\vartheta\sin\pi\kappa}\left[\pi^2-\vartheta^2+2\pi\operatorname{ctg}\pi\kappa(\pi\operatorname{ctg}\pi\kappa-\vartheta\operatorname{ctg}\vartheta\kappa)\right]$

$\qquad\qquad 0<\vartheta<\pi,\ 0<\kappa<1,$ $\qquad$ (15, 021.5);

16a) $\quad \displaystyle\int_0^1 \frac{\log^2 x}{x^2+2x\cos\vartheta+1}\,dx = \frac{1}{2}\int_0^\infty \sim\ = \frac{\vartheta(\pi^2-\vartheta^2)}{6\sin\vartheta}, \quad 0<\vartheta<\pi,$ $\qquad$ (16, $\kappa\to 0$);

16b) $\quad \displaystyle\int_0^1 \frac{\log^2 x}{x^2+x+1}\,dx = \frac{1}{2}\int_0^\infty \sim\ = \frac{8\pi^3}{81\sqrt{3}},$ $\qquad$ (16a, $\vartheta=\frac{\pi}{3}$);

16c) $\quad \displaystyle\int_0^1 \frac{\log^2 x}{x^2-x+1}\,dx = \frac{1}{2}\int_0^\infty \sim\ = \frac{10\pi^3}{81\sqrt{3}},$ $\qquad$ (16a, $\vartheta=\frac{2\pi}{3}$).

17) $\quad \displaystyle\int_0^\infty \frac{x^{\kappa-1}\log^2 x}{x^2+2x\cos\vartheta+1}\,dx = \frac{\pi\sin\vartheta(1-\kappa)}{\sin\vartheta\sin\pi\kappa}\left[\pi^2-\vartheta^2+2\pi\operatorname{ctg}\pi\kappa(\pi\operatorname{ctg}\pi\kappa+\vartheta\operatorname{ctg}\vartheta(1-\kappa))\right],$

$\qquad\qquad 0<\vartheta<\pi,\ 0<\kappa<2\ (\kappa\ne 1),$ (13a, 021.5).

18) $\quad \displaystyle\oint_a^b \frac{dx}{x\log x} = \log\left|\frac{\log b}{\log a}\right|, \quad b>a>0,$ $\qquad$ (I 322.5e).

19) $\quad \displaystyle\int_0^1 \frac{x^{\alpha-1}-x^{\beta-1}}{\log x}\,dx = \log\frac{\alpha}{\beta}, \quad \alpha,\beta>0,$ $\qquad$ $\left(021.6\ \text{aus}\ \displaystyle\int_0^1 x^{p-1}dx=\frac{1}{p}\right)$;

19a) $\quad \displaystyle\int_0^1 \frac{x^\alpha-1}{\log x}\,dx = \log(\alpha+1), \quad \alpha>-1,$ $\qquad$ (19);

19b) $\quad \displaystyle\int_0^1 \frac{(x^\alpha-1)(x^\beta-1)}{\log x}\,dx = \log\frac{\alpha+\beta+1}{(\alpha+1)(\beta+1)}, \quad \alpha>-1,\ \beta>-1,\ \alpha+\beta>-1,$ $\qquad$ (19);

324

19c) $\int_0^1 \frac{(x^\alpha-1)(x^\beta-1)(x^\gamma-1)}{\log x} dx = \log \frac{(\alpha+\beta+\gamma+1)(\alpha+1)(\beta+1)(\gamma+1)}{(\alpha+\beta+1)(\beta+\gamma+1)(\gamma+\alpha+1)},$

$\alpha, \beta, \gamma, \alpha+\beta, \beta+\gamma, \gamma+\alpha, \alpha+\beta+\gamma > -1,$ (19);

19d) $\int_0^1 \frac{(x^\alpha-1)^n}{\log x} dx = \sum_{\nu=0}^n \binom{n}{\nu}(-1)^{n-\nu} \log(\alpha\nu+1), \quad \alpha > -\frac{1}{n}, \; n=1,2,\ldots$ (19).

20) $\int_0^\xi \frac{x^\alpha - x^\beta}{\log x} dx = \text{li}(\xi^{\alpha+1}) - \text{li}(\xi^{\beta+1}), \quad \alpha, \beta > -1, \; 0 \le \xi < 1,$ (I 322.4c).

21) $\int_0^1 \frac{x^{\alpha-1} - x^{\beta-1}}{(x^\gamma+1) \log x} dx = \log \frac{\Gamma\left(\frac{\alpha+\gamma}{2\gamma}\right) \Gamma\left(\frac{\beta}{2\gamma}\right)}{\Gamma\left(\frac{\alpha}{2\gamma}\right) \Gamma\left(\frac{\beta+\gamma}{2\gamma}\right)}, \quad \alpha, \beta, \gamma > 0,$ (431.8, 021.6);

21a) $\int_0^1 \frac{1-x}{(1+x)\log x} dx = \log \frac{2}{\pi},$ (21);

21b) $\int_0^1 \frac{x^{\alpha-1} - x^{-\alpha}}{(1+x)\log x} dx = \frac{1}{2} \int_0^\infty \sim \; = \log\left(\operatorname{tg}\frac{\pi\alpha}{2}\right), \quad 0 < \alpha < 1,$ (21, 411.4).

22) $\int_0^\infty \frac{x^{\alpha-1} - x^{\beta-1}}{(x^\gamma+1)\log x} dx = \log\left(\operatorname{tg}\frac{\pi\alpha}{2\gamma}\right) - \log\left(\operatorname{tg}\frac{\pi\beta}{2\gamma}\right), \quad 0 < \alpha < \gamma, \; 0 < \beta < \gamma,$ (421.13d, 021.6).

23) $\int_0^1 \frac{(x^\alpha - x^\beta)(1-x^\gamma)}{(1-x)\log x} dx = \log \frac{\Gamma(\beta+1)\Gamma(\alpha+\gamma+1)}{\Gamma(\alpha+1)\Gamma(\beta+\gamma+1)}, \quad \alpha, \beta, \alpha+\gamma, \beta+\gamma > -1,$ (411.6b, 021.6);

23a) $\int_0^1 \frac{x^\alpha(1-x^\beta)(1-x^\gamma)}{(1-x^\kappa)\log x} dx = \log \frac{\Gamma\left(\frac{\alpha+\beta+1}{\kappa}\right)\Gamma\left(\frac{\alpha+\gamma+1}{\kappa}\right)}{\Gamma\left(\frac{\alpha+1}{\kappa}\right)\Gamma\left(\frac{\alpha+\beta+\gamma+1}{\kappa}\right)},$

$\alpha, \alpha+\beta, \alpha+\gamma, \alpha+\beta+\gamma > -1, \; \kappa > 0,$ (021.4a, 23);

23b) $\int_0^1 \frac{x^\alpha(1-x^\beta)(1-x^\gamma)(1-x^\delta)}{(1-x^\kappa)\log x} dx = \log \frac{\Gamma\left(\frac{\alpha+\beta+1}{\kappa}\right)\Gamma\left(\frac{\alpha+\gamma+1}{\kappa}\right)\Gamma\left(\frac{\alpha+\delta+1}{\kappa}\right)\Gamma\left(\frac{\alpha+\beta+\gamma+\delta+1}{\kappa}\right)}{\Gamma\left(\frac{\alpha+1}{\kappa}\right)\Gamma\left(\frac{\alpha+\beta+\gamma+1}{\kappa}\right)\Gamma\left(\frac{\alpha+\beta+\delta+1}{\kappa}\right)\Gamma\left(\frac{\alpha+\gamma+\delta+1}{\kappa}\right)},$

$\alpha, \alpha+\beta, \ldots > -1, \; \kappa > 0,$ (23a);

23c) $\int_0^\infty \frac{x^\alpha(1-x^\beta)(1-x^\gamma)}{(1-x^\kappa)\log x} dx = 2\int_0^1 \sim \; = 2\log \frac{\sin \frac{\alpha+1}{\kappa}\pi}{\sin \frac{\alpha+\beta+1}{\kappa}\pi}, \quad \text{für } \kappa = 2\alpha+\beta+\gamma+2,$

$\alpha, \alpha+\beta, \alpha+\beta+\gamma > -1,$ (23a, 411.4a).

24) $\int_0^1 \frac{(1-x^\alpha)(1-x^\beta) - (1-x)^2}{x(1-x)\log x} dx = \log(B(\alpha,\beta)), \quad \alpha, \beta > 0,$ (23).

324

25a) $\int_0^1 \frac{(x^\alpha - x^{-\alpha})^2}{(1-x^2)\log x} dx = \frac{1}{2}\int_0^\infty \sim = \log(\cos\alpha\pi)$, $\quad |\alpha| < \frac{1}{2}$, $\hfill$ (23c);

25b) $\int_0^1 \frac{(x^\alpha - x^{-\alpha})^2}{(1-x^2)\log x} x\, dx = \log \frac{\sin\pi\alpha}{\pi\alpha}$, $\quad |\alpha| < 1$, $\hfill$ (23a).

26) $\int_0^1 \frac{(x^\alpha - x^\beta)(1-x^\gamma)}{\log^2 x} dx = (\alpha+1)\log(\alpha+1) - (\beta+1)\log(\beta+1) - (\alpha+\gamma+1)\log(\alpha+\gamma+1) + (\beta+\gamma+1)\log(\beta+\gamma+1)$,
$\quad\quad \alpha, \beta, \alpha+\gamma, \beta+\gamma > -1$, $\hfill$ (19a, 021.6);

26a) $\int_0^1 \left(\frac{x^\alpha - x^\beta}{\log x}\right)^2 dx = (2\alpha+1)\log(2\alpha+1) - 2(\alpha+\beta+1)\log(\alpha+\beta+1) + (2\beta+1)\log(2\beta+1)$,
$\quad\quad \alpha, \beta > -\frac{1}{2}$, $\hfill$ (26).

B. $f(x)$ algebraisch irrational.

51) $\int_0^1 x^p (1-x^\alpha)^{\frac{m}{n}} \log x\, dx = \frac{\Gamma\left(\frac{p+1}{\alpha}\right)\Gamma\left(\frac{m+n}{n}\right)}{\alpha^2 \Gamma\left(\frac{p+1}{\alpha} + \frac{m+n}{n}\right)} \left[\Psi\left(\frac{p+1}{\alpha}\right) - \Psi\left(\frac{p+1}{\alpha} + \frac{m+n}{n}\right)\right]$,
$\quad\quad \alpha > 0,\ p > -1,\ m > -n,\ n = 1, 2, \ldots$ $\hfill$ (3b).

52a) $\int_0^1 \frac{x^{2n} \log x}{\sqrt{1-x^2}} dx = \frac{(1;2;n)\pi}{2^{n+1} n!} \left[\sum_{\nu=1}^{2n} \frac{(-1)^{\nu-1}}{\nu} - \log 2\right]$, $\quad n = 1, 2, \ldots$ $\hfill$ (51);

52b) $\int_0^1 \frac{x^{2n+1} \log x}{\sqrt{1-x^2}} dx = \frac{2^n n!}{(1;2;n+1)} \left[\log 2 + \sum_{\nu=1}^{2n+1} \frac{(-1)^\nu}{\nu}\right]$, $\quad n = 0, 1, 2, \ldots$ $\hfill$ (51);

52c) $\int_0^1 \frac{\log x}{\sqrt{1-x^2}} dx = -\frac{\pi}{2}\log 2$, $\hfill$ (51).

53a) $\int_0^1 x^{2n} \sqrt{1-x^2}\log x\, dx = \frac{(1;2;n)\pi}{2^{n+2}(n+1)!}\left[\sum_{\nu=1}^{2n}\frac{(-1)^{\nu-1}}{\nu} - \frac{1}{2n+2} - \log 2\right]$, $n = 1, 2, \ldots$ $\hfill$ (51);

53b) $\int_0^1 x^{2n+1}\sqrt{1-x^2}\log x\, dx = \frac{2^n n!}{(1;2;n+2)}\left[\log 2 + \sum_{\nu=1}^{2n+1}\frac{(-1)^\nu}{\nu} - \frac{1}{2n+3}\right]$, $n = 0, 1, 2, \ldots$ $\hfill$ (51);

53c) $\int_0^1 \sqrt{1-x^2}\log x\, dx = -\frac{\pi}{4}\left(\frac{1}{2} + \log 2\right)$, $\hfill$ (51).

54) $\int_0^1 \frac{\log x}{\sqrt[n]{x^{n-1}(1-x^2)}} dx = \frac{-\pi\left[\Gamma\left(\frac{1}{2n}\right)\right]^2}{8\, \Gamma\left(\frac{1}{n}\right)\sin\frac{\pi}{2n}}$, $\quad n = 1, 2, \ldots$ $\hfill$ (51, 411.8d);

324

54a) $\displaystyle\int_0^1 \frac{\log x}{\sqrt{x(1-x^2)}}\,dx = -\frac{\sqrt{2\pi}}{8}\left[\Gamma\!\left(\tfrac{1}{4}\right)\right]^2,$ \hfill (54);

54b) $\displaystyle\int_0^1 \frac{\log x}{\sqrt[3]{x(1-x^2)^2}}\,dx = -\frac{1}{8}\left[\Gamma\!\left(\tfrac{1}{3}\right)\right]^3,$ \hfill (51);

54c) $\displaystyle\int_0^1 \frac{\log x}{\sqrt{x}\,\sqrt[n]{1-x^n}}\,dx = \frac{-\pi\left[\Gamma\!\left(\tfrac{1}{2n}\right)\right]^2}{2n^2\,\Gamma\!\left(\tfrac{1}{n}\right)\sin\tfrac{\pi}{2n}},\quad n=2,3,\ldots$ \hfill (51, 411.8d).

55) $\displaystyle\int_0^1 (1-x^2)^{n-\tfrac{1}{2}}\log x\,dx = -\frac{(1,2;n)\pi}{2^{n+2}\,n!}\left[2\log 2 + \sum_{\nu=1}^{n}\frac{1}{\nu}\right],\; n=0,1,2,\ldots$ \hfill (51).

56a) $\displaystyle\int_0^1 \frac{x^{4n+1}\log x}{\sqrt{1-x^4}}\,dx = \frac{(1,2;n)\pi}{2^{n+3}\,n!}\left[\sum_{\nu=1}^{2n}\frac{(-1)^{\nu-1}}{\nu} - \log 2\right],\; n=1,2,\ldots$ \hfill (51);

56b) $\displaystyle\int_0^1 \frac{x\log x}{\sqrt{1-x^4}}\,dx = -\frac{\pi}{8}\log 2,$ \hfill (51);

56c) $\displaystyle\int_0^1 \frac{x^{4n+3}\log x}{\sqrt{1-x^4}}\,dx = \frac{2^{n-2}\,n!}{(1,2;n+1)}\left[\log 2 + \sum_{\nu=1}^{2n+1}\frac{(-1)^\nu}{\nu}\right],\; n=0,1,2,\ldots$ \hfill (51).

57) $\displaystyle\int_p^q \frac{\log x}{\sqrt{(x^2-p^2)(q^2-x^2)}}\,dx = \frac{1}{2q}\log(pq)\,\mathbf{K}(k),\; k^2 = \frac{q^2-p^2}{q^2},\; 0<p<q,$

$\left(x = \dfrac{p}{\sqrt{1-k^2 y^2}},\; 221.14a\right).$

58) $\displaystyle\int_0^1 \frac{\log x}{\sqrt{(1-x^2)(1-k^2 x^2)}}\,dx = -\frac{1}{2}\log k\cdot\mathbf{K}(k) - \frac{\pi}{4}\mathbf{K}(k'),\; 0<k<1,\; k'=\sqrt{1-k^2},$

\hfill (021.7, 221.2a-b, B.d.H).

59) $\displaystyle\int_0^1 x^p(1-x^\alpha)^{m/n}\log^2 x\,dx = \frac{\Gamma\!\left(\tfrac{p+1}{\alpha}\right)\Gamma\!\left(\tfrac{m+n}{n}\right)}{\alpha^3\,\Gamma\!\left(\tfrac{p+1}{\alpha}+\tfrac{m+n}{n}\right)}\left\{\Psi'\!\left(\tfrac{p+1}{\alpha}\right) - \Psi'\!\left(\tfrac{p+1}{\alpha}+\tfrac{m+n}{n}\right) + \right.$

$\left. + \left[\Psi\!\left(\tfrac{p+1}{\alpha}\right) - \Psi\!\left(\tfrac{p+1}{\alpha}+\tfrac{m+n}{n}\right)\right]^2\right\},$

$\alpha > 0,\; p > -1,\; m > -n,\; n = 1,2,\ldots$ \hfill (8a).

60a) $\displaystyle\int_0^1 \frac{x^{2n}\log^2 x}{\sqrt{1-x^2}}\,dx = \frac{(1,2;n)\pi}{2^{n+1}\,n!}\left\{\frac{\pi^2}{12} + \sum_{\nu=1}^{2n}\frac{(-1)^\nu}{\nu^2} + \left[\sum_{\nu=1}^{2n}\frac{(-1)^\nu}{\nu} + \log 2\right]^2\right\},\; n=1,2,\ldots$ \hfill (59);

60b) $\displaystyle\int_0^1 \frac{x^{2n+1}\log^2 x}{\sqrt{1-x^2}}\,dx = \frac{2^n\,n!}{(1,2;n+1)}\left\{-\frac{\pi^2}{12} - \sum_{\nu=1}^{2n+1}\frac{(-1)^\nu}{\nu^2} + \left[\sum_{\nu=1}^{2n+1}\frac{(-1)^\nu}{\nu} + \log 2\right]^2\right\},\; n=0,1,2,\ldots$ \hfill (59);

324

60c) $\quad \int_0^1 \dfrac{\log^2 x}{\sqrt{1-x^2}}\,dx = \dfrac{\pi}{2}\left(\dfrac{\pi^2}{12}+\log^2 2\right),$ \hfill (60a).

61) $\quad \int_0^1 \dfrac{(\log x)^{2n-1}}{(1-x)\sqrt{x}}\,dx = \dfrac{(-1)^n}{4n}(2^{2n}-1)(2\pi)^{2n} B_{2n},\quad n=1,2,\ldots$ \hfill (021.7,1).

C. $f(x)$ transzendent (vgl. auch 338).

81) $\quad \int_0^1 x^{n+1} e^{\lambda x}\log x\,dx = -\dfrac{n+1}{\lambda}\int_0^1 x^n e^{\lambda x}\log x\,dx - e^{\lambda}\sum_{\nu=0}^{n}\dfrac{(-1)^{\nu}(n,-1;\nu)}{\lambda^{\nu+2}} + \dfrac{(-1)^n n!}{\lambda^{n+2}},$

$\hspace{6cm} \lambda\neq 0,\ n=0,1,2,\ldots$ \hfill (021.3, I 312.1b);

81a) $\quad \int_0^1 e^{\lambda x}\log x\,dx = -\dfrac{1}{\lambda}\int_0^1 \dfrac{e^{\lambda x}-1}{x}\,dx,\quad \lambda\neq 0,$ \hfill (021.3).

82) $\quad \int_0^1 x^n(\lambda x+n+1)e^{\lambda x}\log x\,dx = -e^{\lambda}\sum_{\nu=0}^{n}(-1)^{\nu}\dfrac{(n,-1;\nu)}{\lambda^{\nu+1}} + (-1)^n\dfrac{n!}{\lambda^{n+1}},$

$\hspace{6cm} \lambda\neq 0,\ n=0,1,2,\ldots$ \hfill (81);

82a) $\quad \int_0^1 (1-x)e^{-x}\log x\,dx = \dfrac{1-e}{e},$ \hfill (82);

82b) $\quad \int_0^1 x(\lambda x+2)e^{\lambda x}\log x\,dx = \dfrac{1}{\lambda^2}\left[(1-\lambda)e^{\lambda}-1\right],$ \hfill (82).

83) $\quad \int_0^{\infty} x^{p-1} e^{-\lambda x}\log x\,dx = \dfrac{\Gamma(p)}{\lambda^p}\bigl(\Psi(p)-\log\lambda\bigr),\quad p,\lambda>0,$ \hfill (312.5c);

83a) $\quad \int_0^{\infty} x^{p-1} e^{-x}\log x\,dx = \Gamma(p)\Psi(p) = \Gamma'(p),\quad p>0,$ \hfill (83, 411.6a);

83b) $\quad \int_0^{\infty} e^{-x}\log x\,dx = -\mathscr{C},$ \hfill (83, 411.7b);

83c) $\quad \int_0^{\infty} e^{-\lambda x^2}\log x\,dx = -\dfrac{1}{4}\sqrt{\dfrac{\pi}{\lambda}}\bigl(\mathscr{C}+\log 4\lambda\bigr),\quad \lambda>0,$ \hfill ($x^2=y$, 83).

84) $\quad \int_0^{\infty}(x-p)x^{p-1}e^{-x}\log x\,dx = \Gamma(p),\quad p>0,$ \hfill (83a);

324

85) $\int_0^\infty \frac{x+p-1}{x^p} e^{-x} \log x \, dx = \frac{\pi}{\Gamma(p)\sin p\pi}$, $p<1$, (83a).

86a) $\int_0^\infty \frac{x^k \log x}{e^x+1} dx = \Gamma(k+1) \sum_{\nu=1}^\infty \frac{(-1)^{\nu-1}}{\nu^{k+1}}\left[\Psi(k+1)-\log\nu\right]$, $k>-1$, (313.8b, 021.5);

86b) $\int_0^\infty \frac{x^k \log x}{(e^x+1)^2} dx = \Gamma(k+1) \sum_{\nu=2}^\infty \frac{(-1)^\nu (\nu-1)}{\nu^{k+1}}\left[\Psi(k+1)-\log\nu\right]$, $k>0$, (313.11, 021.5);

86c) $\int_0^\infty \frac{x^k \log x}{(e^x+1)^n} dx = (-1)^n \frac{\Gamma(k+1)}{(n-1)!} \sum_{\nu=n}^\infty \frac{(-1)^\nu (\nu-1,-1;n-1)}{\nu^{k+1}}\left[\Psi(k+1)-\log\nu\right]$, $k>n-2$, (021.5).

87a) $\int_0^\infty \frac{(x-q)e^x - q}{(e^x+1)^2} x^{q-1} \log x \, dx = \Gamma(q) \sum_{\nu=1}^\infty \frac{(-1)^{\nu-1}}{\nu^q}$, $q>0$, (86);

87b) $\int_0^\infty \frac{(x-2n)e^x - 2n}{(e^x+1)^2} x^{2n-1} \log x \, dx = \frac{2^{2n-1}-1}{2n} \pi^{2n} |B_{2n}|$, $n=1,2,\ldots$ (87a).

88) $\int_0^\infty f(x^p + x^{-p}) \log x \frac{dx}{x} = 0$, $\left(x=\frac{1}{y}\right)$.

89) $\int_0^\infty f(x^p + x^{-p}) \frac{\log x}{1+x^2} dx = 0$, $\left(x=\frac{1}{y}\right)$.

90) $\int_0^\infty f\left(\frac{x^p}{a} + \frac{a}{x^p}\right) \frac{\log x}{x} dx = \frac{\log a}{p} \int_0^\infty f\left(\frac{x^p}{a} + \frac{a}{x^p}\right) \frac{dx}{x}$, $a,p>0$, (031.9a).

91) $\int_0^\infty e^{-\lambda\left(\frac{x}{a}+\frac{a}{x}\right)} \frac{\log x}{x} dx = 2 \log a \cdot \mathcal{K}_0(2\lambda)$, $a,\lambda>0$, (031.9a, 314.9e).

92a) $\int_0^\infty e^{-ax-\frac{b}{x}} \frac{2ax^2-x-2b}{x\sqrt{x}} \log x \, dx = 2\sqrt{\frac{\pi}{a}} e^{-2\sqrt{ab}}$, $a>0, b\geq 0$, (314.9a, 021.3);

92b) $\int_0^\infty e^{-ax-\frac{b}{x}} \frac{2ax^2-3x-2b}{\sqrt{x}} \log x \, dx = \frac{1+2\sqrt{ab}}{a}\sqrt{\frac{\pi}{a}} e^{-2\sqrt{ab}}$, $a>0, b\geq 0$, (314.9b, 021.3);

92c) $\int_0^\infty e^{-ax-\frac{b}{x}} \frac{ax^2-b}{x^2} \log x \, dx = 2\mathcal{K}_0(2\sqrt{ab})$, $a>0, b>0$, (314.9e, 021.3).

93) $\int_0^\infty e^{-\lambda x^m} x^k \log x \, dx = \frac{1}{m^2} \lambda^{-\frac{k+1}{m}} \Gamma\left(\frac{k+1}{m}\right)\left[\Psi\left(\frac{k+1}{m}\right) - \log\lambda\right]$, $k>-1, m>0, \lambda>0$, (83, 314.14, 021.3).

325. Integrale der Form $\int f(x)\log[g(x)]dx$.[*]

1) $\displaystyle\int_0^1 x^{k-1}\log(1+x)dx = \frac{1}{k}\log 2 - \frac{1}{2k}\left[\Psi\left(\frac{k+2}{2}\right) - \Psi\left(\frac{k+1}{2}\right)\right]$, $k>-1\ (k\neq 0)$, (421.10a, 021.3).

2) $\displaystyle\int_0^1 x^{k-1}\log(1+x^\alpha)dx = \frac{1}{k}\log 2 - \frac{1}{2k}\left[\Psi\left(\frac{k+2\alpha}{2\alpha}\right) - \Psi\left(\frac{k+\alpha}{2\alpha}\right)\right]$, $\alpha>0$, $k>-\alpha\ (k\neq 0)$, (1, 021.4a);

2a) $\displaystyle\int_0^1 \log(1+x^\alpha)\frac{dx}{x} = \frac{\pi^2}{12\alpha}$, $\alpha>0$, (2, $k\to 0$);

2b) $\displaystyle\int_0^1 x^{2n-1}\log(1+x)dx = \frac{1}{2n}\sum_{\nu=1}^{2n}\frac{(-1)^{\nu-1}}{\nu}$, $n=1,2,\ldots$ (1; I 323.11a);

2c) $\displaystyle\int_0^1 x^{2n}\log(1+x)dx = \frac{1}{2n+1}\left[\log 4 + \sum_{\nu=1}^{2n+1}\frac{(-1)^\nu}{\nu}\right]$, $n=0,1,2,\ldots$ (1; I 323.11a);

2d) $\displaystyle\int_0^1 x^{2n-1}\log(1+x^2)dx = \frac{1-(-1)^n}{2n}\log 2 + \frac{(-1)^n}{2n}\sum_{\nu=1}^{n}\frac{(-1)^{\nu-1}}{\nu}$, $n=1,2,\ldots$ (2);

2e) $\displaystyle\int_0^1 x^{2n}\log(1+x^2)dx = \frac{\log 2}{2n+1} + \frac{(-1)^n}{2n+1}\left[\frac{\pi}{2} - 2\sum_{\nu=0}^{n}\frac{(-1)^\nu}{2\nu+1}\right]$, $n=0,1,2,\ldots$ (2);

2f) $\displaystyle\int_0^1 x^{n-1/2}\log(1+x)dx = \frac{2\log 2}{2n+1} + \frac{(-1)^n\cdot 4}{2n+1}\left[\pi - \sum_{\nu=0}^{n}\frac{(-1)^\nu}{2\nu+1}\right]$, $n=0,1,2,\ldots$ (2e);

2g) $\displaystyle\int_0^1 \frac{\log(1+x^2)}{x^2}dx = \frac{\pi}{2} - \log 2$, (2).

3) $\displaystyle\int_0^\infty \frac{\log(1+x)}{x^{2-k}}dx = \frac{\pi}{(1-k)\sin\pi k}$, $0<k<1$, (421.13d, 021.3).

4a) $\displaystyle\int_0^\infty x^{-\lambda}\log(1+x^\alpha)dx = \frac{\pi}{(\lambda-1)\sin\frac{\pi(\lambda-1)}{\alpha}}$, $1<\lambda<\alpha+1$, ($x^\alpha=y$, 3);

4b) $\displaystyle\int_0^\infty x^{-\alpha}\log(1+x^\alpha)dx = \frac{\pi}{(\alpha-1)\sin\frac{\pi}{\alpha}}$, $\alpha>1$, (4a);

4c) $\displaystyle\int_0^\infty \frac{\log(1+x^2)}{x^2}dx = \pi$, (4b).

---

[*] Siehe auch 338.

325

5) $\int_0^1 x^{k-1}\log(1-x)\,dx = -\frac{1}{k}\left[\mathscr{E} + \Psi(k+1)\right]$, $\quad k > -1\,(k \neq 0)$, $\qquad (431.3a, 021.3)$.

6a) $\int_0^1 x^{k-1}\log(1-x^\alpha)\,dx = -\frac{1}{k}\left[\mathscr{E} + \Psi\left(\frac{k+\alpha}{\alpha}\right)\right]$, $\quad k > -\alpha\,(k\neq 0), \alpha > 0$, $\qquad (5, 021.4a)$;

6b) $\int_0^1 \log(1-x^\alpha)\,\frac{dx}{x} = -\frac{\pi^2}{6\alpha}$, $\quad \alpha > 0$, $\qquad (6a, k\to 0)$;

6c) $\int_0^1 x^n \log(1-x)\,dx = -\frac{1}{n+1}\sum_{\nu=1}^{n+1}\frac{1}{\nu}$, $\quad n = 0,1,2,\ldots$ $\qquad (5)$;

6d) $\int_0^1 \frac{\log(1-x^2)}{x^2}\,dx = -\log 4$, $\qquad (6a)$.

7) $\int_0^{1/2} \log(1-x)\,\frac{dx}{x} = \frac{1}{2}\log^2 2 - \frac{\pi^2}{12}$, $\qquad (021.3, 6b)$.

8) $\int_0^\infty x^{k-1}\log|x-1|\,dx = \frac{\pi}{k}\,\mathrm{ctg}\,\pi k$, $\quad -1 < k < 0$, $\qquad (021.8, 5, 324.1a)$.

8a) $\int_0^\infty x^{-\lambda-1}\log|x^\alpha-1|\,dx = \frac{\pi}{\lambda}\,\mathrm{ctg}\,\frac{\pi\lambda}{\alpha}$, $\quad 0 < \lambda < \alpha$, $\qquad (8)$;

8b) $\int_0^\infty x^{-\alpha}\log|x^\alpha-1|\,dx = \frac{\pi}{1-\alpha}\,\mathrm{ctg}\,\frac{\pi}{\alpha}$, $\quad \alpha > 1$, $\qquad (8a)$;

8c) $\int_0^\infty \frac{\log|x^2-1|}{x^2}\,dx = 0$, $\qquad (8b)$.

9) $\int_0^a \log\frac{a+x}{a-x}\cdot\frac{dx}{x} = \frac{\pi^2}{4}$, $\quad a \neq 0$, $\qquad (2a, 6b, \mathrm{I}\,323.14b)$.

10) $\int_1^\infty \frac{\log(x-1)}{x^2+x+1}\,dx = \frac{\pi}{6\sqrt{3}}\log 3$, $\qquad (x-1=y, 324.13c)$.

11a) $\int_0^1 x^{k-1}\log(1+x+x^2+\cdots+x^{n-1})\,dx = \frac{1}{k}\left[\Psi(k+1) - \Psi\left(\frac{k+n}{n}\right)\right]$, $\quad k > -1\,(k\neq 0), n = 2,3,\ldots$ $\qquad (6a)$;

11b) $\int_0^1 \log(1+x+x^2+\cdots+x^{n-1})\,\frac{dx}{x} = \frac{\pi^2}{6}\left(1-\frac{1}{n}\right)$, $\quad n = 2,3,\ldots$ $\qquad (6b)$;

325

11c) $\displaystyle\int_0^\infty \log(1+x+x^2+\cdots+x^{n-1})\frac{dx}{x^{\lambda+1}} = \frac{\pi}{\lambda}\left(\operatorname{ctg}\frac{\pi\lambda}{n} - \operatorname{ctg}\pi\lambda\right)$, $0<\lambda<1$, $n=2,3,\ldots$ (8a).

12) $\displaystyle\int_0^\alpha \frac{\log(1+\alpha x)}{1+x^2}dx = \frac{1}{2}\operatorname{Arctg}\alpha \cdot \log(1+\alpha^2)$,   (021.5, I 322.10, I 342.7c).

13a) $\displaystyle\int_0^1 \frac{\log(1+x)}{1+x^2}dx = \frac{\pi}{8}\log 2$,   (12, $\alpha=1$);

13b) $\displaystyle\int_0^\infty \sim\ = 2\int_0^1 \sim\ + \mathcal{G} = 2\int_1^\infty \sim\ - \mathcal{G} = \frac{\pi}{4}\log 2 + \mathcal{G}$,   (324.7a).

14) $\displaystyle\int_0^1 \log\frac{1+x}{x} \cdot \frac{dx}{1+x^2} = \frac{\pi}{8}\log 2 + \mathcal{G}$,   (13a, 324.7a).

15) $\displaystyle\int_0^1 \frac{\log(1+x^2)}{1+x^2}dx = \int_1^\infty \sim\ - 2\mathcal{G} = \frac{1}{2}\int_0^\infty \sim\ - \mathcal{G} = \frac{\pi}{2}\log 2 - \mathcal{G}$,   (324.7a, $x=\operatorname{tg}y$, 322.6b).

16) $\displaystyle\int_0^1 \frac{\log|1-x|}{1+x^2}dx = \int_1^\infty \sim\ - \mathcal{G} = \frac{1}{2}\int_0^\infty \sim\ - \frac{1}{2}\mathcal{G} = \frac{\pi}{8}\log 2 - \mathcal{G}$,   (324.7a, $x=\operatorname{tg}y$, 322.9e).

17) $\displaystyle\int_0^1 \frac{\log|1-x^2|}{1+x^2}dx = \int_1^\infty \sim\ - 2\mathcal{G} = \frac{1}{2}\int_0^\infty \sim\ - \mathcal{G} = \frac{\pi}{4}\log 2 - \mathcal{G}$,   (324.7a, 13a, 16).

18) $\displaystyle\int_0^\infty \frac{\log(a^2x^2+b^2)}{c^2x^2+d^2}dx = \frac{\pi}{cd}\log\left(\frac{ad+bc}{c}\right)$, $a,b,c,d>0$,   (021.5, 131.6a);

18a) $\displaystyle\int_0^\infty \frac{\log(a^2x^2+b^2)}{(c^2x^2+d^2)^2}dx = \frac{\pi}{2cd^3}\left[\log\left(\frac{ad+bc}{c}\right) - \frac{ad}{ad+bc}\right]$, $a,b,c,d>0$,   (18, 021.5),

18b) $\displaystyle\int_0^\infty \frac{x^2\log(a^2x^2+b^2)}{(c^2x^2+d^2)^2}dx = \frac{\pi}{2c^3d}\left[\log\left(\frac{ad+bc}{c}\right) + \frac{ad}{ad+bc}\right]$, $a,b,c,d>0$,   (18, 021.5).

19) $\displaystyle\int_0^1 x^{\kappa-1}(1-x)^{\lambda-1}\log(1-x)\,dx = B(\kappa,\lambda)\left[\Psi(\lambda) - \Psi(\kappa+\lambda)\right]$, $\kappa > -1 (\kappa \neq 0)$, $\lambda > 0$,   (421.1, 021.5);

19a) $\displaystyle\int_0^1 \frac{(1-x)^{\lambda-1}}{x}\log(1-x)\,dx = -\Psi'(\lambda)$, $\lambda > 0$,   (19, $\kappa \to 0$).

20) $\displaystyle\int_0^1 \frac{\log(1\pm x)}{\sqrt{1-x^2}}dx = -\frac{\pi}{2}\log 2 \pm 2\mathcal{G}$,   ($x=\sin y$, 322.16a).

325

21a) $\int_0^1 \frac{\log(1+\alpha x)}{x\sqrt{1-x^2}} dx = \frac{1}{2} \operatorname{Arcsin}\alpha \cdot (\pi - \operatorname{Arcsin}\alpha) = \frac{\pi^2}{8} - \frac{1}{2}(\operatorname{Arccos}\alpha)^2, \quad |\alpha| \leq 1,$

(021.5, I 236.3d, I 341.7b);

21b) $\int_0^1 \frac{\log(1+\alpha x^2)}{\sqrt{1-x^2}} dx = \pi \log \frac{1+\sqrt{1+\alpha}}{2}, \quad \alpha \geq -1,$

(021.5, I 236.19b–20, I 212.9a);

21c) $\int_0^1 \log\left(\frac{1+\alpha x}{1-\alpha x}\right) \cdot \frac{dx}{x\sqrt{1-x^2}} = \pi \operatorname{Arcsin}\alpha, \quad |\alpha| \leq 1,$ (21a);

21d) $\int_0^1 \log\left(\frac{1+x^2 \sin\alpha}{1-x^2 \sin\alpha}\right) \cdot \frac{dx}{\sqrt{1-x^2}} = \pi \log \frac{1+\sin\frac{\alpha}{2}}{\cos\frac{\alpha}{2}}, \quad |\alpha| < \pi,$ (21b);

21e) $\int_{-a}^{a} \frac{\log(1+bx)}{\sqrt{a^2-x^2}} dx = \pi \log \frac{1+\sqrt{1-a^2 b^2}}{2}, \quad 0 \leq |b| \leq \frac{1}{a},$ (21b).

22a) $\int_0^1 \frac{x \log(1+\alpha x)}{\sqrt{1-x^2}} dx = -1 + \frac{\pi}{2} \cdot \frac{1-\sqrt{1-\alpha^2}}{\alpha} + \frac{\sqrt{1-\alpha^2}}{\alpha} \operatorname{Arcsin}\alpha, \quad |\alpha| \leq 1,$

22b) $\qquad\qquad = -1 + \frac{\pi}{2\alpha} + \frac{\sqrt{\alpha^2-1}}{\alpha} \log(\alpha + \sqrt{\alpha^2-1}), \quad \alpha \geq 1$

(I 323.1, I 231.1c);

22c) $\int_0^1 \frac{x \log(1 \pm x)}{\sqrt{1-x^2}} dx = -1 \pm \frac{\pi}{2},$ (22a).

23a) $\int_0^1 \frac{\log(1-x^2)}{\sqrt{(1-x^2)(1-k^2 x^2)}} dx = \log \frac{k'}{k} \cdot \mathbf{K}(k) - \frac{\pi}{2} \mathbf{K}(k'), \quad k' = \sqrt{1-k^2}, \quad 0 < k < 1,$

(221.14, 324.58);

23b) $\int_0^1 \log\left(\frac{1-kx^2}{1+kx^2}\right) \cdot \frac{dx}{\sqrt{(1-x^2)(1-k^2 x^2)}} = \frac{1}{2} \log\left(\frac{1-k}{1+k}\right) \cdot \mathbf{K}(k), \quad 0 \leq k < 1,$ (221.14);

23c) $\int_0^1 \frac{\log(1+kx^2)}{\sqrt{(1-x^2)(1-k^2 x^2)}} dx = \frac{1}{2} \log\left(\frac{2(1+k)}{\sqrt{k}}\right) \cdot \mathbf{K}(k) - \frac{\pi}{8} \mathbf{K}(k'), \quad k' = \sqrt{1-k^2}, \quad 0 < k < 1,$

(021.10, B.d.H);

23d) $\int_0^1 \frac{\log(1-kx^2)}{\sqrt{(1-x^2)(1-k^2 x^2)}} dx = \frac{1}{2} \log\left(\frac{2(1-k)}{\sqrt{k}}\right) \cdot \mathbf{K}(k) - \frac{\pi}{8} \mathbf{K}(k'), \quad k' = \sqrt{1-k^2}, \quad 0 < k < 1,$

(23b,c).

24) $\int_0^1 x^{\kappa-1} \left(\log \frac{1}{x}\right)^{\lambda-1} \log_2\left(\frac{1}{x}\right) dx = \frac{\Gamma(\lambda)}{\kappa^\lambda} \left[\Psi(\lambda) - \log \kappa\right], \quad \kappa > 0, \lambda > 0,$

(324.1, 021.5);[*]

24a) $\int_0^1 x^{\kappa-1} \log_2\left(\frac{1}{x}\right) dx = -\frac{1}{\kappa}(\mathscr{E} + \log \kappa), \quad \kappa > 0,$ $(24, \lambda = 1);$[*]

---

[*] $\log_2 x = \log(\log x).$

325

24b) $\quad \int_0^1 \log_2\left(\frac{1}{x}\right) dx = -\mathscr{E},$ $\hfill (24a, \kappa=1)^{*)};$

24c) $\quad \int_0^a x^{\kappa-1}\log_2\left(\frac{1}{x}\right) dx = \frac{a^\kappa}{\kappa}\log_2\left(\frac{1}{a}\right) - \frac{1}{\kappa}\text{li}(a^\kappa), \quad \kappa>0,\ 0<a<1,\ (\text{I }323.4a)^{*)}.$

25) $\quad \int_0^1 \left(\log\frac{1}{x}\right)^{\kappa-1}\log_2\left(\frac{1}{x}\right)\frac{dx}{x+1} = \Gamma(\kappa)\sum_{\nu=1}^\infty \frac{(-1)^{\nu-1}}{\nu^\kappa}\left[\Psi(\kappa)-\log\nu\right],\ \kappa>0,$
$\hfill (x=\log\frac{1}{y}, 324.86a)^{*)};$

25a) $\quad \int_0^1 \log_2\left(\frac{1}{x}\right)\frac{dx}{x+1} = -\mathscr{E}\log 2 + \sum_{\nu=2}^\infty (-1)^\nu \frac{\log\nu}{\nu},^{**)} \hfill (25, \kappa=1)^{*)};$

26) $\quad \int_0^1 \log_2\left(\frac{1}{x}\right)\frac{dx}{x+e^{i\lambda}} = \sum_{\nu=1}^\infty \frac{(-1)^\nu}{\nu}e^{-i\nu\lambda}(\mathscr{E}+\log\nu), \hfill (021.7, 24a)^{*)}.$

27) $\quad \int_0^1 \frac{\log_2\left(\frac{1}{x}\right)}{x^2+2x\cos\lambda+1} dx = \frac{1}{2\sin\lambda}\left[\lambda\log 2\pi + \pi\log\frac{\Gamma\left(\frac{1}{2}+\frac{\lambda}{2\pi}\right)}{\Gamma\left(\frac{1}{2}-\frac{\lambda}{2\pi}\right)}\right],\ 0<\lambda<\pi,$
$\hfill (26)^{*)**)};$

27a) $\quad \int_0^1 \frac{\log_2\left(\frac{1}{x}\right)}{1+x^2} dx = \int_1^\infty \frac{\log_2 x}{1+x^2} dx = \frac{\pi}{2}\log\left(\frac{\sqrt{2\pi}\,\Gamma\left(\frac{3}{4}\right)}{\Gamma\left(\frac{1}{4}\right)}\right), \hfill (27, \lambda=\frac{\pi}{2})^{*)};$

27b) $\quad \int_0^1 \frac{\log_2\left(\frac{1}{x}\right)}{(1+x)^2} dx = \int_1^\infty \frac{\log_2 x}{(1+x)^2} dx = -\frac{1}{2}\mathscr{E} + \frac{1}{2}\log\frac{\pi}{2}, \hfill (27, \lambda\to 0)^{*)};$

27c) $\quad \int_0^1 \frac{\log_2\left(\frac{1}{x}\right)}{1+x+x^2} dx = \int_1^\infty \frac{\log_2 x}{1+x+x^2} dx = \frac{\pi}{\sqrt{3}}\log\left(\frac{\Gamma\left(\frac{2}{3}\right)}{\Gamma\left(\frac{1}{3}\right)}\sqrt[3]{2\pi}\right), \hfill (27, \lambda=\frac{\pi}{3})^{*)};$

27d) $\quad \int_0^1 \frac{\log_2\left(\frac{1}{x}\right)}{1-x+x^2} dx = \int_1^\infty \frac{\log_2 x}{1-x+x^2} dx = \frac{2\pi}{\sqrt{3}}\left(\frac{5}{6}\log 2\pi - \log\Gamma\left(\frac{1}{6}\right)\right),\ (27, \lambda=\frac{2\pi}{3})^{*)}.$

28) $\quad \int_0^\infty x^{\kappa-1}\log(a^2+\log^2 x)\,dx = \frac{2}{\kappa}\left[-\cos a\kappa\cdot\text{Ci}(a\kappa) - \sin a\kappa\cdot\text{Si}(a\kappa) + \log a + \frac{\pi}{2}\sin a\kappa\right],$
$\hfill a>0,\ \kappa>0,\ (326.2, 021.6, 327.15\text{-}18);$

29) $\quad \int_0^\infty \log(1-e^{-2a\pi x})\frac{dx}{1+x^2} = \pi\left[\frac{1}{2}\log 2a\pi + a(\log a - 1) - \log\Gamma(a+1)\right],\ a>0,$
$\hfill (021.3, 411.11e).$

$^{*)}\ \log_2 x = \log(\log x).$

$^{**)}\ \sum_{\nu=2}^\infty (-1)^\nu \frac{\log\nu}{\nu} = 0.159\,868\,905\ldots$

$^{***)}\ \sum_{\nu=1}^\infty (-1)^\nu \frac{\log\nu}{\nu}\sin\nu x = \frac{\pi}{2}\log\frac{\Gamma\left(\frac{1}{2}+\frac{x}{2\pi}\right)}{\Gamma\left(\frac{1}{2}-\frac{x}{2\pi}\right)} + \frac{x}{2}(\mathscr{E}+\log 2\pi),\ 0\leq x<2\pi,$
$\hfill (411.11c).$

325

30) $\int_0^1 \log(1-2x\cos\lambda+x^2)\dfrac{dx}{x} = -\dfrac{\pi^2}{3}+\pi\lambda-\dfrac{\lambda^2}{2}$, (I 323.12b, 323.7b).

31) $\int_0^{n\pi} x\log|\sin x|\,dx = -\dfrac{n^2\pi^2}{2}\log 2$, $n=0,1,2,\ldots$ (333.37a, 322.5a).

32) $\int_0^\infty \log|\cos x|\cdot\operatorname{tg} x\cdot\dfrac{dx}{x} = -\dfrac{\pi}{2}\log 2$, (333.39a, 322.5b).

33) $\int_{-a}^{a} x\log(e^{px}+e^{-px})\,dx = \oint_{-\infty}^{\infty} \sim = 0$, $a\geq 0$, (021.8, 021.4a).

34) $\int_0^\infty \log|\sin x|\dfrac{dx}{x^2+p^2} = \dfrac{\pi}{2p}\log\dfrac{1-e^{-2p}}{2}$, $p>0$, (35a, r → −1).

35a) $\int_0^\infty \dfrac{\log(1+2r\cos x+r^2)}{x^2+p^2}dx = \dfrac{\pi}{p}\log(1+re^{-p})$, $|r|<1, p>0$, (021.7, 333.67a)[*];

35b) $\int_0^\infty \dfrac{\log(1+2r\cos\lambda x+r^2)}{(x^2+p^2)^2}dx = \dfrac{\pi}{2p^3}\log(1+re^{-\lambda p}) + \dfrac{\pi r\lambda e^{-\lambda p}}{2p^2(1+re^{-\lambda p})}$,

$|r|<1, p,\lambda>0$, (35a, 021.5).

326

326. Integrale der Form $\int F(x,\log[f(x)])\,dx$.

1) $\int_0^1 \dfrac{x^{\kappa-1}dx}{a+\log x} = \int_0^1 \dfrac{dy}{a\kappa+\log y} = e^{-a\kappa}\operatorname{li}(e^{a\kappa}) = e^{-a\kappa}\operatorname{Ei}(a\kappa)$, $a<0, \kappa>0$, (327.1-2, I 321.6);

1a) $\int_0^1 \dfrac{x^{\kappa-1}dx}{ia+\log x} = e^{-ia\kappa}\operatorname{Ei}(ia\kappa) = (\cos a\kappa - i\sin a\kappa)\left(\operatorname{Ci}(a\kappa)+i\operatorname{Si}(a\kappa)-\dfrac{i\pi}{2}\right)$,

$a>0, \kappa>0$, (327.1e);

2) $\int_0^1 \dfrac{x^{\kappa-1}dx}{a^2+\log^2 x} = \dfrac{1}{a}\left[\sin a\kappa\operatorname{Ci}(a\kappa) - \cos a\kappa\operatorname{Si}(a\kappa)+\dfrac{\pi}{2}\cos a\kappa\right]$, $a>0, \kappa>0$, (1a).

3) $\int_0^1 \log^{2n} x\,\log(1+x^m)\dfrac{dx}{x} = (-1)^n\dfrac{(2^{2n+1}-1)\pi^{2n+2}}{m^{2n+1}(2n+1)(2n+2)}B_{2n+2}$, $m>0, n=0,1,2,\ldots$

(021.7, 324.1);

---

[*] $\log(1+2r\cos x+r^2) = 2\displaystyle\sum_{n=1}^\infty (-1)^{n-1}\dfrac{r^n\cos nx}{n}$, $|r|<1$.

326

3a) $$\int_0^1 \log^2 x \, \log(1+x^2) \frac{dx}{x} = \frac{7\pi^4}{2880}, \tag{3}$$

4) $$\int_0^1 \log^{2n} x \, \log(1-x^m) \frac{dx}{x} = (-1)^{n+1} \frac{(2\pi)^{2n+2} B_{2n+2}}{2 m^{2n+1}(2n+1)(2n+2)}, \quad m>0,\ n=0,1,2,\ldots \tag{021.7, 324.1}$$

4a) $$\int_0^1 \log^2 x \, \log(1-x^2) \frac{dx}{x} = -\frac{\pi^4}{360}, \tag{4}$$

5) $$\int_0^1 x^m \log x \, \log(1+x)\, dx = \frac{(-1)^{m-1}-1}{(m+1)^2}\log 2 + \frac{(-1)^{m+1}}{m+1}\left[\frac{\pi^2}{12} - \sum_{\mu=1}^{m+1} \frac{(-1)^{\mu-1}}{\mu}\left(\frac{1}{m+1}+\frac{1}{\mu}\right)\right],$$
$$m=0,1,2,\ldots \tag{021.7, 324.1}$$

5a) $$\int_0^1 \log x \, \log(1+x)\, dx = 2 - 2\log 2 - \frac{\pi^2}{12}, \tag{5}$$

5b) $$\int_0^1 x \log x \, \log(1+x)\, dx = \frac{\pi^2}{24} - \frac{1}{2}, \tag{5}$$

6) $$\int_0^1 x^m \log x \, \log(1-x)\, dx = \frac{1}{m+1}\sum_{\mu=1}^{m+1}\frac{1}{\mu}\left(\frac{1}{m+1}+\frac{1}{\mu}\right) - \frac{\pi^2}{6(m+1)}, \quad m=0,1,2,\ldots \tag{021.7, 324.1}$$

6a) $$\int_0^1 \log x \, \log(1-x)\, dx = 2 - \frac{\pi^2}{6}, \tag{6}$$

6b) $$\int_0^1 x \log x \, \log(1-x)\, dx = 1 - \frac{\pi^2}{12}, \tag{6}$$

7) $$\int_0^1 \left[\frac{1}{\log x} + \frac{x^{k-1}}{1-x}\right] dx = -\Psi(k), \quad k>0, \tag{411.6b}$$

7a) $$\int_0^1 \left[\frac{1}{\log x} + \frac{1}{1-x}\right] dx = \mathscr{E}, \tag{411.10b}$$

8) $$\int_0^1 \left[\frac{1}{\log^2 x} + \frac{(k-2)x^k - (k-1)x^{k-1}}{(1-x)^2}\right] dx = -\Psi(k) + k - \frac{3}{2}, \quad k>0, \tag{7, 021.3}$$

8a) $$\int_0^1 \left[\frac{1}{\log^2 x} - \frac{x}{(1-x)^2}\right] dx = \mathscr{E} - \frac{1}{2}, \tag{8}$$

9) $$\int_0^1 \left[\frac{1}{\log x} + \frac{1+x}{2(1-x)}\right] \frac{x^{k-1}}{\log x} dx = -\log\Gamma(k) + \left(k-\frac{1}{2}\right)\log k - k + \frac{1}{2}\log 2\pi,$$
$$k>0, \tag{411.11d}$$

326

9a) $\quad \int_0^1 \left[\dfrac{1}{\log x} + \dfrac{1+x}{2(1-x)}\right]\dfrac{dx}{\log x} = \dfrac{1}{2}\log 2\pi - 1,$ \hfill (9, к=1).

10) $\quad \int_0^1 \left[\dfrac{1-x^к}{1-x} - к\right]\dfrac{dx}{\log x} = \log \Gamma(к+1),\quad к>-1,$ \hfill (411.11b).

11) $\quad \int_0^1 \left[\dfrac{1}{(1-\log x)^к} - x\right]\dfrac{dx}{x\log x} = \Psi(к),\quad к>0,$ \hfill (411.6d);

11a) $\quad \int_0^1 \left[\dfrac{1}{1-\log x} - x\right]\dfrac{dx}{x\log x} = -\mathscr{C},$ \hfill (11, к=1).

12) $\quad \int_0^1 \left[\dfrac{x^{к-1}}{\log x} + \dfrac{x^{\lambda-1}}{1-x}\right]dx = \log к - \Psi(\lambda),\quad к>0,\lambda>0,$ \hfill (7, 324.19a).

13) $\quad \int_0^1 \left[\dfrac{1+к\log x}{1-x} + \dfrac{x\log x}{(1-x)^2}\right]x^к dx = \Psi'(к+1) - 1,\quad к>-1,$ \hfill (324.4, 021.3);

13a) $\quad \int_0^1 \left[\dfrac{1}{1-x} + \dfrac{x\log x}{(1-x)^2}\right]dx = \dfrac{\pi^2}{6} - 1,$ \hfill (13, к=0).

327

327. Exponentialintegral, Integrallogarithmus, Integralsinus, Integralkosinus und verwandte Funktionen.

1) $\quad \mathcal{E}i(z) = \int_{-\infty}^{z} \dfrac{e^t}{t}dt = -\int_{-z}^{\infty} \dfrac{e^{-t}}{t}dt,\quad$ Exponentialintegral,

(analytische Funktion von z, eindeutig in der längs der positiven reellen Achse aufgeschnittenen komplexen z-Ebene:

) \hfill (I 312.3a);

1a) $\quad \mathcal{E}i(x) = \dfrac{e^x}{x}\left(1 + \dfrac{1!}{x} + \dfrac{2!}{x^2} + \cdots + \dfrac{n!}{x^n}\right) + (n+1)!\int_{-\infty}^{x}\dfrac{e^t}{t^{n+2}}dt,\quad -\infty < x < 0,$

(asymptotische Reihe, 021.3);

1b) $\quad = \mathcal{E}i(-n) + \log\left(-\dfrac{x}{n}\right) + \sum_{\nu=1}^{\infty}\dfrac{x^\nu - (-n)^\nu}{\nu\cdot\nu!},\quad -\infty < -n < x < 0,$ (021.7);

327

1c) $\quad \text{Ei}(x \pm i0) = \text{Ei}(-x) \mp \pi i + 2 \sum_{\nu=0}^{\infty} \frac{x^{2\nu+1}}{(2\nu+1)(2\nu+1)!}, \quad 0 < x < \infty,$ (021.12);

1d) $\quad \text{Ei}(\pm ix) = \int_{\pm i\infty}^{\pm ix} \frac{e^t}{t} dt = \int_{\infty}^{x} \frac{e^{\pm it}}{t} dt, \quad 0 < x < \infty,$ (021.12);

1e) $\quad \text{Ei}(\pm ix) = \text{Ci}(x) \pm i\left(\text{Si}(x) - \frac{\pi}{2}\right), \quad 0 < x < \infty,$ (1d,3,4);

1f) $\quad \text{Ei}^*(x) = \frac{1}{2}\text{Ei}(x+i0) + \frac{1}{2}\text{Ei}(x-i0) = \text{Ei}(-x) + 2 \sum_{\nu=0}^{\infty} \frac{x^{2\nu+1}}{(2\nu+1)(2\nu+1)!},$
$\hspace{10cm} 0 < x < \infty,$ (1c).

2) $\quad \text{li}(z) = \int_0^z \frac{dt}{\log t},$ Integrallogarithmus,

(analytische Funktion von z, eindeutig in der längs der reellen Achse von +1 nach +∞ und von 0 nach −∞ aufgeschnittenen komplexen z-Ebene:

$\hspace{8cm}$ (I 321.5);

2a) $\quad \text{li}(e^w) = \text{Ei}(w), \quad \text{li}(z) = \text{Ei}(\log z),$ (021.4a);

3) $\quad \text{Ci}(x) = -\int_x^{\infty} \frac{\cos t}{t} dt = \mathscr{E} + \log x - \int_0^x \frac{1-\cos t}{t} dt, \quad 0 < x < \infty,$

$\hspace{8cm}$ Integralkosinus, (I 333.5a);

3a) $\quad = \mathscr{E} + \log x + \sum_{\nu=1}^{\infty} \frac{(-1)^{\nu} x^{2\nu}}{2\nu(2\nu)!},$ (021.7).

4) $\quad \text{Si}(x) = \int_0^x \frac{\sin t}{t} dt = \frac{\pi}{2} - \int_x^{\infty} \frac{\sin t}{t} dt,$ Integralsinus, (I 333.5b);

4a) $\quad = \sum_{\nu=0}^{\infty} \frac{(-1)^{\nu} x^{2\nu+1}}{(2\nu+1)(2\nu+1)!},$ (021.7).

5) $\quad \text{Chi}(x) = \mathscr{E} + \log x + \int_0^x \frac{\cosh t - 1}{t} dt, \quad 0 < x < \infty,$

$\hspace{6cm}$ hyperbolischer Integralkosinus;

5a) $\quad = \mathscr{E} + \log x + \sum_{\nu=1}^{\infty} \frac{x^{2\nu}}{2\nu(2\nu)!},$ (021.7).

327

6) $\quad \mathfrak{Si}(x) = \int_0^x \frac{\sin t}{t} dt = \frac{1}{2} \int_{-x}^x \sim$, hyperbolischer Integralsinus;

6a) $\quad = \sum_{\nu=0}^\infty \frac{x^{2\nu+1}}{(2\nu+1)(2\nu+1)!}$, $\hfill$ (021.7).

7) $\quad \mathcal{E}i(x) = \mathfrak{Li}(-x) + \mathfrak{Si}(x)$, $\quad -\infty < x < 0$, $\hfill$ (5, 6, 411.10c).

8) $\quad \mathfrak{Si}(-x) = -\mathfrak{Si}(x)$, $\quad \mathfrak{Si}(ix) = i\,\mathrm{Si}(x)$, $\hfill$ (6a, 4a).

9) $\quad \int_x^\infty \frac{e^{ist}}{t+a} dt = -e^{-isa}\mathcal{E}i\big(is(x+a)\big) =$

$\quad = \big[-\cos sa + i \sin sa\big]\big[\mathrm{Ci}(sa+sx) + i\big(\mathrm{Si}(sa+sx) - \frac{\pi}{2}\big)\big]$,

$\hfill s > 0,\ a+x > 0,\ $ (1e);

9a) $\quad \int_0^\infty \frac{e^{ist}}{t+ia} dt = -e^{as}\mathcal{E}i(-as)$, $\quad a>0,\ s>0$, $\hfill$ (9).

10) $\quad \int_0^a \mathcal{E}i(-sx) dx = a\mathcal{E}i(-as) + \frac{e^{-as}-1}{s}$, $\quad a>0,\ s>0$, $\hfill$ (021.3).

11) $\quad \int_0^\infty e^{-px}\mathcal{E}i(-sx) dx = \frac{1}{p} \log \frac{s}{p+s}$, $\quad p>0,\ s>0$, $\hfill$ (021.3, 313.3b).

12a) $\quad \int_0^\infty e^{-px}\mathrm{Ci}(sx) dx = -\frac{1}{2p} \log\big(1 + \frac{p^2}{s^2}\big)$, $\quad p>0,\ s>0$, $\hfill$ (3a, 312.2a, 312.5b);

12b) $\quad \int_0^\infty e^{-px}\mathrm{Si}(sx) dx = \frac{1}{p} \mathrm{Arc\,tg} \frac{s}{p}$, $\quad p>0,\ s>0$, $\hfill$ (4a, 312.2a);

12c) $\quad \int_0^\infty e^{-px}\mathfrak{Li}(sx) dx = \frac{1}{2p} \log \frac{s^2}{p^2-s^2}$, $\quad 0<s<p$, $\hfill$ (5a, 312.2a, 312.5b);

12d) $\quad \int_0^\infty e^{-px}\mathfrak{Si}(sx) dx = \frac{1}{2p} \log \frac{p+s}{p-s}$, $\quad 0<s<p$, $\hfill$ (6a, 312.2a).

13) $\quad \int_0^\infty (a\cos px + b\sin px)\mathrm{Ci}(sx) dx = -\frac{\varepsilon a \pi}{2p} + \frac{b}{2p} \log \frac{s^2}{|p^2-s^2|}$,

$\hfill \varepsilon = \begin{cases} 1 & \text{für } 0<s<p, \\ 0 & \text{für } 0<p<s, \end{cases}$ (021.3, 333.20–23);

327

13a) $\displaystyle\int_0^\infty \cos x\, Ci(x)\,dx = -\frac{\pi}{4},$ (021.3, 333.23).

14) $\displaystyle\int_0^\infty Ci(sx)\, Ci(tx)\,dx = \frac{\pi}{2t},\quad 0 < s \leq t,$ (021.3, 13, 13a).

15) $\displaystyle\int_0^x \sin at\, Ci(bt)\,dt = \frac{1}{2a}\left[-2\cos ax\, Ci(bx) + Ci(ax+bx) + Ci(ax-bx) + \log\frac{b^2}{a^2-b^2}\right],$
$\quad 0 < b < a,\ x > 0,$ (021.3);

15a) $\displaystyle\int_0^x \sin at\cdot Ci(at)\,dt = \frac{1}{2a}\left[-2\cos ax\, Ci(ax) + Ci(2ax) + \log\frac{ax}{2} + \mathcal{E}\right],$
$\quad a > 0,\ x > 0,$ (021.3).

16) $\displaystyle\int_0^x \cos at\cdot Ci(bt)\,dt = \frac{1}{2a}\left[2\sin ax\, Ci(bx) - Si(ax+bx) - Si(ax-bx)\right],$
$\quad b > 0,\ a \neq 0,$ (021.3);

16a) $\displaystyle\int_0^x Ci(bt)\,dt = x\, Ci(bx) - \frac{1}{b}\sin bx,\quad b > 0,\ x \geq 0,$ (021.3).

17) $\displaystyle\int_0^x \sin at\cdot Si(bt)\,dt = \frac{1}{2a}\left[-2\cos ax\cdot Si(bx) + Si(ax+bx) - Si(ax-bx)\right],$
$\quad a \neq 0,$ (021.3).

18) $\displaystyle\int_0^x \cos at\cdot Si(bt)\,dt = \frac{1}{2a}\left[2\sin ax\cdot Si(bx) + Ci(ax+bx) - Ci(ax-bx) + \log\frac{a-b}{a+b}\right],$
$\quad a \neq 0,\ a \pm b > 0,\ x > 0,$ (021.3);

18a) $\displaystyle\int_0^x Si(bt)\,dt = x\, Si(bx) + \frac{\cos bx - 1}{b},\quad b \neq 0,$ (021.3);

18b) $\displaystyle\int_0^x \cos at\cdot Si(at)\,dt = \frac{1}{2a}\left[2\sin ax\cdot Si(ax) + Ci(2ax) - \log(2ax) - \mathcal{E}\right],$
$\quad a > 0,\ x > 0,$ (021.3).

331. Integrale der Form $\int f(\sin x, \cos x)\, dx$.

A. Allgemeine Formeln.

1a) $\displaystyle\int_0^{\pi/2} f(\sin x, \cos x)\, dx = \int_0^{\pi/2} f(\cos y, \sin y)\, dy,$ $\qquad (x = \tfrac{\pi}{2} - y);$

1b) $\displaystyle\qquad\qquad\qquad = \int_0^1 f(y, \sqrt{1-y^2})\, \frac{dy}{\sqrt{1-y^2}},$ $\qquad (\sin x = y);$

1c) $\displaystyle\qquad\qquad\qquad = \int_0^1 f(\sqrt{y}, \sqrt{1-y})\, \frac{dy}{2\sqrt{y(1-y)}},$ $\qquad (\sin x = \sqrt{y}).$

2) $\displaystyle\int_0^{\pi} f(\sin x, \cos x)\, dx = \int_0^{\pi/2}\left[f(\sin x, \cos x) + f(\sin x, -\cos x)\right] dx,$
$\qquad\qquad\qquad\qquad\qquad\qquad\qquad\qquad\qquad\qquad (021.8, 021.4a).$

2a) $\displaystyle\int_0^{\pi} f(\sin x)\, dx = 2 \int_0^{\pi/2} \sim,$ $\qquad\qquad (2);$

2b) $\displaystyle\int_0^{\pi} f(\sin x)\cos x\, dx = 0,$ $\qquad\qquad (2).$

3) $\displaystyle\int_{-\pi/2}^{\pi/2} f(\sin x, \cos x)\, dx = \int_0^{\pi/2}\left[f(\sin x, \cos x) + f(-\sin x, \cos x)\right] dx,$
$\qquad\qquad\qquad\qquad\qquad\qquad\qquad\qquad\qquad\qquad (021.8, 021.4a).$

3a) $\displaystyle\int_{-\pi/2}^{\pi/2} f(\cos x)\, dx = 2 \int_0^{\pi/2} \sim,$ $\qquad\qquad (3);$

3b) $\displaystyle\int_{-\pi/2}^{\pi/2} f(\cos x)\sin x\, dx = 0,$ $\qquad\qquad (3).$

4a) $\displaystyle\int_0^{2\pi} f(\sin x, \cos x)\, dx = \int_{-\pi}^{\pi} \sim = \int_0^{\pi}\left[f(\sin x, \cos x) + f(-\sin x, \cos x)\right] dx,$
$\qquad\qquad\qquad\qquad\qquad\qquad\qquad\qquad\qquad\qquad (021.8, 021.4a);$

4b) $\displaystyle\qquad\qquad\qquad = \int_0^{\pi/2}\left[f(\sin x, \cos x) + f(\sin x, -\cos x) + f(-\sin x, \cos x) + f(-\sin x, -\cos x)\right] dx,$
$\qquad\qquad\qquad\qquad\qquad\qquad\qquad\qquad\qquad\qquad (021.8, 021.4a).$

5a) $\displaystyle\int_\alpha^\beta f(\sin x, \cos x)\, dx = \int_{\alpha+2n\pi}^{\beta+2n\pi} \sim,\qquad n = 0, \pm 1, \pm 2, \ldots$ $\qquad (021.4a);$

331

5b) $\displaystyle\int_{\alpha}^{\beta} f(\sin x, \cos x)\,dx = \int_{\alpha+(2n+1)\pi}^{\beta+(2n+1)\pi} f(-\sin y, -\cos y)\,dy$, $\quad n = 0, \pm 1, \pm 2, \ldots$
$\hfill (x = y - (2n+1)\pi);$

5c) $\displaystyle\phantom{\int_{\alpha}^{\beta} f(\sin x, \cos x)\,dx} = \int_{\alpha+\frac{2n+1}{2}\pi}^{\beta+\frac{2n+1}{2}\pi} f\left((-1)^{n+1}\cos y, (-1)^n \sin y\right) dy$, $\quad n = 0, \pm 1, \pm 2, \ldots$
$\hfill \left(x = y - \frac{2n+1}{2}\pi\right).$

6) $\displaystyle\int_{(2n+\frac{1}{2})\pi}^{(2n+1)\pi} f(\sin x, \cos x)\,dx = \int_0^{\pi/2} f(\sin x, -\cos x)\,dx$, $\quad n = 0, \pm 1, \pm 2, \ldots$ $\hfill (5a, 2a).$

7) $\displaystyle\int_{(2n+1)\pi}^{(2n+\frac{3}{2})\pi} f(\sin x, \cos x)\,dx = \int_0^{\pi/2} f(-\sin x, -\cos x)\,dx$, $\quad n = 0, \pm 1, \pm 2, \ldots$ $\hfill (5b).$

8) $\displaystyle\int_{(2n+\frac{3}{2})\pi}^{(2n+2)\pi} f(\sin x, \cos x)\,dx = \int_0^{\pi/2} f(-\sin x, \cos x)\,dx$, $\quad n = 0, \pm 1, \pm 2, \ldots$ $\hfill (5b, 2a).$

B. Integrale der Form $\int \sin^m x \cos^n x\,dx$.

21) $\displaystyle\int_0^{\pi/2} \sin^m x \cos^n x\,dx = \frac{\Gamma\!\left(\frac{m+1}{2}\right)\Gamma\!\left(\frac{n+1}{2}\right)}{2\,\Gamma\!\left(\frac{m+n+2}{2}\right)}$, $\quad m > -1,\ n > -1,$ $\hfill (1c, 411.9);$

21a) $\displaystyle\int_0^{\pi/2} \sin^{2m} x \cos^{2n} x\,dx = \frac{1}{2}\int_0^{\pi} \sim \; = \frac{1}{4}\int_0^{2\pi} \sim \; = \frac{1}{4}\int_{-\pi}^{\pi} \sim \; = \frac{(1,2;m)(1,2;n)\pi}{2^{m+n+1}(m+n)!}$,
$\hfill m, n = 0, 1, 2, \ldots \quad (21);$

21b) $\displaystyle\int_0^{\pi/2} \sin^{2m+1} x \cos^{2n+1} x\,dx = -\int_{\pi/2}^{\pi} \sim \; = \frac{m!\,n!}{2(m+n+1)!}$, $\quad m, n = 0, 1, 2, \ldots$ $\hfill (21);$

21c) $\displaystyle\int_0^{\pi/2} \sin^{2m} x \cos^{2n+1} x\,dx = -\int_{\pi/2}^{\pi} \sim \; = \frac{2^n\,n!}{(2m+1;\,2;\,n+1)}$, $\quad m, n = 0, 1, 2, \ldots$ $\hfill (21);$

21d) $\displaystyle\int_0^{\pi/2} \sin^{2m+1} x \cos^{2n} x\,dx = \frac{1}{2}\int_0^{\pi} \sim \; = -\int_{-\pi/2}^{0} \sim \; = \frac{2^m\,m!}{(2n+1;\,2;\,m+1)}$, $\quad m, n = 0, 1, 2, \ldots$
$\hfill (21).$

331

22a) $\displaystyle\int_{k\pi}^{(k+\frac{1}{2})\pi}\sin^m x\cos^n x\,dx=(-1)^{k(m+n)}\dfrac{\Gamma\left(\frac{m+1}{2}\right)\Gamma\left(\frac{n+1}{2}\right)}{2\Gamma\left(\frac{m+n+2}{2}\right)},\quad m,n>-1,\ k=0,\pm1,\pm2,\ldots$

(5a-b, 21);

22b) $\displaystyle\int_{(k+\frac{1}{2})\pi}^{(k+1)\pi}\sin^m x\cos^n x\,dx=(-1)^{km+(k+1)n}\dfrac{\Gamma\left(\frac{m+1}{2}\right)\Gamma\left(\frac{n+1}{2}\right)}{2\Gamma\left(\frac{m+n+2}{2}\right)},$

$m,n>-1,\ k=0,\pm1,\pm2,\ldots$ (6, 8, 21).

23) $\displaystyle\int_{k\pi}^{(k+1)\pi}\sin^m x\cos^n x\,dx=(-1)^{k(m+n)}\left[1+(-1)^n\right]\dfrac{\Gamma\left(\frac{m+1}{2}\right)\Gamma\left(\frac{n+1}{2}\right)}{2\Gamma\left(\frac{m+n+2}{2}\right)},$

$m,n>-1,\ k=0,\pm1,\pm2,\ldots$ (5, 2, 21);

23a) $\displaystyle\int_{k\pi}^{(k+1)\pi}\sin^m x\cos^{2n+1} x\,dx=0,\quad m>-1,\ n=0,1,2,\ldots,\ k=0,\pm1,\pm2,\ldots$ (23).

24) $\displaystyle\int_{\alpha}^{\alpha+\pi}\sin^m x\cos^n x\,dx=\int_{0}^{\pi}\sim\ =\dfrac{1+(-1)^n}{2}\cdot\dfrac{\Gamma\left(\frac{m+1}{2}\right)\Gamma\left(\frac{n+1}{2}\right)}{\Gamma\left(\frac{m+n+2}{2}\right)},$

$m,n\geq 0,\ m+n=0,2,4,\ldots$ (5b, 23).

25) $\displaystyle\int_{\alpha}^{\alpha+2\pi}\sin^m x\cos^n x\,dx=\int_{0}^{2\pi}\sim\ =\dfrac{[1+(-1)^m][1+(-1)^n]}{2}\cdot\dfrac{\Gamma\left(\frac{m+1}{2}\right)\Gamma\left(\frac{n+1}{2}\right)}{\Gamma\left(\frac{m+n+2}{2}\right)},$

$m,n>-1,$ (5a).

26a) $\displaystyle\int_{k\pi}^{(k+\frac{1}{2})\pi}\sin^m x\cos x\,dx=\dfrac{(-1)^{k(m+1)}}{m+1},\quad m=0,1,2,\ldots,\ k=0,\pm1,\pm2,\ldots$ (22a);

26b) $\displaystyle\int_{(k+\frac{1}{2})\pi}^{(k+1)\pi}\sin^m x\cos x\,dx=\dfrac{(-1)^{k(m+1)+1}}{m+1},\quad m=0,1,2,\ldots,\ k=0,\pm1,\pm2,\ldots$ (22b);

26c) $\displaystyle\int_{k\pi}^{(k+\frac{1}{2})\pi}\sin x\cos^n x\,dx=\dfrac{(-1)^{k(n+1)}}{n+1},\quad n=0,1,2,\ldots,\ k=0,\pm1,\pm2,\ldots$ (22a);

26d) $\displaystyle\int_{(k+\frac{1}{2})\pi}^{(k+1)\pi}\sin x\cos^n x\,dx=\dfrac{(-1)^{k(n+1)+n}}{n+1},\quad n=0,1,2,\ldots,\ k=0,\pm1,\pm2,\ldots$ (22b).

331

27) $\int_0^{\pi/2} \sin^{2m}x\,dx = \int_{k\pi/2}^{(k+1)\pi/2} \sim\, = \frac{1}{2}\int_0^{\pi} \sim\, = \frac{1}{2}\int_{-\pi/2}^{\pi/2} \sim\, = \frac{1}{4}\int_0^{2\pi} \sim\, = \frac{1}{4}\int_{-\pi}^{\pi} \sim\, = \frac{(1,2;m)\pi}{2^{m+1}m!}$,

$m = 0,1,2,\ldots, k = 0,\pm 1, \pm 2, \ldots,$ (21a);

28) $\int_0^{\pi/2} \sin^{2m+1}x\,dx = (-1)^k \int_{k\pi}^{(k+\frac{1}{2})\pi} \sim\, = (-1)^k \int_{(k+\frac{1}{2})\pi}^{(k+1)\pi} \sim\, = \frac{1}{2}\int_0^{\pi} \sim\, = \frac{2^m m!}{(3,2;m)}$,

$m = 0,1,2,\ldots, k = 0,\pm 1, \pm 2, \ldots,$ (21d);

28a) $\int_0^{\pi/2} \sin x\,dx = 1$, (28);

28b) $\int_0^{\pi/2} \sin^2 x\,dx = \frac{\pi}{4}$, (27);

28c) $\int_0^{\pi/2} \frac{dx}{\sqrt{\sin x}} = \frac{[\Gamma(\frac{1}{4})]^2}{2\sqrt{2\pi}}$, (21, 411.5);

28d) $\int_0^{\pi/2} \sin^\nu x\,dx = \frac{1}{2}\int_0^{\pi} \sim\, = \frac{\sqrt{\pi}\,\Gamma(\frac{\nu+1}{2})}{2\Gamma(\frac{\nu}{2}+1)}$, $\nu > -1$, (21);

28e) $\int_0^{2\pi} \sin^{2m+1}x\,dx = \int_{-\alpha}^{\alpha} \sim\, = 0$, $m = 0,1,2,\ldots$ (021.8, 021.4a).

29) $\int_0^{\pi/2} \cos^{2n}x\,dx = \int_{k\pi/2}^{(k+1)\pi/2} \sim\, = \frac{1}{2}\int_0^{\pi} \sim\, = \frac{1}{2}\int_{-\pi/2}^{\pi/2} \sim\, = \frac{1}{4}\int_0^{2\pi} \sim\, = \frac{1}{4}\int_{-\pi}^{\pi} \sim\, = \frac{(1,2;n)\pi}{2^{n+1}n!}$,

$n = 0,1,2,\ldots, k = 0,\pm 1, \pm 2, \ldots,$ (21a);

30) $\int_0^{\pi/2} \cos^{2n+1}x\,dx = (-1)^k \int_{k\pi}^{(k+\frac{1}{2})\pi} \sim\, = (-1)^k \int_{(k-\frac{1}{2})\pi}^{k\pi} \sim\, = \frac{1}{2}\int_{-\pi/2}^{\pi/2} \sim\, = \frac{2^n n!}{(3,2;n)}$,

$n = 0,1,2,\ldots, k = 0,\pm 1, \pm 2, \ldots,$ (21c);

30a) $\int_0^{\pi/2} \cos x\,dx = 1$, (30);

30b) $\int_0^{\pi/2} \cos^2 x\,dx = \frac{\pi}{4}$, (29);

30c) $\int_0^{\pi/2} \frac{dx}{\sqrt{\cos x}} = \frac{[\Gamma(\frac{1}{4})]^2}{2\sqrt{2\pi}}$, (21, 411.5);

331

30d) $\displaystyle\int_0^{\pi/2} \cos^\nu x\, dx = \frac{1}{2}\int_{-\pi/2}^{\pi/2} \sim = \frac{\sqrt{\pi}\,\Gamma\!\left(\frac{\nu+1}{2}\right)}{2\,\Gamma\!\left(\frac{\nu}{2}+1\right)},\quad \nu > -1,$ (21);

30e) $\displaystyle\int_0^\pi \cos^{2n+1} x\, dx = \int_{k\pi}^{(k+1)\pi} \sim = 0,\quad n = 0,1,2,\ldots\ k = 0,\pm 1,\pm 2,\ldots$ (21).

31) $\displaystyle\int_0^{\pi/2} \operatorname{tg}^\lambda x\, dx = \int_0^{\pi/2} \operatorname{ctg}^\lambda x\, dx = \frac{\pi}{2\cos\frac{\lambda\pi}{2}},\quad -1 < \lambda < 1,$
($\operatorname{tg} x = y$, 431.15 oder 332.15).

32a) $\displaystyle\int_0^{\pi/4} \operatorname{tg}^{2m} x\, dx = (-1)^m \left[\frac{\pi}{4} + \sum_{\nu=0}^{m-1} \frac{(-1)^{\nu-1}}{2\nu+1}\right],\quad m = 0,1,2,\ldots$ (I 331.12b);

32b) $\displaystyle\int_0^{\pi/4} \operatorname{tg}^{2m+1} x\, dx = (-1)^m \left[\frac{1}{2}\log 2 + \sum_{\nu=1}^{m} \frac{(-1)^\nu}{2\nu}\right],\quad m = 0,1,2,\ldots$ (I 331.12b);

32c) $\displaystyle\int_0^{\pi/4} \operatorname{tg}^n x\, dx = \sum_{\nu=0}^{\infty} \frac{(-1)^\nu}{n+2\nu+1},\quad n = 0,1,2,\ldots$ (32a-b);

32d) $\displaystyle\int_0^{\pi/4} \operatorname{tg} x\, dx = \frac{1}{2}\log 2$ (32b).

33a) $\displaystyle\int_0^{\pi/4} \frac{dx}{\cos x} = \log(1+\sqrt{2}),$ (I 331.9c);

33b) $\displaystyle\int_0^{\pi/4} \frac{dx}{\cos^2 x} = 1,$ (I 331.9d);

33c) $\displaystyle\int_0^{\pi/4} \frac{dx}{\cos^n x} = \sum_{\nu=1}^{r} \frac{(n-2;-2;\nu-1)}{(n-1;-2;\nu)}\, 2^{n/2-\nu} + s\cdot\frac{(1;2;r)}{(2;2;r)}\log(1+\sqrt{2}),$
$n = 2r+s,\ s = 0,1;\ r = 1,2,\ldots$ (I 331.9b).

34a) $\displaystyle\int_0^{\pi/4} \frac{\sin x}{\cos^n x}\, dx = \frac{2^{\frac{n-1}{2}}-1}{n-1},\quad n \neq 1,$ (I 331.11k);

34b) $\displaystyle\int_0^{\pi/4} \frac{\sin^n x}{\cos^{n+2} x}\, dx = \frac{1}{n+1},\quad n \neq -1,$ (I 331.11ℓ).

C. Integrand rational gebrochen.

41a) $\displaystyle\int_0^{\pi/2}\frac{dx}{a+b\sin x}=\frac{1}{2}\int_0^{\pi}\sim\ =\frac{1}{\sqrt{a^2-b^2}}\operatorname{Arccos}\frac{b}{a},\quad a>|b|,$ \hfill (I 331.16d);

41b) $\displaystyle\oint_0^{\pi/2}\sim\ =\frac{1}{\sqrt{b^2-a^2}}\log\left|\frac{b+\sqrt{b^2-a^2}}{a}\right|,\quad |b|>|a|>0,$ \hfill (I 331.16c);

41c) $\displaystyle\int_0^{\pi/2}\frac{dx}{1+\sin x}=\int_0^{\pi/2}\frac{dx}{1+\cos x}=1,$ \hfill (42a);

41d) $\displaystyle\int_0^{\pi/2}\frac{dx}{a+b\cos x}=\int_0^{\pi/2}\frac{dx}{a+b\sin x},$ \hfill (1a, 41a–b);

41e) $\displaystyle\int_0^{\pi}\sim\ =\frac{\pi}{\sqrt{a^2-b^2}},\quad a>|b|,$ \hfill (2, 41a);

41f) $\displaystyle\oint_0^{\pi}\sim\ =0,\quad |b|>|a|,$ \hfill (2, 41b).

42a) $\displaystyle\int_0^{\pi/2}\frac{A+B\sin x}{1+\sin x}dx=\int_0^{\pi/2}\frac{A+B\cos x}{1+\cos x}dx=A+B\left(\frac{\pi}{2}-1\right),$ \hfill (I 331.16f);

42b) $\displaystyle\int_0^{\pi/2}\frac{1-\sin x}{1+\sin x}dx=\int_0^{\pi/2}\frac{1-\cos x}{1+\cos x}dx=2-\frac{\pi}{2},$ \hfill (42a).

43a) $\displaystyle\int_0^{\pi/2}\frac{dx}{1+a^2+2a\cos x}=\frac{2}{1-a^2}\operatorname{Arc\,tg}\frac{1-a}{1+a}=\frac{1}{|1-a^2|}\operatorname{Arccos}\frac{2a}{1+a^2},\quad a\neq\pm 1,$
\hfill (41a oder I 331.17d);

43b) $\displaystyle\int_0^{\pi}\sim\ =\frac{\pi}{|1-a^2|},\quad a\neq\pm 1,$ \hfill (41e).

44a) $\displaystyle\int_0^{\pi/2}\frac{dx}{(a+b\cos x)^2}=\frac{1}{a^2-b^2}\left[-\frac{b}{a}+\frac{a}{\sqrt{a^2-b^2}}\operatorname{Arccos}\frac{b}{a}\right],\quad a>|b|,$
\hfill (I 331.17a, 41a–d);

44b) $\displaystyle\phantom{\int_0^{\pi/2}\frac{dx}{(a+b\cos x)^2}}=\frac{1}{b^2-a^2}\left[\frac{b}{a}-\frac{a}{\sqrt{b^2-a^2}}\log\left(\frac{b+\sqrt{b^2-a^2}}{a}\right)\right],\quad b>a>0,$
\hfill (I 331.17a, 41b–d);

44c) $\displaystyle\int_0^{\pi}\sim\ =\frac{a\pi}{(a^2-b^2)^{3/2}},\quad a>|b|,$ \hfill (I 331.17a, 41e).

331

45a) $\int_0^\pi \dfrac{\cos x\, dx}{1+a^2+2a\cos x} = \dfrac{-a\pi}{1-a^2}$, $\quad |a|<1$, $\hfill$ (021.4b, 41e);

45b) $\phantom{\int_0^\pi \dfrac{\cos x\, dx}{1+a^2+2a\cos x}} = \dfrac{-\pi}{a(a^2-1)}$, $\quad |a|>1$, $\hfill$ (021.4b, 41e).

45c) $\int_0^\pi \dfrac{a+b\cos x}{a^2+b^2+2ab\cos x}\, dx = \dfrac{\pi}{a}$, $\quad |a|>|b|$, $\hfill$ (45b);

45d) $\phantom{\int_0^\pi \dfrac{a+b\cos x}{a^2+b^2+2ab\cos x}\, dx} = 0$, $\quad |a|<|b|$, $\hfill$ (45a).

46a) $\int_0^{\pi/2} \dfrac{dx}{a+b\cos x + c\sin x} = \dfrac{2}{\sqrt{a^2-b^2-c^2}}\left[\operatorname{Arc tg}\dfrac{a-b+c}{\sqrt{a^2-b^2-c^2}} - \operatorname{Arc tg}\dfrac{c}{\sqrt{a^2-b^2-c^2}}\right]$,
$\hfill a^2 > b^2+c^2$, (I331.18e);

46b) $ = \dfrac{1}{\sqrt{b^2+c^2-a^2}}\log\dfrac{a+b+c+\sqrt{b^2+c^2-a^2}}{a+b+c-\sqrt{b^2+c^2-a^2}}$,
$\hfill (a+b+c)^2 > b^2+c^2-a^2 > 0$, (I331.18d);

46c) $ = \dfrac{2(a-b)}{c(a-b+c)}$, $\quad a^2=b^2+c^2,\ c(a-b+c)>0$, $\hfill$ (I331.18g);

46d) $ = \dfrac{1}{c}\log\dfrac{a+c}{a}$, $\quad a=b,\ a(a+c)>0,\ c\neq 0$, $\hfill$ (I331.18f).

47a) $\int_0^\pi \sim\ = \dfrac{2}{\sqrt{a^2-b^2-c^2}}\left[\dfrac{\pi}{2} - \operatorname{Arc tg}\dfrac{c}{\sqrt{a^2-b^2-c^2}}\right]$,
$\hfill a > \sqrt{b^2+c^2}$, (I331.18e);

47b) $\oint_0^\pi \sim\ = \dfrac{1}{\sqrt{b^2+c^2-a^2}}\log\dfrac{c+\sqrt{b^2+c^2-a^2}}{c-\sqrt{b^2+c^2-a^2}}$,
$\hfill c^2 > a^2-b^2 > 0$, (I331.18d).

48a) $\int_0^{2\pi} \sim\ = \dfrac{2\pi}{\sqrt{a^2-b^2-c^2}}$, $\quad a>\sqrt{b^2+c^2}$, $\hfill$ (I331.18e);

48b) $\oint_0^{2\pi} \sim\ = 0$, $\quad c^2 > a^2-b^2 > 0$, $\hfill$ (I331.18d).

49) $\oint_0^{\pi/4}\dfrac{A\cos x + B\sin x}{a\cos x + b\sin x}\, dx = \dfrac{Ab-Ba}{2(a^2+b^2)}\log\dfrac{(a+b)^2}{2a^2} + \dfrac{Aa+Bb}{a^2+b^2}\cdot\dfrac{\pi}{4}$,
$\hfill b\neq -a$, (I331.18c).

331

50a) $\displaystyle(\!\!\!\!\int)\!\!\!\int_0^{\pi/2} \frac{a\,\text{tg}\,x - b}{a\,\text{tg}\,x + b}\,dx = \frac{a^2-b^2}{a^2+b^2}\cdot\frac{\pi}{2} - \frac{ab}{a^2+b^2}\log\left(\frac{a}{b}\right)^2,$ (I 331.20c);

50b) $\displaystyle(\!\!\!\!\int)\!\!\!\int_0^{\pi/4} \frac{\text{tg}\,x}{1+p\,\text{tg}\,x}\,dx = \frac{1}{2(p^2+1)}\left[\frac{p\pi}{2} - \log\frac{(p+1)^2}{2}\right], \quad p \neq -1,$ (49).

50c) $\displaystyle(\!\!\!\!\int)\!\!\!\int_0^{\pi/2} \frac{dx}{(a\sin x + b\cos x)(c\sin x + d\cos x)} = \frac{1}{ad-bc}\log\left|\frac{ad}{bc}\right|,$
$ad \neq bc,\ abcd \neq 0,\ (\text{tg}\,x = y, 121.7a).$

51a) $\displaystyle\int_0^{\pi/2} \frac{dx}{a\cos^2 x + 2b\cos x \sin x + c\sin^2 x} = \frac{1}{\sqrt{ac-b^2}}\left[\frac{\pi}{2} - \text{Arctg}\frac{b}{\sqrt{ac-b^2}}\right],$
$c > 0,\ ac > b^2,$ (I 331.22b);

51b) $\displaystyle(\!\!\!\!\int)\!\!\!\int_0^{\pi/2} \sim\ = \frac{1}{2\sqrt{b^2-ac}}\log\frac{b+\sqrt{b^2-ac}}{b-\sqrt{b^2-ac}},$
$ac < b^2,$ (I 331.22a);

51c) $\displaystyle\int_0^{\pi/2} \sim\ = \frac{1}{b}, \quad ac = b^2,\ ab > 0,$ (I 331.22c);

52a) $\displaystyle\int_0^{\pi} \sim\ = \frac{\pi}{\sqrt{ac-b^2}}, \quad c > 0,\ ac > b^2,$ (2, 51a);

52b) $\displaystyle(\!\!\!\!\int)\!\!\!\int_0^{\pi} \sim\ = 0, \quad ac < b^2,$ (2, 51b).

53) $\displaystyle\int_0^{\pi/2} \frac{dx}{a^2\cos^2 x + b^2\sin^2 x} = \frac{1}{2}\int_0^{\pi} \sim\ = \frac{\pi}{2ab}, \quad ab > 0,$ (51a).

54a) $\displaystyle\int_0^{\pi/2} \frac{\sin x\,dx}{a^2 + b^2\cos^2 x} = \frac{1}{2}\int_0^{\pi} \sim\ = \frac{1}{ab}\text{Arctg}\frac{b}{a}, \quad ab > 0,$ ($\cos x = y, 131.2a$);

54b) $\displaystyle\int_0^{\pi/2} \frac{\sin x\,dx}{1+\cos^2 x} = \frac{1}{2}\int_0^{\pi} \sim\ = \frac{\pi}{4},$ (54a).

55a) $\displaystyle\int_0^{\pi/2} \frac{dx}{a + b\,\text{tg}^2 x} = \frac{1}{2}\int_0^{\pi} \sim\ = \frac{\pi}{2(a+\sqrt{ab})}, \quad a > 0,\ b > 0,$ (I 331.21b);

55b) $\quad = \dfrac{\pi}{4a}, \quad a = b,$ (I 331.21c).

331

56) $\displaystyle\int_0^{\pi/2}\dfrac{dx}{a+b\cos^2x+c\sin^2x}=\dfrac{1}{2}\int_0^{\pi}\sim\ =\dfrac{\pi}{2\sqrt{(a+b)(a+c)}},\ a+b>0,a+c>0,$ (53);

56a) $\displaystyle\int_0^{\pi/2}\dfrac{dx}{a^2\pm b^2\sin^2x}=\dfrac{1}{2}\int_0^{\pi}\sim\ =\int_0^{\pi/2}\dfrac{dx}{a^2\pm b^2\cos^2x}=\dfrac{\pi}{2a\sqrt{a^2\pm b^2}},\ a>0,a^2\pm b^2>0,$ (56);

56b) $\displaystyle\int_0^{\pi/2}\dfrac{\sin^2x\,dx}{a^2\cos^2x+b^2\sin^2x}=\dfrac{1}{2}\int_0^{\pi}\sim\ =\dfrac{\pi}{2b(a+b)},\ a>0,b>0,$ (56c);

56c) $\displaystyle\int_0^{\pi/2}\dfrac{\cos^2x\,dx}{a^2\cos^2x+b^2\sin^2x}=\dfrac{1}{2}\int_0^{\pi}\sim\ =\dfrac{\pi}{2a(a+b)},\ a>0,b>0,$ (55a);

56d) $\displaystyle\int_0^{\pi/2}\dfrac{a\cos^2x+b\sin^2x}{a^2\cos^2x+b^2\sin^2x}\,dx=\dfrac{1}{2}\int_0^{\pi}\sim\ =\dfrac{\pi}{a+b},\ a>0,b>0,$ (56b-c);

57a) $\displaystyle\int_0^{\pi/2}\dfrac{dx}{(a^2\cos^2x+b^2\sin^2x)^2}=\dfrac{1}{2}\int_0^{\pi}\sim\ =\dfrac{\pi}{4ab}\left(\dfrac{1}{a^2}+\dfrac{1}{b^2}\right),\ ab>0,$ (53,021.5);

57b) $\displaystyle\int_0^{\pi/2}\dfrac{dx}{(a^2\cos^2x+b^2\sin^2x)^3}=\dfrac{1}{2}\int_0^{\pi}\sim\ =\dfrac{\pi}{16ab}\left(\dfrac{3}{a^4}+\dfrac{2}{a^2b^2}+\dfrac{3}{b^4}\right),\ ab>0,$
   (57a,021.5);

57c) $\displaystyle\int_0^{\pi/2}\dfrac{dx}{(a^2\cos^2x+b^2\sin^2x)^4}=\dfrac{1}{2}\int_0^{\pi}\sim\ =\dfrac{\pi}{32ab}\left(\dfrac{5}{a^6}+\dfrac{3}{a^4b^2}+\dfrac{3}{a^2b^4}+\dfrac{5}{b^6}\right),\ ab>0,$
   (57b,021.5).

58a) $\displaystyle\int_0^{\pi/2}\dfrac{\cos^{2n}x\,dx}{(a^2\cos^2x+b^2\sin^2x)^{n+1}}=\dfrac{1}{2}\int_0^{\pi}\sim\ =\dfrac{(1;2;n)\pi}{2^{n+1}n!\,a^{2n+1}b},\ ab>0,\ n=0,1,2,\ldots$
   (53,021.5);

58b) $\displaystyle\int_0^{\pi/2}\dfrac{\sin^{2n}x\,dx}{(a^2\cos^2x+b^2\sin^2x)^{n+1}}=\dfrac{1}{2}\int_0^{\pi}\sim\ =\dfrac{(1;2;n)\pi}{2^{n+1}n!\,ab^{2n+1}},\ ab>0,\ n=0,1,2,\ldots$
   (53,021.5);

58c) $\displaystyle\int_0^{\pi/2}\dfrac{A\cos^2x+B\sin^2x}{(a^2\cos^2x+b^2\sin^2x)^2}\,dx=\dfrac{1}{2}\int_0^{\pi}\sim\ =\dfrac{\pi}{4ab}\left(\dfrac{A}{a^2}+\dfrac{B}{b^2}\right),\ ab>0,$ (58a-b).

59) $\displaystyle\int_0^{\pi/2}\dfrac{\cos^{2p-1}x\,\sin^{2q-1}x}{(a^2\cos^2x+b^2\sin^2x)^{p+q}}\,dx=\dfrac{\Gamma(p)\Gamma(q)}{2a^{2p}b^{2q}\Gamma(p+q)},\ ab>0,p>0,q>0,$
   $(\sin^2x=y,\ 421.4)$.

59a) $\displaystyle\int_0^{\pi/2}\dfrac{\cos^nx\,\sin^nx}{(a^2\cos^2x+b^2\sin^2x)^{n+1}}\,dx=\dfrac{\left[\Gamma\!\left(\tfrac{n+1}{2}\right)\right]^2}{2(ab)^{n+1}\Gamma(n+1)},\ ab>0,\ n\geq 0,$ (59);

331

59b) $\int_0^{\pi/2} \frac{tg^{1-2p}x}{a^2\cos^2x + b^2\sin^2x}dx = \int_0^{\pi/2} \frac{ctg^{1-2p}x}{b^2\cos^2x + a^2\sin^2x}dx = \frac{\pi}{2a^{2p}b^{2-2p}\sin p\pi},$
$\qquad\qquad 0 < p < 1, \qquad$ (59, 411.4a).

60) $\int_0^{\pi/2} f(\sin^2x, \cos^2x)dx = \frac{1}{2}\int_0^{\pi} \sim = \frac{1}{2}\int_{-\pi/2}^{\pi/2} \sim = \frac{1}{2}\int_{-\infty}^{\infty} f\left(\frac{y^2}{1+y^2}, \frac{1}{1+y^2}\right)\frac{dy}{1+y^2},$
$\qquad\qquad (y = tg\,x, 021.12b).$

61) $\int_0^{\pi/2} \frac{\cos^{2p-2n-2}x \cdot \sin^{2n}x}{(a^2\cos^2x + b^2\sin^2x)^p}dx = \frac{(1,2;n)(1,2;p-n-1)\pi}{2^p(p-1)!\,a^{2p-2n-1}b^{2n+1}},$
$\qquad\qquad ab > 0,\, n = 0,1,2,\ldots,\, p \geq n+1, \quad$ (60, 141.8a).

62) $\int_0^{\pi/2} \frac{\sin^{k-1}x \cdot \cos^{-k}x}{a\cos x + b\sin x}dx = \frac{\pi}{a^{1-k}b^k\sin k\pi},\; ab > 0,\; 0 < k < 1,\; (tg\,x = y, 021.12c).$

63a) $\int_0^{2\pi} \frac{dx}{(1+a^2-2a\cos x)^n} = 2\int_0^{\pi} \sim = \frac{2\pi}{(1-a^2)^n}\sum_{\nu=0}^{n-1} \frac{(n+\nu-1)!}{\nu!\,\nu!\,(n-\nu-1)!}\left(\frac{a^2}{1-a^2}\right)^\nu,\; |a|<1,$

63b) $\qquad\qquad\qquad = \frac{2\pi}{(a^2-1)^n}\sum_{\nu=0}^{n-1} \frac{(n+\nu-1)!}{\nu!\,\nu!\,(n-\nu-1)!}\left(\frac{1}{a^2-1}\right)^\nu,\; |a|>1,$
$\qquad\qquad n = 1,2,\ldots$ (021.12a).

64) $\int_0^{\pi/2} \frac{\sin^m x \cdot \cos^n x}{(a-b\cos^2 x)^k}dx = \frac{1}{2a^k}B\left(\frac{n+1}{2}, \frac{m+1}{2}\right)\mathcal{F}\left(\frac{n+1}{2}, k, \frac{m+n+2}{2}; \frac{b}{a}\right),$
$\qquad\qquad m > -1,\, n > -1,\, a > |b| \geq 0, \qquad (\cos^2 x = y, 421.12).$

D. Allgemeine Integranden.

81a) $\int_0^{\pi/4}(tg^\lambda x + ctg^\lambda x)dx = \frac{\pi}{2\cos\frac{\pi\lambda}{2}},\; -1 < \lambda < 1,\qquad (tg\,x = y, 431.7).$

81b) $\int_0^{\pi/4} \frac{tg^k x - tg^\lambda x}{\cos x - \sin x}\cdot\frac{dx}{\cos x} = \Psi(\lambda+1) - \Psi(k+1),\; k,\lambda \neq -1,-2,\ldots$
$\qquad\qquad (tg\,x = u, 411.8b).$

82a) $\int_0^{\pi} \frac{\sin x\, dx}{\sqrt{1+a^2+2a\cos x}} = 2,\quad |a| \leq 1, \qquad (021.1);$

82b) $\qquad\qquad\qquad = \frac{2}{|a|},\; |a| > 1, \qquad (021.1).$

331

83a) $\displaystyle\int_0^{\pi/2} \frac{dx}{\sqrt{1-k^2\sin^2 x}} = K(k), \quad 0<k<1,$ \hfill (221.2a);

83b) $\displaystyle\int_0^{\pi/2} \sqrt{1-k^2\sin^2 x}\, dx = E(k), \quad 0<k<1,$ \hfill (221.5a);

83c) $\displaystyle\int_0^{\pi/2} \frac{dx}{(1+\rho\sin^2 x)\sqrt{1-k^2\sin^2 x}} = \Pi(\rho,k), \quad 0<k<1,$ \hfill (221.8).

84) $\displaystyle\int_0^{\pi} \frac{dx}{\sqrt{a\pm b\cos x}} = \frac{2}{\sqrt{a+b}} K\!\left(\sqrt{\frac{2b}{a+b}}\right), \quad a>b>0,$ \hfill $(\cos x = y,\ 222.2a\text{-}b)$.

85) $\displaystyle\int_0^{\alpha} \frac{\sin x\, dx}{\sqrt{\sin^2\alpha - \sin^2 x}} = \frac{1}{2}\log\frac{1+\sin\alpha}{1-\sin\alpha}, \quad 0<\alpha<\frac{\pi}{2},$

$$\left(\cos x = \frac{\cos\alpha}{\cos y},\ \text{I}\,331.9c\right).$$

86) $\displaystyle\int_\alpha^\beta \frac{\cos x\, dx}{\sin^{2n+1} x\,\sqrt{(\sin^2 x-\sin^2\alpha)(\sin^2\beta-\sin^2 x)}} =$

$$= \frac{1}{(\sin\alpha\sin\beta)^{2n+1}}\int_0^{\pi/2}(\sin^2\alpha\cos^2 y + \sin^2\beta\sin^2 y)^n dy,\quad 0<\alpha<\beta<\frac{\pi}{2},$$

$$\left(\sin^2 x = \frac{\sin^2\alpha\sin^2\beta}{\sin^2\alpha\cos^2 y + \sin^2\beta\sin^2 y}\right);$$

86a) $\displaystyle\int_\alpha^\beta \frac{\cos x\, dx}{\sin x\,\sqrt{(\sin^2 x-\sin^2\alpha)(\sin^2\beta-\sin^2 x)}} = \frac{\pi}{2\sin\alpha\sin\beta},\quad 0<\alpha<\beta<\frac{\pi}{2}$ \hfill (86);

86b) $\displaystyle\int_\alpha^\beta \frac{\cos x\, dx}{\sin^3 x\,\sqrt{(\sin^2 x-\sin^2\alpha)(\sin^2\beta-\sin^2 x)}} = \frac{\pi}{4\sin\alpha\sin\beta}\left(\frac{1}{\sin^2\alpha}+\frac{1}{\sin^2\beta}\right),$

$$0<\alpha<\beta<\frac{\pi}{2},\quad (86).$$

87a) $\displaystyle\int_0^{2\pi} f(a\sin x + b\cos x)\, dx = \int_0^{2\pi} f\!\left(\sqrt{a^2+b^2}\sin x\right) dx,$

87b) $\displaystyle\phantom{\int_0^{2\pi} f(a\sin x + b\cos x)\, dx} = 2\int_0^{\pi} f\!\left(\sqrt{a^2+b^2}\cos x\right) dx,$

$$\left(a\sin x + b\cos x = \sqrt{a^2+b^2}\sin(x+\alpha),\ 021.4a,\ 331.5a,\right.$$

$$\left.\cos\alpha = \frac{a}{\sqrt{a^2+b^2}},\ \sin\alpha = \frac{b}{\sqrt{a^2+b^2}}\right);$$

331

87c) $\displaystyle\int_0^{2\pi} (a\sin x + b\cos x)^{2n} dx = \frac{(1,2;n)(a^2+b^2)^n \pi}{2^{n-1} n!}$, $n = 0, 1, 2, \ldots$ $\quad (87a\text{-}b, 29)$;

87d) $\displaystyle\int_0^{2\pi} (a\sin x + b\cos x)^{2n+1} dx = 0$, $n = 0, 1, 2, \ldots$ $\quad (87a\text{-}b, 30e)$.

88a) $\displaystyle\int_0^{\pi/2} \frac{\sin^{k-1} x + \sin^{\lambda-1} x}{\cos^{k+\lambda-1} x} dx = \frac{\cos\pi\frac{\lambda-k}{4}}{2\cos\pi\frac{\lambda+k}{4}} B\left(\frac{k}{2}, \frac{\lambda}{2}\right)$, $k > 0, \lambda > 0, k+\lambda < 2$, $\quad (\sin x = y, 431.9a)$.

88b) $\displaystyle\int_0^{\pi/2} \frac{\sin^{k-1} x - \sin^{\lambda-1} x}{\cos^{k+\lambda-1} x} dx = \frac{\sin\pi\frac{\lambda-k}{4}}{2\sin\pi\frac{\lambda+k}{4}} B\left(\frac{k}{2}, \frac{\lambda}{2}\right)$, $k > 0, \lambda > 0, k+\lambda < 4$, $\quad (\sin x = y, 431.9b)$.

88c) $\displaystyle\int_0^{\pi/2} \frac{\sin^{k-1} x - \sin^{1-k} x}{\cos x} dx = \frac{\pi}{2} \operatorname{ctg} \frac{\pi k}{2}$, $0 < k < 2$ $\quad (88b, \lambda = 2-k)$.

89) $\displaystyle\int_0^{\pi} \frac{\sin^k x}{(a+b\cos x)^{k+1}} dx = \frac{\sqrt{\pi}\, \Gamma\left(\frac{k+1}{2}\right)}{(a^2-b^2)^{\frac{k+1}{2}} \Gamma\left(\frac{k+2}{2}\right)}$, $k > -1, a^2 > b^2$, $(\cos x = y, 421.4)$;

89a) $\displaystyle\int_0^{\pi} \frac{\sin^{2n} x}{(a+b\cos x)^{2n+1}} dx = \frac{(1;2;n)\pi}{2^n n! (a^2-b^2)^{n+\frac{1}{2}}}$, $n = 0, 1, 2, \ldots, a^2 > b^2$, $\quad (89)$;

89b) $\displaystyle\int_0^{\pi} \frac{\sin^{2n-1} x}{(a+b\cos x)^{2n}} dx = \frac{2^n (n-1)!}{(1;2;n)(a^2-b^2)^n}$, $n = 1, 2, \ldots, a^2 > b^2$, $\quad (89)$.

90) $\displaystyle\int_0^{\pi/2} \frac{\sin^{k-1} x \cdot \cos^{\lambda-k-1} x}{(a\cos x + b\sin x)^\lambda} dx = \frac{B(k, \lambda-k)}{a^{\lambda-k} b^k}$, $\lambda > k > 0, ab > 0$, $\quad \left(y = \frac{b}{a}\operatorname{tg} x, 421.13b\right)$;

90a) $\displaystyle\int_0^{\pi/2} \frac{\sin^{k-1} x \cdot \cos^{n-k-1} x}{(a\cos x + b\sin x)^n} dx = \binom{n-k-1}{n-1} \frac{\pi}{a^{n-k} b^k \sin \pi k}$,
$n > k > 0 \ (k \neq 1, 2, \ldots, n-1), n = 1, 2, \ldots, ab > 0$, $\quad (90, 411.9g)$;

90b) $\displaystyle\int_0^{\pi/2} \frac{\sin^{k-\frac{1}{2}} x \cdot \cos^{-k-\frac{1}{2}} x}{\sin x + \cos x} dx = \frac{\pi}{\cos \pi k}$, $|k| < \frac{1}{2}$, $\quad (90a)$.

91a) $\displaystyle\int_0^{\varphi} \frac{dx}{\sqrt{1-k^2 \sin^2 x}} = F(\varphi, k) = \frac{2\varphi}{\pi} \mathbf{K}(k) + \frac{2}{\pi} \sum_{n=1}^{\infty} \frac{1}{n} K_n(k) \sin 2n\varphi$,
$-\frac{\pi}{2} \leq \varphi \leq \frac{\pi}{2}$, $0 \leq k < 1$, $\quad (I\,241.1, 332.51a)$;

331

91b) $$\int_0^\varphi \sqrt{1-k^2\sin^2 x}\,dx = E(\varphi,k) = \frac{2\varphi}{\pi}\mathbf{E}(k) + \frac{2}{\pi}\sum_{n=1}^\infty \frac{1}{n} E_n(k)\sin 2n\varphi,$$
$$-\frac{\pi}{2} \leq \varphi \leq \frac{\pi}{2},\ 0\leq k<1,\quad (I\,241.1,\,332.51b).$$

92) $$\int_0^{\pi/2} \frac{\sin^\alpha x \cdot \cos^\beta x}{\sqrt{1-k^2\sin^2 x}}\,dx = \frac{1}{2} B\!\left(\frac{\alpha+1}{2},\frac{\beta+1}{2}\right) \mathcal{F}\!\left(\frac{\alpha+1}{2},\frac{1}{2},\frac{\alpha+\beta+2}{2};k^2\right),$$
$$\alpha,\beta > -1,\ 0 \leq k^2 < 1,\ (\sin^2 x = y,\ 421.12).$$

93) $$\int_0^{\pi/2} \sin^\alpha x \cdot \cos^\beta x \sqrt{1-k^2\sin^2 x}\,dx = \frac{1}{2} B\!\left(\frac{\alpha+1}{2},\frac{\beta+1}{2}\right) \mathcal{F}\!\left(\frac{\alpha+1}{2},-\frac{1}{2},\frac{\alpha+\beta+2}{2};k^2\right),$$
$$\alpha,\beta > -1,\ 0 \leq k^2 < 1\ (\sin^2 x = y,\ 421.12).$$

332

332. Integrale der Form $\int f(\sin ax, \cos bx, \ldots)\,dx$.

1a) $$\int_0^{\pi/2} \sin ax\,dx = \frac{1-\cos\frac{a\pi}{2}}{a},\quad a\neq 0,\qquad (I\,331.3a);$$

1b) $$\int_0^{\pi/2} \sin mx\,dx = \begin{cases} 0 & \text{für } m=4k, \\ \dfrac{1}{m} & \text{"}\ m=2k+1, \quad k=0,\pm 1,\pm 2,\ldots \\ \dfrac{2}{m} & \text{"}\ m=4k+2, \end{cases} \qquad (1a);$$

1c) $$\int_0^{\pi} \sim\ =\ \begin{cases} 0 & \text{für } m \text{ gerade}, \\ \dfrac{2}{m} & \text{"}\ m \text{ ungerade}, \end{cases} \qquad (I\,331.3a);$$

1d) $$\int_0^{2\pi} \sim\ =\ \int_{-\pi}^{\pi} \sim\ =\ \int_{-\pi/2}^{\pi/2} \sim\ =\ 0,\quad m=0,\pm 1,\pm 2,\ldots \quad (I\,331.3a).$$

2a) $$\int_0^{\pi/2} \cos ax\,dx = \frac{1}{a}\sin\frac{a\pi}{2},\quad a\neq 0,\qquad (I\,331.3b);$$

2b) $$\int_0^{\pi/2} \cos mx\,dx = \frac{1}{2}\int_{-\pi/2}^{\pi/2}\sim\ =\ \begin{cases} 0 & \text{für } m=\pm 2,\pm 4,\ldots \\ \dfrac{\pi}{2} & \text{"}\ m=0, \\ \dfrac{1}{m} & \text{"}\ m=1,5,9,\ldots,4k+1,\ldots \\ \dfrac{-1}{m} & \text{"}\ m=3,7,11,\ldots,4k-1,\ldots \end{cases} \qquad (2a);$$

332

2c) $\int_0^\pi \cos mx\, dx = \frac{1}{2}\int_0^{2\pi} \sim\ = \begin{cases} 0 & \text{für } m = \pm 1, \pm 2, \ldots \\ \pi & \text{„ } m = 0, \end{cases}$ (I 331.3b).

3) $\int_0^{\pi/2} \sin ax \sin bx\, dx = \frac{1}{a^2-b^2}\left(b\sin\frac{a\pi}{2}\cos\frac{b\pi}{2} - a\cos\frac{a\pi}{2}\sin\frac{b\pi}{2}\right),\ a^2 \neq b^2,$ (I 332.2a);

3a) $\int_0^{\pi/2} \sin 2mx \sin 2nx\, dx = \begin{cases} 0 & \text{für } m \neq n, \\ \frac{\pi}{4} & \text{„ } m = n, \end{cases}\quad m,n = 1,2,\ldots$ (3).

4) $\int_0^{\pi/2} \sin ax \cos bx\, dx = \frac{1}{a^2-b^2}\left(a - a\cos\frac{a\pi}{2}\cos\frac{b\pi}{2} - b\sin\frac{a\pi}{2}\sin\frac{b\pi}{2}\right),\ a^2 \neq b^2,$ (I 332.2c);

4a) $\int_0^{\pi/2} \sin 2mx \cos 2nx\, dx = \begin{cases} \dfrac{m[1-(-1)^{m+n}]}{2(m^2-n^2)} & \text{für } m \neq n, \\ 0 & \text{„ } m = n, \end{cases}\quad m,n = 0,1,2,\ldots$ (4).

5) $\int_0^{\pi/2} \cos ax \cos bx\, dx = \frac{1}{a^2-b^2}\left(a\sin\frac{a\pi}{2}\cos\frac{b\pi}{2} - b\cos\frac{a\pi}{2}\sin\frac{b\pi}{2}\right),\ a^2 \neq b^2,$ (I 332.2b);

5a) $\int_0^{\pi/2} \cos 2mx \cos 2nx\, dx = \begin{cases} 0 & \text{für } m \neq n, \\ \frac{\pi}{4} & \text{„ } m = n \neq 0,\quad m,n = 0,1,2,\ldots \\ \frac{\pi}{2} & \text{„ } m = n = 0, \end{cases}$ (5).

6a) $\int_0^\pi \sin mx \sin nx\, dx = \begin{cases} 0 & \text{für } m \neq n \\ \frac{\pi}{2} & \text{„ } m = n, \end{cases}\quad m,n = 1,2,\ldots$ (I 332.2a);

6b) $\int_0^\pi \sin mx \cos nx\, dx = \begin{cases} \dfrac{m[1-(-1)^{m+n}]}{m^2-n^2} & \text{für } m \neq n, \\ 0 & \text{„ } m = n, \end{cases}\quad m,n = 0,1,2,\ldots$ (I 332.2c);

6c) $\int_0^\pi \cos mx \cos nx\, dx = \begin{cases} 0 & \text{für } m \neq n, \\ \frac{\pi}{2} & \text{„ } m = n \neq 0,\quad m,n = 0,1,2,\ldots \\ \pi & \text{„ } m = n = 0, \end{cases}$ (I 332.2b).

332

7a) $\displaystyle\int_0^{2\pi}\sin mx\,\sin nx\,dx=\int_\alpha^{\alpha+2\pi}\sim\ =\begin{cases}0 & \text{für } m\neq n,\\ \pi & \text{\textit{\textquotedbl}}\ \ m=n,\end{cases}\quad m,n=1,2,\ldots\qquad (\mathrm{I}\,332.2a);$

7b) $\displaystyle\int_0^{2\pi}\sin mx\,\cos nx\,dx=\int_\alpha^{\alpha+2\pi}\sim\ =0,\quad m,n=0,1,2,\ldots\qquad (\mathrm{I}\,332.2c);$

7c) $\displaystyle\int_0^{2\pi}\cos mx\,\cos nx\,dx=\int_\alpha^{\alpha+2\pi}\sim\ =\begin{cases}0 & \text{für } m\neq n,\\ \pi & \text{\textit{\textquotedbl}}\ \ m=n\neq 0,\\ 2\pi & \text{\textit{\textquotedbl}}\ \ m=n=0,\end{cases}\quad m,n=0,1,2,\ldots$

$(\mathrm{I}\,332.2b).$

8a) $\displaystyle\int_{-a}^{a}\sin\frac{m\pi x}{a}\sin\frac{n\pi x}{a}\,dx=\int_0^{2a}\sim\ =2\int_0^{a}\sim\ =\begin{cases}0 & \text{für } m\neq n,\\ a & \text{\textit{\textquotedbl}}\ \ m=n,\end{cases}\quad m,n=1,2,\ldots$

$(7a,\,021.4a).$

8b) $\displaystyle\int_{-a}^{a}\sin\frac{m\pi x}{a}\cos\frac{n\pi x}{a}\,dx=\int_0^{2a}\sim\ =0,\quad m,n=0,1,2,\ldots\qquad (7b,\,021.4a);$

8c) $\displaystyle\int_{-a}^{a}\cos\frac{m\pi x}{a}\cos\frac{n\pi x}{a}\,dx=\int_0^{2a}\sim\ =2\int_0^{a}\sim\ =\begin{cases}0 & \text{für } m\neq n,\\ a & \text{\textit{\textquotedbl}}\ \ m=n\neq 0,\\ 2a & \text{\textit{\textquotedbl}}\ \ m=n=0,\end{cases}\quad m,n=0,1,2,\ldots$

$(7c,\,021.4a).$

9a) $\displaystyle\int_0^{\pi}\sin^{\alpha-1}x\,\sin\beta x\,dx=\frac{\pi\sin\frac{\beta\pi}{2}\,\Gamma(\alpha)}{2^{\alpha-1}\,\Gamma\!\left(\frac{\alpha+\beta+1}{2}\right)\Gamma\!\left(\frac{\alpha-\beta+1}{2}\right)},\quad \alpha>0,$

$(335.19a,\,\text{Imaginärteil});$

9b) $\displaystyle\int_0^{\pi}\sin^{\alpha-1}x\,\cos\beta x\,dx=\frac{\pi\cos\frac{\beta\pi}{2}\,\Gamma(\alpha)}{2^{\alpha-1}\,\Gamma\!\left(\frac{\alpha+\beta+1}{2}\right)\Gamma\!\left(\frac{\alpha-\beta+1}{2}\right)},\quad \alpha>0,$

$(335.19a,\,\text{Realteil});$

9c) $\displaystyle\int_0^{\pi/2}\cos^{\alpha-1}x\,\cos\beta x\,dx=\frac{\pi\,\Gamma(\alpha)}{2^{\alpha}\,\Gamma\!\left(\frac{\alpha+\beta+1}{2}\right)\Gamma\!\left(\frac{\alpha-\beta+1}{2}\right)},\quad \alpha>0,\qquad (335.19).$

10a) $\displaystyle\int_0^{\pi/2}\cos^{\alpha-1}x\,\sin^{\beta-1}x\,\cos(\alpha+\beta)x\,dx=\cos\frac{\beta\pi}{2}\,B(\alpha,\beta),\quad \alpha>0,\,\beta>0,$

$(335.20);$

332

10b) $\displaystyle\int_0^{\pi/2} \cos^{\alpha-1}x\, \sin^{\beta-1}x\, \sin(\alpha+\beta)x\, dx = \sin\frac{\beta\pi}{2} B(\alpha,\beta),\quad \alpha>0,\ \beta>0,\quad (335.20);$

10c) $\displaystyle\int_0^{\pi/2} \cos^{\alpha+\beta}x\, \cos\alpha x\, \cos\beta x\, dx = \frac{\pi}{2^{\alpha+\beta+2}}\left[1+\frac{\Gamma(\alpha+\beta+1)}{\Gamma(\alpha+1)\Gamma(\beta+1)}\right],\quad \alpha+\beta>-1,$

$\hfill$ (I 332.1b, 9c).

11a) $\displaystyle\int_0^{\pi} \sin^m x\, \sin 2nx\, dx = 0,\quad m,n=0,1,2,\ldots \hfill (9a);$

11b) $\displaystyle\int_0^{\pi} \sin^{2m}x\, \sin(2n+1)x\, dx = 2\int_0^{\pi/2} \sim\ = \begin{cases} \dfrac{(-1)^n\, 2^{m+1}\, m!}{(1;2;m-n)(2m+1;2;n+1)}, & m\geq n,\\[2mm] \dfrac{(-1)^m\, 2^{m+1}\, m!\,(1;2;n-m)}{(2m+1;2;n+1)}, & m\leq n, \end{cases}$

$\hfill m,n=0,1,2,\ldots \quad (9a).$

11c) $\displaystyle\int_0^{\pi} \sin^{2m+1}x\, \sin(2n+1)x\, dx = 2\int_0^{\pi/2} \sim\ = \begin{cases} \dfrac{(-1)^n\, \pi}{2^{2m+1}}\binom{2m+1}{m-n}, & m\geq n,\\[2mm] 0, & m<n, \end{cases}$

$\hfill m,n=0,1,2,\ldots \quad (9a).$

12a) $\displaystyle\int_0^{\pi} \sin^m x\, \cos(2n+1)x\, dx = 0,\quad m,n=0,1,2,\ldots \hfill (9b).$

12b) $\displaystyle\int_0^{\pi} \sin^{2m}x\, \cos 2nx\, dx = 2\int_0^{\pi/2} \sim\ = \begin{cases} \dfrac{(-1)^n\, \pi}{2^{2m}}\binom{2m}{m-n}, & m\geq n,\\[2mm] 0, & m<n, \end{cases}$

$\hfill m,n=0,1,2,\ldots \quad (9b);$

12c) $\displaystyle\int_0^{\pi} \sin^{2m+1}x\, \cos 2nx\, dx = 2\int_0^{\pi/2} \sim\ = \begin{cases} \dfrac{(-1)^n\, 2^{m+1}\, m!}{(1;2;m-n+1)(2m+3;2;n)}, & m\geq n-1,\\[2mm] \dfrac{(-1)^{m+1}\, 2^{m+1}\, m!\,(1;2;n-m-1)}{(2m+3;2;n)}, & m<n-1, \end{cases}$

$\hfill m,n=0,1,2,\ldots \quad (9b).$

13a) $\displaystyle\int_0^{\pi} \cos^m x\, \sin nx\, dx = [1-(-1)^{m+n}]\int_0^{\pi/2} \sim,\hfill (021.8, 021.4a);$

13b) $\displaystyle\int_0^{\pi/2} \sim\ = \sum_{\nu=0}^{r-1} \frac{(m;-1;\nu)}{(m+n;-2;\nu+1)} + S\frac{m!}{(m+n;-2;m+1)},$

$\hfill r=\begin{cases} m & \text{für } m\leq n,\\ n & \text{''}\ m\geq n, \end{cases}\quad S=\begin{cases} 2 & \text{für } n-m=4k+2>0,\\ 1 & \text{''}\ n-m=2k+1>0,\\ 0 & \text{''}\ n-m=4k\geq 0\ \text{od.}\ m>n, \end{cases}$

$\hfill m,n=0,1,2,\ldots \quad (I\,332.7b).$

332

13c) $\displaystyle\int_0^{\pi/2} \cos^{n-2}x \sin nx\, dx = \frac{1}{n-1}, \quad n=2,3,\ldots$ \hfill (13b).

14a) $\displaystyle\int_0^{\pi} \cos^m x \cos nx\, dx = \left[1+(-1)^{m+n}\right]\int_0^{\pi/2} \sim ,$ \hfill (021.8, 021.4a);

14b) $\displaystyle\int_0^{\pi/2} \sim \; = \begin{cases} S\dfrac{m!}{(m+n,-2;m+1)}, & \text{für } m<n,\; S=\begin{cases}0 & \text{für } n-m=2k,\\ 1 & \text{"} \; n-m=4k+1,\\ -1 & \text{"} \; n-m=4k-1,\end{cases}\\[1em] \dfrac{\pi}{2^{m+1}}\binom{m}{k}, & \text{"} \; m\geq n,\; m-n=2k,\\[1em] \dfrac{m!}{(3,2;k)(1,2;k+n+1)}, & \text{"} \; m>n,\; m-n=2k+1,\\ & m,n=0,1,2,\ldots \end{cases}$ \hfill (I 332.8b);

14c) $\displaystyle\int_0^{\pi/2} \cos^n x \cos nx\, dx = \frac{\pi}{2^{n+1}}, \quad n=0,1,2,\ldots$ \hfill (14b).

15a) $\displaystyle\int_0^{\pi/2} \cos^{\alpha-2}x \cos\alpha x \operatorname{ctg}^\beta x\, dx = \sin\frac{\beta\pi}{2} B(\alpha+\beta-1, 1-\beta), \quad \alpha+\beta>1>\beta,$ \hfill (10a);

15b) $\displaystyle\int_0^{\pi/2} \sin^{\alpha-2}x \cos\alpha x \operatorname{tg}^\beta x\, dx = \sin\frac{(\alpha+\beta)\pi}{2} B(\alpha+\beta-1, 1-\beta), \quad \alpha+\beta>1>\beta,$ \hfill (10a);

15c) $\displaystyle\int_0^{\pi/2} \cos^{\alpha-2}x \sin\alpha x \operatorname{ctg}^\beta x\, dx = \cos\frac{\beta\pi}{2} B(\alpha+\beta-1, 1-\beta), \quad \alpha+\beta>1>\beta,$ \hfill (10b);

15d) $\displaystyle\int_0^{\pi/2} \sin^{\alpha-2}x \sin\alpha x \operatorname{tg}^\beta x\, dx = -\cos\frac{(\alpha+\beta)\pi}{2} B(\alpha+\beta-1, 1-\beta), \alpha+\beta>1>\beta,$ \hfill (10b).

16a) $\displaystyle\int_0^{\pi/2} \cos^{\alpha-2}x \cos\alpha x\, dx = 0, \quad \alpha>1,$ \hfill (15a, $\beta=0$);

16b) $\displaystyle\int_0^{\pi/2} \sin^{\alpha-2}x \cos\alpha x\, dx = \frac{1}{\alpha-1}\sin\frac{\alpha\pi}{2}, \quad \alpha>1,$ \hfill (15b, $\beta=0$);

16c) $\displaystyle\int_0^{\pi/2} \cos^{\alpha-2}x \sin\alpha x\, dx = \frac{1}{\alpha-1}, \quad \alpha>1,$ \hfill (15c, $\beta=0$);

16d) $\displaystyle\int_0^{\pi/2} \sin^{\alpha-2}x \sin\alpha x\, dx = \frac{-1}{\alpha-1}\cos\frac{\alpha\pi}{2}, \quad \alpha>1,$ \hfill (15d, $\beta=0$).

17) $\displaystyle\int_0^{\pi/2} \frac{\cos^{\alpha-1}x \sin\alpha x}{\sin x}\, dx = \frac{\pi}{2}, \quad \alpha>0,$ \hfill (15c, $\beta\to 1$).

332 — 111 —

18a) $\displaystyle\int_0^\alpha \frac{\sin x}{\cos 2x}\,dx = \frac{1}{2\sqrt{2}}\log\frac{(\sqrt{2}-1)(\sqrt{2}\cos\alpha+1)}{(\sqrt{2}+1)(\sqrt{2}\cos\alpha-1)},\quad 0\le\alpha<\frac{\pi}{4},$

$(\cos x=y,\ \cos 2x=2y^2-1,\ \mathrm{I}\,15.20);$

18b) $\displaystyle\int_0^\alpha \frac{\cos x}{\cos 2x}\,dx = \frac{1}{2\sqrt{2}}\log\frac{1+\sqrt{2}\sin\alpha}{1-\sqrt{2}\sin\alpha},\quad 0\le|\alpha|<\frac{\pi}{4},\qquad (x=\frac{\pi}{2}-y,\ 18a).$

19a) $\displaystyle\int_0^\alpha \frac{\sin x}{\cos 3x}\,dx = \frac{1}{6}\log\frac{\cos^2\alpha}{4\cos^2\alpha-3},\quad 0\le\alpha<\frac{\pi}{6},$

$(\cos x=y,\ \cos 3x=4y^3-3y,\ \mathrm{I}\,11.13);$

19b) $\displaystyle\int_0^\alpha \frac{\cos x}{\cos 3x}\,dx = \frac{1}{2\sqrt{3}}\log\frac{\cos\alpha+\sqrt{3}\sin\alpha}{\cos\alpha-\sqrt{3}\sin\alpha},\quad 0\le|\alpha|<\frac{\pi}{6},$

$(\cos 3\alpha=\cos^3\alpha-3\cos\alpha\sin^2\alpha,\ \mathrm{I}\,331.24a).$

20a) $\displaystyle\int_0^\alpha \frac{\sin x}{\cos 4x}\,dx = \frac{\rho_2}{8}\log\frac{(2-\rho_1)(2\cos\alpha+\rho_1)}{(2+\rho_1)(2\cos\alpha-\rho_1)} + \frac{\rho_1}{8}\log\frac{(2+\rho_2)(2\cos\alpha-\rho_2)}{(2-\rho_2)(2\cos\alpha+\rho_2)},$

$\rho_1=\sqrt{2+\sqrt{2}},\ \rho_2=\sqrt{2-\sqrt{2}},\ 0\le\alpha<\frac{\pi}{8},$

$(\cos x=y,\ \cos 4x=8y^4-8y^2+1,\ \mathrm{I}\,11.14);$

20b) $\displaystyle\int_0^\alpha \frac{\cos x}{\cos 4x}\,dx = \frac{\rho_1}{8}\log\frac{\rho_2+2\sin\alpha}{\rho_2-2\sin\alpha} + \frac{\rho_2}{8}\log\frac{\rho_1-2\sin\alpha}{\rho_1+2\sin\alpha},$

$\rho_1=\sqrt{2+\sqrt{2}},\ \rho_2=\sqrt{2-\sqrt{2}},\ 0\le|\alpha|<\frac{\pi}{8},$

$(\mathrm{I}\,331.17c).$

21a) $\displaystyle\int_0^\pi \frac{\sin nx}{\sin x}\,dx = [1-(-1)^n]\int_0^{\pi/2}\sim,\qquad (021.8,\ 021.4a);$

21b) $\displaystyle\int_0^{\pi/2}\sim\ =\begin{cases}2\left[1-\dfrac{1}{3}+\dfrac{1}{5}-+\cdots+\dfrac{(-1)^{r-1}}{n-1}\right], & n=2r,\ r=1,2,\ldots\\[2pt]\dfrac{\pi}{2}, & n=2r+1,\ r=0,1,2,\ldots\end{cases}$

$(\mathrm{I}\,332.5e).$

22a) $\displaystyle\int_0^\pi \frac{\sin 2nx}{\cos x}\,dx = 2\int_0^{\pi/2}\sim\ =(-1)^{n-1}4\left[1-\frac{1}{3}+\frac{1}{5}-+\cdots+\frac{(-1)^{n-1}}{2n-1}\right],\ n=1,2,\ldots$

$(\mathrm{I}\,332.7d);$

22b) $\displaystyle\int_0^\pi \frac{\cos(2n+1)x}{\cos x}\,dx = 2\int_0^{\pi/2}\sim\ =(-1)^n\pi,\ n=0,1,2,\ldots\qquad (\mathrm{I}\,332.8d).$

332

23a) $\displaystyle\int_\alpha^\beta \frac{\cos nx}{a+b\cos x}dx = \frac{2}{b}\int_\alpha^\beta \cos(n-1)x\,dx - \frac{2a}{b}\int_\alpha^\beta \frac{\cos(n-1)x}{a+b\cos x}dx - \int_\alpha^\beta \frac{\cos(n-2)x}{a+b\cos x}dx$, $b \neq 0$,

(I 332.1b);

23b) $\displaystyle\int_\alpha^\beta \frac{\sin nx}{a+b\cos x}dx = \frac{2}{b}\int_\alpha^\beta \sin(n-1)x\,dx - \frac{2a}{b}\int_\alpha^\beta \frac{\sin(n-1)x}{a+b\cos x}dx - \int_\alpha^\beta \frac{\sin(n-2)x}{a+b\cos x}dx$, $b \neq 0$,

(I 332.1c);

23c) $\displaystyle\int_\alpha^\beta \frac{\cos nx}{a+b\sin x}dx = -\frac{2}{b}\int_\alpha^\beta \sin(n-1)x\,dx + \frac{2a}{b}\int_\alpha^\beta \frac{\sin(n-1)x}{a+b\sin x}dx + \int_\alpha^\beta \frac{\cos(n-2)x}{a+b\sin x}dx$, $b \neq 0$,

(I 332.1a);

23d) $\displaystyle\int_\alpha^\beta \frac{\sin nx}{a+b\sin x}dx = \frac{2}{b}\int_\alpha^\beta \cos(n-1)x\,dx - \frac{2a}{b}\int_\alpha^\beta \frac{\cos(n-1)x}{a+b\sin x}dx + \int_\alpha^\beta \frac{\sin(n-2)x}{a+b\sin x}dx$, $b \neq 0$,

(I 332.1c).

24) $\displaystyle\int_0^\pi \frac{\cos nx}{a+b\cos x}dx = \frac{1}{2}\int_0^{2\pi} \sim\; = \frac{\pi\left[\sqrt{a^2-b^2}-a\right]^n}{b^n\sqrt{a^2-b^2}}$, $a > |b| > 0$, $n = 0,1,2,\ldots$

(23a, 331.41e).

25a) $\displaystyle\int_0^{2\pi} \frac{\sin nx}{a+b\cos x}dx = 0$, $|a|>|b|$, $n = 0,1,2,\ldots$ (021.8);

25b) $\displaystyle\int_0^\pi \frac{\sin nx}{a+b\cos x}dx = \frac{2[1+(-1)^n]}{(n-1)b} - \frac{2a}{b}\int_0^\pi \frac{\sin(n-1)x}{a+b\cos x}dx - \int_0^\pi \frac{\sin(n-2)x}{a+b\cos x}dx$,

$b \neq 0$, $n = 2,3,\ldots$ (23b);

25c) $\displaystyle\int_0^\pi \frac{\sin x}{a+b\cos x}dx = \frac{1}{b}\log\frac{a+b}{a-b}$, $|a|>|b|>0$, (I 331.18c);

25d) $\displaystyle\int_0^\pi \frac{\sin 2x}{a+b\cos x}dx = \frac{4}{b} - \frac{2a}{b^2}\log\frac{a+b}{a-b}$, $|a|>|b|>0$, (25b-c).

26) $\displaystyle\int_{-\pi}^\pi \frac{\sin nx}{a+b\sin x}dx = [1+(-1)^{n+1}]\int_{-\pi/2}^{\pi/2}\sim\; = \begin{cases} 0 & \text{für } n=2r, \\ \dfrac{(-1)^{n+1}2\pi[a-\sqrt{a^2-b^2}]^n}{b^n\sqrt{a^2-b^2}} & \text{„ } n=2r+1, \end{cases}$

$|a|>|b|>0$, $r=0,1,2,\ldots$ (23c-d, I 331.18c).

27) $\displaystyle\int_{-\pi}^\pi \frac{\cos nx}{a+b\sin x}dx = [1+(-1)^n]\int_{-\pi/2}^{\pi/2}\sim\; = \begin{cases} 0 & \text{für } n=2r+1, \\ \dfrac{(-1)^r 2\pi[a-\sqrt{a^2-b^2}]^n}{b^n\sqrt{a^2-b^2}} & \text{„ } n=2r, \end{cases}$

$|a|>|b|>0$, $r=0,1,2,\ldots$ (23c-d, I 331.18c).

332

28) $\displaystyle\int_0^{\pi} \frac{\cos nx}{\cos x - \cos \alpha} dx = \pi \frac{\sin n\alpha}{\sin \alpha}$, $n = 0, 1, 2, \ldots$ (23a, I 331.17c).

29) $\displaystyle\int_0^{\pi/2} f(\sin^2 x, \cos^2 x) \cos^{\alpha-2} x \cdot \cos \alpha x \, dx = \frac{1}{2}\int_{-\pi/2}^{\pi/2} \sim = \frac{1}{2}\int_{-\infty}^{\infty} f\left(\frac{y^2}{1+y^2}, \frac{1}{1+y^2}\right) \frac{dy}{(1-iy)^{\alpha}}$,

($y = \tan x$, 021.12b).

30) $\displaystyle\int_0^{\pi/2} \frac{\cos^{\alpha+2n-2} x \cos \alpha x}{(a^2 \cos^2 x + b^2 \sin^2 x)^n} dx = \pi \sum_{\nu=0}^{n-1} \binom{2n-\nu-2}{n-1}\binom{\alpha+\nu-1}{\nu} \frac{b^{\alpha-1}}{(2a)^{2n-\nu-1}(a+b)^{\alpha+\nu}}$,

$a > 0, b > 0, \alpha > 1-2n, n = 1, 2, \ldots$ (29);

30a) $\displaystyle\int_0^{\pi/2} \frac{\cos^{\alpha} x \cos \alpha x}{a^2 \cos^2 x + b^2 \sin^2 x} dx = \frac{\pi b^{\alpha-1}}{2a(a+b)^{\alpha}}$, $a > 0, b > 0, \alpha > -1$, (30);

30b) $\displaystyle\int_0^{\pi/2} \frac{\cos(2n-2)x}{(a^2\cos^2 x + b^2 \sin^2 x)^n} dx = \binom{2n-2}{n-1} \frac{(b^2-a^2)^{n-1}}{(2ab)^{2n-1}} \pi$, $a > 0, b > 0, n = 1, 2, \ldots$

(30, $\alpha = -2n+2$).

31) $\displaystyle\int_0^{\pi} \frac{\cos nx}{[1+a^2-2a\cos x]^m} dx = \frac{1}{2}\int_0^{2\pi} \sim = \begin{cases} \dfrac{a^{2m+n-2}\pi}{(1-a^2)^{2m-1}} \displaystyle\sum_{\nu=0}^{m-1} \binom{m+n-1}{\nu}\binom{2m-\nu-2}{m-1}\left(\dfrac{1-a^2}{a^2}\right)^{\nu} & \text{für } |a| < 1, \\[2mm] \dfrac{\pi}{a^n(a^2-1)^{2m-1}} \displaystyle\sum_{\nu=0}^{m-1} \binom{m+n-1}{\nu}\binom{2m-\nu-2}{m-1}(a^2-1)^{\nu} & \text{für } |a| > 1, \end{cases}$

$m = 1, 2, \ldots$; $n = 0, 1, 2, \ldots$ (021.12a);

31a) $\displaystyle\int_0^{\pi} \frac{dx}{[1+a^2-2a\cos x]^m} = \frac{1}{2}\int_0^{2\pi} \sim = \begin{cases} \dfrac{a^{2m-2}\pi}{(1-a^2)^{2m-1}} \displaystyle\sum_{\nu=0}^{m-1} \binom{m-1}{\nu}\binom{2m-\nu-2}{m-1}\left(\dfrac{1-a^2}{a^2}\right)^{\nu} & \text{für } |a| < 1, \\[2mm] \dfrac{\pi}{(a^2-1)^{2m-1}} \displaystyle\sum_{\nu=0}^{m-1} \binom{m-1}{\nu}\binom{2m-\nu-2}{m-1}(a^2-1)^{\nu} & \text{für } |a| > 1, \end{cases}$

$m = 1, 2, \ldots$ (31);

31b) $\displaystyle\int_0^{\pi} \frac{\cos nx}{1+a^2-2a\cos x} dx = \frac{1}{2}\int_0^{2\pi} \sim = \begin{cases} \dfrac{a^n \pi}{1-a^2} & \text{für } |a| < 1, \\[2mm] \dfrac{\pi}{a^n(a^2-1)} & \text{für } |a| > 1, \end{cases}$ $n = 0, 1, 2, \ldots$ (31);

31c) $\displaystyle\int_0^{\pi} \frac{\cos(m-1)x}{[1+a^2-2a\cos x]^m} dx = \frac{1}{2}\int_0^{2\pi} \sim = \binom{2m-2}{m-1} \frac{a^{m-1}\pi}{|1-a^2|^{2m-1}}$, $a^2 \neq 1$, $m = 1, 2, \ldots$

(31).

332

32a) $\displaystyle\int_0^{2\pi} \frac{\sin nx}{[1+a^2-2a\cos x]^m}\,dx = 0, \quad m,n=0,1,2,\ldots$ \hfill (021.8);

32b) $\displaystyle\int_0^\pi \sim \; = \frac{-1}{a}\int_0^\pi \frac{\sin(n-1)x\,dx}{[1+a^2-2a\cos x]^{m-1}} + \frac{1+a^2}{a}\int_0^\pi \frac{\sin(n-1)x\,dx}{[1+a^2-2a\cos x]^m} - \int_0^\pi \frac{\sin(n-2)x\,dx}{[1+a^2-2a\cos x]^m},$
$a \neq 0,$ \hfill (I 332.1c);

32c) $\displaystyle\int_0^\pi \frac{\sin x}{[1+a^2-2a\cos x]^m}\,dx = \frac{1}{2(m-1)a}\left[\frac{1}{(1-a)^{2m-2}} - \frac{1}{(1+a)^{2m-2}}\right],$
$a \neq 0, \pm 1, \; m=2,3,\ldots$ \hfill ($\cos x = y$, I 12.10b);

32d) $\displaystyle\int_0^\pi \frac{\sin x}{1+a^2-2a\cos x}\,dx = \frac{1}{a}\log\left|\frac{1+a}{1-a}\right|, \quad a \neq 0, \pm 1,$ \hfill (25c).

33) $\displaystyle\int_0^{\pi/2} \frac{\sin^{2n}x \cos^\beta x \cos\gamma x}{[1+a^2-2a\cos 2x]^m}\,dx =$
$= \dfrac{(-1)^n \pi (1-a)^{2n-2m+1}}{2^{2m-\gamma-1}(1+a)^{2n+\gamma+1}} \displaystyle\sum_{\nu=0}^{m-1}\sum_{\mu=0}^{m-\nu-1} \binom{\gamma}{\nu}\binom{2n}{\mu}\binom{2m-\nu-\mu-2}{m-1}(-2)^\mu (a-1)^\nu,$
$|a|<1, \; \gamma=2m-2n-\beta-2, \; \beta>-1, \; n=0,1,2,\ldots, m=1,2,\ldots$ ($\operatorname{tg} x = y$, 021.12b);

33a) $\displaystyle\int_0^{\pi/2} \frac{\sin^{2n}x \cos^{-2n-\gamma}x \cos\gamma x}{1+a^2-2a\cos 2x}\,dx = \frac{(-1)^n \pi (1-a)^{2n-1}}{2^{1-\gamma}(1+a)^{2n+\gamma+1}}, \; |a|<1, \gamma<1-2n, n=0,1,2,\ldots$ \hfill (33);

33b) $\displaystyle\int_0^{\pi/2} \frac{\cos^{2m-\gamma-2}x \cos\gamma x}{[1+a^2-2a\cos 2x]^m}\,dx = \frac{\pi(1-a)^{1-2m}}{2^{2m-\gamma-1}(1+a)^{\gamma+1}}\sum_{\nu=0}^{m-1}\binom{\gamma}{\nu}\binom{2m-\nu-2}{m-1}(a-1)^\nu,$
$|a|<1, \; \gamma<2m-1, \; m=1,2,\ldots$ \hfill (33);

33c) $\displaystyle\int_0^{\pi/2} \frac{\cos^\gamma x \cos\gamma x}{1+a^2-2a\cos 2x}\,dx = \frac{\pi(1+a)^{\gamma-1}}{2^{\gamma+1}(1-a)}, \quad |a|<1, \gamma>-1,$ \hfill (33b).

34a) $\displaystyle\int_0^\pi \frac{\sin nx \sin x}{1+a^2-2a\cos x}\,dx = \begin{cases} \dfrac{\pi a^{n-1}}{2} & \text{für } |a|<1, \\ \dfrac{\pi}{2a^{n+1}} & \text{für } |a|>1, \end{cases} \; n=1,2,\ldots$ \hfill (31b, I 332.1a);

34b) $\displaystyle\int_0^\pi \frac{\cos nx \cos x}{1+a^2-2a\cos x}\,dx = \begin{cases} \dfrac{\pi a^{n-1}(1+a^2)}{2(1-a^2)} & \text{für } |a|<1, \\ \dfrac{\pi(a^2+1)}{2a^{n+1}(a^2-1)} & \text{für } |a|>1, \end{cases} \; n=1,2,\ldots$

\hfill (31b, I 332.1b).

332

35a) $\int_0^{2\pi} [1+a^2-2a\cos x]^m \cos nx\, dx = 2\int_0^{\pi} \sim = \begin{cases} 0 & \text{für } m<n, \\ 2\pi(-a)^n(1+a^2)^{m-n}\sum_{\mu=0}^{r}\binom{m}{\mu}\binom{m-\mu}{n+\mu}\left(\frac{a}{1+a^2}\right)^{2\mu} \\ & \text{für } m\geq n,\ r=\left[\frac{m-n}{2}\right], \quad (14b); \end{cases}$

35b) $\int_0^{2\pi} [1+a^2-2a\cos x]^m \sin nx\, dx = 0, \quad m,n=1,2,\ldots \qquad (021.8).$

36) $\int_0^{\varphi} \frac{f(\sin x,\cos x,\ldots)}{[1+a^2-2a\cos x][1+b^2-2b\cos x]}dx = \frac{a}{(a-b)(1-ab)}\int_0^{\varphi}\frac{f(\sin x,\cos x,\ldots)}{1+a^2-2a\cos x}dx$
$\qquad\qquad - \frac{b}{(a-b)(1-ab)}\int_0^{\varphi}\frac{f(\sin x,\cos x,\ldots)}{1+b^2-2b\cos x}dx,\ a\neq b, ab\neq 1, (021.4b).$

37a) $\int_0^{\pi}[a+b\cos x]^n dx = \frac{1}{2}\int_0^{2\pi}\sim = \pi(a^2-b^2)^{n/2}P_n\left(\frac{a}{\sqrt{a^2-b^2}}\right),\ a^2>b^2,\ n=0,1,2,\ldots$
$\qquad\qquad\qquad (171.2a);$

37b) $\qquad = \frac{\pi}{2^n}\sum_{\nu=0}^{[n/2]}\frac{(-1)^\nu(2n-2\nu)!}{\nu!(n-\nu)!(n-2\nu)!}a^{n-2\nu}(a^2-b^2)^\nu,\ n=0,1,2,\ldots$
$\qquad\qquad\qquad (37a, 171.1c).$

38a) $\int_0^{\pi}\frac{dx}{[a+b\cos x]^{n+1}} = \frac{1}{2}\int_0^{2\pi}\sim = \frac{\pi}{(a^2-b^2)^{\frac{n+1}{2}}}P_n\left(\frac{a}{\sqrt{a^2-b^2}}\right),\ a>|b|,\ n=0,1,2,\ldots$
$\qquad\qquad\qquad (171.2b);$

38b) $\qquad = \frac{(2n-1)a}{n(a^2-b^2)}\int_0^{\pi}\frac{dx}{[a+b\cos x]^n} - \frac{n-1}{n(a^2-b^2)}\int_0^{\pi}\frac{dx}{[a+b\cos x]^{n-1}},$
$\qquad\qquad |a|>|b|,\ n=1,2,\ldots \quad (I\,331.17a).$

51a) $\int_0^{\pi/2}\frac{\cos 2nx}{\sqrt{1-k^2\sin^2 x}}dx = \frac{1}{2}\int_0^{\pi}\sim = K_n(k) = (-1)^n\frac{\pi}{2}\sum_{\nu=n}^{\infty}\frac{(1,2;\nu)^2}{(\nu-n)!(\nu+n)!}\left(\frac{k^2}{4}\right)^\nu,$
$\qquad\qquad 0\leq k<1,\ n=0,1,2,\ldots \qquad (021.7, 332.12b).$

51b) $\int_0^{\pi/2}\sqrt{1-k^2\sin^2 x}\,\cos 2nx\, dx = \frac{1}{2}\int_0^{\pi}\sim = E_n(k) = (-1)^{n+1}\frac{\pi}{2}\sum_{\nu=n}^{\infty}\frac{(1;2;\nu-1)(1;2;\nu)}{(\nu-n)!(\nu+n)!}\left(\frac{k^2}{4}\right)^\nu,$
$\qquad\qquad 0\leq k<1,\ n=0,1,2,\ldots \qquad (021.7, 332.12b).$

52) $\int_0^{\varphi}\frac{\cos(n+\frac{1}{2})x}{\sqrt{\cos x-\cos\varphi}}dx = \int_{\varphi}^{\pi}\frac{\sin(n+\frac{1}{2})x}{\sqrt{\cos\varphi-\cos x}}dx = \frac{\pi}{\sqrt{2}}P_n(\cos\varphi),\ 0<\varphi<\pi,\ n=0,1,2,\ldots$
$\qquad\qquad\qquad (171.2c).$

53a) $\int_0^{\pi}\frac{\cos(n+\frac{1}{2})x}{\sqrt{\cos x+1}}dx = \frac{(-1)^n\pi}{\sqrt{2}},\quad n=0,1,2,\ldots \qquad (52, 171.1d);$

332

53b) $\displaystyle\int_0^{\pi/2} \frac{\cos(n+\frac{1}{2})x}{\sqrt{\cos x}}\,dx = \begin{cases} 0 & \text{für } n=2\mu+1, \\ \dfrac{\pi}{\sqrt{2}}\dbinom{-1/2}{\mu} & \text{für } n=2\mu, \quad n=0,1,2,\ldots \end{cases}$ \hfill (52, 171.1d).

54) $\displaystyle\int_0^{\pi} F(\cos x)\cos nx\,dx = \frac{1}{(1,2,n)}\int_0^{\pi} F^{(n)}(\cos x)\sin^{2n}x\,dx,\ n=0,1,2,\ldots$

$\qquad\qquad\qquad$ (F(y) in $-1\le y\le 1$ n-mal stetig differenzierbar, $\cos x=y$, 174.1a-e, 021.3).

333

333. Integrale der Form $\int f(x,\sin ax,\cos bx)\,dx$.

A. Integrale der Form $\int x^k \sin^m ax \cdot \cos^n bx\,dx$.

1) $\displaystyle\int_0^{\varphi} x\sin ax\,dx = \frac{1}{a^2}\bigl(\sin a\varphi - a\varphi\cos a\varphi\bigr),$ \hfill (I 333.2c);

1a) $\displaystyle\int_0^{\pi} x\sin nx\,dx = (-1)^{n+1}\frac{\pi}{n},\quad n=1,2,\ldots$ \hfill (1).

2) $\displaystyle\int_0^{\varphi} x\cos ax\,dx = \frac{1}{a^2}(\cos a\varphi + a\varphi\sin a\varphi - 1),$ \hfill (I 333.3c);

2a) $\displaystyle\int_0^{\pi} x\cos nx\,dx = \frac{(-1)^n-1}{n^2},\quad n=1,2,\ldots$ \hfill (2).

3) $\displaystyle\int_0^{\varphi} x\sin ax\sin bx\,dx = \frac{1}{2(a-b)^2}\bigl[\cos(a-b)\varphi + (a-b)\varphi\sin(a-b)\varphi - 1\bigr]$
$\qquad\qquad - \dfrac{1}{2(a+b)^2}\bigl[\cos(a+b)\varphi + (a+b)\varphi\sin(a+b)\varphi - 1\bigr],$
$\qquad\qquad\qquad a^2\ne b^2,$ \hfill (I 332.1a);

3a) $\displaystyle\int_0^{\pi} x\sin mx\sin nx\,dx = \frac{[(-1)^{m+n}-1]\,2mn}{(m^2-n^2)^2},\ m,n=0,1,2,\ldots,\ m\ne n,$ \hfill (3).

333

4) $\int_0^\varphi x \sin ax \cos bx\, dx = \frac{1}{2(a+b)^2}\left[\sin(a+b)\varphi - (a+b)\varphi \cos(a+b)\varphi\right] +$

$$+ \frac{1}{2(a-b)^2}\left[\sin(a-b)\varphi - (a-b)\varphi \cos(a-b)\varphi\right],$$

$$a^2 \neq b^2, \qquad (I\,332.1c);$$

4a) $\int_0^\pi x \sin mx \cos nx\, dx = (-1)^{m+n+1} \frac{m\pi}{m^2 - n^2}, \quad m,n = 0,1,2,\ldots,\ m^2 \neq n^2,\quad (4).$

5) $\int_0^\varphi x \cos ax \cos bx\, dx = \frac{1}{2(a+b)^2}\left[\cos(a+b)\varphi + (a+b)\varphi \sin(a+b)\varphi - 1\right] +$

$$+ \frac{1}{2(a-b)^2}\left[\cos(a-b)\varphi + (a-b)\varphi \sin(a-b)\varphi - 1\right],$$

$$a^2 \neq b^2, \qquad (I\,332.1b).$$

5a) $\int_0^\pi x \cos mx \cos nx\, dx = \left[(-1)^{m+n} - 1\right] \frac{m^2 + n^2}{(m^2 - n^2)^2},\quad m,n=0,1,2,\ldots,\ m\neq n,\ (5).$

6) $\int_0^\pi x^p \sin nx\, dx = \frac{(-1)^{n+1}}{n^{p+1}} \sum_{\nu=0}^{r} (-1)^\nu (p;-1;2\nu)(n\pi)^{p-2\nu} - (-1)^r \frac{(s-1)p!}{n^{p+1}},$

$$p = 2r+s = 0,1,2,\ldots;\ r = \left[\tfrac{p}{2}\right],\ s=0,1;\ n=1,2,\ldots \qquad (I\,333.2b).$$

7) $\int_0^\pi x^p \cos nx\, dx = \frac{(-1)^n}{n^{p+1}} \sum_{\nu=0}^{r-1} (-1)^\nu (p;-1;2\nu+1)(n\pi)^{p-2\nu-1} + (-1)^r \frac{s\,p!}{n^{p+1}},$

$$p = 2r-s = 1,2,\ldots;\ r = \left[\tfrac{p+1}{2}\right],\ s=0,1;\ n=1,2,\ldots \qquad (I\,333.3b).$$

8a) $\int_0^\pi x^p \sin^m x\, dx = -\frac{p(p-1)}{m^2} \int_0^\pi x^{p-2} \sin^m x\, dx + \frac{m-1}{m} \int_0^\pi x^p \sin^{m-2} x\, dx,\ m>1,\ p>1-m,$

$$(I\,333.1e);$$

8b) $\int_0^\pi x \sin^m x\, dx = \begin{cases} \dfrac{(1;2;r)\pi^2}{(2;2;r)\,2} & \text{für } m=2r, \\[2mm] \dfrac{(2;2;r)\pi}{(3;2;r)} & \text{für } m=2r+1, \end{cases} \quad m=0,1,2,\ldots$

$$(021.9,\ 331.27\text{-}28\ \text{oder}\ I\,333.2a);$$

8c) $\int_0^{n\pi} x \sin^m x\, dx = \begin{cases} \dfrac{(1;2;r)n^2\pi^2}{(2;2;r)\,2} & \text{für } m=2r, \\[2mm] (-1)^{n+1}\dfrac{(2;2;r)n\pi}{(3;2;r)} & \text{für } m=2r+1, \end{cases} \quad n,m=0,1,2,\ldots$

$$(37a\text{-}b,\ 331.27\text{-}28).$$

333

9a) $\int_0^{\pi/2} x^p \cos^m x \, dx = -\frac{p(p-1)}{m^2}\int_0^{\pi/2} x^{p-2}\cos^m x \, dx + \frac{m-1}{m}\int_0^{\pi/2} x^p \cos^{m-2} x \, dx$, $m>1, p>1$, (I333.1f);

9b) $\int_0^{\pi/2} x \cos^m x \, dx = -\sum_{\nu=0}^{r-1} \frac{(m-1;-2;\nu)}{(m;-2;\nu+1)} \cdot \frac{1}{m-2\nu} + \begin{cases} \frac{(2;2;r-1)\pi}{(1;2;r)2} & \text{für } m=2r-1, \\ \frac{(1;2;r)\pi^2}{(2;2;r)8} & \text{für } m=2r, \end{cases}$

$\hspace{6cm} m=1,2,\ldots$ (I333.3a);

9c) $\int_0^{\pi/2} x^p \cos x \, dx = \sum_{\nu=0}^r (-1)^\nu (p;-1;2\nu)\left(\frac{\pi}{2}\right)^{p-2\nu} - (-1)^r s p!$,

$\hspace{4cm} p=2r+s=0,1,2,\ldots; r=\left[\frac{p}{2}\right], s=0,1;$ (I333.3b);

9d) $\int_0^{\pi/2} x \cos^{2m} x \, dx = \frac{(1;2;m)\pi^2}{(2;2;m)2}$, $m=0,1,2,\ldots$ (021.9, 331.29).

10a) $\int_0^\infty x^{k-1} \sin \mu x \, dx = \frac{\Gamma(k)}{\mu^k} \sin\frac{k\pi}{2}$, $0<|k|<1, \mu>0$,

$\hspace{6cm}$ (313.14 Imaginärteil; 19a, 14a);

10b) $\int_0^\infty x^{k-1} \cos \mu x \, dx = \frac{\Gamma(k)}{\mu^k} \cos\frac{k\pi}{2}$, $0<k<1, \mu>0$, (313.14 Realteil).

11a) $\int_0^\infty x^{k-1} \sin(\mu x^\lambda) \, dx = \frac{\Gamma(k/\lambda)}{\lambda \mu^{k/\lambda}} \sin\frac{k\pi}{2\lambda}$, $0<|k|<\lambda, \mu>0$, (10a, $x^\lambda = y$);

11b) $\int_0^\infty x^{k-1} \cos(\mu x^\lambda) \, dx = \frac{\Gamma(k/\lambda)}{\lambda \mu^{k/\lambda}} \cos\frac{k\pi}{2\lambda}$, $0<k<\lambda, \mu>0$, (10b, $x^\lambda = y$).

12) $\int_0^\infty \frac{\sin \mu x}{\sqrt{x}} dx = \int_0^\infty \frac{\cos \mu x}{\sqrt{x}} dx = \sqrt{\frac{\pi}{2\mu}}$, $\mu > 0$, (10a-b).

13a) $\int_0^\infty x^{k-1} \sin \mu x \sin \nu x \, dx = \frac{1}{2}\Gamma(k) \cos\frac{k\pi}{2}\left[\frac{1}{(\mu-\nu)^k} - \frac{1}{(\mu+\nu)^k}\right]$,

$\hspace{4cm} 0<k<1, \mu>\nu\geq 0$, (I332.1a, 10b);

13b) $\int_0^\infty x^{k-1} \sin \mu x \cos \nu x \, dx = \frac{1}{2}\Gamma(k) \sin\frac{k\pi}{2}\left[\frac{1}{(\mu-\nu)^k} + \frac{1}{(\mu+\nu)^k}\right]$,

$\hspace{4cm} 0<|k|<1, \mu>\nu\geq 0$, (I332.1c, 10a; $k=0$ siehe 23);

333

13c) $\int_0^\infty x^{k-1} \cos\mu x \cos\nu x\, dx = \frac{1}{2}\Gamma(k)\cos\frac{k\pi}{2}\left[\frac{1}{(\mu-\nu)^k}+\frac{1}{(\mu+\nu)^k}\right],$
$$0<k<1,\ \mu>\nu\geq 0, \qquad (\text{I } 332.1b, 10b).$$

14) $\int_0^\infty \sin^{2n+1}x\, \frac{dx}{x} = \frac{(1;2;n)\pi}{2^{n+1}n!},\quad n=0,1,2,\ldots \qquad (38, 331.27);$

14a) $\int_0^\infty \frac{\sin\mu x}{x}dx = \frac{\pi}{2},\quad \mu>0, \qquad (14, \mu x = y);$

14b) $\int_0^\infty \frac{\sin^{2n}\mu x}{x^2}dx = \frac{(1;2;n-1)\mu\pi}{2^n(n-1)!},\quad \mu>0,\ n=1,2,\ldots \qquad (17a, 15);$

14c) $\int_0^\infty \frac{\sin^3\mu x}{x^2}dx = \frac{3}{4}\mu\log 3,\quad \mu>0, \qquad (17a, 20);$

14d) $\int_0^\infty \frac{\sin^{2n+1}\mu x}{x^3}dx = \frac{(1;2;n-1)(2n+1)\mu^2\pi}{2^{n+2}n!},\quad \mu>0,\ n=1,2,\ldots \qquad (17b, 14).$

15) $\int_0^\infty \sin^{2n+1}x\cos x\, \frac{dx}{x} = \frac{(1;2;n)\pi}{2^{n+2}(n+1)!},\quad n=0,1,2,\ldots \qquad (39, 331.27);$

15a) $\int_0^\infty \sin^{2n}x\cos x\, \frac{dx}{x^2} = \frac{(1;2;n-1)\pi}{2^{n+1}n!},\quad n=1,2,\ldots \qquad (18a, 14);$

15b) $\int_0^\infty \sin^{2n+1}x\cos x\, \frac{dx}{x^3} = \frac{(1;2;n-1)\pi}{2^{n+1}n!},\quad n=1,2,\ldots \qquad (18b, 15).$

16) $\int_0^\infty \frac{\sin^{2n+1}x}{x\cos x}dx = \int_0^\infty \sin^{2n}x\, \text{tg}\, x\, \frac{dx}{x} = \frac{(1;2;n)\pi}{2^{n+1}n!},\ n=0,1,2,\ldots$
$$(39a, 331.27);$$

16a) $\int_0^\infty \text{tg}\,\mu x\, \frac{dx}{x} = \frac{\pi}{2},\quad \mu>0, \qquad (16, \mu x=y).$

17a) $\int_0^\infty \frac{\sin^\lambda x}{x^k}dx = \frac{\lambda}{k-1}\int_0^\infty \frac{\sin^{\lambda-1}x\cos x}{x^{k-1}}dx,\quad \lambda>k-1>0, \qquad (021.3);$

17b) $\qquad = \frac{\lambda(\lambda-1)}{(k-1)(k-2)}\int_0^\infty \frac{\sin^{\lambda-2}x}{x^{k-2}}dx - \frac{\lambda^2}{(k-1)(k-2)}\int_0^\infty \frac{\sin^\lambda x}{x^{k-2}}dx,$
$$\lambda>k-1>1, \qquad (021.3).$$

333

18a) $\int_0^\infty \frac{\sin^\lambda x \cos x}{x^k} dx = \frac{\lambda}{k-1} \int_0^\infty \frac{\sin^{\lambda-1} x}{x^{k-1}} dx - \frac{\lambda+1}{k-1} \int_0^\infty \frac{\sin^{\lambda+1} x}{x^{k-1}} dx,\quad \lambda > k-1 > 0,$ \hfill (021.3);

18b) $\qquad = \frac{\lambda(\lambda-1)}{(k-1)(k-2)} \int_0^\infty \frac{\sin^{\lambda-2} x \cos x}{x^{k-2}} dx - \frac{(\lambda+1)^2}{(k-1)(k-2)} \int_0^\infty \frac{\sin^\lambda x \cos x}{x^{k-2}} dx,$
$\qquad\qquad \lambda > k-1 > 1,$ \hfill (021.3).

19a) $\int_0^\infty \frac{\sin \mu x}{x^k} dx = \mu^{k-1} \Gamma(1-k) \cos \frac{k\pi}{2},\quad 0 < k < 2,\ \mu > 0,$ \hfill (17a, 10b; k=1 siehe 14a);

19b) $\int_0^\infty \frac{\sin \mu x}{x\sqrt{x}} dx = \sqrt{2\mu\pi},\quad \mu \geq 0,$ \hfill (19a).

19c) $\int_0^\infty \frac{\sin^2 x}{x^k} dx = \frac{-\pi}{2^{3-k}\Gamma(k)\cos\frac{k\pi}{2}},\quad 1 < k < 3,$ \hfill (17a, 10a, 411.4a);

19d) $\int_0^\infty \frac{\sin^2 \mu x}{x\sqrt{x}} dx = \sqrt{\mu\pi},\quad \mu \geq 0,$ \hfill (19c);

19e) $\int_0^\infty \frac{\sin^2 \mu x}{x^2\sqrt{x}} dx = \frac{4}{3}\mu\sqrt{\mu\pi},\quad \mu \geq 0,$ \hfill (19c);

19f) $\int_0^\infty \frac{\sin^3 \mu x}{x^k} dx = \frac{3-3^{k-1}}{4}\mu^{k-1}\Gamma(1-k)\cos\frac{k\pi}{2},\quad 0 < k < 2,\ \mu > 0,$ \hfill (I 332.1a-c, 19a; k=1 siehe 14);

19g) $\int_0^\infty \frac{\sin^3 \mu x}{x\sqrt{x}} dx = \frac{3-\sqrt{3}}{4}\sqrt{2\mu\pi},\quad \mu \geq 0,$ \hfill (19f).

20) $\int_0^\infty \frac{\cos px - \cos qx}{x} dx = \log\left|\frac{q}{p}\right|,\quad pq \neq 0,$ \hfill (313.14b, Realteil);

20a) $\int_0^\infty \frac{\cos px - \cos qx}{x^2} dx = (q-p)\frac{\pi}{2},\quad p \geq 0,\ q \geq 0,$ \hfill (021.3, 14a);

20b) $\int_0^\infty \frac{\sin^2 px - \sin^2 qx}{x} dx = \frac{1}{2}\log\left|\frac{p}{q}\right|,\quad pq \neq 0,$ \hfill (20).

21a) $\int_0^\infty \frac{\sin x - x\cos x}{x^2} dx = 1,$ \hfill (021.3);

333

21b) $\displaystyle\int_0^\infty \frac{\sin x - x\cos x}{x^3}\,dx = \frac{\pi}{4}$, (021.3).

22a) $\displaystyle\int_0^a \frac{\sin px}{x}\,dx = \operatorname{Si}(pa)$, (I 333.5b, 327.4);

22b) $\displaystyle\int_a^\infty \frac{\cos px}{x}\,dx = -\operatorname{Ci}(pa)$, $p>0, a>0$, (I 333.5a, 327.3).

23) $\displaystyle\int_0^\infty \sin\mu x \cos\nu x \frac{dx}{x} = \begin{cases} \dfrac{\pi}{2} & \text{für } \mu > \nu \geq 0, \\ \dfrac{\pi}{4} & \text{für } \mu = \nu > 0, \\ 0 & \text{für } \nu > \mu \geq 0, \end{cases}$ (I 332.1c, 14a).

24) $\displaystyle(\!\!\!\!\int\!\!\!\!)_0^\infty \sin^{2a+1}x \cos^{2b}x \frac{dx}{x} = (\!\!\!\!\int\!\!\!\!)_0^\infty \sin^{2a+1}x \cos^{2b-1}x\,\frac{dx}{x} = \frac{\Gamma(a+\frac{1}{2})\Gamma(b+\frac{1}{2})}{2\,\Gamma(a+b+1)}$,

$a = \dfrac{m_1}{n_1} > -\dfrac{1}{2}$, $b = \dfrac{m_2}{n_2} > -\dfrac{1}{2}$, n_1, n_2 ungerade, (38-39, 331.21);

24a) $\displaystyle\int_0^\infty \sin^{2m+1}x \cos^{2n}x \frac{dx}{x} = (\!\!\!\!\int\!\!\!\!)_0^\infty \sin^{2m+1}x \cos^{2n-1}x \frac{dx}{x} = \frac{(1,2;m)(1,2;n)}{2^{m+n}(m+n)!} \cdot \frac{\pi}{2}$,

$m, n = 0, 1, 2, \ldots$ (24);

24b) $\displaystyle(\!\!\!\!\int\!\!\!\!)_0^\infty \sqrt[3]{\operatorname{tg} x}\,\frac{dx}{x} = \pi$, (24, 411.4a).

25a) $\displaystyle\int_0^\infty \frac{\sin\mu x \sin\nu x}{x^k}\,dx = \frac{1}{2}\Gamma(1-k)\sin\frac{k\pi}{2}\left[\frac{1}{(\mu-\nu)^{1-k}} - \frac{1}{(\mu+\nu)^{1-k}}\right]$,

$0 < k < 3$ ($k \neq 1, 2$), $\mu > \nu \geq 0$, (13a, 021.3);

25b) $\qquad\qquad\qquad = \dfrac{1}{2}\log\dfrac{\mu+\nu}{\mu-\nu}$ für $k=1$, $\mu > \nu \geq 0$, (021.3);

25c) $\qquad\qquad\qquad = \nu\cdot\dfrac{\pi}{2}$ für $k=2$, $\mu \geq \nu \geq 0$, (021.3).

333

26a) $\int_0^\infty \frac{\sin px \, \sin qx \, \sin rx}{x^k} dx = \frac{1}{4} \Gamma(1-k) \cos\frac{k\pi}{2} \left[\frac{-1}{(p+q+r)^{1-k}} + \frac{1}{(p-q+r)^{1-k}} + \frac{1}{(p+q-r)^{1-k}} - \frac{\varepsilon}{|p-q-r|^{1-k}} \right]$,

$0 < k < 4 \; (k \neq 1,2,3), \; p \geq q \geq r \geq 0 \; (\text{ausgeschlossen } p=q=r=0)$,

$\varepsilon = \begin{cases} 1 & \text{für } p > q+r \\ 0 & \text{für } p = q+r \\ -1 & \text{für } p < q+r \end{cases}$ (I 332.1a-c, 10a, 021.3);

26b) $= \frac{\pi}{8}(1-\varepsilon)$ für $k=1$, p,q,r,ε wie oben, (26a, $k \to 1$);

26c) $= \frac{p+q+r}{4}\log(p+q+r) - \frac{p-q+r}{4}\log(p-q+r) - \frac{p+q-r}{4}\log(p+q-r) + \frac{p-q-r}{4}\log|p-q-r|$

für $k=2$, p,q,r wie oben, (26a, $k \to 2$);

26d) $= \frac{\pi}{16}\left[(p+q+r)^2 - (p+q-r)^2 - (p-q+r)^2 + \varepsilon(p-q-r)^2\right]$,

für $k=3$, p,q,r,ε wie oben, (26a, $k \to 3$).

27) $\int_0^\infty \frac{\sin^{2n} px - \sin^{2n} qx}{x} dx = \frac{1}{2^{2n}} \binom{2n}{n} \log\left|\frac{p}{q}\right|$, $pq \neq 0$, $n=1,2,\ldots$ (20).

28a) $\int_0^\infty \frac{\cos^{2n} px - \cos^{2n} qx}{x} dx = \left[1 - 2^{-2n}\binom{2n}{n}\right] \log\left|\frac{q}{p}\right|$, $pq \neq 0$, $n=0,1,2,\ldots$ (20);

28b) $\int_0^\infty \frac{\cos^{2n+1} px - \cos^{2n+1} qx}{x} dx = \log\left|\frac{q}{p}\right|$, $pq \neq 0$, $n=0,1,2,\ldots$ (20).

29) $\int_0^\infty \frac{\sin^2 \mu x \, \cos^2 \nu x}{x^2} dx = \begin{cases} \frac{2\mu - \nu}{4}\pi & \text{für } \mu \geq \nu \geq 0, \\ \frac{\mu}{4}\pi & \text{für } \nu \geq \mu \geq 0, \end{cases}$ (I 332.1a-c, 20a).

30a) $\int_0^\infty \frac{\sin(ax+b)}{x^k} dx = a^{k-1}\Gamma(1-k)\cos\left(\frac{k\pi}{2} - b\right)$, $a > 0$, $0 < k < 1$, (10a-b);

30b) $\int_0^\infty \frac{\cos(ax+b)}{x^k} dx = a^{k-1}\Gamma(1-k)\sin\left(\frac{k\pi}{2} - b\right)$, $a > 0$, $0 < k < 1$, (10a-b);

30c) $\int_0^\infty \frac{\sin(a-x) + \cos(a-x)}{\sqrt{x}} dx = \sqrt{2\pi} \sin a$, (30a-b).

333

31) $\int_0^a \frac{1-\cos x}{x}dx - \int_a^\infty \frac{\cos x}{x}dx = \mathcal{E} + \log a, \quad a>0,$ \hfill (I 333.5a).

32) $\int_0^{\pi/2} \frac{x\,dx}{\sin x} = \int_0^{\pi/2} \frac{(\pi/2 - x)dx}{\cos x} = 2\mathcal{G},$ \hfill (322.7a, 021.3);

32a) $\int_0^{\pi/4} \frac{x^2 dx}{\sin^2 x} = -\frac{\pi^2}{16} + \frac{\pi}{4}\log 2 + \mathcal{G},$ \hfill (34a, 021.3);

32b) $\int_0^{\pi/2} \sim\ = \pi \log 2,$ \hfill (34b, 021.3).

33a) $\int_0^{\pi/4} x\,\mathrm{tg}\,x\,dx = -\frac{\pi}{8}\log 2 + \frac{1}{2}\mathcal{G},$ \hfill (322.6b, 021.3);

33b) $\int_0^{\pi/2}\left(\frac{\pi}{2}-x\right)\mathrm{tg}\,x\,dx = \frac{1}{2}\int_0^\pi \sim\ = \frac{\pi}{2}\log 2,$ \hfill (322.5b, 021.3).

34a) $\int_0^{\pi/4} x\,\mathrm{ctg}\,x\,dx = \frac{\pi}{8}\log 2 + \frac{1}{2}\mathcal{G},$ \hfill (322.6a, 021.3);

34b) $\int_0^{\pi/2} \sim\ = \frac{\pi}{2}\log 2,$ \hfill (322.5a, 021.3).

35a) $\int_0^{\pi/4} \frac{x^2 dx}{\cos^2 x} = \frac{\pi^2}{16} + \frac{\pi}{4}\log 2 - \mathcal{G},$ \hfill (33a, 021.3);

35b) $\int_0^{\pi/2} \frac{x^2 \cos x}{\sin^2 x}dx = -\frac{\pi^2}{4} + 4\mathcal{G},$ \hfill (32, 021.3).

36) $\int_0^\pi \frac{x\,dx}{p^2\cos^2 x + q^2 \sin^2 x} = \frac{1}{4}\int_0^{2\pi} \sim\ = \frac{\pi^2}{2pq}, \quad p,q>0,$ \hfill (021.8-9, 331.53).

37a) $\int_0^{n\pi} f(\sin x)x\,dx = n^2 \pi \int_0^{\pi/2} f(\sin x)dx,\ n=0,1,2,\ldots$ wenn $f(-y)=f(y),$
\hfill (021.8);

37b) $\quad\quad\quad\quad\quad\quad = (-1)^{n-1} n\pi \int_0^{\pi/2} f(\sin x)dx,\ n=0,1,2,\ldots$ wenn $f(-y)=-f(y),$
\hfill (021.8).

38) $\int_0^\infty f(\sin x)\frac{dx}{x} = \int_0^{\pi/2} f(\sin x)\frac{dx}{\sin x},$ wenn $f(-y)=-f(y)$ und das Integral rechts existiert,

\hfill (021.8, B.d.H.).

333

39) $\int_0^\infty f(\sin x)\frac{\cos x}{x}dx = \int_0^{\pi/2} f(\sin x)\frac{\cos^2 x}{\sin x}dx$, wenn $f(-y)=-f(y)$ und das Integral rechts existiert, (021.8, B.d.H.);

39a) $\int_0^\infty f(\sin x)\frac{\operatorname{tg} x}{x}dx = \int_0^{\pi/2} f(\sin x)dx$, wenn $f(-y)=f(y)$ und das Integral rechts existiert, (021.8, B.d.H.).

40a) $\int_0^\infty f(\sin x)\frac{dx}{x^2+p^2} = \frac{\operatorname{\mathfrak{Sin}} p \operatorname{\mathfrak{Cof}} p}{p}\int_0^{\pi/2}\frac{f(\sin x)}{\operatorname{\mathfrak{Cof}}^2 p - \cos^2 x}dx$,

wenn $f(-y)=f(y)$ und das Integral rechts existiert,[*] (021.8, B.d.H.);

40b) $\int_0^\infty f(\cos x)\frac{dx}{x^2+p^2} = \frac{\operatorname{\mathfrak{Sin}} p}{p}\int_0^{\pi/2}\frac{f(\cos x)\cos x}{\operatorname{\mathfrak{Cof}}^2 p - \cos^2 x}dx$,

wenn $f(-y)=-f(y)$ und das Integral rechts existiert,[*] (021.8, B.d.H.);

41a) $\int_0^\infty f(\sin x)\frac{x\,dx}{x^2+p^2} = \operatorname{\mathfrak{Cof}} p\int_0^{\pi/2}\frac{f(\sin x)\sin x}{\operatorname{\mathfrak{Sin}}^2 p + \sin^2 x}dx$,

wenn $f(-y)=-f(y)$ und das Integral rechts existiert,[*] (021.8, B.d.H.);

41b) $\int_0^\infty f(\sin x)\frac{x\cos x}{x^2+p^2}dx = \int_0^{\pi/2} f(\sin x)\frac{\sin x \cos^2 x}{\operatorname{\mathfrak{Sin}}^2 p + \sin^2 x}dx$,

wenn $f(-y)=-f(y)$ und das Integral rechts existiert,[*] (021.8, B.d.H.).

B. Allgemeine Integranden.

51a) $\int_0^{\pi/4}\frac{\cos x - \sin x}{\cos x + \sin x}x\,dx = \frac{\pi}{4}\log 2 - \frac{1}{2}G$, (322.9a, 021.3);

51b) $\int_0^{\pi/2} \sim\quad = \frac{\pi}{4}\log 2 - G$, (322.9a, 021.3);

51c) $\int_0^{\pi/4}\frac{x\,dx}{\cos x(\cos x + \sin x)} = \frac{\pi}{8}\log 2$, (322.9c, 021.3);

---

[*] Man beachte: $\operatorname{\mathfrak{Cof}}^2 p \sin^2 x + \operatorname{\mathfrak{Sin}}^2 p \cos^2 x = \operatorname{\mathfrak{Cof}}^2 p - \cos^2 x = \operatorname{\mathfrak{Sin}}^2 p + \sin^2 x$.

333

51d) $\displaystyle\int_0^{\pi/2}\frac{x\,dx}{\sin x(\cos x+\sin x)}=\frac{\pi}{4}\log 2+G,$ (322.9d, $x=\frac{\pi}{2}-y$, 021.3).

52a) $\displaystyle\int_0^{\pi/2}\frac{x\sin 2x}{a^2\cos^2 x+b^2\sin^2 x}\,dx=\frac{\pi}{a^2-b^2}\log\frac{a+b}{2b},\quad a>0,\,b>0,\,a\neq b,$ (322.13, 021.3);

52b) $\displaystyle\int_0^{\pi}\sim\;=\frac{2\pi}{a^2-b^2}\log\frac{a+b}{2a},\quad a>0,\,b>0,\,a\neq b,$ (322.13, 021.3).

52c) $\displaystyle\int_0^{\pi/2}\frac{x\sin 2x}{1+a\sin^2 x}\,dx=\frac{\pi}{a}\log\frac{2(1+a-\sqrt{1+a})}{a},\quad a>-1,\,a\neq 0,$ (52a);

52d) $\displaystyle\int_0^{\pi/2}\frac{x\sin 2x}{1+a\cos^2 x}\,dx=\frac{\pi}{a}\log\frac{1+\sqrt{1+a}}{2},\quad a>-1,\,a\neq 0,$ (52a).

53a) $\displaystyle\int_0^{\pi}\frac{x\sin x}{a+b\cos x}\,dx=\frac{\pi}{b}\log\frac{a+\sqrt{a^2-b^2}}{2(a-b)},\quad a>|b|>0,$ (52a oder 322.15);

53b) $\displaystyle\int_0^{2\pi}\sim\;=\frac{2\pi}{b}\log\frac{a+\sqrt{a^2-b^2}}{2(a+b)},\quad a>|b|>0,$ (52b).

54) $\displaystyle\int_0^{\pi}\frac{x\sin x}{1+a^2-2a\cos x}\,dx=\frac{\pi}{2a}\left[\log(1+a)^2-\varepsilon\log a^2\right],\;\varepsilon=\begin{cases}1\text{ für }|a|>1,\\0\text{ für }|a|<1,\end{cases}$ (53a).

55a) $\displaystyle\int_0^{\pi/2}\frac{x\,dx}{1+\cos x}=\frac{\pi}{2}-\int_0^{\pi/2}\frac{x\,dx}{1+\sin x}=\frac{\pi}{2}-\log 2$ (I 333.15a);

55b) $\displaystyle\int_0^{\pi/2}\frac{x\sin x}{1+\cos x}\,dx=\frac{\pi}{2}\log 2-\int_0^{\pi/2}\frac{x\cos x}{1+\sin x}\,dx=-\frac{\pi}{2}\log 2+2G,$
(322.16b, 021.3).

55c) $\displaystyle\int_0^{\pi}\frac{x\cos x}{1+\sin x}\,dx=\pi\log 2-4G,$ (322.16a, 021.3).

56a) $\displaystyle\int_0^{\pi/2}\frac{x\sin x}{1-\cos x}\,dx=\int_0^{\pi/2}\frac{(\pi/2-x)\cos x}{1-\sin x}\,dx=\frac{\pi}{2}\log 2+2G,$ (322.16b, 021.3);

56b) $\displaystyle\int_0^{\pi}\sim\;=2\pi\log 2,$ (322.16c, 021.3);

56c) $\displaystyle\int_0^{\pi}\frac{(\pi/2-x)\cos x}{1-\sin x}\,dx=2\int_0^{\pi/2}\sim\;=\pi\log 2+4G,$ (56a).

333

57a) $\displaystyle\int_0^\pi \frac{x-\sin x}{1-\cos x}dx = \frac{\pi}{2} + \int_0^{\pi/2} \sim\ = 2$, (I 333.16b);

57b) $\displaystyle\int_0^{\pi/2} \frac{x^2 dx}{1-\cos x} = -\frac{\pi^2}{4} + \pi\log 2 + 4G$, (56a, 021.3);

57c) $\displaystyle\int_0^\pi \sim\ = 4\pi\log 2$, (56b, 021.3).

58a) $\displaystyle\int_0^\pi \frac{a\cos x + b}{(a+b\cos x)^2} x^2 dx = \frac{2\pi}{b}\log\frac{2(a-b)}{a+\sqrt{a^2-b^2}}$, $a>|b|>0$, (53a, 021.3);

58b) $\displaystyle\int_0^\pi \frac{x\sin x}{(a+b\cos x)^2} dx = \frac{\pi}{b}\left[\frac{1}{a-b} - \frac{1}{\sqrt{a^2-b^2}}\right]$, $a>|b|>0$, (331.41e, 021.3);

59) $\displaystyle\int_0^{\pi/2} \frac{(\pi/2 - x)\,\mathrm{tg}\,x}{a^2\cos^2 x + b^2\sin^2 x} dx = \frac{1}{2}\int_0^\pi \sim\ = \frac{\pi}{2b^2}\log\frac{a+b}{a}$, $a>0, b>0$,
(322.17, 021.3).

60a) $\displaystyle\int_0^\pi \frac{x\sin x}{a+b\cos^2 x} dx = \frac{\pi}{\sqrt{ab}}\,\mathrm{Arc\,tg}\sqrt{\frac{b}{a}}$, $a>0, b>0$, (021.8, 331.54a);

60b) $\displaystyle\qquad\qquad = \frac{\pi}{2\sqrt{-ab}}\log\frac{\sqrt{a}+\sqrt{-b}}{\sqrt{a}-\sqrt{-b}}$, $a>-b>0$, (021.8, I 15.20).

61) $\displaystyle\int_0^\varphi \left[\frac{1}{x} - \mathrm{ctg}\,x\right] dx = \log\frac{\varphi}{\sin\varphi}$, (I 11.4a, I 331.14d);

61a) $\displaystyle\int_0^{\pi/2} \sim\ = \log\frac{\pi}{2}$, (61).

62) $\displaystyle\int_0^\infty \frac{\sin^{2m+1}x\,\cos^n x}{(1+a^2-2a\cos x)^k}\cdot\frac{dx}{x} =$

$\displaystyle = \frac{\pi n!}{2^{n+1}(2m+n+1)!(1+a)^{2k}}\sum_{\nu=0}^n \frac{(-1)^\nu(1,2;m+n-\nu+1)(1,2;m+\nu)}{\nu!(n-\nu)!}\mathcal{F}\left(m+n-\nu+\frac{3}{2}, k, 2m+n+2; \frac{4a}{(1+a)^2}\right)$,

$a \neq \pm 1$, $m,n = 0,1,2,\ldots$ ($x\to 2x$, 39, 331.64);

62a) $\displaystyle\int_0^\infty \frac{\sin^{2m+1}x}{1+a^2-2a\cos x}\cdot\frac{dx}{x} = \frac{(-1)^m\pi(1+a)^{4m}}{2^{2m+2}a^{2m+1}}\left[\left|\frac{1-a}{1+a}\right|^{2m-1} - \sum_{\nu=0}^{2m}(-1)^\nu\binom{m-1/2}{\nu}\left(\frac{4a}{(1+a)^2}\right)^\nu\right]$,

$a \neq \pm 1$, $m = 0,1,2,\ldots$ (62);

62b) $\displaystyle\int_0^\infty \frac{\sin x}{1+a^2-2a\cos x}\cdot\frac{dx}{x} = \frac{\pi}{4a}\left[\left|\frac{1+a}{1-a}\right|-1\right] = \begin{cases} \dfrac{\pi}{2(1-a)} & \text{für } |a|<1, \\[2mm] \dfrac{\pi}{2a(a-1)} & \text{für } |a|>1, \end{cases}$ (62a).

63) $\displaystyle\int_0^\infty \frac{x^n-\sin^n x}{x^{n+2}}dx = \frac{\pi}{2^n(n+1)!}\sum_{\nu=0}^r (-1)^\nu\binom{n}{\nu}(n-2\nu)^{n+1},\quad r=\left[\frac{n-1}{2}\right],\ n=1,2,\ldots$

(021.3, 20a).

64a) $\displaystyle\int_0^\infty \frac{\sin\mu x}{a+x}dx = \sin\mu a\cdot\text{Ci}(\mu a)+\cos\mu a\left[\frac{\pi}{2}-\text{Si}(\mu a)\right],\ a>0,\mu>0,$

$(a+x=y,\ 22a\text{-}b);$

64b) $\displaystyle\oint_0^\infty \frac{\sin\mu x}{a-x}dx = \sin\mu a\cdot\text{Ci}(\mu a)-\cos\mu a\left[\frac{\pi}{2}+\text{Si}(\mu a)\right],\ a>0,\mu>0,$

$(a-x=y,\ 22a\text{-}b).$

65a) $\displaystyle\int_0^\infty \frac{\cos\mu x}{a+x}dx = -\cos\mu a\cdot\text{Ci}(\mu a)+\sin\mu a\left[\frac{\pi}{2}-\text{Si}(\mu a)\right],\ a>0,\mu>0,$

$(a+x=y,\ 22a\text{-}b);$

65b) $\displaystyle\oint_0^\infty \frac{\cos\mu x}{a-x}dx = \cos\mu a\cdot\text{Ci}(\mu a)+\sin\mu a\left[\frac{\pi}{2}+\text{Si}(\mu a)\right],\ a>0,\mu>0,$

$(a-x=y,\ 22a\text{-}b).$

66a) $\displaystyle\int_0^\infty \frac{\sin\mu x}{a^2+x^2}dx = \frac{1}{2a}\left[e^{-\mu a}\text{Ei}^*(\mu a)-e^{\mu a}\text{Ei}(-\mu a)\right],\ a>0,\mu>0,$

(021.4b, 021.12, 327.1-1f);

66b) $\displaystyle\int_0^\infty \frac{x\sin\mu x}{a^2+x^2}dx = \frac{\pi}{2}e^{-\mu a},\quad \mu>0,\ a\geq 0,$ (67a, 021.5);

66c) $\displaystyle\int_0^\infty \frac{x\sin\mu x}{(a^2+x^2)^n}dx = \frac{\pi\mu e^{-\mu a}}{2^{2n-2}(n-1)!\,a^{2n-3}}\sum_{\nu=0}^{n-2}\frac{(2n-\nu-4)!(2\mu a)^\nu}{\nu!(n-\nu-2)!},\ a>0,\mu\geq 0,\ n=2,3,\ldots$

(66b, 021.5);

66d) $\displaystyle\int_0^\infty \frac{\sin\mu x}{a^2+x^2}\cdot\frac{dx}{x} = \frac{\pi}{2a^2}(1-e^{-\mu a}),\ a>0,\mu\geq 0,$ (67a, 021.6);

66e) $\displaystyle\int_0^\infty \frac{\sin\mu x}{(a^2+x^2)^n}\cdot\frac{dx}{x} = \frac{\pi}{2a^{2n}}\left[1-\frac{e^{-\mu a}}{2^{n-1}(n-1)!}\mathcal{F}_{n-1}(\mu a)\right],\ a>0,\mu\geq 0,\ n=1,2,\ldots$

$\mathcal{F}_0(z)=1,\ \mathcal{F}_1(z)=z+2,\ \ldots,\ \mathcal{F}_n(z)=(z+2n)\mathcal{F}_{n-1}(z)-z\mathcal{F}'_{n-1}(z),$

(66d, 021.5).

333

67a) $\int_0^\infty \frac{\cos\mu x}{a^2+x^2}dx = \frac{\pi}{2a}e^{-\mu a}$, $a>0$, $\mu\geq 0$, (313.20a);

67b) $\int_0^\infty \frac{\cos\mu x}{(a^2+x^2)^n}dx = \frac{\pi e^{-\mu a}}{(2a)^{2n-1}(n-1)!}\sum_{\nu=0}^{n-1}\frac{(2n-\nu-2)!(2\mu a)^\nu}{\nu!(n-\nu-1)!}$, $a>0, \mu\geq 0$, (67a, 021.5);

67c) $\int_0^\infty \frac{x\cos\mu x}{a^2+x^2}dx = -\frac{1}{2}\left[e^{-\mu a}\text{Ei}^*(\mu a) + e^{\mu a}\text{Ei}(-\mu a)\right]$, $a>0, \mu>0$, (66a, 021.5).

68a) $\oint_0^\infty \frac{\sin\mu x}{a^2-x^2}dx = \frac{1}{a}\left[\sin\mu a \cdot \text{Ci}(\mu a) - \cos\mu a \cdot \text{Si}(\mu a)\right]$, $a>0, \mu\geq 0$, (021.4b, 64a-b);

68b) $\oint_0^\infty \frac{x\sin\mu x}{a^2-x^2}dx = -\frac{\pi}{2}\cos\mu a$, $\mu>0$, $a>0$, (69a, 021.5).

69a) $\oint_0^\infty \frac{\cos\mu x}{a^2-x^2}dx = \frac{\pi}{2a}\sin\mu a$, $\mu\geq 0$, $a>0$, (wie 68a);

69b) $\oint_0^\infty \frac{x\cos\mu x}{a^2-x^2}dx = \cos\mu a \cdot \text{Ci}(\mu a) + \sin\mu a \cdot \text{Si}(\mu a)$, $a>0, \mu>0$, (68a, 021.5).

70a) $\int_0^\infty \frac{\cos\mu x}{(a^2+x^2)(b^2+x^2)}dx = \frac{\pi}{2ab(a^2-b^2)}\left(ae^{-\mu b} - be^{-\mu a}\right)$, $a>0, b>0, \mu\geq 0$, (021.4b, 67a);

70b) $\int_0^\infty \frac{x\sin\mu x}{(a^2+x^2)(b^2+x^2)}dx = \frac{\pi}{2(a^2-b^2)}\left(e^{-\mu b} - e^{-\mu a}\right)$, $a>0, b>0, \mu\geq 0$, (021.4b, 66b).

71a) $\int_0^\infty \frac{\sin\lambda x \sin\mu x}{a^2+x^2}dx = \frac{\pi}{4a}\left(e^{-|\lambda-\mu|a} - e^{-(\lambda+\mu)a}\right)$, $a>0, \lambda\geq 0, \mu\geq 0$, (I 332.1a, 67a);

71b) $\int_0^\infty \frac{\sin^2\mu x}{a^2+x^2}dx = \frac{\pi}{4a}\left(1 - e^{-2\mu a}\right)$, $a>0, \mu\geq 0$, (71a, $\lambda=\mu$);

71c) $\int_0^\infty \frac{\cos\lambda x \cos\mu x}{a^2+x^2}dx = \frac{\pi}{4a}\left(e^{-|\lambda-\mu|a} + e^{-(\lambda+\mu)a}\right)$, $a>0, \lambda\geq 0, \mu\geq 0$, (I 332.1b, 67a);

71d) $\int_0^\infty \frac{\cos^2\mu x}{a^2+x^2}dx = \frac{\pi}{4a}\left(1 + e^{-2\mu a}\right)$, $a>0, \mu\geq 0$, (71c, $\lambda=\mu$).

72a) $\int_0^\infty \left(\cos x - \frac{1}{1+x}\right)\frac{dx}{x} = -\mathscr{C}$, (30b, 421.13d, $\kappa\to 1$, 411.7b);

333

72b) $\displaystyle\int_0^\infty \left(\frac{\sin x}{x} - \frac{1}{1+x}\right)\frac{dx}{x} = 1 - \frac{C}{e},$ (10a, 421.13d, к→1, 411.7d).

73) $\displaystyle\int_0^\infty \frac{\cos\mu x + x\sin\mu x}{1+x^2}\,dx = \pi e^{-\mu},\quad \mu\geq 0,$ (67a, 66b).

74a) $\displaystyle\int_0^\infty \frac{\cos(\mu x + \frac{\kappa\pi}{2})}{(a^2+x^2)x^\kappa}\,dx = \frac{\pi e^{-\mu a}}{2a^{\kappa+1}},\quad a>0,\mu>0,\ -1\leq\kappa<1,$ (313.20b);

74b) $\displaystyle\int_0^\infty \frac{\sin(\mu x - \frac{\lambda\pi}{2})}{a^2+x^2}x^{\lambda-1}\,dx = \frac{-\pi e^{-\mu a}}{2a^{2-\lambda}},\quad a>0,\mu>0,\ 0<\lambda\leq 2,$ (74a, κ=1−λ);

74c) $\displaystyle\int_0^\infty \frac{\cos\mu x + \sin\mu x}{a^2+x^2}\sqrt{x}\,dx = \frac{\pi e^{-\mu a}}{\sqrt{2a}},\quad a>0,\mu\geq 0,$ (74a, κ=−½);

74d) $\displaystyle\int_0^\infty \frac{\cos\mu x - \sin\mu x}{a^2+x^2}\frac{dx}{\sqrt{x}} = \frac{\pi e^{-\mu a}}{a\sqrt{2a}},\quad a>0,\mu\geq 0,$ (74a, κ=½).

75) $\displaystyle\int_0^\infty \frac{\cos\mu x - \cos\lambda x}{1+x^2}\frac{dx}{x^2} = \frac{\pi}{2}\left(\lambda - \mu + e^{-\lambda} - e^{-\mu}\right),\quad \lambda>0, \mu>0,$
   (021.4b, 20a, 67a).

76a) $\displaystyle\int_0^1 (1-x^2)^{\nu-1/2}\sin zx\,dx = 2^{\nu-1}z^{-\nu}\sqrt{\pi}\,\Gamma(\nu+\tfrac{1}{2})\,\mathcal{H}_\nu(z),\quad \Re(\nu)>-\tfrac{1}{2},$
   (513.3b);

76b) $\displaystyle\int_0^1 (1-x^2)^{\nu-1/2}\cos zx\,dx = \tfrac{1}{2}\int_{-1}^1 \sim\ = 2^{\nu-1}z^{-\nu}\sqrt{\pi}\,\Gamma(\nu+\tfrac{1}{2})J_\nu(z),\ \Re(\nu)>-\tfrac{1}{2},$
   (511.11b);

76c) $\displaystyle\int_0^1 \frac{\cos zx}{\sqrt{1-x^2}}\,dx = \tfrac{1}{2}\int_{-1}^1 \sim\ = \frac{\pi}{2}J_0(z),$ (76b).

77a) $\displaystyle\int_1^\infty \frac{\sin zx}{(x^2-1)^{\nu+1/2}}\,dx = \frac{\sqrt{\pi}}{2^{\nu+1}}z^\nu\,\Gamma(\tfrac{1}{2}-\nu)J_\nu(z),\quad z>0,\ -\tfrac{1}{2}<\Re(\nu)<\tfrac{1}{2},$
   (313.22, 511.4a-b);

77b) $\displaystyle\int_1^\infty \frac{\cos zx}{(x^2-1)^{\nu+1/2}}\,dx = \frac{-\sqrt{\pi}}{2^{\nu+1}}z^\nu\,\Gamma(\tfrac{1}{2}-\nu)\mathcal{N}_\nu(z),\quad z>0,\ -\tfrac{1}{2}<\Re(\nu)<\tfrac{1}{2},$
   (313.22, 511.4a-b);

77c) $\displaystyle\int_1^\infty \frac{\sin zx}{\sqrt{x^2-1}}\,dx = \frac{\pi}{2}J_0(z),\quad z>0,$ (77a);

77d) $\displaystyle\int_1^\infty \frac{\cos zx}{\sqrt{x^2-1}}\,dx = -\frac{\pi}{2}\mathcal{N}_0(z),\quad z>0,$ (77b).

333

78) $\int_0^\infty \frac{\cos zx}{(x^2+a^2)^{\nu+1/2}} dx = \frac{\sqrt{\pi}}{\Gamma(\nu+\frac{1}{2})} \left(\frac{z}{2a}\right)^\nu \mathcal{K}_\nu(az)$, $a>0, z>0, -\frac{1}{2}<\mathcal{R}(\nu)<\frac{1}{2}$, (313.24);

78a) $\int_0^\infty \frac{\cos zx}{\sqrt{x^2+a^2}} dx = \mathcal{K}_0(az)$, $a>0, z>0$, (78);

79a) $\oint_0^\infty \frac{x \, \mathrm{tg}\, \mu x}{x^2+a^2} dx = \frac{\pi}{e^{2\mu a}+1}$, $a>0, \mu>0$, (41b, 331.56b);

79b) $\oint_0^\infty \frac{x \, \mathrm{ctg}\, \mu x}{x^2+a^2} dx = \frac{\pi}{e^{2\mu a}-1}$, $a>0, \mu>0$, (41b, 331.56c);

79c) $\oint_0^\infty \frac{x \, dx}{(x^2+a^2)\sin \mu x} = \frac{\pi}{2\, \mathrm{Sin}\, \mu a}$, $a>0, \mu>0$, (41a, 331.56a).

80) $\int_0^\infty \frac{\sin\mu x \cos\mu x}{a^2\sin^2\mu x + b^2\cos^2\mu x} \cdot \frac{x\, dx}{x^2+p^2} = \frac{\pi}{4(a^2\mathrm{Sin}^2\mu p - b^2\mathrm{Col}^2\mu p)} \left[\frac{a-b}{a+b} - e^{-2\mu p}\right]$,

$a, b, p, \mu > 0$, (41b, 331.56c).

81) $\int_0^\infty \frac{1}{a^2\sin^2 x + b^2\cos^2 x} \cdot \frac{dx}{x^2+p^2} = \frac{\pi \, \mathrm{Sin}\, 2p}{4p(a^2\mathrm{Sin}^2 p - b^2\mathrm{Col}^2 p)} \left[\frac{a}{b} - \frac{b}{a} - \frac{2}{\mathrm{Sin}\, 2p}\right]$,

$a, b, p > 0$, $\mathrm{tg}\, p \ne \frac{b}{a}$, (40a, 331.56a).

82) $\oint_0^\infty \frac{\cos(\mu x + \frac{\pi k}{2})}{x^k(x^2-a^2)} dx = \frac{-\pi}{2a^{k+1}} \sin(\mu a + \frac{\pi k}{2})$, $a>0, \mu>0, |k|<1$, (74a, $a \to \pm ia$).

83a) $\int_0^{n\pi} \frac{x \, dx}{\sqrt{1-k^2\sin^2 x}} = n^2\pi \mathbf{K}(k)$, $0<k<1, n=0,1,2,\ldots$ (37a, 221.1a);

83b) $\int_0^{n\pi} \frac{x \sin x}{\sqrt{1-k^2\sin^2 x}} dx = \frac{(-1)^n n\pi}{2k} \log\frac{1-k}{1+k}$, $0<k<1, n=0,1,2,\ldots$ (37b, I 241.3a);

84a) $\int_0^\infty \frac{\sin x}{\sqrt{1-k^2\sin^2 x}} \cdot \frac{dx}{x} = \mathbf{K}(k)$, $0<k<1$, (38, I 241.1);

84b) $\int_0^\infty \frac{\sin x}{\sqrt{1-k^2\cos^2 x}} \cdot \frac{dx}{x} = \mathbf{K}(k)$, $0<k<1$, (38, 331.1a, I 241.1);

84c) $\int_0^\infty \frac{\sin x \cos x}{\sqrt{1-k^2\sin^2 x}} \cdot \frac{dx}{x} = -\frac{1-k^2}{k^2}\mathbf{K}(k) + \frac{1}{k^2}\mathbf{E}(k)$, $0<k<1$, (39, I 241.12l).

333

85a) $\displaystyle\int_0^\infty \frac{dx}{(x^2+a^2)\sqrt{1-k^2\sin^2 x}} = \frac{1}{a}\operatorname{\mathcal{L}tg} a \cdot \Pi\!\left(\frac{1}{\operatorname{\mathcal{T}in}^2 a}, k\right),\ a\neq 0,\ 0<k<1,$

$\hfill (40a, 221.8);$

85b) $\displaystyle\int_0^\infty \frac{x\sin x}{(x^2+a^2)\sqrt{1-k^2\sin^2 x}}dx = \operatorname{\mathcal{L}o}\!\!\int a\left[K(k) - \Pi\!\left(\frac{1}{\operatorname{\mathcal{T}in}^2 a}, k\right)\right],\ a\neq 0,\ 0<k<1,$

$\hfill (41a, 221.8);$

85c) $\displaystyle\int_0^\infty \frac{\sqrt{1-k^2\sin^2 x}}{x^2+a^2}dx = \frac{1}{a}\operatorname{\mathcal{T}in} a\operatorname{\mathcal{L}o}\!\!\int a\left[-k^2 K(k) + \left(\frac{1}{\operatorname{\mathcal{T}in}^2 a}+k^2\right)\Pi\!\left(\frac{1}{\operatorname{\mathcal{T}in}^2 a}, k\right)\right],$

$\hfill a\neq 0,\ 0<k<1,\qquad (40a, 221.8).$

334

334. Integrale der Form $\int F(x,\sin f(x),\cos g(x),\ldots)dx$.

A. $f(x), g(x)$ rational.

1) $\displaystyle\int_0^\varphi \sin\mu x^2\, dx = \sqrt{\frac{\pi}{2\mu}}\,\mathcal{S}\!\left(\sqrt{\frac{2\mu}{\pi}}\,\varphi\right),\ \mu>0,\hfill (\mathrm{I}\,336.1b);$

1a) $\displaystyle\int_0^\infty \sim\ =\frac{1}{2}\sqrt{\frac{\pi}{2\mu}},\ \mu>0,\hfill \left(\mathcal{S}(\infty)=-\mathcal{S}(-\infty)=\frac{1}{2},\,3a\right).$

2) $\displaystyle\int_0^\varphi \cos\mu x^2\, dx = \sqrt{\frac{\pi}{2\mu}}\,\mathcal{C}\!\left(\sqrt{\frac{2\mu}{\pi}}\,\varphi\right),\ \mu>0,\hfill (\mathrm{I}\,336.1a);$

2a) $\displaystyle\int_0^\infty \sim\ =\frac{1}{2}\sqrt{\frac{\pi}{2\mu}},\ \mu>0,\hfill \left(\mathcal{C}(\infty)=-\mathcal{C}(-\infty)=\frac{1}{2},\,3b\right).$

3a) $\displaystyle\int_0^\infty x^{k-1}\sin(\mu x^\alpha)dx = \frac{1}{\alpha}\mu^{-\frac{k}{\alpha}}\Gamma\!\left(\frac{k}{\alpha}\right)\sin\frac{k\pi}{2\alpha},\ \mu>0,\ 0<|k|<\alpha,$

$\hfill (x^\alpha = y,\ 333.10a;\, k=0\ \text{siehe}\ 6);$

3b) $\displaystyle\int_0^\infty x^{k-1}\cos(\mu x^\alpha)dx = \frac{1}{\alpha}\mu^{-\frac{k}{\alpha}}\Gamma\!\left(\frac{k}{\alpha}\right)\cos\frac{k\pi}{2\alpha},\ \mu>0,\ 0<k<\alpha,$

$\hfill (x^\alpha = y,\ 333.10b).$

4a) $\displaystyle\int_0^\infty \sin(ax^2+2bx+c)dx = \frac{1}{2}\int_{-\infty}^\infty \sim\ =\frac{1}{2}\sqrt{\frac{\pi}{a}}\sin\!\left(\frac{\pi}{4}+\frac{ac-b^2}{a}\right),\ a>0,$

$\hfill (\mathrm{I}\,336.2a, 1a, 2a);$

334

4b) $\int_0^\infty \cos(ax^2+2bx+c)\,dx = \frac{1}{2}\int_{-\infty}^\infty \sim = \frac{1}{2}\sqrt{\frac{\pi}{a}}\cos\left(\frac{\pi}{4}+\frac{ac-b^2}{a}\right)$, $a>0$,

(I336.3a,1a,2a).

5a) $\int_0^\infty {\sin\atop\cos}ax^2\cdot\cos\beta x\,dx = \frac{1}{2}\int_{-\infty}^\infty \sim = \frac{1}{2}\sqrt{\frac{\pi}{\alpha}}{\sin\atop\cos}\left(\frac{\pi}{4}-\frac{\beta^2}{4\alpha}\right)$, $\alpha>0$,

(I332.1b-c,4a-b);

5b) $\int_0^\infty {\sin\atop\cos}\alpha x^2\cdot\sin\beta x\,dx = \int_{-\infty}^\infty \sim = 0$, $\alpha\neq 0$, (I332.1a-c,4a-b).

6) $\int_0^\infty \sin\mu x^\alpha\,\frac{dx}{x} = \frac{\pi}{2\alpha}$, $\mu>0$, $\alpha>0$, (333.14a).

7a) $\int_0^1 \frac{\cos\mu x-\cos\frac{\mu}{x}}{1-x^2}dx = \frac{1}{2}\int_0^\infty \sim = \frac{\pi}{2}\sin\mu$, $\mu>0$, ($x\to\frac{1}{x}$, 333.69a);

7b) $\int_0^1 \frac{\cos\mu x+\cos\frac{\mu}{x}}{1+x^2}dx = \frac{1}{2}\int_0^\infty \sim = \frac{\pi}{2}e^{-\mu}$, $\mu>0$, ($x\to\frac{1}{x}$, 333.67a).

8a) $\int_0^1 \sin\mu\left(x+\frac{1}{x}\right)\sin\mu\left(x-\frac{1}{x}\right)\frac{dx}{1-x^2} = \frac{1}{2}\int_0^\infty \sim = -\frac{\pi}{4}\sin 2\mu$, $\mu\geq 0$,

(I332.1a,7a);

8b) $\int_0^1 \cos\mu\left(x+\frac{1}{x}\right)\cos\mu\left(x-\frac{1}{x}\right)\frac{dx}{1+x^2} = \frac{1}{2}\int_0^\infty \sim = \frac{\pi}{4}e^{-2\mu}$, $\mu\geq 0$,

(I332.1b,7b).

9a) $\int_0^\infty {\sin\atop\cos}\left(ax+\frac{b}{x}\right)\frac{dx}{\sqrt{x}} = \frac{\sqrt{\pi}}{a}{\sin\atop\cos}\left(\frac{\pi}{4}+2\sqrt{ab}\right)$, $a>0, b>0$,

(031.13a, 333.30a-b);

9b) $\int_0^\infty {\sin\atop\cos}\left(ax-\frac{b}{x}\right)\frac{dx}{\sqrt{x}} = \sqrt{\frac{\pi}{2a}}\,e^{-2\sqrt{ab}}$, $a>0, b\geq 0$, (314.20a).

10a) $\int_0^\infty {\sin\atop\cos}\left(ax+\frac{b}{x}\right)\frac{dx}{x\sqrt{x}} = \frac{\sqrt{\pi}}{b}{\sin\atop\cos}\left(\frac{\pi}{4}+2\sqrt{ab}\right)$, $a>0, b>0$, (9a, $x\to\frac{1}{x}$);

10b) $\int_0^\infty {\sin\atop\cos}\left(ax-\frac{b}{x}\right)\frac{dx}{x\sqrt{x}} = \mp\sqrt{\frac{\pi}{2b}}\,e^{-2\sqrt{ab}}$, $a\geq 0, b>0$, (9b, $x\to\frac{1}{x}$).

11a) $\int_0^\infty {\sin\atop\cos}\left(ax+\frac{b}{x}\right)\frac{dx}{x} = \pm\pi{J_0\atop N_0}(2\sqrt{ab})$, $a>0, b>0$, (031.13f, 333.77a-b);

11b) $\int_0^\infty {\sin\atop\cos}\left(ax-\frac{b}{x}\right)\frac{dx}{x} = {0\atop 2\mathcal{K}_0(2\sqrt{ab})}$, $a>0, b>0$, (314.20b).

334

12a) $\int_0^\infty {\sin \atop \cos}(ax^2 + \tfrac{b}{x^2})dx = \tfrac{\sqrt{\pi}}{2a}{\sin \atop \cos}(\tfrac{\pi}{4} + 2\sqrt{ab})$, $a>0, b>0$, (9a);

12b) $\int_0^\infty {\sin \atop \cos}(ax^2 - \tfrac{b}{x^2})dx = \tfrac{1}{2}\sqrt{\tfrac{\pi}{2a}}\, e^{-2\sqrt{ab}}$, $a>0, b\geq 0$, (9b).

13a) $\int_0^\infty \cos(x^3 - 3z^2 x)dx = \tfrac{1}{2}\int_{-\infty}^\infty \sim = \tfrac{\pi}{3}z\left[J_{-\frac{1}{3}}(2z^3) + J_{\frac{1}{3}}(2z^3)\right]$, $z>0$,

$(x = 2z\sin\tfrac{\xi}{3}, 511.12, W)$;

13b) $\int_0^\infty \cos(x^3 + 3z^2 x)dx = \tfrac{1}{2}\int_{-\infty}^\infty \sim = \tfrac{\pi}{3}z\left[I_{-\frac{1}{3}}(2z^3) - I_{\frac{1}{3}}(2z^3)\right] = \tfrac{z}{\sqrt{3}}\mathcal{K}_{\frac{1}{3}}(2z^3)$,

$z>0$, $(x = 2z\,\mathfrak{Sin}\tfrac{\xi}{3}, 512.9c, W)$.

14a) $\int_0^\infty \cos(x + \tfrac{z^2}{x})\tfrac{dx}{x^k} = \tfrac{\pi z^{1-k}}{2\cos\frac{k\pi}{2}}\left[J_{k-1}(2z) - J_{1-k}(2z)\right]$, $z>0$, $0<k<2$,

($k=1$ siehe 11a; 314.19, $\alpha\to 0$; bei $-\nu$ Substitution: $x\to\tfrac{z^2}{x}, \nu = k-1$);

14b) $\int_0^\infty \cos(x - \tfrac{z^2}{x})\tfrac{dx}{x^k} = \tfrac{\pi z^{1-k}}{2\cos\frac{k\pi}{2}}\left[I_{k-1}(2z) - I_{1-k}(2z)\right]$, $z>0$, $0<k<2$,

($k=1$ siehe 11b; $x = ze^\xi$, 512.3a-9c).

15a) $\int_0^\infty \sin\mu^2 x \cdot \sin\tfrac{z^2}{x}\cdot\tfrac{dx}{x^k} = \tfrac{\pi}{4\cos\frac{k\pi}{2}}\left(\tfrac{z}{\mu}\right)^{1-k}\left[-J_{k-1}(2\mu z) + J_{1-k}(2\mu z) + I_{k-1}(2\mu z) - I_{1-k}(2\mu z)\right]$,

$\mu>0, z>0, 0<k<2$, (I 332.1a, 14a-b);

15b) $\int_0^\infty \cos\mu^2 x \cdot \cos\tfrac{z^2}{x}\cdot\tfrac{dx}{x^k} = \tfrac{\pi}{4\cos\frac{k\pi}{2}}\left(\tfrac{z}{\mu}\right)^{1-k}\left[J_{k-1}(2\mu z) - J_{1-k}(2\mu z) + I_{k-1}(2\mu z) - I_{1-k}(2\mu z)\right]$,

$\mu>0, z>0, 0<k<2$, (I 332.1b, 14a-b).

B. Allgemeine Integranden.

51) $\int_0^\pi \cos(z\sin x - \nu x)dx = \tfrac{1}{2}\int_{-\pi}^\pi \sim = \pi\,\mathcal{O}\!\ell_\nu(z)$, (513.1a);

51a) $\int_0^\pi \cos(z\sin x - n x)dx = \tfrac{1}{2}\int_{-\pi}^\pi \sim = \pi J_n(z)$, $n = 0, \pm 1, \pm 2, \ldots$ (511.15a).

52) $\int_0^\pi \sin(z\sin x - \nu x)\,dx = \int_0^{-\pi} \sim = \pi \Omega_\nu(z),$ (513.2a).

53a) $\int_0^\pi \sin(z\sin x)\sin nx\,dx = \frac{1}{2}\int_{-\pi}^\pi \sim = [1-(-1)^n]\int_0^{\pi/2} \sim = [1-(-1)^n]\frac{\pi}{2} J_n(z),$

$n = 0, \pm 1, \pm 2, \ldots$ (I 332.1a, 51a);

53b) $\int_0^\pi \sin(z\sin x)\cos nx\,dx = [1+(-1)^n]\int_0^{\pi/2} \sim = [1+(-1)^n]\frac{\pi}{2}\Omega_n(z),$

$n = 0, \pm 1, \pm 2, \ldots$ (I 332.1c, 52).

54a) $\int_0^\pi \cos(z\sin x)\sin nx\,dx = [1-(-1)^n]\int_0^{\pi/2} \sim = -[1-(-1)^n]\frac{\pi}{2}\Omega_n(z),$

$n = 0, \pm 1, \pm 2, \ldots$ (I 332.1c, 52);

54b) $\int_0^\pi \cos(z\sin x)\cos nx\,dx = \frac{1}{2}\int_{-\pi}^\pi \sim = [1+(-1)^n]\int_0^{\pi/2} \sim = [1+(-1)^n]\frac{\pi}{2} J_n(z),$

$n = 0, \pm 1, \pm 2, \ldots$ (I 332.1b, 51a).

55a) $\int_0^{\pi/2} \sin(z\cos x)\cos nx\,dx = \frac{\pi}{2}\left[\sin\frac{n\pi}{2} J_n(z) + \cos\frac{n\pi}{2}\Omega_n(z)\right],$

$n = 0, \pm 1, \pm 2, \ldots$ $(x = \frac{\pi}{2}-y,\ 53a\text{-}b);$

55b) $\int_{-\pi}^\pi \sim\ = 2\int_0^\pi \sim = 2\pi\sin\frac{n\pi}{2} J_n(z),\quad n = 0, \pm 1, \pm 2, \ldots$ (55a).

56a) $\int_0^{\pi/2} \cos(z\cos x)\cos nx\,dx = \frac{\pi}{2}\left[\cos\frac{n\pi}{2} J_n(z) - \sin\frac{n\pi}{2}\Omega_n(z)\right],$

$n = 0, \pm 1, \pm 2, \ldots$ $(x = \frac{\pi}{2}-y,\ 54a\text{-}b);$

56b) $\int_{-\pi}^\pi \sim\ = 2\int_0^\pi \sim = 2\pi\cos\frac{n\pi}{2} J_n(z),\quad n = 0, \pm 1, \pm 2, \ldots$ (56a).

57) $\int_{-\pi}^\pi {\sin \atop \cos}(z\cos x)\sin nx\,dx = 0,\quad n = 0, \pm 1, \pm 2, \ldots$ (021.8).

58a) $\int_0^{\pi/2} \cos(z\cos x)\sin^{2\nu}x\,dx = \frac{1}{2}\int_0^\pi \sim = \frac{\sqrt{\pi}}{2}\Gamma(\nu+\tfrac{1}{2})\left(\frac{z}{2}\right)^{-\nu} J_\nu(z),\ \mathcal{R}(\nu) > -\tfrac{1}{2},$ (511.11b-c);

58b) $\int_0^{\pi/2} \sin(z\cos x)\sin^{2\nu}x\,dx = \frac{\sqrt{\pi}}{2}\Gamma(\nu+\tfrac{1}{2})\left(\frac{z}{2}\right)^{-\nu}\mathcal{I}_\nu(z),\ \mathcal{R}(\nu) > -\tfrac{1}{2},$ (513.3b).

335. Integrale der Form $\int F(e^{ax}, \sin bx, \cos cx) dx$.

1) $\int_0^\varphi e^{ax} \sin(bx+c) dx = \dfrac{e^{a\varphi}}{a^2+b^2}\left[a\sin(b\varphi+c) - b\cos(b\varphi+c)\right] - \dfrac{a\sin c - b\cos c}{a^2+b^2}$,
$\qquad a^2+b^2 > 0$, (I 334.4);

1a) $\int_0^\infty e^{-ax} \sin(bx+c) dx = \dfrac{a\sin c + b\cos c}{a^2+b^2}$, $\quad a > 0$, $\qquad$ (1).

2) $\int_0^\varphi e^{ax} \cos(bx+c) dx = \dfrac{e^{a\varphi}}{a^2+b^2}\left[a\cos(b\varphi+c) + b\sin(b\varphi+c)\right] - \dfrac{a\cos c + b\sin c}{a^2+b^2}$,
$\qquad a^2+b^2 > 0$, (I 334.5);

2a) $\int_0^\infty e^{-ax} \cos(bx+c) dx = \dfrac{a\cos c - b\sin c}{a^2+b^2}$, $\quad a > 0$, $\qquad$ (2).

3a) $\int_0^\infty e^{-ax} \sin^m bx\, dx = \dfrac{m!\, b^m}{[a^2+m^2 b^2][a^2+(m-2)^2 b^2]\cdots[a^2+4b^2]\, a}$,
$\qquad a > 0$, $m = 2,4,6,\ldots$ (I 334.2b);

3b) $\qquad\qquad = \dfrac{m!\, b^m}{[a^2+m^2 b^2][a^2+(m-2)^2 b^2]\cdots[a^2+b^2]}$,
$\qquad a > 0$, $m = 1,3,5,\ldots$ (I 334.2b).

4a) $\int_0^\pi e^{ax} \sin^m x\, dx = \dfrac{m!\,(e^{a\pi}-1)}{[a^2+m^2][a^2+(m-2)^2]\cdots[a^2+4]\, a}$, $\quad a \neq 0$, $m = 2,4,6,\ldots$
$\qquad$ (I 334.2b);

4b) $\qquad\qquad = \dfrac{m!\,(e^{a\pi}+1)}{[a^2+m^2][a^2+(m-2)^2]\cdots[a^2+1]}$, $\quad m = 1,3,5,\ldots$
$\qquad$ (I 334.2b).

5) $\int_0^\infty e^{-ax} \cos^m bx\, dx = \dfrac{1}{2^{m-1}} \sum_{\nu=0}^{r-1} \binom{m}{\nu} \dfrac{a}{a^2+(m-2\nu)^2 b^2} + (1-s)\binom{m}{r}\dfrac{1}{2^m\, a}$,
$\qquad a > 0$, $r = \left[\dfrac{m+1}{2}\right]$, $s = 0,1$; $m = 2r-s = 1,2,\ldots$
$\qquad$ (311.2a).

6a) $\int_0^\infty e^{-ax} \sin bx \sin cx\, dx = \dfrac{2abc}{[a^2+(b-c)^2][a^2+(b+c)^2]}$, $a > 0$,
$\qquad$ (I 332.1a, 2a);

6b) $\int_0^\infty e^{-ax} \sin bx \cos cx\, dx = \dfrac{b(a^2+b^2-c^2)}{[a^2+(b-c)^2][a^2+(b+c)^2]}$, $a > 0$,
$\qquad$ (I 332.1c, 1a);

335

6c) $\int_0^\infty e^{-ax}\cos bx \cos cx\, dx = \dfrac{a(a^2+b^2+c^2)}{[a^2+(b-c)^2][a^2+(b+c)^2]}$, $a>0$, (I 332.1b, 2a).

7a) $\int_0^{2\pi} e^{imx}\sin nx\, dx = \int_\alpha^{\alpha+2\pi} \sim \; = \begin{cases} 0 & \text{für } m\neq n, \\ \pi i & \text{für } m=n\neq 0 \end{cases}$ $m,n=0,1,2,\ldots$

(332.7a-b);

7b) $\int_0^{2\pi} e^{imx}\cos nx\, dx = \int_\alpha^{\alpha+2\pi} \sim \; = \begin{cases} 0 & \text{für } m\neq n, \\ \pi & \text{für } m=n\neq 0, \\ 2\pi & \text{für } m=n=0, \end{cases}$ $m,n=0,1,2,\ldots$

(332.7b-c).

8) $\int_0^\infty \dfrac{\sin ax}{e^{bx}-e^{cx}}\, dx = \dfrac{1}{2i(b-c)}\left[\Psi\!\left(\dfrac{b+ia}{b-c}\right)-\Psi\!\left(\dfrac{b-ia}{b-c}\right)\right]$, $b>c$, $b>0$, (311.13-16).

9) $\int_0^\infty \dfrac{\sin ax}{\mathfrak{Sin}\, bx}\, dx = \dfrac{\pi}{2b}\mathfrak{Tg}\dfrac{a\pi}{2b}$, $b>0$, (311.17b).

10) $\int_0^\infty \dfrac{\sin ax}{e^{bx}-1}\, dx = \dfrac{\pi}{2b}\mathfrak{Ctg}\dfrac{a\pi}{b}-\dfrac{1}{2a}$, $b>0$, $a\neq 0$, (8, 411.7a-8d).

11a) $\int_0^\infty \dfrac{\cos ax}{\mathfrak{Cof}\, bx}\, dx = 2\int_0^\infty \dfrac{\cos ax}{e^{bx}+e^{-bx}}\, dx = \dfrac{\pi}{2b\,\mathfrak{Cof}\frac{a\pi}{2b}}$, $b>0$, (311.11a);

11b) $\int_0^\infty \dfrac{\cos ax}{\mathfrak{Cof}^2\, bx}\, dx = \dfrac{\pi a}{2b^2\,\mathfrak{Sin}\frac{a\pi}{2b}}$, $b>0$, (311.11);

11c) $\int_0^\infty \dfrac{\cos ax}{\mathfrak{Cof}^n\, bx}\, dx = \dfrac{\pi(a^2+b^2)(a^2+3^2 b^2)\cdots[a^2+(n-2)^2 b^2]}{2(n-1)!\, b^n\,\mathfrak{Cof}\frac{a\pi}{2b}}$,

$b>0$, $n=3,5,7,\ldots$ (311.11);

11d) $\qquad = \dfrac{\pi a(a^2+2^2 b^2)(a^2+4^2 b^2)\cdots[a^2+(n-2)^2 b^2]}{2(n-1)!\, b^n\,\mathfrak{Sin}\frac{a\pi}{2b}}$,

$b>0$, $n=4,6,8,\ldots$ (311.11).

12) $\int_0^\infty \dfrac{\sin ax}{\mathfrak{Cof}\,bx}\, dx = 2\int_0^\infty \dfrac{\sin ax}{e^{bx}+e^{-bx}}\, dx = -\dfrac{\pi}{2b}\mathfrak{Tg}\dfrac{a\pi}{2b}+\dfrac{1}{2bi}\left[\Psi\!\left(\dfrac{1}{4}+\dfrac{ai}{4b}\right)-\Psi\!\left(\dfrac{1}{4}-\dfrac{ai}{4b}\right)\right]$,

$b>0$, (311.14, 411.8d).

335

13a) $\int_0^\infty \dfrac{\cos ax}{a \cosh \beta x + b} dx = \dfrac{\pi \sin\left(\dfrac{\alpha}{\beta} \operatorname{Arcosh} \dfrac{b}{a}\right)}{\beta \sqrt{b^2-a^2}\, \sinh \dfrac{\alpha \pi}{\beta}}$, $\alpha > 0, \beta > 0, b > a > 0$,

$(441.2a, a=c, x=e^{\beta y}, \kappa=1+i\dfrac{\alpha}{\beta})$;

13b) $\qquad = \dfrac{\pi \sinh\left(\dfrac{\alpha}{\beta} \operatorname{Arccos} \dfrac{b}{a}\right)}{\beta \sqrt{a^2-b^2}\, \sinh \dfrac{\alpha \pi}{\beta}}$, $\alpha > 0, \beta > 0, a > |b| \geq 0$,

$(441.2d$ wie $13a)$.

14a) $\int_0^\infty \dfrac{\cos ax}{\cosh x + \cosh p} dx = \dfrac{\pi \sin ap}{\sinh p \, \sinh a\pi}$, $\alpha \neq 0$, $p \neq 0$, $(13a)$;

14b) $\int_0^\infty \dfrac{\cos ax}{\cosh x + \cos p} dx = \dfrac{\pi \sinh ap}{\sin p \, \sinh a\pi}$, $\alpha \neq 0$, $0 < p < \pi$, $(13b)$;

14c) $\int_0^\infty \dfrac{\cos ax}{\cosh x + 1} dx = \dfrac{a\pi}{\sinh a\pi}$, $\alpha \neq 0$, $(14a, p \to 0)$.

15) $(\mathcal{C}) \int_0^\infty \dfrac{e^{-ax} \sin bx}{\sin cx} dx = \dfrac{1}{2ic}\left[\Psi\left(\dfrac{b+c}{2c} - i\dfrac{a}{2c}\right) - \Psi\left(\dfrac{-b+c}{2c} - i\dfrac{a}{2c}\right)\right]$, $a > 0, c \neq 0$, (311.16);

15a) $\int_0^\infty \dfrac{e^{-ax} \sin(2n+1)x}{\sin x} dx = \dfrac{1}{a}$, $a > 0$, $n = 0$, $(312.3a)$;

15b) $\qquad = \dfrac{1}{a} + 2a \sum_{\nu=1}^{n} \dfrac{1}{a^2 + (2\nu)^2}$, $a > 0$, $n = 1, 2, \ldots$ $(15, 411.7a)$;

15c) $\int_0^\infty \dfrac{e^{-ax} \sin 2nx}{\sin x} dx = 2a \sum_{\nu=0}^{n-1} \dfrac{1}{a^2 + (2\nu+1)^2}$, $a > 0$, $n = 1, 2, \ldots$ $(15, 411.7a)$.

16) $\int_0^{2\pi} F(e^{ix}, \cos x, \sin x) dx = 2\pi \sum R$,

wo $\sum R$ die Summe der Residuen von $\dfrac{1}{z} F\left(z, \dfrac{z+z^{-1}}{2}, \dfrac{z-z^{-1}}{2i}\right)$

im Innern des Einheitskreises bedeutet (021.12).

17) $\int_0^{\pi/2} \dfrac{f(e^{ix}\cos x) + f(e^{-ix}\cos x)}{a^2\cos^2 x + b^2 \sin^2 x} dx = \dfrac{1}{2}\int_0^\pi \sim = \dfrac{1}{2}\int_{-\pi}^\pi \dfrac{f(e^{ix}\cos x) dx}{a^2\cos^2 x + b^2\sin^2 x} = \dfrac{\pi}{ab} f\left(\dfrac{b}{a+b}\right)$,

$a > 0, b > 0$, $f\left(\dfrac{z+1}{2}\right)$ im Kreis $|z| \leq 1$ regulär (021.12).

17a) $\int_0^{\pi/2} \dfrac{(e^{ix}\cos x)^n + (e^{-ix}\cos x)^n}{a^2\cos^2 x + b^2\sin^2 x} dx = \dfrac{\pi}{ab}\left(\dfrac{b}{a+b}\right)^n$, $a > 0, b > 0, n = 0, 1, 2, \ldots (17)$.

335

18) $\int_0^{\pi/2} [f(e^{ix}\cos x) + f(\bar{e}^{ix}\cos x)] dx = \frac{1}{2}\int_0^{\pi} \sim = \frac{1}{2}\int_{-\pi}^{\pi} f(e^{ix}\cos x) dx = \pi f(\frac{1}{2})$,

$f(\frac{z+1}{2})$ im Kreis $|z|\leq 1$ regulär   (17).

19) $\int_{-\pi/2}^{\pi/2} e^{i\beta x} \cos^{\alpha-1} x \, dx = \dfrac{\pi \Gamma(\alpha)}{2^{\alpha-1}\Gamma\left(\frac{\alpha+\beta+1}{2}\right)\Gamma\left(\frac{\alpha-\beta+1}{2}\right)}, \quad \alpha > 0$,

(421.18a, $x = \mathrm{tg}\, y$, $a = b = 1$, $\kappa+\lambda = \alpha+1$, $\kappa-\lambda = \beta$, D);

19a) $\int_0^{\pi} e^{i\beta x} \sin^{\alpha-1} x \, dx = \dfrac{\pi \Gamma(\alpha) e^{i\frac{\beta\pi}{2}}}{2^{\alpha-1}\Gamma\left(\frac{\alpha+\beta+1}{2}\right)\Gamma\left(\frac{\alpha-\beta+1}{2}\right)}, \quad \alpha > 0$,   (19, $x = -\frac{\pi}{2}+y$).

20) $\int_0^{\pi/2} e^{i(\alpha+\beta)x} \cos^{\alpha-1} x \sin^{\beta-1} x \, dx = e^{i\frac{\beta\pi}{2}} B(\alpha,\beta), \quad \alpha > 0, \beta > 0$,

(421.15, $x = \mathrm{tg}\, y$, $\varrho = 1$, $\Theta = \frac{\pi}{2}$, $\kappa = \beta$, $\lambda = \alpha+\beta$).

336

336. Integrale der Form $\int F(x, e^{ax}, \sin bx, \cos cx) dx$.

1a) $\int_0^{\pi/2} x^n e^{ax} \sin x \, dx = \dfrac{d^n}{da^n}\left(\dfrac{1 + a e^{\frac{a\pi}{2}}}{1+a^2}\right), \quad n = 0, 1, 2, \ldots$ (335.1, 021.5);

1b) $\int_0^{\pi} \sim \quad = \dfrac{d^n}{da^n}\left(\dfrac{1+e^{a\pi}}{1+a^2}\right), \quad n = 0, 1, 2, \ldots$ (335.1, 021.5).

2a) $\int_0^{\pi/2} x^n e^{ax} \cos x \, dx = \dfrac{d^n}{da^n}\left(\dfrac{-a + e^{\frac{a\pi}{2}}}{1+a^2}\right), \quad n = 0, 1, 2, \ldots$ (335.2, 021.5);

2b) $\int_0^{\pi} \sim \quad = \dfrac{d^n}{da^n}\left(\dfrac{-a(1+e^{a\pi})}{1+a^2}\right), \quad n = 0, 1, 2, \ldots$ (335.2, 021.5).

3a) $\int_0^{\infty} x^n e^{-ax} \sin bx \, dx = (-1)^n \dfrac{\partial^n}{\partial a^n}\left(\dfrac{b}{a^2+b^2}\right), \quad a > 0, n = 0, 1, 2, \ldots$

(335.1a, 021.5);

3b) $\qquad = n!\left(\dfrac{a}{a^2+b^2}\right)^{n+1} \sum_{\nu=0}^{r} (-1)^{\nu} \binom{n+1}{2\nu+1}\left(\dfrac{b}{a}\right)^{2\nu+1}$,

$a > 0$, $r = \left[\frac{n}{2}\right]$, $n = 0, 1, 2, \ldots$ (3a);

336

3c) $\int_0^\infty x e^{-ax} \sin bx \, dx = \dfrac{2ab}{(a^2+b^2)^2}, \quad a>0,$ \hfill (3a).

4a) $\int_0^\infty x^n e^{-ax} \cos bx \, dx = (-1)^n \dfrac{\partial^n}{\partial a^n}\left(\dfrac{a}{a^2+b^2}\right), \quad a>0, \ n=0,1,2,\ldots$ \hfill (335.2a, 021.5);

4b) $\quad = n!\left(\dfrac{a}{a^2+b^2}\right)^{n+1} \sum_{\nu=0}^{r} (-1)^\nu \binom{n+1}{2\nu}\left(\dfrac{b}{a}\right)^{2\nu},$

$\qquad\qquad a>0, \ r=\left[\dfrac{n+1}{2}\right], \ n=0,1,2,\ldots$ \hfill (4a);

4c) $\int_0^\infty x e^{-ax} \cos bx \, dx = \dfrac{a^2-b^2}{(a^2+b^2)^2}, \quad a>0,$ \hfill (4a).

5a) $\int_0^\infty x^{\kappa-1} e^{-ax} \sin bx \, dx = \Gamma(\kappa)(a^2+b^2)^{-\kappa/2} \sin\left[\kappa \operatorname{Arc\,tg}\dfrac{b}{a}\right],$

$\qquad\qquad a>0, \ \kappa>-1 \ (\kappa\neq 0),$ \hfill (313.13 Imaginärteil);

5b) $\int_0^\infty x^{\kappa-1} e^{-ax} \cos bx \, dx = \Gamma(\kappa)(a^2+b^2)^{-\kappa/2} \cos\left[\kappa \operatorname{Arc\,tg}\dfrac{b}{a}\right],$

$\qquad\qquad a>0, \ \kappa>0,$ \hfill (313.13 Realteil).

6) $\int_0^\infty e^{-ax} \dfrac{\sin}{\cos}(bx)\dfrac{dx}{\sqrt{x}} = \sqrt{\dfrac{\pi(\sqrt{a^2+b^2}\mp a)}{2(a^2+b^2)}}, \quad a>0, \ b\geq 0,$ \hfill (5a-b).

7a) $\int_0^\infty e^{-ax} \sin bx \, \dfrac{dx}{x^\kappa} = \dfrac{\pi \sin\left[(1-\kappa)\operatorname{Arc\,tg}\dfrac{b}{a}\right]}{\Gamma(\kappa)\sin\pi\kappa \,(a^2+b^2)^{\frac{1-\kappa}{2}}}, \quad a>0, \ \kappa<2 \ (\kappa\neq 0,\pm 1,-2,\ldots)$ \hfill (5a);

7b) $\int_0^\infty e^{-ax} \sin bx \, \dfrac{dx}{x} = \operatorname{Arc\,tg}\dfrac{b}{a}, \quad a>0,$ \hfill (7a, $\kappa\to 1$).

8a) $\int_0^\infty e^{-ax} \dfrac{\cos bx - \cos cx}{x^\kappa} dx = \Gamma(1-\kappa)\left\{(a^2+b^2)^{\frac{\kappa-1}{2}} \cos\left[(1-\kappa)\operatorname{Arc\,tg}\dfrac{b}{a}\right]\right.$

$\qquad\qquad \left. -(a^2+c^2)^{\frac{\kappa-1}{2}} \cos\left[(1-\kappa)\operatorname{Arc\,tg}\dfrac{c}{a}\right]\right\},$

$\qquad\qquad a>0, \ \kappa<2 \ (\kappa\neq 1),$ \hfill (5b);

8b) $\int_0^\infty e^{-ax} \dfrac{\cos bx - \cos cx}{x} dx = \dfrac{1}{2}\log\dfrac{a^2+c^2}{a^2+b^2}, \quad a>0,$ \hfill (8a, $\kappa\to 1$);

8c) $\int_0^\infty e^{-ax}(1-\cos bx)\dfrac{dx}{x} = \dfrac{1}{2}\log\left(1+\dfrac{b^2}{a^2}\right), \quad a>0,$ \hfill (8b).

336

9a) $\int_0^\infty e^{-ax}\sin^{2m+1}bx\,\frac{dx}{x} = (-1)^m 2^{-2m}\sum_{\nu=0}^{m}(-1)^\nu\binom{2m+1}{\nu}\operatorname{Arc\,tg}\frac{(2m-2\nu+1)b}{a}$,

$\qquad a>0,\ m=0,1,2,\ldots$ \hfill (7b);

9b) $\int_0^\infty e^{-ax}\sin^{2m}bx\,\frac{dx}{x} = (-1)^{m+1}2^{-2m}\sum_{\nu=0}^{m-1}(-1)^\nu\binom{2m}{\nu}\log[a^2+(2m-2\nu)^2 b^2] - \binom{2m}{m}2^{-2m}\log a$,

$\qquad a>0,\ m=1,2,\ldots$ \hfill (8b).

10a) $\int_0^\infty e^{-ax}\sin bx\sin cx\,\frac{dx}{x} = \frac{1}{4}\log\frac{a^2+(b+c)^2}{a^2+(b-c)^2}$, $\quad a>0$, \hfill (I 332.1a, 8b);

10b) $\int_0^\infty e^{-ax}\sin bx\cos cx\,\frac{dx}{x} = \frac{1}{2}\operatorname{Arc\,tg}\frac{2ab}{a^2-b^2+c^2} + \varepsilon\cdot\frac{\pi}{2}$,

$\qquad a>0,\ b\geq 0,\ \varepsilon = \begin{cases} 0 \text{ für } a^2-b^2+c^2\geq 0 \\ 1 \text{ für } a^2-b^2+c^2 < 0 \end{cases}$ \hfill (I 332.1c, 7b).

11) $\int_0^\infty e^{-ax}\sin^m bx\cos^n cx\,\frac{dx}{x^\kappa}$, $a>0,\ \kappa\leq m$, und ähnliche Integrale können mit Hilfe 021.3, I 332.1a–c, 7a–b, 8a–b berechnet werden.

12a) $\int_0^\infty \frac{e^{-ax}-e^{-bx}}{x}\sin cx\,dx = \operatorname{Arc\,tg}\frac{c(b-a)}{ab+c^2}$, $\quad a\geq 0,\ b\geq 0,\ c\neq 0$, \hfill (7b);

12b) $\int_0^\infty \frac{e^{-ax}-e^{-bx}}{x}\cos cx\,dx = \frac{1}{2}\log\frac{b^2+c^2}{a^2+c^2}$, $\quad a\geq 0,\ b\geq 0,\ c\neq 0$, (335.2a, 021.6);

12c) $\int_0^\infty \frac{e^{-ax}-e^{-bx}}{x^2}\sin cx\,dx = -a\operatorname{Arc\,tg}\frac{c}{a} + b\operatorname{Arc\,tg}\frac{c}{b} + \frac{c}{2}\log\frac{b^2+c^2}{a^2+c^2}$,

$\qquad a\geq 0,\ b\geq 0,\ c\neq 0$, \hfill (021.3, 12b, 7b).

13a) $\int_0^\infty \frac{1-e^{-ax}}{x}\sin bx\,dx = \operatorname{Arc\,tg}\frac{a}{b}$, $\quad a\geq 0,\ b\neq 0$, \hfill (12a);

13b) $\int_0^\infty \frac{1-e^{-ax}}{x^2}\sin bx\,dx = a\operatorname{Arc\,tg}\frac{b}{a} + \frac{b}{2}\log\left(1+\frac{a^2}{b^2}\right)$, $\quad a\geq 0,\ b\neq 0$, (12c).

13c) $\int_0^\infty \frac{1-e^{-ax}}{x}\cos bx\,dx = \frac{1}{2}\log\left(1+\frac{a^2}{b^2}\right)$, $\quad a\geq 0,\ b\neq 0$, \hfill (12b).

336

14a) $\int_0^\infty \dfrac{x^{2m}\sin ax}{e^{(2n+1)\alpha x}-e^{(2n-1)\alpha x}}\,dx = (-1)^m \dfrac{\partial^{2m}}{\partial a^{2m}}\left[\dfrac{\pi}{4\alpha}\mathrm{Tg}\,\dfrac{a\pi}{2\alpha}-\sum_{\nu=1}^{n}\dfrac{a}{a^2+(2\nu-1)^2\alpha^2}\right]^{*)},$

$\alpha>0,\ m,n=0,1,2,\ldots$ (335.8, 021.5, 411.7a–8d);

14b) $\int_0^\infty \dfrac{x^{2m+1}\cos ax}{e^{(2n+1)\alpha x}-e^{(2n-1)\alpha x}}\,dx = (-1)^m \dfrac{\partial^{2m+1}}{\partial a^{2m+1}}\left[\dfrac{\pi}{4\alpha}\mathrm{Tg}\,\dfrac{a\pi}{2\alpha}-\sum_{\nu=1}^{n}\dfrac{a}{a^2+(2\nu-1)^2\alpha^2}\right]^{*)},$

$\alpha>0,\ m,n=0,1,2,\ldots$ (335.8, 021.5, 411.7a–8d);

14c) $\int_0^\infty \dfrac{x^{2m}\sin ax}{e^{2n\alpha x}-e^{(2n-2)\alpha x}}\,dx = (-1)^m \dfrac{\partial^{2m}}{\partial a^{2m}}\left[\dfrac{\pi}{4\alpha}\mathrm{Ctg}\,\dfrac{a\pi}{2\alpha}-\dfrac{1}{2a}-\sum_{\nu=1}^{n-1}\dfrac{a}{a^2+(2\nu)^2\alpha^2}\right]^{**)},$

$a>0\ \alpha>0,\ m=0,1,2,\ldots,\ n=1,2,\ldots$

(335.8, 021.5, 411.7a–8d);

14d) $\int_0^\infty \dfrac{x^{2m+1}\cos ax}{e^{2n\alpha x}-e^{(2n-2)\alpha x}}\,dx = (-1)^m \dfrac{\partial^{2m+1}}{\partial a^{2m+1}}\left[\dfrac{\pi}{4\alpha}\mathrm{Ctg}\,\dfrac{a\pi}{2\alpha}-\dfrac{1}{2a}-\sum_{\nu=1}^{n-1}\dfrac{a}{a^2+(2\nu)^2\alpha^2}\right]^{**)},$

$a>0,\ \alpha>0,\ m=0,1,2,\ldots,\ n=1,2,\ldots$

(335.8, 021.5, 411.7a–8d).

15a) $\int_0^\infty \dfrac{x^{2m}\sin ax}{e^x-1}\,dx = (-1)^m \dfrac{\partial^{2m}}{\partial a^{2m}}\left[\dfrac{\pi}{2}\mathrm{Ctg}\,a\pi-\dfrac{1}{2a}\right],\ a>0,\ m=0,1,2,\ldots$

(14c, $n=1,\ \alpha=\tfrac{1}{2}$);

15b) $\int_0^\infty \dfrac{x^{2m+1}\cos ax}{e^x-1}\,dx = (-1)^m \dfrac{\partial^{2m+1}}{\partial a^{2m+1}}\left[\dfrac{\pi}{2}\mathrm{Ctg}\,a\pi-\dfrac{1}{2a}\right],\ a>0,\ m=0,1,2,\ldots$

(14d, $n=1,\ \alpha=\tfrac{1}{2}$).

16a) $\int_0^\infty \dfrac{\cos ax-\cos bx}{e^{(2n+1)\alpha x}-e^{(2n-1)\alpha x}}\,\dfrac{dx}{x} = \dfrac{1}{2}\log\dfrac{\cos\frac{b\pi}{2\alpha}}{\cos\frac{a\pi}{2\alpha}}-\dfrac{1}{2}\sum_{\nu=1}^{n}\log\dfrac{b^2+(2\nu-1)^2\alpha^2}{a^2+(2\nu-1)^2\alpha^2}\ ^{*)}$

$\alpha>0,\ n=0,1,2,\ldots$ (335.8, 021.6);

16b) $\int_0^\infty \dfrac{\cos ax-\cos bx}{e^{2n\alpha x}-e^{(2n-2)\alpha x}}\,\dfrac{dx}{x} = \dfrac{1}{2}\log\dfrac{a\sin\frac{b\pi}{2\alpha}}{b\sin\frac{a\pi}{2\alpha}}-\dfrac{1}{2}\sum_{\nu=1}^{n-1}\log\dfrac{b^2+(2\nu)^2\alpha^2}{a^2+(2\nu)^2\alpha^2}\ ^{**)},$

$\alpha,a,b>0,\ n=1,2,\ldots$ (335.8, 021.6);

16c) $\int_0^\infty \dfrac{1-\cos ax}{e^{2n\alpha x}-e^{(2n-2)\alpha x}}\,\dfrac{dx}{x} = \dfrac{1}{2}\log\dfrac{2\alpha\sin\frac{a\pi}{2\alpha}}{a\pi}-\dfrac{1}{2}\sum_{\nu=1}^{n-1}\log\left[1+\left(\dfrac{a}{2\nu\alpha}\right)^2\right]^{**)},$

$\alpha,a>0,\ n=1,2,\ldots$ (16b, $a\to 0$).

---

*) Bei $n=0$ bleibt die Summe weg.

**) Bei $n=1$ bleibt die Summe weg.

336

17a) $\displaystyle\int_0^\infty \frac{x^{2n}\sin ax}{\mathfrak{Sin}\, bx}\,dx = (-1)^n \frac{\pi}{2b}\cdot\frac{\partial^{2n}}{\partial a^{2n}}\left(\mathfrak{Tg}\,\frac{a\pi}{2b}\right),\qquad b>0,\ n=0,1,2,\ldots$
$\hfill (335.9, 021.5);$

17b) $\displaystyle\int_0^\infty \frac{x^{2n+1}\cos ax}{\mathfrak{Sin}\, bx}\,dx = (-1)^n \frac{\pi}{2b}\cdot\frac{\partial^{2n+1}}{\partial a^{2n+1}}\left(\mathfrak{Tg}\,\frac{a\pi}{2b}\right),\qquad b>0,\ n=0,1,2,\ldots$
$\hfill (335.9, 021.5).$

18a) $\displaystyle\int_0^\infty \frac{x^{2n}\cos ax}{\mathfrak{Cof}\, bx}\,dx = (-1)^n \frac{\pi}{2b}\cdot\frac{\partial^{2n}}{\partial a^{2n}}\left(\frac{1}{\mathfrak{Cof}\,\frac{a\pi}{2b}}\right),\qquad b>0,\ n=0,1,2,\ldots$
$\hfill (335.11a, 021.5);$

18b) $\displaystyle\int_0^\infty \frac{x^{2n+1}\sin ax}{\mathfrak{Cof}\, bx}\,dx = (-1)^{n+1} \frac{\pi}{2b}\cdot\frac{\partial^{2n+1}}{\partial a^{2n+1}}\left(\frac{1}{\mathfrak{Cof}\,\frac{a\pi}{2b}}\right),\ b>0,\ n=0,1,2,\ldots$
$\hfill (335.11a, 021.5).$

19a) $\displaystyle\int_0^\infty \frac{\cos ax - \cos bx}{\mathfrak{Sin}\, cx}\cdot\frac{dx}{x} = \log\frac{\mathfrak{Cof}\,\frac{b\pi}{2c}}{\mathfrak{Cof}\,\frac{a\pi}{2c}},\qquad c>0,\qquad (335.9, 021.6);$

19b) $\displaystyle\int_0^\infty \frac{\sin ax - \sin bx}{\mathfrak{Cof}\, cx}\cdot\frac{dx}{x} = 2\,\mathrm{Arc\,tg}\,\frac{e^{\frac{a\pi}{2c}} - e^{\frac{b\pi}{2c}}}{1 + e^{\frac{(a+b)\pi}{2c}}},\ c>0,\qquad (335.11a, 021.6).$

20) $\displaystyle\int_0^\infty \frac{\sin ax}{x\,\mathfrak{Cof}\, bx}\,dx = 2\,\mathrm{Arc\,tg}\left(\mathfrak{Tg}\,\frac{a\pi}{4b}\right),\ b>0,\qquad (19b).$

21a) $\displaystyle\int_0^\infty \frac{\sin ax}{\mathfrak{Sin}\,\frac{\pi}{2}x}\cdot\frac{dx}{1+x^2} = \frac{1}{2}\int_{-\infty}^\infty \sim\ = \frac{\pi}{2}\,\mathfrak{Sin}\,a - \mathfrak{Cof}\,a\cdot\mathrm{Arc\,tg}(\mathfrak{Sin}\,a),$
$\hfill (021.10, 335.9, 352.8);$

21b) $\displaystyle\int_0^\infty \frac{\sin ax}{\mathfrak{Sin}\,\pi x}\cdot\frac{dx}{1+x^2} = \frac{1}{2}\int_{-\infty}^\infty \sim\ = -\frac{a}{2}\,\mathfrak{Cof}\,a + \mathfrak{Sin}\,a\cdot\log\left(2\,\mathfrak{Cof}\,\frac{a}{2}\right),$
$\hfill (021.10, 335.9, 352.8).$

22a) $\displaystyle\int_0^\infty \mathfrak{Tg}\,\frac{\pi x}{2}\cdot\frac{\sin ax}{1+x^2}\,dx = \frac{1}{2}\int_{-\infty}^\infty \sim\ = \mathfrak{Sin}\,a\cdot\log\left(\mathfrak{Tg}\,\frac{a}{2}\right),\ a>0,$
$\hfill (021.12)\,^{*});$

22b) $\displaystyle\int_0^\infty \mathfrak{Tg}\,\frac{\pi x}{2}\cdot\frac{\sin ax}{1+x^2}\,dx = \frac{1}{2}\int_{-\infty}^\infty \sim\ = a\,\mathfrak{Cof}\,a - \mathfrak{Sin}\,a\cdot\log(2\,\mathfrak{Sin}\,a),$
$\hfill (021.12)\,^{*}.$

$^{*})$ Durch Residuenrechnung erhält man:

$\displaystyle\int_{-\infty}^\infty \mathfrak{Ctg}\,\frac{\pi x}{2}\cdot\frac{e^{iax}}{1+x^2}\,dx = 2i\left[1 + \mathfrak{Sin}\,a\cdot\log\left(\mathfrak{Tg}\,\frac{a}{2}\right)\right],\ a>0,$

$\displaystyle\int_{-\infty}^\infty \mathfrak{Tg}\,\frac{\pi x}{2}\cdot\frac{e^{iax}}{1+x^2}\,dx = 2i\left[a\,\mathfrak{Cof}\,a - \mathfrak{Sin}\,a\cdot\log(2\,\mathfrak{Sin}\,a)\right],\ a>0.$

337. Integrale der Form $\int F(x, e^{f(x)}, \sin g(x), \cosh(x))\,dx$.

1a) $\displaystyle\int_{-\infty}^{\infty} e^{-(ax^2+bx+c)}\cos(\lambda x+\mu)\cdot x^n\,dx =$

$$= \left(\frac{-1}{2a}\right)^n \sqrt{\frac{\pi}{a}}\, e^{\frac{b^2-\lambda^2}{4a}-c} \sum_{\nu=0}^{r}\frac{(n;-1,2\nu)}{\nu!} a^\nu \sum_{j=0}^{n-2\nu}\binom{n-2\nu}{j} b^{n-2\nu-j}\lambda^j \cos\left(\frac{\lambda b}{2a}-\mu+\frac{j\pi}{2}\right),$$

$$a>0,\; r=\left[\frac{n}{2}\right],\; n=0,1,2,\ldots \qquad (314.6)^{*)}$$

1b) $\displaystyle\int_{-\infty}^{\infty} e^{-(ax^2+bx+c)}\sin(\lambda x+\mu)\cdot x^n\,dx =$

$$= -\left(\frac{-1}{2a}\right)^n \sqrt{\frac{\pi}{a}}\, e^{\frac{b^2-\lambda^2}{4a}-c} \sum_{\nu=0}^{r}\frac{(n;-1,2\nu)}{\nu!} a^\nu \sum_{j=0}^{n-2\nu}\binom{n-2\nu}{j} b^{n-2\nu-j}\lambda^j \sin\left(\frac{\lambda b}{2a}-\mu+\frac{j\pi}{2}\right),$$

$$a>0,\; r=\left[\frac{n}{2}\right],\; n=0,1,2,\ldots \qquad (1a,\,\mu\to\mu-\tfrac{\pi}{2}).$$

2a) $\displaystyle\int_0^{\infty} e^{-ax^2}\cos\lambda x\cdot x^{2n}\,dx = \frac{1}{2}\int_{-\infty}^{\infty}\sim\; = (-1)^n 2^{-2n-1}\sqrt{\frac{\pi}{a}}\, e^{-\frac{\lambda^2}{4a}} H_{2n}\!\left(\frac{\lambda}{2},\frac{1}{a}\right),\; a>0,\; n=0,1,2,\ldots$

$$(1a,\,177.1a\text{-}b);$$

2b) $\displaystyle\int_0^{\infty} e^{-ax^2}\sin\lambda x\cdot x^n\,dx = \frac{\lambda}{2} a^{-\frac{n}{2}-1}\,\Gamma\!\left(\frac{n}{2}+1\right) \mathcal{F}\!\left(\frac{n}{2}+1,\frac{3}{2};\frac{-\lambda^2}{4a}\right),\; a>0,\; n>-2,$

$$(021.7,\,314.2,\,011.6).$$

3) $\displaystyle\int_{-\infty}^{\infty} e^{-(ax^2+2bx+c)}\begin{matrix}\cos\\\sin\end{matrix}(\lambda x^2+2\mu x+\nu)\,dx =$

$$= \frac{\sqrt{\pi}}{\sqrt[4]{a^2+\lambda^2}}\, e^{\frac{a(b^2-ac)-(a\mu^2-2b\mu\lambda+c\lambda^2)}{a^2+\lambda^2}} \begin{matrix}\cos\\\sin\end{matrix}\!\left(\varphi - \frac{\lambda(\mu^2-\lambda\nu)-(\lambda b^2-2\mu b a+\nu a^2)}{a^2+\lambda^2}\right),$$

$$a>0,\; \varphi=\tfrac{1}{2}\operatorname{Arc tg}\tfrac{\lambda}{a}, \qquad (314.6a).$$

4a) $\displaystyle\int_0^{\infty} e^{-ax^2}\cos(\lambda x^2)\,dx = \frac{1}{2}\int_{-\infty}^{\infty}\sim\; = \frac{\sqrt{\pi}}{2}\sqrt{\frac{a+\sqrt{a^2+\lambda^2}}{2(a^2+\lambda^2)}},\; a\ge 0, \qquad (3);$

4b) $\displaystyle\int_0^{\infty} e^{-ax^2}\sin(\lambda x^2)\,dx = \frac{1}{2}\int_{-\infty}^{\infty}\sim\; = \frac{\sqrt{\pi}}{2}\sqrt{\frac{-a+\sqrt{a^2+\lambda^2}}{2(a^2+\lambda^2)}},\; a\ge 0,\; \lambda>0, \qquad (3).$

[*)] Mit Benützung der Formel
$$e^{i\varphi}(a+ib)^n + e^{-i\varphi}(a-ib)^n = 2\sum_{j=0}^{n}\binom{n}{j} a^{n-j} b^j \cos\!\left(\varphi+\tfrac{j\pi}{2}\right).$$

337

5) $\int_0^\infty e^{-ax^2} {\sin \atop \cos}(\lambda x^2) \cos 2\mu x \, dx = \frac{\sqrt{\pi}}{2\sqrt[4]{a^2+\lambda^2}} e^{\frac{-a\mu^2}{a^2+\lambda^2}} {\sin \atop \cos}\left(\varphi - \frac{\lambda\mu^2}{a^2+\lambda^2}\right),$

$\qquad\qquad a>0, \varphi = \frac{1}{2} \text{Arc tg} \frac{\lambda}{a}, \qquad$ (I 332.1b-c, 3).

6) $\int_0^\infty e^{-ax^2 - \frac{b}{x^2}} {\cos \atop \sin}(\lambda x^2 + \frac{\mu}{x^2}) dx = \frac{1}{2}\int_{-\infty}^\infty \sim =$

$= \frac{\sqrt{\pi}}{2\varrho} e^{-2\varrho\sigma\cos(\varphi+\psi)} {\cos \atop \sin}(\varphi + 2\varrho\sigma\sin(\varphi+\psi)), \; a,b \geq 0, a^2+\lambda^2 > 0,$

$\varrho = \sqrt[4]{a^2+\lambda^2}, \; \sigma = \sqrt[4]{b^2+\mu^2}, \; \varphi = \frac{1}{2}\text{Arc tg}\frac{\lambda}{a}, \psi = \frac{1}{2}\text{Arc tg}\frac{\mu}{b}, (314.10a).$

7a) $\int_0^\infty e^{-ax^2} {\cos \atop \sin}(\frac{\mu}{x^2}) dx = \frac{1}{2}\int_{-\infty}^\infty \sim = \frac{1}{2}\sqrt{\frac{\pi}{a}} e^{-\sqrt{2a\mu}} {\cos \atop \sin}\sqrt{2a\mu}, \; a>0, \mu \geq 0,$ (6);

7b) $\int_0^\infty e^{-\frac{b}{x^2}} {\cos \atop \sin}(\lambda x^2) dx = \frac{1}{2}\int_{-\infty}^\infty \sim = \frac{1}{2}\sqrt{\frac{\pi}{\lambda}} e^{-\sqrt{2b\lambda}} {\cos \atop \sin}(\frac{\pi}{4} + \sqrt{2b\lambda}), \; b \geq 0, \lambda > 0,$ (6);

7c) $\int_0^\infty e^{-\frac{b}{x}} {\cos \atop \sin}(\lambda x) \frac{dx}{\sqrt{x}} = \sqrt{\frac{\pi}{\lambda}} e^{-\sqrt{2b\lambda}} {\cos \atop \sin}(\frac{\pi}{4} + \sqrt{2b\lambda}), \; b \geq 0, \lambda > 0, \qquad$ (7b).

8) $\int_0^\infty e^{-ax^2 - \frac{b}{x^2}} {\cos \atop \sin}(\lambda x^2 + \frac{\mu}{x^2}) \frac{dx}{x^2} = \frac{1}{2}\int_{-\infty}^\infty \sim =$

$= \frac{\sqrt{\pi}}{2\sigma} e^{-2\varrho\sigma\cos(\varphi+\psi)} {\cos \atop \sin}(\psi + 2\varrho\sigma\sin(\varphi+\psi)), \; a,b \geq 0, b^2+\mu^2 > 0,$

$\qquad$ Bezeichnungen wie bei 6, $\qquad (6, x \to \frac{1}{x} \text{ oder } 314.10b).$

9a) $\int_0^{2\pi} e^{r\cos x + s\sin x} \cos(mx - \lambda\cos x - \mu\sin x) dx =$

$= \pi \left[(r-\mu)^2 + (s+\lambda)^2\right]^{-m/2} \left\{(A+iB)^{m/2} I_m(\sqrt{C-iD}) + (A-iB)^{m/2} I_m(\sqrt{C+iD})\right\},$

$A = r^2 - s^2 + \lambda^2 - \mu^2, \quad B = 2(rs+\lambda\mu),$
$C = r^2 + s^2 - \lambda^2 - \mu^2, \quad D = 2(r\lambda + s\mu), \qquad (r-\mu)^2 + (s+\lambda)^2 > 0,$
$\qquad\qquad m = 1, 2, \ldots \qquad$ (021.12a, 512.2a);

9b) $\int_0^{2\pi} e^{r\cos x + s\sin x} \sin(mx - \lambda\cos x - \mu\sin x) dx =$

$= -i\pi \left[(r-\mu)^2 + (s+\lambda)^2\right]^{-m/2} \left\{(A+iB)^{m/2} I_m(\sqrt{C-iD}) - (A-iB)^{m/2} I_m(\sqrt{C+iD})\right\},$

$\qquad\qquad$ Bezeichnungen wie bei 9a.

337

10a) $\int_0^{2\pi} e^{r\cos x + s\sin x}\cos(\lambda\cos x + \mu\sin x)\,dx = \pi\left[I_0(\sqrt{C+iD}) + I_0(\sqrt{C-iD})\right]$,

Bezeichnungen wie bei 9a (m=0);

10b) $\int_0^{2\pi} e^{r\cos x + s\sin x}\sin(\lambda\cos x + \mu\sin x)\,dx = -i\pi\left[I_0(\sqrt{C+iD}) - I_0(\sqrt{C-iD})\right]$,

Bezeichnungen wie bei 9a (9b, m=0).

11a) $\int_0^\pi e^{r\cos x}\cos(r\sin x)\,dx = \frac{1}{2}\int_0^{2\pi} \sim \, = \pi$, (10a);

11b) $\int_0^\pi e^{r\cos x}\sin(r\sin x)\,dx = -\int_{-\pi}^0 \sim \, = 2\,\mathfrak{Xi}(r)$, (021.7*), 327.6a);

12) $\int_0^{2\pi} e^{r\cos x + s\sin x}\genfrac{}{}{0pt}{}{\cos}{\sin}(mx + s\cos x - r\sin x)\,dx = \frac{2\pi}{m!}(r^2+s^2)^{\frac{m}{2}}\genfrac{}{}{0pt}{}{\cos}{\sin}\left(m\,\text{Arc tg}\,\frac{s}{r}\right)$,

$m=0,1,2,\ldots$ (021.12a).

13a) $\int_0^{2\pi} e^{r\cos x}\sin(r\sin x)\sin mx\,dx = 2\int_0^\pi \sim \, = \frac{\pi r^m}{m!}$, $m=1,2,\ldots$

(I 332.1a, 12, 9a);

13b) $\int_0^{2\pi} e^{r\cos x}\cos(r\sin x)\cos mx\,dx = 2\int_0^\pi \sim \, = \frac{\pi r^m}{m!}$, $m=1,2,\ldots$

(I 332.1b, 12, 9a).

14a) $\int_0^{2\pi} e^{r\cos x}\cos(mx - r\sin x)\,dx = 2\int_0^\pi \sim \, = \frac{2\pi r^m}{m!}$, $m=0,1,2,\ldots$ (12);

14b) $\int_0^{2\pi} e^{r\sin x}\genfrac{}{}{0pt}{}{\cos}{\sin}(mx + r\cos x)\,dx = \frac{2\pi r^m}{m!}\genfrac{}{}{0pt}{}{\cos}{\sin}\left(\frac{m\pi}{2}\right)$, $r>0$, $m=0,1,2,\ldots$ (12).

15a) $\int_0^\pi e^{iz\cos x}\sin^{2\nu}x\,dx = \left(\frac{2}{z}\right)^\nu\sqrt{\pi}\,\Gamma\left(\nu+\frac{1}{2}\right)J_\nu(z)$, $\mathfrak{R}(\nu) > -\frac{1}{2}$, (511.11c);

15b) $\int_0^\pi e^{\pm z\cos x}\sin^{2\nu}x\,dx = \left(\frac{2}{z}\right)^\nu\sqrt{\pi}\,\Gamma\left(\nu+\frac{1}{2}\right)I_\nu(z)$, $\mathfrak{R}(\nu) > -\frac{1}{2}$, (512.4b);

15c) $\int_0^\pi e^{a\cos x}\sin x\,dx = \frac{2}{a}\,\mathfrak{Sin}\,a$, $(\cos x = y,\, \text{I 311.3a})$.

---

*) $e^{r\cos x}\sin(r\sin x) = \mathfrak{R}(-i e^{re^{ix}}) = \mathfrak{R}\left(-i\sum_{\nu=0}^\infty \frac{r^\nu e^{i\nu x}}{\nu!}\right) = \sum_{\nu=0}^\infty \frac{r^\nu \sin\nu x}{\nu!}$.

337

16) $$\int_0^{\pi/2} \frac{\cos^k x}{\sin^{2k+2} x} e^{\delta i(z-kx)-2z\operatorname{ctg} x} dx = \frac{\delta i \, \Gamma(k+1)\sqrt{2\pi z}}{2^{k+2} z^{k+1}} \mathcal{H}_{k+\frac{1}{2}}^{(\varepsilon)}(z),$$

$$\varepsilon = 1, 2; \ \delta = (-1)^{\varepsilon+1}, \ \mathcal{R}(k) > -1, \ \mathcal{R}(z) > 0,$$
$$(\varepsilon = 1: 511.18a, \ \alpha = \tfrac{\pi}{2}, \ \xi = 1 + 2i\operatorname{ctg} x,$$
$$\varepsilon = 2: 511.18b, \ \alpha = \tfrac{\pi}{2}, \ \xi = -1 + 2i\operatorname{ctg} x, \ \nu = k + \tfrac{1}{2}).$$

17a) $$\int_0^{\pi/2} \frac{\cos^k x \, \sin(z-kx)}{\sin^{2k+2} x} e^{-2z\operatorname{ctg} x} dx = \frac{\Gamma(k+1)\sqrt{2\pi z}}{2^{k+2} z^{k+1}} J_{k+\frac{1}{2}}(z),$$

$$\mathcal{R}(k) > -1, \ \mathcal{R}(z) > 0, \quad (16, \text{Imaginärteil});$$

17b) $$\int_0^{\pi/2} \frac{\cos^k x \, \cos(z-kx)}{\sin^{2k+2} x} e^{-2z\operatorname{ctg} x} dx = \frac{-\Gamma(k+1)\sqrt{2\pi z}}{2^{k+2} z^{k+1}} N_{k+\frac{1}{2}}(z),$$

$$\mathcal{R}(k) > -1, \ \mathcal{R}(z) > 0, \quad (16, \text{Realteil}).$$

338

338. Integrale der Form $\int F(x, \log f(x), \sin g(x), \cos h(x)) dx$.[*]

1a) $$\int_0^{2\pi} \log x \, \sin nx \, dx = -\frac{1}{n}\left[\mathcal{E} + \log 2n\pi - \operatorname{Ci}(2n\pi)\right], \ n = 1, 2, \ldots \quad (021.3, 327.3);$$

1b) $$\int_0^{2\pi} \log x \, \cos nx \, dx = -\frac{1}{n} \operatorname{Si}(2n\pi), \ n = 1, 2, \ldots \quad (021.3, 327.4).$$

2a) $$\int_0^1 \log x \, \sin ax \, dx = -\frac{1}{a}\left[\mathcal{E} + \log a - \operatorname{Ci}(a)\right], \ a > 0, \quad (021.3, 327.3);$$

2b) $$\int_0^1 \log x \, \cos ax \, dx = -\frac{1}{a} \operatorname{Si}(a), \quad (021.3, 327.4).$$

3a) $$\int_0^1 \log(\sin \pi x) \sin 2n\pi x \, dx = 0, \quad n = 0, 1, 2, \ldots \quad (4);$$

3b) $$\int_0^1 \log(\sin \pi x) \sin(2n+1)\pi x \, dx = 2\int_0^{1/2} \sim = \frac{-1}{(2n+1)\pi}\left[2\mathcal{E} + 2\log 2 + \Psi\left(\tfrac{1}{2}+n\right) + \Psi\left(-\tfrac{1}{2}-n\right)\right] =$$
$$= \frac{2}{(2n+1)\pi}\left[\log 2 - \frac{2}{1} - \frac{2}{3} - \cdots - \frac{2}{2n-1} - \frac{1}{2n+1}\right],$$
$$n = 0, 1, 2, \ldots \ (021.7^{**}), 332.6b, 411.6a, 411.7a\text{-}c);$$

---
[*] Siehe auch 324–325.
[**] $\log(2\sin\varphi) = \mathcal{R}[\log(1-e^{2\varphi i})] = \mathcal{R}\left(-\sum_{\nu=1}^{\infty}\frac{1}{\nu}e^{2\nu\varphi i}\right) = -\sum_{\nu=1}^{\infty}\frac{\cos 2\nu\varphi}{\nu}, \ 0 < \varphi < \pi.$

338

3c) $\int_0^1 \log(\sin \pi x) \cos 2n\pi x \, dx = 2\int_0^{1/2} \sim = \begin{cases} -\log 2 & \text{für } n=0, \\ -\dfrac{1}{2n} & \text{für } n=1,2,\ldots \end{cases}$ (021.7*), 332.6c);

3d) $\int_0^1 \log(\sin \pi x) \cos(2n+1)\pi x \, dx = 0, \quad n=0,1,2,\ldots$ (4).

4) $\int_0^1 \log(\sin \pi x) f(x) \, dx = (1+\varepsilon) \int_0^{1/2} \sim, \quad \text{wenn } f(1-x) = \varepsilon f(x),$ (031.6).

5a) $\int_0^1 \log(\sin \pi x) \, dx = 2\int_0^{1/2} \sim = -\log 2,$ (322.5a);

5b) $\int_0^{1/4} \sim = -\dfrac{1}{4}\log 2 - \dfrac{1}{2\pi} G,$ (322.6a).

6a) $\int_0^{\pi/2} \log(\sin x) \sin^{k-1} x \, dx = \dfrac{\sqrt{\pi}\,\Gamma\!\left(\frac{k}{2}\right)}{4\,\Gamma\!\left(\frac{k+1}{2}\right)}\left[\Psi\!\left(\frac{k}{2}\right) - \Psi\!\left(\frac{k+1}{2}\right)\right], \quad k>0,$

(sin x = y, 324.51);

6b) $\int_0^{\pi/2} \log(\sin x) \cos^{k-1} x \, dx = \dfrac{\sqrt{\pi}\,\Gamma\!\left(\frac{k}{2}\right)}{4\,\Gamma\!\left(\frac{k+1}{2}\right)}\left[\Psi\!\left(\frac{1}{2}\right) - \Psi\!\left(\frac{k+1}{2}\right)\right], \quad k>0,$

(sin x = y, 324.51);

6c) $\int_0^{\pi/2} \log(\sin x) \sin^k x \cos^\lambda x \, dx = \dfrac{1}{4} B\!\left(\frac{k+1}{2}, \frac{\lambda+1}{2}\right)\left[\Psi\!\left(\frac{k+1}{2}\right) - \Psi\!\left(\frac{k+\lambda+2}{2}\right)\right],$

$k>-1, \lambda>-1,$ (sin x = y, 324.51).

7a) $\int_0^{\pi/2} \log(\sin x) \sin^m x \, dx = \begin{cases} \dfrac{-(1;2;r)\pi}{2^{r+1} r!}\left[\log 2 + \sum_{\nu=1}^m \dfrac{(-1)^\nu}{\nu}\right], & m=2r, \\[2mm] \dfrac{2^r r!}{(3;2;r)}\left[\log 2 + \sum_{\nu=1}^m \dfrac{(-1)^\nu}{\nu}\right], & m=2r+1, \end{cases}$ $r=0,1,2,\ldots$

(6a);

7b) $\int_0^{\pi/2} \log(\sin x) \cos^m x \, dx = \begin{cases} \dfrac{-(1;2;r)\pi}{2^{r+2} r!}\left[\log 4 + \sum_{\nu=1}^r \dfrac{1}{\nu}\right], & m=2r, \\[2mm] \dfrac{-2^r r!}{(3;2;r)} \sum_{\nu=0}^r \dfrac{1}{2\nu+1}, & m=2r+1, \end{cases}$ $r=0,1,2,\ldots$

(6b);

7c) $\int_0^{\pi/2} \log(\sin x) \cos x \, dx = \int_0^{\pi/2} \log(\cos x) \sin x \, dx = -1,$ (7b);

---

*) $\log(2\sin\varphi) = \mathcal{R}\!\left[\log(1-e^{2\varphi i})\right] = \mathcal{R}\!\left(-\sum_{\nu=1}^\infty \dfrac{1}{\nu} e^{2\nu\varphi i}\right) = -\sum_{\nu=1}^\infty \dfrac{\cos 2\nu\varphi}{\nu}, \; 0<\varphi<\pi.$

338

7d) $\displaystyle\int_0^{\pi/2} \log(\operatorname{tg} x)\sin x\,dx = -\int_0^{\pi/2} \log(\operatorname{tg} x)\cos x\,dx = \log 2$, (7a-c).

8) $\displaystyle\int_0^{\pi/4} \log(\operatorname{tg} x)\operatorname{tg}^k x\,dx = \frac{1}{16}\left[\Psi'\!\left(\frac{k+3}{4}\right) - \Psi'\!\left(\frac{k+1}{4}\right)\right]$, $k>-1$, ($\operatorname{tg} x = y$, 324.10);

8a) $\displaystyle\int_0^{\pi/4} \log(\operatorname{tg} x)\operatorname{tg}^{2n+1} x\,dx = \frac{(-1)^{n+1}}{4}\left[\frac{\pi^2}{12} + \sum_{\nu=1}^{n}\frac{(-1)^\nu}{\nu^2}\right]$, $n=0,1,2,\ldots$ (8).

9) $\displaystyle\int_0^{\pi/4} \log(\operatorname{tg} x)\sin^{\alpha-1}x\cos^{\beta-1}x\,dx = -\sum_{\nu=0}^{\infty}\binom{-\frac{\alpha+\beta}{2}}{\nu}\frac{1}{(\alpha+2\nu)^2}$, $\alpha>0$, $\alpha+\beta<6$, (324.11).

10) $\displaystyle\int_0^{\pi/2}\log\!\left(\frac{a+b\sin x}{a-b\sin x}\right)\frac{dx}{\sin x} = \int_0^{\pi/2}\log\!\left(\frac{a+b\cos x}{a-b\cos x}\right)\frac{dx}{\cos x} = \pi\operatorname{Arc\,sin}\frac{b}{a}$, $a\ge|b|$, (331.1b, 325.21a).

10a) $\displaystyle\int_0^{\pi/2}\log\!\left(\frac{1+\cos x}{1-\cos x}\right)\frac{dx}{\cos x} = \frac{\pi^2}{2}$, (10);

10b) $\displaystyle\int_0^{\pi/2}\log\!\left(\operatorname{ctg}\frac{x}{2}\right)\frac{dx}{\cos x} = \frac{\pi^2}{4}$, (10a).

11a) $\displaystyle\int_0^{\pi/2}\frac{\log(\cos x)}{a^2\cos^2 x + b^2\sin^2 x}\,dx = \frac{\pi}{2ab}\log\frac{b}{a+b}$, $a>0$, $b>0$, (335.17, $f(y)=\log y$);

11b) $\displaystyle\int_0^{\pi/2}\frac{\log(\sin x)}{a^2\cos^2 x + b^2\sin^2 x}\,dx = \frac{\pi}{2ab}\log\frac{a}{a+b}$, $a>0$, $b>0$, (331.1a, 11a);

11c) $\displaystyle\int_0^{\pi/2}\frac{\log(\operatorname{tg} x)}{a^2\cos^2 x + b^2\sin^2 x}\,dx = \frac{\pi}{2ab}\log\frac{a}{b}$, $a>0$, $b>0$, (11a-b).

12) $\displaystyle\int_0^{\pi/2}\frac{\log(\operatorname{tg} x)}{(\sin x + \varrho\cos x)^2}\,dx = \frac{\log\varrho}{\varrho}$, $\varrho>0$, (324.13d).

13a) $\displaystyle\int_0^{\pi}\log(1+2r\cos x + r^2)\cos nx\,dx = \frac{1}{2}\int_0^{2\pi}\sim\ = \begin{cases}\dfrac{(-1)^{n-1}\pi r^n}{n}, & |r|\le 1,\\[2mm] \dfrac{(-1)^{n-1}\pi}{n r^n}, & |r|\ge 1,\end{cases}$ $n=1,2,\ldots$ (021.7)[*];

13b) $\qquad\qquad\qquad\qquad\qquad = \begin{cases}0, & |r|\le 1,\\ 2\pi\log r, & |r|\ge 1,\end{cases}$ $n=0$; (021.7)[*]

---

[*] $\log(1+2r\cos\varphi + r^2) = 2\displaystyle\sum_{\nu=1}^{\infty}\frac{(-1)^{\nu-1}}{\nu}r^\nu\cos\nu\varphi$, $|r|<1$, (Realteil von $\log(1+re^{\varphi i})^2$).

338

14a) $\int_0^1 x^{s-1}\sin(a\log x)\,dx = \dfrac{-a}{a^2+s^2}, \quad s>0,$ \hfill $(x=e^{-y},\ 312.6c);$

14b) $\int_0^1 x^{s-1}\cos(a\log x)\,dx = \dfrac{s}{a^2+s^2}, \quad s>0,$ \hfill $(x=e^{-y},\ 312.6d).$

15) $\int_0^1 \dfrac{x^k \sin(a\log x)}{\log x}\,dx = \operatorname{Arc\,tg}\dfrac{a}{k+1}, \quad k>-1,$ \hfill $(x=e^{-y},\ 336.7b);$

15a) $\int_0^1 \dfrac{\sin(\log x)}{\log x}\,dx = \dfrac{\pi}{4},$ \hfill $(15).$

16) $\int_0^1 [1-\cos(a\log x)]\dfrac{x^{k-1}}{\log x}\,dx = -\dfrac{1}{2}\log\!\left(1+\dfrac{a^2}{k^2}\right),\ k>0,$ \hfill $(x=e^{-y},\ 336.8c).$

17a) $\int_0^\pi \log(\sin x)\,x\,dx = -\dfrac{\pi^2}{2}\log 2,$ \hfill $(021.9,5a);$

17b) $\int_0^\pi \log(\sin x)\sin^{k-1}x\cdot x\,dx = \dfrac{\pi\sqrt{\pi}\,\Gamma\!\left(\frac{k}{2}\right)}{4\,\Gamma\!\left(\frac{k+1}{2}\right)}\!\left[\Psi\!\left(\dfrac{k}{2}\right)-\Psi\!\left(\dfrac{k+1}{2}\right)\right],\ k>0,$
\hfill $(021.9,6a).$

18a) $\int_0^\infty x^{k-1}\log x\,\sin\mu x\,dx = \dfrac{\Gamma(k)}{\mu^k}\sin\dfrac{k\pi}{2}\!\left[\Psi(k)-\log\mu+\dfrac{\pi}{2}\operatorname{ctg}\dfrac{k\pi}{2}\right],$
$\mu>0,\ 0<|k|<1,$ \hfill $(333.10a, 021.5);$

18b) $\int_0^\infty x^{k-1}\log x\,\cos\mu x\,dx = \dfrac{\Gamma(k)}{\mu^k}\cos\dfrac{k\pi}{2}\!\left[\Psi(k)-\log\mu-\dfrac{\pi}{2}\operatorname{tg}\dfrac{k\pi}{2}\right],$
$\mu>0,\ 0<k<1,$ \hfill $(333.10b, 021.5).$

19) $\int_0^\infty \log x\,\dfrac{\sin}{\cos}(\mu x)\dfrac{dx}{\sqrt{x}} = -\sqrt{\dfrac{\pi}{2\mu}}\!\left[\log 4\mu + \mathscr{E} \mp \dfrac{\pi}{2}\right],\ \mu>0,$ \hfill $(18a\text{-}b).$

20a) $\int_0^\infty \log x\,\dfrac{\sin\mu x}{x}\,dx = -\dfrac{\pi}{2}(\mathscr{E}+\log\mu),\ \mu>0,$ \hfill $(18a, k\to 0);$

20b) $\int_0^\infty \log x\,\dfrac{\sin^2\mu x}{x^2}\,dx = -\dfrac{\mu\pi}{2}(\mathscr{E}+\log 2\mu - 1),\ \mu>0,$ \hfill $(21b).$

21a) $\int_0^\infty \log x\,\dfrac{\cos\mu x - \cos\lambda x}{x}\,dx = \log\dfrac{\mu}{\lambda}\!\left[\mathscr{E}+\dfrac{1}{2}\log\lambda\mu\right],\ \mu,\lambda>0,$ \hfill $(18b, k\to 0);$

338

21b) $\int_0^\infty \log x \, \frac{\cos\mu x - \cos\lambda x}{x^2} dx = \frac{\pi}{2}\left[(\mu-\lambda)(\mathscr{C}-1) + \mu\log\mu - \lambda\log\lambda\right], \mu,\lambda>0,$

(18b, κ → −1).

22) $\int_0^\infty \log\left(\frac{a^2+x^2}{b^2+x^2}\right)\cos\mu x \, dx = \frac{\pi}{\mu}\left(e^{-\mu b} - e^{-\mu a}\right), \quad a,b \geq 0, \mu > 0,$

(333.67a, 021.6);

22a) $\int_0^\infty \log\left(1+\frac{a^2}{x^2}\right)\cos\mu x \, dx = \frac{\pi}{\mu}\left(1 - e^{-\mu a}\right), \quad a \geq 0, \mu > 0,$ (22).

23) $\int_0^\infty \log\left(\frac{a^2+x^2}{b^2+x^2}\right)\sin\mu x \cdot x \, dx = \frac{\pi}{\mu^2}\left[(1+\mu b)e^{-\mu b} - (1+\mu a)e^{-\mu a}\right], a,b \geq 0, \mu > 0,$

(333.66b, 021.6).

24) $\int_0^\infty \log(1+a^2 x^2) \frac{\sin\mu x}{x} dx = -\pi \, \mathrm{Ei}\left(-\frac{\mu}{a}\right), \quad a>0, \mu>0,$ (333.66d, 021.6).

25) $\int_0^\infty \log\left(\frac{1+\sin x}{1-\sin x}\right)^2 \frac{dx}{x} = \int_0^{\pi/2} \log\left(\frac{1+\sin x}{1-\sin x}\right)^2 \frac{dx}{\sin x} = \pi^2,$

$(333.38, \sin x = \frac{1-y^2}{1+y^2}, 324.5a).$

26) $\int_0^\infty \log\left|\frac{1+\mathrm{tg}\,x}{1-\mathrm{tg}\,x}\right| \frac{dx}{x} = \int_0^{\pi/2} \log\left|\frac{1+\mathrm{tg}\,x}{1-\mathrm{tg}\,x}\right| \mathrm{ctg}\,x \, dx = \frac{\pi^2}{4},$

$(333.39, \mathrm{tg}\,x = \frac{1-y}{1+y}, 324.5a).$

27) $\int_0^\infty \log\left(\frac{1+2r\cos\lambda x + r^2}{1+2r\cos\mu x + r^2}\right) \frac{dx}{x} = \begin{cases} \log(1+r) \log\frac{\mu^2}{\lambda^2}, & -1 < r \leq 1, \\ \log\left(1+\frac{1}{r}\right) \log\frac{\mu^2}{\lambda^2}, & r < -1 \text{ oder } r \geq 1, \end{cases}$

(021.7, 333.20).

28a) $\int_0^\infty \log(\cos^2\mu x) \frac{dx}{x^2+a^2} = \frac{\pi}{a} \log \frac{1+e^{-2\mu a}}{2}, \quad a>0, \mu>0,$ (333.79a, 021.6);

28b) $\int_0^\infty \log(\sin^2\mu x) \frac{dx}{x^2+a^2} = \frac{\pi}{a} \log \frac{1-e^{-2\mu a}}{2}, \quad a>0, \mu>0,$ (333.79b, 021.6);

28c) $\int_0^\infty \log(\mathrm{tg}^2\mu x) \frac{dx}{x^2+a^2} = \frac{\pi}{a} \log(\mathrm{Tg}\,\mu a), \quad a>0, \mu>0,$ (28a-b).

29) $\int_0^\infty \log(a^2\sin^2\mu x + b^2\cos^2\mu x) \frac{dx}{x^2+p^2} = \frac{\pi}{p}\left[\log(a\,\mathrm{Sin}\,\mu p + b\,\mathrm{Cos}\,\mu p) - \mu p\right],$

$a,b,p,\mu > 0,$ (333.80, 021.6).

338

30a) $\int_0^\infty \log(1+a^2 tg^2 x) \frac{dx}{x^2+p^2} = \frac{\pi}{p} \log(1+a\, th\, p),\quad a,p>0,$ (28a,29);

30b) $\int_0^\infty \log(1+a^2 ctg^2 x) \frac{dx}{x^2+p^2} = \frac{\pi}{p} \log(1+a\, cth\, p),\, a,p>0,$ (28b,29).

31a) $\int_0^\infty \log(1+2r\cos\mu x + r^2) \frac{dx}{x^2+p^2} = \frac{\pi}{p} \log(1+re^{-\mu p}),\quad \mu,p>0,\ |r|\le 1,$ (29);

31b) $\qquad\qquad\qquad = \frac{\pi}{p} \log\left[\frac{|r|}{r}(r+e^{-\mu p})\right],\ \mu,p>0,\ |r|\ge 1,$ (29).

32a) $\int_0^\infty \log(1+2r\cos\mu x + r^2) \frac{dx}{(x^2+p^2)^2} = \frac{\pi}{2p^3}\log(1+re^{-\mu p}) + \frac{\pi\mu r}{2p^2(r+e^{\mu p})},$

$\mu,p>0,\quad |r|\le 1,$ (31a, 021.5);

32b) $\qquad\qquad\qquad = \frac{\pi}{2p^3}\log\left[\frac{|r|}{r}(r+e^{-\mu p})\right] + \frac{\pi\mu}{2p^2(1+re^{\mu p})},$

$\mu,p>0,\quad |r|\ge 1,$ (31b, 021.5).

33a) $\int_0^\infty \frac{\log x}{x^2+a^2}\cos\mu x\, dx = \frac{\pi}{4a}\left[2e^{-\mu a}\log a + e^{\mu a}\mathcal{E}i(-\mu a) - e^{-\mu a}\mathcal{E}i^*(\mu a)\right],$

$a>0,\mu>0,$ (333.74a, 021.5, $\kappa\to 0$, 333.66a);

33b) $\int_0^\infty \frac{x\log x}{x^2+a^2}\sin\mu x\, dx = \frac{\pi}{4}\left[2e^{-\mu a}\log a - e^{\mu a}\mathcal{E}i(-\mu a) - e^{-\mu a}\mathcal{E}i^*(\mu a)\right],$

$a>0,\mu>0,$ (33a, 021.5).

34a) $\fint_0^\infty \frac{\log x}{x^2-a^2}\cos\mu x\, dx = \frac{\pi}{2a}\left[\sin\mu a\bigl(Ci(\mu a)-\log a\bigr) - \cos\mu a\bigl(Si(\mu a)-\frac{\pi}{2}\bigr)\right],$

$a>0,\mu>0,$ (333.82, 021.5, $\kappa\to 0$, 333.68a);

34b) $\fint_0^\infty \frac{x\log x}{x^2-a^2}\sin\mu x\, dx = -\frac{\pi}{2}\left[\cos\mu a\bigl(Ci(\mu a)-\log a\bigr) + \sin\mu a\bigl(Si(\mu a)-\frac{\pi}{2}\bigr)\right],$

$a>0,\mu>0,$ (34a, 021.5).

341. Integrale der Form $\int F(x, \operatorname{Arcsin} x, \operatorname{Arccos} x)\,dx$. *)

1a) $\int_{\alpha}^{\beta} F(x, \operatorname{Arcsin} x, \operatorname{Arccos} x)\,dx = \int_{\operatorname{Arcsin}\alpha}^{\operatorname{Arcsin}\beta} F(\sin y, y, \tfrac{\pi}{2}-y)\cos y\,dy$, $-1 \le \alpha < \beta \le 1$,

(021.4, I 11.9b);

1b) $\quad\quad\quad\quad\quad\quad\quad\quad = \int_{\operatorname{Arccos}\beta}^{\operatorname{Arccos}\alpha} F(\cos y, \tfrac{\pi}{2}-y, y)\sin y\,dy$, $-1 \le \alpha < \beta \le 1$,

(021.4, I 11.9b).

2) $\int_{0}^{1} \operatorname{Arc}{\sin\atop\cos} px\,dx = \operatorname{Arc}{\sin\atop\cos} p \mp \dfrac{1-\sqrt{1-p^2}}{p}$, $\quad 0 \le p \le 1$, $\quad$ (I 341.3c).

3a) $\int_{0}^{a} \operatorname{Arcsin}\dfrac{x}{a}\,dx = a\left(\dfrac{\pi}{2}-1\right)$, $\quad a \ne 0$, $\quad$ (I 341.3c);

3b) $\int_{0}^{a} \operatorname{Arccos}\dfrac{x}{a}\,dx = a$, $\quad a \ne 0$, $\quad$ (I 341.3c).

4a) $\int_{0}^{a} \left(\operatorname{Arcsin}\dfrac{x}{a}\right)^{n} dx = a\left[\displaystyle\sum_{\nu=0}^{r} (-1)^{\nu}(n;-1;2\nu)\left(\dfrac{\pi}{2}\right)^{n-2\nu} + (-1)^{r+1} s\,n!\right]$,

$r = [n/2]$, $n = 2r+s = 0,1,2,\ldots$ $\quad$ (I 341.5b);

4b) $\int_{0}^{a} \left(\operatorname{Arccos}\dfrac{x}{a}\right)^{n} dx = a\left[\displaystyle\sum_{\nu=0}^{r} (-1)^{\nu}(n;-1;2\nu+1)\left(\dfrac{\pi}{2}\right)^{n-2\nu-1} + (-1)^{r}(1-s)n!\right]$,

$r = [n/2]$, $n = 2r+s = 0,1,2,\ldots$ $\quad$ (I 341.5b).

5a) $\int_{0}^{a} x^{n} \operatorname{Arccos}\dfrac{x}{a}\,dx = \dfrac{\pi a^{n+1}}{2(n+1)} - \int_{0}^{a} x^{n} \operatorname{Arcsin}\dfrac{x}{a}\,dx =$

$= \dfrac{a^{n+1}}{2(n+1)} B\left(\dfrac{n+2}{2}, \dfrac{1}{2}\right)$, $\quad a>0$, $n>-1$, $\quad$ (I 11.9b, I 341.2a, 431.2);

5b) $\quad\quad\quad\quad = \dfrac{a^{n+1}(2-s;2;r)}{(n+1)(3-s;2;r)}\left(\dfrac{s\pi}{2}-s+1\right)$, $r = \left[\dfrac{n+1}{2}\right]$, $n = 2r-s = 0,1,2,\ldots$

(5a).

---

*) Für die Arcus-Funktionen sind überall ihre Hauptwerte einzusetzen (I 11.9b); für diese gelten die Formeln:

$\operatorname{Arcsin} x + \operatorname{Arccos} x = \dfrac{\pi}{2}$, $\operatorname{Arcsin}(-x) = -\operatorname{Arcsin} x$, $\operatorname{Arccos}(-x) = \pi - \operatorname{Arccos} x$,

$(-1 \le x \le 1)$.

341

5c) $\displaystyle\int_{-a}^{a} x^n \mathrm{Arc\,cos}\frac{x}{a}\,dx = \frac{\pi a^{n+1}}{n+1}\left[1-2s+s\frac{(1;2;r)}{(2;2;r)}\right], \quad r=\left[\frac{n+1}{2}\right], n=2r-s=0,1,2,\ldots$ (5b).

6a) $\displaystyle\int_{0}^{1} \mathrm{Arc\,sin}\,x\,\frac{dx}{x} = \int_{0}^{1}\left(\frac{\pi}{2}-\mathrm{Arc\,cos}\,x\right)\frac{dx}{x} = \frac{\pi}{2}\log 2,$ (1a, 333.34b);

6b) $\displaystyle\int_{0}^{\sqrt{1/2}} \sim\quad = \frac{\pi}{8}\log 2 + \frac{1}{2}\mathscr{G},$ (1a, 333.34a);

7a) $\displaystyle\int_{0}^{1}\left(\frac{\mathrm{Arc\,sin}\,x}{x}\right)^{2} dx = 4\mathscr{G}-\frac{\pi^2}{4},$ (1a, 333.35b);

7b) $\displaystyle\int_{0}^{1}\left(\frac{\mathrm{Arc\,sin}\,x}{x}\right)^{3} dx = \frac{3\pi}{2}\log 2 - \frac{\pi^3}{16},$ (1a, 021.3, 333.32b).

8) $\displaystyle\int_{0}^{a}\frac{x^n}{\sqrt{a^2-x^2}}\mathrm{Arc\,sin}\frac{x}{a}\,dx = \frac{\pi a^n}{4}B\!\left(\frac{1}{2},\frac{n+1}{2}\right) - \int_{0}^{a}\frac{x^n}{\sqrt{a^2-x^2}}\mathrm{Arc\,cos}\frac{x}{a}\,dx =$

$\displaystyle = a^n\left[\sum_{\nu=0}^{r-1}\frac{(n-1;-2;\nu)}{(n;-2;\nu)(n-2\nu)^2} + (1-s)\frac{(1;2;r)\pi^2}{8(2;2;r)}\right],$

$r=\left[\frac{n+1}{2}\right], n=2r-s=1,2,\ldots, a>0,$ (I 341.7a, 431.2);

8a) $\displaystyle\int_{0}^{a}\frac{1}{\sqrt{a^2-x^2}}\mathrm{Arc}\!\begin{smallmatrix}\sin\\\cos\end{smallmatrix}\!\frac{x}{a}\,dx = \frac{\pi^2}{8}, \quad a>0,$ (I 341.7b);

8b) $\displaystyle\int_{0}^{a}\frac{x}{\sqrt{a^2-x^2}}\mathrm{Arc\,sin}\frac{x}{a}\,dx = \frac{\pi a}{2} - \int_{0}^{a}\frac{x}{\sqrt{a^2-x^2}}\mathrm{Arc\,cos}\frac{x}{a}\,dx = a, \quad a>0,$ (I 341.7c).

9a) $\displaystyle\int_{0}^{1}(1-x^2)^{k-1}x^n \mathrm{Arc\,sin}\,x\,dx = \frac{B\!\left(\frac{n}{2},k+\frac{1}{2}\right)}{2(2k+n-1)} + \frac{n-1}{2k+n-1}\int_{0}^{1}(1-x^2)^{k-1}x^{n-2}\mathrm{Arc\,sin}\,x\,dx$

$k>0, n>0,$ (1a, 021.3, 331.21);

9b) $\displaystyle\int_{0}^{1}(1-x^2)^{k-1}x\,\mathrm{Arc\,sin}\,x\,dx = \frac{\sqrt{\pi}\,\Gamma(k+1/2)}{4k\,\Gamma(k+1)}, \quad k>0,$ (1a, 021.3);

9c) $\displaystyle\quad = \frac{(2;2;r)}{(2r+1)(1;2;r+1)}, \quad k=\frac{2r+1}{2}, r=0,1,2,\ldots$ (9b);

9d) $\displaystyle\int_{0}^{1}(1-x^2)^{k-1}\mathrm{Arc\,sin}\,x\,dx = \frac{(1;2;r)\pi^2}{8(2;2;r)} - \sum_{\nu=0}^{r-1}\frac{(2r-1;-2;\nu)}{(2r;-2;\nu+1)(2r-2\nu)},$

$k=\frac{2r+1}{2}, r=0,1,2,\ldots$ (1a, 333.9b).

341

10a) $\int_{-1}^{1}(1-x^2)^{k-1}x^n \operatorname{Arccos} x\, dx = \frac{(-1)^n-1}{2(2k+n-1)}B\left(\frac{n}{2}, k+\frac{1}{2}\right) + \frac{n-1}{2k+n-1}\int_{-1}^{1}(1-x^2)^{k-1}x^{n-2}\operatorname{Arccos} x\, dx,$

$\qquad k>0, n>0,$ (1b, 021.3, 331.21);

10b) $\int_{-1}^{1}\frac{x^{2n}}{\sqrt{1-x^2}}\operatorname{Arccos} x\, dx = \frac{(1;2;n)\pi^2}{2(2;2;n)}, \quad n=0,1,2,\dots$ (10a, 10d);

10c) $\int_{-1}^{1}(1-x^2)^{k-1}x\operatorname{Arccos} x\, dx = -\frac{\sqrt{\pi}\,\Gamma(k+1/2)}{2k\,\Gamma(k+1)}, \quad k>0,$ (10a);

10d) $\int_{-1}^{1}(1-x^2)^{k-1}\operatorname{Arccos} x\, dx = \begin{cases} \dfrac{(2;2;r)\pi}{(3;2;r)} & \text{für } k=r+1, \\ \dfrac{(1;2;r)\pi^2}{2(2;2;r)} & \text{für } k=r+\frac{1}{2}, r=0,1,2,\dots \end{cases}$

$\qquad$ (1b, 333.8b).

11) $\int_{0}^{1}\frac{x\operatorname{Arcsin} x}{1-x^2\sin^2\alpha}dx = \frac{\pi}{2\sin^2\alpha}\log\left(\frac{\cos^2\frac{\alpha}{2}}{\cos\alpha}\right), -\frac{\pi}{2}<\alpha<\frac{\pi}{2},$ (021.3, 325.21b).

12) $\int_{0}^{1}\frac{x\operatorname{Arcsin} x}{1+x^2\operatorname{tg}^2\alpha}dx = -\pi\operatorname{ctg}^2\alpha\,\log\left(\cos\frac{\alpha}{2}\right), -\frac{\pi}{2}<\alpha<\frac{\pi}{2},$ (021.3, 325.21b).

13) $\int_{0}^{1}\frac{x\operatorname{Arcsin} x}{(1-x^2\sin^2\alpha)(1-x^2\sin^2\beta)}dx = \frac{\pi}{2(\sin^2\alpha-\sin^2\beta)}\log\left(\frac{\cos^2\frac{\alpha}{2}\cos\beta}{\cos^2\frac{\beta}{2}\cos\alpha}\right),$

$\qquad -\frac{\pi}{2}<\genfrac{}{}{0pt}{}{\alpha}{\beta}<\frac{\pi}{2}\ (\alpha\neq\pm\beta),$ (021.4, 11).

14a) $\int_{0}^{1}\log x\,\operatorname{Arcsin} x\, dx = 2-\frac{\pi}{2}-\log 2,$ (021.3, 324.52b);

14b) $\int_{0}^{1}\log x\,\operatorname{Arccos} x\, dx = \log 2 - 2,$ (14a).

15a) $\int_{-1}^{1}e^{\alpha x}\operatorname{Arcsin} x\, dx = \frac{\pi}{\alpha}\left[\mathfrak{Lo}|\alpha - I_0(\alpha)\right], \quad |\alpha|>0,$ (021.3, 313.21b);

15b) $\int_{-1}^{1}e^{\alpha x}\operatorname{Arccos} x\, dx = \frac{\pi}{\alpha}\left[I_0(\alpha) - e^{-\alpha}\right], \quad |\alpha|>0,$ (15a);

15c) $\int_{-1}^{1}\mathfrak{Lo}|(\alpha x)\operatorname{Arccos} x\, dx = \frac{\pi}{\alpha}\mathfrak{Sin}\,\alpha, \quad |\alpha|>0,$ (15b).

341

16) $\int_0^1 \operatorname{Arc}\sin(e^{i\varphi}x)\,dx = \varepsilon \operatorname{Arc}\sin(\sqrt{1-\sin\varphi}) - \cos\varphi + \sqrt{2\sin\varphi}\cos\frac{\pi+2\varphi}{4} +$

$\qquad\qquad + i\left[\log(\sqrt{1+\sin\varphi} + \sqrt{\sin\varphi}) + \sin\varphi - \sqrt{2\sin\varphi}\sin\frac{\pi+2\varphi}{4}\right],$

$\qquad\qquad 0 \leq \varphi \leq \pi,\ \varepsilon = \operatorname{sign}(\cos\varphi),$ \hfill (021.4,2).

17a) $\int_{-1}^1 \operatorname{Arc}\sin x \sin n\pi x\,dx = 2\int_0^1 \sim = \frac{1}{n}\left[J_0(n\pi) - (-1)^n\right],\ n=1,2,\ldots$

\hfill (021.3, 333.76c).

17b) $\int_{-1}^1 \operatorname{Arc}\sin x \cos n\pi x\,dx = 0,\quad n=0,1,2,\ldots$ \hfill (021.8);

18a) $\int_{-1}^1 \operatorname{Arc}\cos x \sin n\pi x\,dx = \frac{(-1)^n - 1}{n} + 2\int_0^1 \sim = \frac{-1}{n}\left[J_0(n\pi) - (-1)^n\right],\ n=1,2,\ldots$

\hfill (17a);

18b) $\int_{-1}^1 \operatorname{Arc}\cos x \cos n\pi x\,dx = \begin{cases} 0 & \text{für } n=1,2,\ldots \\ \pi & \text{für } n=0, \end{cases}$ \hfill (17b).

342

342. Integrale der Form $\int F(x, \operatorname{Arc}\operatorname{tg} x, \operatorname{Arc}\operatorname{ctg} x)\,dx.$ [*]

1a) $\int_\alpha^\beta F(x, \operatorname{Arc}\operatorname{tg} x, \operatorname{Arc}\operatorname{ctg} x)\,dx = \int_{\operatorname{Arc}\operatorname{tg}\alpha}^{\operatorname{Arc}\operatorname{tg}\beta} F\!\left(\operatorname{tg} y, y, \frac{\pi}{2}-y\right)\frac{dy}{\cos^2 y},$ \hfill $(x=\operatorname{tg} y)$;

1b) $\qquad\qquad = \int_{\operatorname{Arc}\operatorname{ctg}\beta}^{\operatorname{Arc}\operatorname{ctg}\alpha} F\!\left(\operatorname{ctg} y, \frac{\pi}{2}-y, y\right)\frac{dy}{\sin^2 y},$ \hfill $(x=\operatorname{ctg} y)$.

2) $\int_0^1 \operatorname{Arc}{}^{\operatorname{tg}}_{\operatorname{ctg}}(px)\,dx = \operatorname{Arc}{}^{\operatorname{tg}}_{\operatorname{ctg}} p \mp \frac{1}{2p}\log(1+p^2),$ \hfill (I 342.3c).

3) $\int_0^a \operatorname{Arc}{}^{\operatorname{tg}}_{\operatorname{ctg}}\!\left(\frac{x}{a}\right) dx = \frac{a\pi}{4} \mp \frac{a}{2}\log 2,$ \hfill (2).

---

[*] Für die Arcus-Funktionen sind überall ihre Hauptwerte einzusetzen (I 11.9b); für diese gelten die Formeln:

$\operatorname{Arc}\operatorname{tg} x + \operatorname{Arc}\operatorname{ctg} x = \frac{\pi}{2},\ \operatorname{Arc}\operatorname{tg}(-x) = -\operatorname{Arc}\operatorname{tg} x,\ \operatorname{Arc}\operatorname{ctg}(-x) = \pi - \operatorname{Arc}\operatorname{ctg} x.$

342

4) $\int_0^\infty (\text{Arcctg } x)^n dx = n\left(\frac{\pi}{2}\right)^{n-1}\left[\frac{1}{n-1} + \sum_{\nu=1}^\infty \frac{(-1)^\nu B_{2\nu} \pi^{2\nu}}{(n+2\nu-1)(2\nu)!}\right]$, $n=2,3,\ldots$

(1b, I 333.8c);

4a) $\int_0^\infty (\text{Arcctg } x)^2 dx = \pi \log 2$, (1b, 333.32b).

5) $\int_0^1 (\text{Arctg } x)^2 dx = \frac{\pi^2}{16} + \frac{\pi}{4}\log 2 - G$, (1a, 333.35a).

6) $\int_0^1 \text{Arc}^{tg}_{ctg}(e^{i\varphi}x)\, dx = \frac{\pi}{4} \mp \frac{1}{2}\cos\varphi \log(2\cos\varphi) \mp \frac{\varphi}{2}\sin\varphi \pm$

$$\pm \frac{i}{2}\left[\frac{1}{2}\log\frac{1+\sin\varphi}{1-\sin\varphi} + \sin\varphi \log(2\cos\varphi) - \varphi\cos\varphi\right],$$

$-\frac{\pi}{2} < \varphi < \frac{\pi}{2}$, (2).

7) $\int_0^a x^n \text{Arc}^{tg}_{ctg}\left(\frac{x}{a}\right)dx = \frac{a^{n+1}}{n+1}\left\{\frac{\pi}{4} \mp (-1)^r\left[s\frac{\pi}{4} + \frac{1-s}{2}\log 2\right] \mp \sum_{\nu=0}^{r-1}\frac{(-1)^\nu}{n-2\nu}\right\}$,

$r = \left[\frac{n+1}{2}\right]$, $n = 2r-s = 0,1,2,\ldots$ (I 342.3a).

8) $\int_0^1 x^{k-1}\text{Arc}^{tg}_{ctg} x\, dx = \frac{1}{4k}\left[\pi \pm \Psi\left(\frac{k+1}{4}\right) \mp \Psi\left(\frac{k+3}{4}\right)\right]$, $k>0$, (021.3, 431.8);

8a) $\int_0^1 \text{Arctg } x\, \frac{dx}{x} = G$, (I 342.4b, 323.10b).

9) $\int_1^\infty \text{Arc}^{tg}_{ctg}(ax)\frac{dx}{x^2} = \text{Arc}^{tg}_{ctg} a \pm \frac{a}{2}\log\frac{a^2+1}{a^2}$, (021.3).

10a) $\int_0^\infty \text{Arctg } x\, \frac{dx}{x^{k+1}} = \frac{\pi}{2k\cos\frac{k\pi}{2}}$, $0<k<1$, (021.3, 431.15);

10b) $\int_0^\infty \text{Arcctg } x\, \frac{dx}{x^{1-k}} = \frac{\pi}{2k\cos\frac{k\pi}{2}}$, $0<k<1$, (021.3, 431.15);

10c) $\int_0^\infty \text{Arctg } x\, \frac{dx}{x\sqrt{x}} = \int_0^\infty \text{Arcctg } x\, \frac{dx}{\sqrt{x}} = \sqrt{2}\,\pi$, (10a-b).

11) $\int_0^\infty [1 - x\,\text{Arcctg } x]\, dx = \frac{\pi}{4}$, (1b, I 331.6d, I 333.13c).

12a) $\int_0^\infty \text{Arctg } x\, \frac{dx}{x^2+1} = 4\int_0^1 \sim = \frac{\pi^2}{8}$, (1a);

342

12b) $\displaystyle\int_0^\infty \operatorname{Arcctg} x \, \frac{dx}{x^2+1} = \frac{4}{3}\int_0^1 \sim = \frac{\pi^2}{8},$ (1b);

12c) $\displaystyle\int_0^\infty \left(\operatorname{Arc}{}^{tg}_{ctg} x\right)^n \frac{dx}{x^2+1} = \frac{1}{n+1}\left(\frac{\pi}{2}\right)^{n+1}, \quad n \neq -1,$ (1a-b);

12d) $\displaystyle\int_{-\infty}^\infty \operatorname{Arcctg}(px)\, \frac{dx}{a^2x^2+b^2} = \frac{\pi^2}{2ab}, \quad a,b>0,\ p \gtreqless 0,$ (1b, 333.36).

13a) $\displaystyle\int_0^1 \operatorname{Arc}{}^{tg}_{ctg} x \, \frac{x\,dx}{x^2+1} = \left(\frac{\pi}{8} \mp \frac{\pi}{4}\right)\log 2 \pm \frac{1}{2}G,$ (1a-b, 333.33a);

13b) $\displaystyle\int_0^\infty \operatorname{Arcctg}(px)\, \frac{x\,dx}{a^2x^2+b^2} = \frac{\pi}{2a^2}\log\left(1+\frac{a}{bp}\right),\ a,b,p>0,$ (021.3, 325.18).

14a) $\displaystyle\int_0^1 \operatorname{Arctg} x \, \frac{dx}{x(x^2+1)} = \frac{\pi}{8}\log 2 + \frac{1}{2}G,$ (1a, 333.34a);

14b) $\displaystyle\int_0^\infty \operatorname{Arctg}(px)\, \frac{dx}{x(a^2x^2+b^2)} = \frac{\pi}{2b^2}\log\left(1+\frac{bp}{a}\right),\ a,b,p>0,$

(021.3, 324.14, 325.18).

15) $\displaystyle\int_0^a \operatorname{Arc}{}^{tg}_{ctg}\left(\frac{x}{a}\right) \frac{dx}{(x^2+a^2)^2} = \frac{1}{64a^3}\left[(2\mp 1)\pi^2 + 4\pi \mp 8\right],\ a>0,$ (I 342.8).

16a) $\displaystyle\int_0^\infty \operatorname{Arctg}(px)\, \frac{x\,dx}{(a^2x^2+b^2)^2} = \frac{\pi p}{4a^2b(a+bp)},\quad a,b,p>0,$ (16b);

16b) $\displaystyle\int_0^\infty \operatorname{Arcctg}(px)\, \frac{x\,dx}{(a^2x^2+b^2)^2} = \frac{\pi}{4ab^2(a+bp)},\quad a,b,p>0,$ (13b, 021.5).

17) $\displaystyle\int_0^\infty \operatorname{Arctg}(px)\, \frac{dx}{x(a^2x^2+b^2)^2} = \frac{\pi}{2b^4}\log\left(1+\frac{bp}{a}\right) - \frac{\pi p}{4b^3(a+bp)},\ a,b,p>0,$

(14b, 021.5).

18a) $\displaystyle\int_1^\infty \frac{dx}{(x^2+1)\operatorname{Arctg} x} = \int_0^1 \frac{dx}{(x^2+1)\operatorname{Arcctg} x} = \log 2,$ (1a,1b);

18b) $\displaystyle\int_0^\infty \frac{x\,dx}{(x^2+1)^2 \operatorname{Arctg} x} = \frac{1}{2}\operatorname{Si}(\pi),$ (1a, 327.4);

18c) $\displaystyle\int_0^\infty \frac{dx}{(x^2+1)^2 \operatorname{Arcctg} x} = \frac{1}{2}\left[\mathscr{E} + \log \pi - \operatorname{Ci}(\pi)\right],$ (1b, I333.6c, 327.3).

342

19a) $\int_0^1 (\text{Arc tg}\, x)^2 \frac{dx}{x^2} = \frac{\pi}{4} \log 2 - \frac{\pi^2}{16} + G$, (14a, 021.3);

19b) $\int_0^\infty \sim \quad = \pi \log 2$, (14b, 021.3).

20) $\int_0^\infty \text{Arc ctg}(px)\, \text{Arc ctg}(qx)\, dx = \frac{\pi}{2p} \log\left(1+\frac{p}{q}\right) + \frac{\pi}{2q} \log\left(1+\frac{q}{p}\right)$,

$\qquad p, q > 0$, (13b, 021.6, I 323.12c).

21) $\int_{-\infty}^\infty \text{Arc ctg}(px) [\text{Arc tg}(q_1 x) - \text{Arc tg}(q_2 x)] \frac{dx}{x} = \frac{\pi^2}{2} \log \frac{q_1}{q_2}$, $\quad q_1 \cdot q_2 > 0$,

(12d, 021.6).

22) $\int_0^\infty \text{Arc tg}(px)\, \text{Arc tg}(qx) \frac{dx}{x^2} = \frac{\pi}{2}\left[(p+q)\log(p+q) - p\log p - q\log q\right]$,

$\qquad p, q > 0$, (14b, 021.6).

23) $\int_0^1 \text{Arc}\,{}^{tg}_{ctg}(px) \frac{x\, dx}{\sqrt{1-x^2}} = \frac{\pi}{4p}\left[p \pm (2\sqrt{p^2+1} - p - 2)\right]$, $p > 0$, (021.3, 216.8a).

24) $\int_0^1 \text{Arc tg}(px) \frac{dx}{x\sqrt{1-x^2}} = \frac{\pi}{2} \log(\sqrt{p^2+1} + p)$, $\quad p \gtreqless 0$, (216.8a, 021.6).

25) $\int_0^\infty \text{Arc ctg}\, x \frac{dx}{\sqrt{x^2+1}} = 2G$, (1b, 333.32).

26) $\int_0^\infty \text{Arc tg}(px) \frac{dx}{(a+x)\sqrt{x}} = \frac{\pi}{\sqrt{a}}\left[\text{Arc tg}(\sqrt{2ap}+1) + \text{Arc tg}(\sqrt{2ap}-1) - \text{Arc tg}(ap)\right]$,

$\qquad a, p > 0$, (161.14, 021.6);

26a) $\int_0^\infty \text{Arc tg}\, x \frac{dx}{(1+x)\sqrt{x}} = \frac{\pi^2}{4}$, (26).

27a) $\int_0^{\pi/2} \frac{\text{Arc tg}(p\sqrt{1-k^2\sin^2 x})}{\sqrt{1-k^2\sin^2 x}} dx = \frac{\pi}{2} F(\text{Arc tg}\, p, k)$, $\quad 0 < k < 1$,

(331.56a, 021.6, I 244.8c, 221.16);

27b) $\int_0^{\pi/2} \frac{\text{Arc ctg}(p\sqrt{1-k^2\sin^2 x})}{\sqrt{1-k^2\sin^2 x}} dx = \frac{\pi}{2} F(\text{Arc ctg}(pk'), k)$, $\quad k' = \sqrt{1-k^2}$,

$0 < k < 1$, (27a).

28) $\int_0^1 \text{Arc tg}(px) \frac{dx}{x\sqrt{1-x^2}} = \frac{\pi}{2} \log(p + \sqrt{1+p^2})$, $p \geq 0$, (I 236.20, 021.6).

342

29) $\int_0^{\pi/2} \operatorname{Arctg}(\sin x) \frac{dx}{\sin x} = \frac{\pi}{2} \log(1+\sqrt{2})$, (031.3, 28).

30) $\int_0^\infty e^{-sx} \operatorname{Arctg} x \, dx = \frac{1}{s}\left[\sin s \operatorname{Ci}(s) - \cos s \left(\operatorname{Si}(s) - \frac{\pi}{2}\right)\right]$, $s > 0$, (021.3, 312.9b).

31) $\int_0^\infty \operatorname{Arcctg}(px) \sin \mu x \, dx = \frac{\pi}{2\mu}\left(1 - e^{-\frac{\mu}{p}}\right)$, $\mu > 0$, $p \geq 0$, (333.66b, 021.6).

32) $\int_0^\infty \operatorname{Arctg}(px) \cos \mu x \, \frac{dx}{x} = -\frac{\pi}{2} \operatorname{Ei}\left(-\frac{\mu}{p}\right)$, $\mu > 0$, $p \geq 0$, (333.67a, 021.6, 327.1).

33) $\int_0^\infty \frac{\operatorname{Arctg} x}{e^{2\pi x} - 1} dx = \frac{1}{2} - \frac{1}{4} \log 2\pi$, (021.7, 30)*)

33a) $\int_0^\infty \frac{\operatorname{Arctg} \frac{x}{n}}{e^{2\pi x} - 1} dx = \frac{1}{2} \log n! - \frac{n}{2}(\log n - 1) - \frac{1}{4} \log(2n\pi)$, $n = 1, 2, \ldots$ (wie 33).

34) $\int_0^\infty \frac{\operatorname{Arctg} ax}{\sin \pi x} dx = \log \frac{\Gamma\left(\frac{1}{2a}\right)}{2\sqrt{a}\, \Gamma\left(\frac{1}{2a} + \frac{1}{2}\right)}$, $a > 0$, (021.7, 342.30).

---

51) $\int_0^\infty \frac{\cos a\psi}{(k^2+x^2)^b} dx = \frac{1}{2} \int_{-\infty}^\infty \sim = \frac{\pi \Gamma(2b-1)}{(2k)^{2b-1} \Gamma\left(b+\frac{a}{2}\right)\Gamma\left(b-\frac{a}{2}\right)}$,

mit $\psi = \operatorname{Arctg} \frac{x}{k}$, $k > 0$, $b > \frac{1}{2}$, (021.4, 332.9c).

52) $\int_0^\infty \frac{\cos(a\psi - b\psi_1)}{(k^2+x^2)^{a/2}(l^2+x^2)^{b/2}} dx = \frac{1}{2} \int_{-\infty}^\infty \sim = \frac{\pi \Gamma(a+b-1)}{(k+l)^{a+b-1} \Gamma(a)\Gamma(b)}$,

mit $\psi = \operatorname{Arctg} \frac{x}{k}$, $\psi_1 = \operatorname{Arctg} \frac{x}{l}$, $k, l > 0$, $a+b > 1$, (421.18a, Realteil).

53) $\int_0^\infty \frac{\cos(a\psi + b\psi_1)}{(k^2+x^2)^{a/2}(l^2+x^2)^{b/2}} dx = \int_{-\infty}^\infty \sim = 0$, Benennungen wie in 52, (421.18b, Realteil).

---

*) Mit Benützung der Stirlingschen Formel:
$$\lim_{n \to \infty}\left[\log n! - \left(n+\frac{1}{2}\right)\log n + n\right] = \log\sqrt{2\pi},$$
und der Formel:
$$\sum_{\nu=1}^\infty \frac{\sin \nu x}{\nu} = \frac{(2k+1)\pi - x}{2} \text{ für } 2k\pi < x < 2(k+1)\pi, \, k = 0, \pm 1, \pm 2, \ldots$$

342

54a) $\int_0^\infty \dfrac{\cos a\psi \cos b\psi_1}{(k^2+x^2)^{a/2}(l^2+x^2)^{b/2}}\,dx = \dfrac{1}{2}\int_{-\infty}^\infty \sim \;=\; \dfrac{\pi\,\Gamma(a+b-1)}{2(k+l)^{a+b-1}\Gamma(a)\Gamma(b)}$,

Benennungen wie in 52, (52,53);

54b) $\int_0^\infty \dfrac{\sin a\psi \sin b\psi_1}{(k^2+x^2)^{a/2}(l^2+x^2)^{b/2}}\,dx = \dfrac{1}{2}\int_{-\infty}^\infty \sim \;=\; \dfrac{\pi\,\Gamma(a+b-1)}{2(k+l)^{a+b-1}\Gamma(a)\Gamma(b)}$,

Benennungen wie in 52, (52,53);

55) $\int_0^\infty \dfrac{\cos a\psi}{(k^2+x^2)^{a/2}(l^2+x^2)}\,dx = \dfrac{\pi}{2l(k+l)^a}$, mit $\psi = \operatorname{Arc\,tg}\dfrac{x}{k}$, $k,l>0$, $a>-1$,

(021.4, 332.30a).

56) $\int_0^\infty \dfrac{x\sin a\psi}{(k^2+x^2)^{a/2}(l^2+x^2)}\,dx = \dfrac{\pi}{2(k+l)^a}$, mit $\psi = \operatorname{Arc\,tg}\dfrac{x}{k}$, $a,k,l>0$,

(54b, b=1).

57) $\int_0^\infty \dfrac{\cos a\psi}{x^b(k^2+x^2)^{a/2}}\,dx = \dfrac{\pi\,\Gamma(a+b-1)}{2k^{a+b-1}\cos\frac{b\pi}{2}\,\Gamma(a)\Gamma(b)}$,

mit $\psi = \operatorname{Arc\,tg}\dfrac{x}{k}$, $a+b>1>b$, (021.4, 332.15a).

58) $\int_0^\infty \dfrac{\sin a\psi}{x^b(k^2+x^2)^{a/2}}\,dx = \dfrac{\pi\,\Gamma(a+b-1)}{2k^{a+b-1}\sin\frac{b\pi}{2}\,\Gamma(a)\Gamma(b)}$,

mit $\psi = \operatorname{Arc\,tg}\dfrac{x}{k}$, $a+b>1>b$, (021.4, 332.15c).

351

351. Integrale der Form $\int R(e^{\lambda x},\operatorname{Sin} ax,\operatorname{Cos} bx)\,dx$.[*]

1) Die hyperbolischen Funktionen stehen in einfachem Zusammenhang mit der Exponentialfunktion und den trigonometrischen Funktionen; daher sind die hierher gehörenden Integrale zum größten Teil bereits in 311–313 enthalten oder aus jenen leicht abzuleiten:

$$\operatorname{Sin} x = \dfrac{e^x - e^{-x}}{2} = -i\sin ix, \qquad \operatorname{Tg} x = \dfrac{\operatorname{Sin} x}{\operatorname{Cos} x} = \dfrac{e^x - e^{-x}}{e^x + e^{-x}} = -i\,\operatorname{tg} ix,$$

$$\operatorname{Cos} x = \dfrac{e^x + e^{-x}}{2} = \cos ix, \qquad \operatorname{Ctg} x = \dfrac{\operatorname{Cos} x}{\operatorname{Sin} x} = \dfrac{e^x + e^{-x}}{e^x - e^{-x}} = i\,\operatorname{ctg} ix.$$

Weitere Formeln in I 351.1a–e.

---

[*] Vgl. auch 311, 312, 313, 327.

351

2a) $\displaystyle\int_0^\infty e^{-sx}\operatorname{Sin}ax\,dx = \frac{a}{s^2-a^2},\quad s>|a|,$ (312.6a);

2b) $\displaystyle\int_0^\infty e^{-sx}\operatorname{Col}ax\,dx = \frac{s}{s^2-a^2},\quad s>|a|,$ (312.6b);

2c) $\displaystyle\int_0^\infty e^{-sx}\operatorname{tg}ax\,dx = \frac{1}{2a}\left[\Psi\!\left(\frac{s}{4a}+\frac{1}{2}\right)-\Psi\!\left(\frac{s}{4a}\right)\right]-\frac{1}{s},\quad a>0,\,s>0,$
(311.15a, 411.7a);

2d) $\displaystyle\int_0^\infty (e^{-s_1 x}-e^{-s_2 x})\operatorname{Stg}ax\,dx = \frac{1}{s_2}-\frac{1}{s_1}+\frac{1}{a}\left[\Psi\!\left(\frac{s_2}{2a}\right)-\Psi\!\left(\frac{s_1}{2a}\right)\right],\,a,s_1,s_2>0,$
(311.16, 411.7a).

3a) $\displaystyle\int_0^\infty \frac{\operatorname{Sin}ax}{\operatorname{Sin}bx}dx = \frac{\pi}{2b}\operatorname{tg}\frac{a\pi}{2b},\quad b>|a|,$ (311.17a);

3b) $\displaystyle\int_0^\infty \frac{\operatorname{Sin}ax}{\operatorname{Col}bx}dx = \frac{\pi}{2b\cos\frac{a\pi}{2b}}+\frac{1}{2b}\left[\Psi\!\left(\frac{a+b}{4b}\right)-\Psi\!\left(\frac{a+3b}{4b}\right)\right],\,b>|a|,$ (311.14);

3c) $\displaystyle\int_0^\infty \frac{\operatorname{Col}ax}{\operatorname{Col}bx}dx = \frac{\pi}{2b\cos\frac{a\pi}{2b}},\quad b>|a|,$ (311.15).

4) $\displaystyle\int_0^\infty \frac{dx}{\operatorname{Col}bx} = \frac{\pi}{2b},\quad b>0,$ (3c, a=0).

5) $\displaystyle\int_0^\infty \frac{dx}{\operatorname{Col}^n ax} = \frac{(2,2;r-1)(1-s)}{(1,2;r)a}+\frac{(1,2;r)\,s\pi}{(2,2;r)\,2a},\,a>0,\,r=\left[\frac{n}{2}\right],\,n=2r+s=2,3,\ldots$
(I 351.9b).

6a) $\displaystyle\int_0^\infty \frac{dx}{a+b\operatorname{Col}x+c\operatorname{Sin}x} = \frac{2}{\sqrt{b^2-a^2-c^2}}\left[\operatorname{Arc\,tg}\frac{\sqrt{b^2-a^2-c^2}}{a+b+c}+\varepsilon\pi\right],$

$b^2>a^2+c^2,\ \varepsilon=\begin{cases}0 & >0,\\ 1 & \text{für }(b-a)(a+b+c)<0 \text{ und } b-a+c>0,\\ -1 & <0 \text{ " } b-a+c<0,\end{cases}$
(I 351.18e)*;

6b) $\displaystyle\oint_0^\infty \sim\ = \frac{1}{\sqrt{a^2-b^2+c^2}}\log\left|\frac{a+b+c+\sqrt{a^2-b^2+c^2}}{a+b+c-\sqrt{a^2-b^2+c^2}}\right|,$
$b^2<a^2+c^2,\ a^2\ne b^2,$ (I 351.18f);

6c) $\displaystyle\oint_0^\infty \sim\ = \frac{1}{c}\log\left|\frac{a+c}{a}\right|,\ a=b\ne 0,\ c\ne 0,$ (I 351.18g);

---

*) Mit Benützung der Formel:

$\operatorname{Arc\,tg}x-\operatorname{Arc\,tg}y=\operatorname{Arc\,tg}\dfrac{x-y}{1+xy}+\varepsilon\pi\ $ mit $\varepsilon=\begin{cases}0 & \text{für } xy>-1,\\ 1 & \text{ " } xy<-1 \text{ und } x>0,\\ -1 & \text{ " } xy<-1 \text{ " } x<0.\end{cases}$

351

6d) $\int_0^\infty \dfrac{dx}{a+b\cos x+c\sin x} = \dfrac{2(a-b)}{c(a-b-c)}$, $b^2=a^2+c^2$, $c(a-b-c)<0$, (I 351.18h).

7a) $\int_0^\infty \dfrac{dx}{a+b\cos x} = \dfrac{2}{\sqrt{b^2-a^2}}\operatorname{Arc tg}\dfrac{\sqrt{b^2-a^2}}{a+b}$, $b^2>a^2$, \hfill (6a);

7b) $\unicode{x2A0D}_0^\infty \sim\ = \dfrac{1}{\sqrt{a^2-b^2}}\log\left|\dfrac{a+b+\sqrt{a^2-b^2}}{a+b-\sqrt{a^2-b^2}}\right|$, $b^2<a^2$, \hfill (6b);

7c) $\int_0^\infty \dfrac{dx}{1+\cos x} = 1$, \hfill (I 351.17f).

8) $\unicode{x2A0D}_0^\infty \dfrac{dx}{a+c\sin x} = \dfrac{1}{\sqrt{a^2+c^2}}\log\left|\dfrac{a+c+\sqrt{a^2+c^2}}{a+c-\sqrt{a^2+c^2}}\right|$, $ac\neq 0$, \hfill (6b).

9a) $\int_0^\infty \dfrac{dx}{b\cos x+c\sin x} = \dfrac{2}{\sqrt{b^2-c^2}}\operatorname{Arc tg}\dfrac{\sqrt{b^2-c^2}}{b+c}$, $b^2>c^2$, \hfill (6a);

9b) $\unicode{x2A0D}_0^\infty \sim\ = \dfrac{1}{\sqrt{c^2-b^2}}\log\left|\dfrac{b+c+\sqrt{c^2-b^2}}{b+c-\sqrt{c^2-b^2}}\right|$, $0<b^2<c^2$, \hfill (6b);

9c) $\int_0^\infty \dfrac{dx}{\cos x+\sin x} = 1$, \hfill (311.2a).

10a) $\int_0^\infty \dfrac{dx}{a\cos^2 x + b\sin^2 x} = \dfrac{1}{\sqrt{ab}}\operatorname{Arc tg}\dfrac{b}{\sqrt{ab}}$, $ab>0$, \hfill (I 351.22b);

10b) $\unicode{x2A0D}_0^\infty \sim\ = \dfrac{1}{2\sqrt{-ab}}\log\left|\dfrac{b-\sqrt{-ab}}{b+\sqrt{-ab}}\right|$, $ab<0$, \hfill (I 351.22a).

11a) $\int_0^\infty e^{-sx}\sin^n x\, dx = \dfrac{1}{2^n}\sum_{\nu=0}^{n}\binom{n}{\nu}\dfrac{(-1)^\nu}{s-n+2\nu}$, $s>n$, $n=0,1,2,\ldots$ \hfill (1, 311.2a);

11b) $\int_0^\infty e^{-sx}\cos^n x\, dx = \dfrac{1}{2^n}\sum_{\nu=0}^{n}\binom{n}{\nu}\dfrac{1}{s-n+2\nu}$, $s>n$, $n=0,1,2,\ldots$ \hfill (1, 311.2a).

12) $\int_0^\infty \dfrac{\sin^k x}{\cos^\lambda x}dx = \dfrac{1}{2}B\left(\dfrac{\lambda-k}{2},\dfrac{k+1}{2}\right)$, $\lambda>k>-1$, \hfill $\left(\cos x=\dfrac{1}{y},\ 431.1\right)$.

352

352. Integrale der Form $\int R(x, \sinh ax, \cosh bx)\,dx$.

1) $\displaystyle\int_0^\infty \frac{x^n}{\cosh ax}\,dx = \frac{2\,n!}{a^{n+1}}\sum_{\nu=0}^\infty \frac{(-1)^\nu}{(2\nu+1)^{n+1}}, \quad a>0,\; n>-1,$ \hfill (313.5b);

1a) $\displaystyle\int_0^\infty \frac{x^{2n}}{\cosh ax}\,dx = E_n\cdot\left(\frac{\pi}{2a}\right)^{2n+1}, \quad a>0,\; n=0,1,2,\ldots$ \hfill (313.7a, 011.9).

2) $\displaystyle\int_0^\infty \frac{x^n}{\sinh ax}\,dx = \frac{2\,n!}{a^{n+1}}\sum_{\nu=0}^\infty \frac{1}{(2\nu+1)^{n+1}}, \quad a>0,\; n>0,$ \hfill (313.5a);

2a) $\displaystyle\int_0^\infty \frac{x^{2n-1}}{\sinh ax}\,dx = \frac{2^{2n}-1}{2n}|B_{2n}|\left(\frac{\pi}{a}\right)^{2n}, \quad a>0,\; n=1,2,\ldots$ \hfill (313.6a, 011.9);

2b) $\displaystyle\int_0^\infty \frac{x}{\sinh ax}\,dx = \frac{\pi^2}{4a^2}, \quad a>0,$ \hfill (2a).

3) $\displaystyle\int_0^\infty \frac{\cosh ax}{\cosh bx}\,x^n\,dx = n!\sum_{\nu=0}^\infty (-1)^\nu \left\{\frac{1}{[b(2\nu+1)-a]^{n+1}} + \frac{1}{[b(2\nu+1)+a]^{n+1}}\right\},$
$\qquad\qquad b>a>0,\; n>-1,$ \hfill (313.4).

4) $\displaystyle\int_0^\infty \frac{\sinh ax}{\sinh bx}\,x^n\,dx = n!\sum_{\nu=0}^\infty \left\{\frac{1}{[b(2\nu+1)-a]^{n+1}} - \frac{1}{[b(2\nu+1)+a]^{n+1}}\right\},$
$\qquad\qquad b>a>0,\; n>0,$ \hfill (313.4).

5) $\displaystyle\int_0^\infty \frac{x^n\,dx}{a\cosh x + b\sinh x} = \frac{2\,n!}{a+b}\sum_{\nu=0}^\infty \frac{1}{(2\nu+1)^{n+1}}\left(\frac{b-a}{b+a}\right)^\nu,\; a,b>0,\; n>-1,$ \hfill (313.4).

6a) $\displaystyle\int_0^\infty \frac{\sinh ax}{\cosh bx}\cdot\frac{dx}{x} = \log\left[\operatorname{tg}\frac{(a+b)\pi}{4b}\right],\; b>|a|,$ \hfill (351.3c, 021.6);

6b) $\displaystyle\int_0^\infty \frac{\cosh ax - 1}{\sinh bx}\cdot\frac{dx}{x} = -\log\left(\cos\frac{a\pi}{2b}\right),\; b>|a|,$ \hfill (351.3a, 021.6).

7) $\displaystyle\int_0^\infty \frac{1}{\cosh\pi x}\cdot\frac{dx}{a^2+x^2} = \frac{1}{2a}\left[\Psi\!\left(\frac{a}{2}+\frac{3}{4}\right) - \Psi\!\left(\frac{a}{2}+\frac{1}{4}\right)\right],\; a>0,$ \hfill (021.7, 312.9b).

8) $\displaystyle\int_0^\infty \frac{1}{\sinh\pi x}\cdot\frac{x\,dx}{a^2+x^2} = \frac{1}{2a} + \frac{1}{2}\left[\Psi\!\left(\frac{a}{2}+\frac{1}{2}\right) - \Psi\!\left(\frac{a}{2}+1\right)\right],\; a>0,$
\hfill (021.7, 312.9c).

352

9) $\int_0^\infty \frac{\operatorname{Sin} ax}{\operatorname{Sin} \pi x} \cdot \frac{dx}{1+x^2} = -\frac{a}{2}\cos a + \sin a \, \log(2\cos\frac{a}{2}), \quad |a|<\pi,$

$$(021.5, \; 021.10, \; 351.3a).$$

10) $\int_0^\infty \frac{\operatorname{Cos} ax}{\operatorname{Sin} \pi x} \cdot \frac{x\,dx}{1+x^2} = -\frac{1}{2} + \frac{a}{2}\sin a + \cos a \, \log(2\cos\frac{a}{2}), \quad |a|<\pi,$

$$(9, \; 021.5).$$

11) $\int_0^\infty \frac{\operatorname{Cos} ax}{\operatorname{Cos} \pi x} \cdot \frac{dx}{1+x^2} = 2\cos\frac{a}{2} - \frac{\pi}{2}\cos a - \sin a \, \log(\operatorname{tg}\frac{a+\pi}{4}), \quad |a|<\pi,$

$$(021.5, \; 021.10, \; 351.3c).$$

12) $\int_0^\infty \frac{\operatorname{Sin} ax}{\operatorname{Cos} \pi x} \cdot \frac{x\,dx}{1+x^2} = -2\sin\frac{a}{2} + \frac{\pi}{2}\sin a - \cos a \, \log(\operatorname{tg}\frac{a+\pi}{4}), \quad |a|<\pi,$

$$(11, \; 021.5).$$

353

353. Integrale der Form $\int F(f(x), \operatorname{Sin} ax, \operatorname{Cos} bx)\,dx.$

1) $\int_0^\infty \frac{\log x}{\operatorname{Cos} ax}\,dx = \frac{\pi}{a}\log\frac{\sqrt{2\pi}\,\Gamma(\frac{3}{4})}{\sqrt{a}\,\Gamma(\frac{1}{4})}, \quad a>0, \qquad (021.7, \; 312.5b).$

2) $\int_0^\infty \frac{\log(x^2+a^2)}{\operatorname{Cos} \pi x}\,dx = 2\log\frac{\Gamma(\frac{a}{2}+\frac{3}{4})}{\Gamma(\frac{a}{2}+\frac{1}{4})}, \quad a>0, \qquad (021.7, \; 312.5d, \; 352.7).$

3) $\int_{-\infty}^\infty e^{-\frac{1}{2}(\frac{x-a}{s})^2} \operatorname{Sin} px \, dx = \sqrt{2\pi}\,s\,e^{\frac{1}{2}p^2 s^2} \operatorname{Sin} ap, \quad s>0, \qquad (314.6a).$

4) $\int_{-\infty}^\infty e^{-\frac{1}{2}(\frac{x-a}{s})^2} \operatorname{Cos} px \, dx = \sqrt{2\pi}\,s\,e^{\frac{1}{2}p^2 s^2} \operatorname{Cos} ap, \quad s>0, \qquad (314.6a).$

5) $\int_{-1}^1 (1-x^2)^{\nu-\frac{1}{2}} \operatorname{Cos} zx \, dx = 2\int_0^1 \sim = 2^\nu \sqrt{\pi}\,\Gamma(\nu+\frac{1}{2})\,z^{-\nu} I_\nu(z), \quad \mathcal{R}(\nu)>-\frac{1}{2},$

$$(512.4a).$$

6) $\int_0^\infty \sin[z\operatorname{Cos} x - \frac{\nu\pi}{2}]\operatorname{Cos}\nu x \, dx = \frac{\pi}{2} J_\nu(z), \quad z>0, \; -1<\mathcal{R}(\nu)<1,$

$$(511.4a-20d).$$

7) $\int_0^\infty \cos[z\operatorname{Cos} x - \frac{\nu\pi}{2}]\operatorname{Cos}\nu x \, dx = -\frac{\pi}{2} \mathcal{N}_\nu(z), \quad z>0, \; -1<\mathcal{R}(\nu)<1,$

$$(511.4a-20d).$$

8) $\int_0^\infty \cos(z\operatorname{Sin} x)\operatorname{Cos}\nu x \, dx = \cos\frac{\nu\pi}{2}\,\mathcal{K}_\nu(z), \quad z>0, \; -1<\mathcal{R}(\nu)<1,$

$$(512.9a, \; x\to\pm\frac{\pi i}{2}+x).$$

353

9) $\int_{-\infty}^{\infty} e^{-z\cosh x - \nu x} dx = 2\mathcal{K}_\nu(z)$, $\quad \mathcal{R}(z) > 0$, $\hfill$ (512.9a).

10) $\int_{0}^{\infty} e^{-z\cosh x} \cosh \nu x \, dx = \mathcal{K}_\nu(z)$, $\quad \mathcal{R}(z) > 0$, $\hfill$ (512.9b).

11) $\int_{0}^{\pi} \cosh(z\cos x) \sin^{2\nu} x \, dx = 2\int_{0}^{\pi/2} \sim \ = 2^\nu \sqrt{\pi} \, \Gamma\!\left(\nu + \tfrac{1}{2}\right) z^{-\nu} I_\nu(z)$, $\mathcal{R}(\nu) > -\tfrac{1}{2}$, $\hfill$ (512.4b).

12) $\int_{0}^{\infty} e^{-z\sinh x - \nu x} dx = \dfrac{\pi}{\sin \nu \pi}\left[\mathcal{A}_\nu(z) - J_\nu(z)\right]$, $\mathcal{R}(z) > 0$, $\hfill$ (511.13a, 513.1a).

361

361. Integrale von Area-Funktionen.

A.

1a) $\operatorname{Ar\,Sin} x = \int_{0}^{x} \dfrac{dt}{\sqrt{t^2+1}} = \log(x + \sqrt{x^2+1})$, $\hfill$ (I 11.9c);

1b) $\operatorname{Ar\,Cos} x = \int_{1}^{x} \dfrac{dt}{\sqrt{t^2-1}} = \log(x + \sqrt{x^2-1})$, $x \geq 1$, $\hfill$ (I 11.9c);

1c) $\operatorname{Ar\,Tg} x = \int_{0}^{x} \dfrac{dt}{1-t^2} = \tfrac{1}{2}\log \dfrac{1+x}{1-x}$, $|x| < 1$, $\hfill$ (I 11.9c);

1d) $\operatorname{Ar\,Ctg} x = \int_{x}^{\pm\infty} \dfrac{dt}{t^2-1} = \tfrac{1}{2}\log \dfrac{x+1}{x-1}$, $x \substack{>1 \\ <-1}$, $\hfill$ (I 11.9c).

2) $\int_{0}^{1} \operatorname{Ar\,Sin} x \, dx = 1 - \sqrt{2} + \log(1 + \sqrt{2})$, $\hfill$ (I 361.4b).

3) $\int_{0}^{1} \operatorname{Ar\,Sin} x \, \dfrac{dx}{x} = \sum_{\nu=0}^{\infty} \binom{-1/2}{\nu} \dfrac{1}{(2\nu+1)^2}$, $\hfill$ (I 361.5b).

4a) $\int_{0}^{1} \operatorname{Ar\,Sin} x \, \dfrac{dx}{\sqrt{x^2+1}} = \tfrac{1}{2}\left[\log(1+\sqrt{2})\right]^2$, $\hfill$ (I 361.8b);

4b) $\int_{0}^{1} \operatorname{Ar\,Sin} x \, \dfrac{x \, dx}{\sqrt{x^2+1}} = \sqrt{2}\log(1+\sqrt{2}) - 1$, $\hfill$ (I 361.8c).

361

5) $\int_0^\infty \operatorname{arsin} x \, \dfrac{dx}{x^{k+1}} = \dfrac{\Gamma\left(\tfrac{k}{2}\right)\Gamma\left(\tfrac{1-k}{2}\right)}{2k\sqrt{\pi}}, \quad 0<k<1,$ \hfill (021.3, 431.15).

6) $\int_0^\infty \operatorname{arsin} x \, \dfrac{dx}{x^2+1} = 2G,$ \hfill (021.4; 313.7c).

7) $\int_0^\infty e^{-sx} \operatorname{arsin} x \, dx = \sum_{m=0}^\infty \dfrac{(-1)^m s^{2m}}{(1,2;m+1)^2}, \quad s>0,$ \hfill (021.4, 021.3, 353.12).

<u>B.</u>

11) $\int_1^\infty \operatorname{arcol} x \, \dfrac{dx}{x^{k+1}} = \dfrac{\sqrt{\pi}\,\Gamma\left(\tfrac{k}{2}\right)}{2k\,\Gamma\left(\tfrac{k+1}{2}\right)}, \quad k>0,$ \hfill (021.3, 431.25).

12a) $\int_1^\infty \operatorname{arcol} x \, \dfrac{dx}{x^{2n}} = \dfrac{(1;2;n-1)\pi}{2^n(2n-1)(n-1)!}, \quad n=1,2,\ldots$ \hfill (11);

12b) $\int_1^\infty \operatorname{arcol} x \, \dfrac{dx}{x^{2n+1}} = \dfrac{2^{n-2}(n-1)!}{n(1,2;n)}, \quad n=1,2,\ldots$ \hfill (11).

13) $\int_1^\infty (\operatorname{arcol} x)^k \dfrac{dx}{(x^2-1)^\lambda} = 2^{2\lambda-1}\Gamma(k+1)\sum_{\nu=0}^\infty \binom{1-2\lambda}{\nu}\dfrac{(-1)^\nu}{(2\nu+2\lambda-1)^{k+1}},$

$\qquad\qquad\qquad k>2\lambda-2>-1,$ \hfill (021.4, 021.7, 312.2);

13a) $\int_1^\infty \operatorname{arcol} x \, \dfrac{dx}{x^2-1} = \dfrac{\pi^2}{4},$ \hfill (13).

14) $\int_1^\infty e^{-sx} \operatorname{arcol} x \, dx = \dfrac{1}{s}\mathcal{H}_0(s), \quad s>0,$ \hfill (021.4, 021.3, 353.10).

<u>C.</u>

21) $\int_0^a x^n \operatorname{artg} \dfrac{x}{a} \, dx = \dfrac{a^{n+1}}{n+1}\left[\sum_{\nu=0}^{r-1}\dfrac{1}{n-2\nu} + s\log 2\right],$

$\qquad\qquad\qquad r = \left[\tfrac{n+1}{2}\right], s = n+1-2r, n = 0,1,2,\ldots$ \hfill (I 362.4a);

21a) $\int_0^a \operatorname{artg} \dfrac{x}{a} \, dx = a\log 2,$ \hfill (21);

21b) $\int_0^a x \operatorname{artg} \dfrac{x}{a} \, dx = \dfrac{a^2}{2},$ \hfill (21).

361

22) $\int_0^a \operatorname{artg}\frac{x}{a}\frac{dx}{x} = \frac{\pi^2}{8}$, (I 362.5c).

23) $\int_0^a \left(\operatorname{artg}\frac{x}{a}\right)^k \frac{dx}{(a^2-x^2)^\lambda} = 2(2a)^{1-2\lambda}\Gamma(k+1)\sum_{\nu=0}^{\infty}\binom{2\lambda-2}{\nu}\frac{1}{(2\nu-2\lambda+2)^{k+1}}$,

$\qquad 1 > \lambda > -\frac{k}{2} < \frac{1}{2}$, (021.4, 021.7, 312.2);

23a) $\int_0^a \operatorname{artg}\frac{x}{a}\frac{dx}{\sqrt{a^2-x^2}} = 2G$, (23).

24) $\int_0^a \left(\operatorname{artg}\frac{x}{a}\right)^k dx = 2^{1-k} a\, \Gamma(k+1)\sum_{\nu=1}^{\infty}\frac{(-1)^{\nu-1}}{\nu^k}$, $k > 0$, (23).

D.

31) $\int_a^\infty \operatorname{arctg}\frac{x}{a}\frac{dx}{x^{k+1}} = \frac{1}{2k a^k}\left[\Psi\left(\frac{k+1}{2}\right) - \Psi\left(\frac{1}{2}\right)\right]$, $k > -1, \neq 0$, $a > 0$,

$\qquad$ (021.3, 021.4, 431.4b);

31a) $\int_a^\infty \operatorname{arctg}\frac{x}{a}\frac{dx}{x} = \frac{\pi^2}{8}$, $a > 0$, (31, $k \to 0$);

31b) $\int_a^\infty \operatorname{arctg}\frac{x}{a}\frac{dx}{x^{n+1}} = \frac{1}{2na^n}\left\{s\left[\log 4 + \sum_{\nu=1}^{r}\frac{1}{\nu}\right] + 2(1-s)\sum_{\nu=1}^{r}\frac{1}{2\nu-1}\right\}$,

$\qquad a > 0$, $r = \left[\frac{n}{2}\right]$, $s = n-2r$, $n = 1, 2, \ldots$ (31, 411.7a-d);

31c) $\int_a^\infty \operatorname{arctg}\frac{x}{a}\frac{dx}{x^2} = \frac{1}{a}\log 2$, $a > 0$, (31b).

32) $\int_a^\infty \left(\operatorname{arctg}\frac{x}{a}\right)^k \frac{dx}{(x^2-a^2)^\lambda} = 2(2a)^{1-2\lambda}\Gamma(k+1)\sum_{\nu=0}^{\infty}\binom{2\lambda-2}{\nu}\frac{(-1)^\nu}{(2\nu-2\lambda+2)^{k+1}}$,

$\qquad a > 0, 1 > \lambda > \frac{1-k}{2}$, (021.4, 021.7, 312.2).

33) $\int_a^\infty \left(\operatorname{arctg}\frac{x}{a}\right)^k dx = 2^{1-k} a\, \Gamma(k+1)\sum_{\nu=1}^{\infty}\frac{1}{\nu^k} = 2^{1-k} a\, \Gamma(k+1)\zeta(k)$,

$\qquad a > 0, k > 1$, (32).

34) $\int_a^\infty \operatorname{arctg}\frac{x}{a}\frac{dx}{\sqrt{x^2-a^2}} = \frac{\pi^2}{4}$, $a > 0$, (32).

371. Grenzwerte: $\lim\limits_{k\to\infty}\int f(k,x)\,dx$.

1a) $\lim\limits_{k\to\infty}\int\limits_0^\delta \dfrac{\sin kx}{x} f(x)\,dx = \dfrac{\pi}{2} f_0$, $\quad \delta>0$, $f_0=\lim\limits_{x\to 0+} f(x)$;

Hinreichende (aber nicht notwendige) Bedingungen dafür sind:[*]

    1) Regel von Dirichlet: $f(x)$ in $0<x<\delta$ monoton oder von beschränkter Variation;

    2) Regel von Dini: $\int\limits_0^\delta \dfrac{|f(x)-f_0|}{x}\,dx$ existiert;

    3) Regel von Lipschitz: $f(x) = f_0 + O(x^\alpha)$ für $x\to 0$, $\alpha>0$;

    4) $f'(0)$ existiert.

1b) $\lim\limits_{k\to\infty}\int\limits_\alpha^\beta \dfrac{\sin kx}{x} f(x)\,dx = 0$, $\quad 0<\alpha<\beta$.

2a) $\lim\limits_{k\to\infty}\int\limits_\alpha^\beta {\sin\atop\cos} kx \cdot f(x)\,dx = O\!\left(\dfrac{1}{k}\right)$, wenn $f(x)$ in $\alpha\leq x\leq\beta$ von beschränkter Variation ist, $\quad$ (031.19);

2b) $\lim\limits_{k\to\infty}\int\limits_{-\pi}^\pi {\sin\atop\cos} kx \cdot f(x)\,dx = O\!\left(\dfrac{1}{k^{n+1}}\right)$, wenn $f(x)$ n-mal differenzierbar, samt seinen Ableitungen periodisch (2π) und $f^{(n)}(x)$ von beschränkter Variation in $-\pi\leq x\leq\pi$ ist, $\quad$ (021.3, 2a).

3) $\int\limits_0^a e^{-sx} f(x)\,dx = O\!\left(\dfrac{1}{|s|}\right)$ für $s\to\infty$ in $\mathfrak{R}(s)\geq 0$, falls $f(x)$ in $0\leq x\leq a$ von beschränkter Variation ist.[**]

4) $\int\limits_0^\infty e^{-sx} f(x)\,dx = O\!\left(\dfrac{1}{|s|^n}\right)$ für $s\to\infty$ gleichmäßig in $\mathfrak{R}(s)>\sigma$, wenn

    1) $f(x)$ in $0\leq x$ $(n-1)$-mal, in $0<x$ n-mal differenzierbar und $f(0)=f'(0)=\cdots=f^{(n-2)}(0)=0$, $\lim\limits_{x\to 0} f^{(n-1)}(x) = f^{(n-1)}(0)$ ist,

    2) $\int\limits_0^\infty e^{-sx} f^{(n)}(x)\,dx$ für $s=\sigma>0$ konvergiert und für $\mathfrak{R}(s)>\sigma$ beschränkt ist.[***]

5) $\int\limits_0^\infty e^{-sx} f(x)\,dx \sim A\,\dfrac{\Gamma(\alpha+1)}{s^{\alpha+1}}$ für $s\to\infty$ im Winkelraum $|\arg s|\leq\vartheta<\dfrac{\pi}{2}$, wenn $f(x)\sim A x^\alpha$ für $x\to 0$, $\alpha>-1$ ist.[****]

---

[*] K. Knopp, Theorie u. Anwendung d. unendl. Reihen, 3. Aufl. (1931), S. 376 ff.
[**] G. Doetsch, Theorie u. Anw. d. Laplace-Transformation, (1937), S. 198.
[***] l.c. S. 197.
[****] l.c. S. 200.

4. Abschnitt: Eulersche Integrale.

411. Gammafunktion.

1a) $\Gamma(z) = \int_0^\infty e^{-t} t^{z-1} dt = \int_0^1 \left(\log \frac{1}{u}\right)^{z-1} du$, $\quad \Re(z) > 0$, $\qquad (u = e^{-t})$,

$\qquad\qquad\qquad\qquad\qquad\qquad\qquad$ Eulersches Integral 2. Gattung;

1b) $\Gamma(z) = \frac{1}{z} \prod_{n=1}^\infty \left\{\left(1+\frac{1}{n}\right)^z \left(1+\frac{z}{n}\right)^{-1}\right\}$, $\quad z \ne 0, -1, -2, \ldots$ $\qquad$ (Euler).

2) $\frac{1}{\Gamma(z)} = z e^{\mathscr{E} z} \prod_{n=1}^\infty \left\{\left(1+\frac{z}{n}\right) e^{-\frac{z}{n}}\right\}$,

$\qquad\qquad\qquad\qquad$ (Weierstraß; $\mathscr{E}$ = Eulersche Konstante, 011.9).

3a) $\Gamma(z+1) = z \Gamma(z)$, $\qquad\qquad\qquad\qquad\qquad\qquad\qquad\qquad\qquad\qquad$ (1a, 021.3);

3b) $\Gamma(z+n) = (z; 1; n) \Gamma(z)$, $\qquad\qquad\qquad\qquad\qquad\qquad\qquad\qquad\qquad$ (3a);

3c) $\Gamma(1) = 1$, $\Gamma(n+1) = n!$, $n = 1, 2, \ldots$ $\qquad\qquad\qquad\qquad\qquad\qquad$ (1a).

4a) $\Gamma(z) \Gamma(1-z) = \frac{\pi}{\sin \pi z}$, $\qquad\qquad\qquad \left(2, \sin \pi z = \pi z \prod_{n=1}^\infty \left(1-\frac{z^2}{n^2}\right)\right)$.

4b) $\Gamma\left(\frac{1}{2}+z\right) \Gamma\left(\frac{1}{2}-z\right) = \frac{\pi}{\cos \pi z}$, $\qquad\qquad\qquad\qquad\qquad \left(4a, z \to z+\frac{1}{2}\right)$;

4c) $\Gamma\left(\frac{1}{2}\right) = \sqrt{\pi}$, $\qquad\qquad\qquad\qquad\qquad\qquad\qquad\qquad\qquad \left(4a, z = \frac{1}{2}\right)$;

4d) $\Gamma\left(n+\frac{1}{2}\right) = \frac{(1; 2; n)}{2^n} \sqrt{\pi}$, $\quad n = 0, \pm 1, \pm 2, \ldots$ $\qquad\qquad\qquad$ (3b).

5) $\Gamma(z) \Gamma\left(z+\frac{1}{m}\right) \Gamma\left(z+\frac{2}{m}\right) \cdots \Gamma\left(z+\frac{m-1}{m}\right) = (2\pi)^{\frac{m-1}{2}} m^{\frac{1}{2}-mz} \Gamma(mz)$,

$\qquad\qquad\qquad\qquad\qquad\qquad\qquad\qquad m = 2, 3, \ldots$ $\qquad$ (Gauß)*);

5a) $\Gamma\left(z+\frac{1}{2m}\right) \Gamma\left(z+\frac{3}{2m}\right) \cdots \Gamma\left(z+\frac{2m-1}{2m}\right) = \sqrt{2} (2\pi)^{\frac{m}{2}} (4m)^{-mz} \frac{\Gamma(2mz)}{\Gamma(mz)}$,

$\qquad\qquad\qquad\qquad\qquad\qquad\qquad\qquad m = 1, 2, \ldots$ $\qquad\qquad\qquad$ (5).

---

*) Vgl. die Formel:

$\sin z \sin\left(z+\frac{\pi}{m}\right) \sin\left(z+\frac{2\pi}{m}\right) \cdots \sin\left(z+\frac{(m-1)\pi}{m}\right) = 2^{1-m} \sin(mz)$, $m = 2, 3, \ldots$

411

6a) $\Psi(z) = \dfrac{d}{dz}\log\Gamma(z) = \dfrac{\Gamma'(z)}{\Gamma(z)} = -\mathscr{E} - \dfrac{1}{z} + \sum_{n=1}^{\infty} \dfrac{z}{n(z+n)}$, $z \neq 0, -1, -2, \ldots$
Psifunktion;

6b) $\quad = \displaystyle\int_0^\infty \left[\dfrac{e^{-t}}{t} - \dfrac{e^{-zt}}{1-e^{-t}}\right] dt = \int_0^1 \left[\dfrac{-1}{\log u} - \dfrac{u^{z-1}}{1-u}\right] du$, $\mathcal{R}(z) > 0$, (Gauß, $u = e^{-t}$);

6c) $\quad = -\mathscr{E} + \displaystyle\int_0^1 \dfrac{1 - u^{z-1}}{1-u} du$, $\mathcal{R}(z) > 0$, $\hfill$ (021.7, 6a);

6d) $\quad = \displaystyle\int_0^\infty \left[e^{-t} - (t+1)^{-z}\right]\dfrac{dt}{t}$, $\mathcal{R}(z) > 0$, $\hfill$ (6b, $e^{-t} \to \dfrac{1}{t+1}$);

6e) $\quad = \displaystyle\int_0^1 \left[e^{1 - \frac{1}{u}} - u^z\right]\dfrac{du}{u(1-u)}$, $\mathcal{R}(z) > 0$, $\hfill$ (6d, $t = \dfrac{1}{u} - 1$).

7a) $\Psi(z+1) = \Psi(z) + \dfrac{1}{z}$, $\hfill$ (6a, 3a);

7b) $\Psi(1) = \Gamma'(1) = -\mathscr{E}$, $\hfill$ (6a);

7c) $\Psi\left(\dfrac{1}{2}\right) = -\mathscr{E} - \log 4$, $\hfill$ (6a);

7d) $\Psi(n+1) = -\mathscr{E} + 1 + \dfrac{1}{2} + \cdots + \dfrac{1}{n}$, $n = 1, 2, \ldots$ $\hfill$ (7a-b).

8a) $\Psi(y) - \Psi(z) = \displaystyle\sum_{n=0}^{\infty} \dfrac{y-z}{(y+n)(z+n)} = \sum_{n=0}^{\infty}\left[\dfrac{1}{z+n} - \dfrac{1}{y+n}\right]$, $y, z \neq 0, -1, -2, \ldots$ $\hfill$ (6a);

8b) $\quad = \displaystyle\int_0^1 \dfrac{u^{z-1} - u^{y-1}}{1-u} du$, $\mathcal{R}(y) > 0, \mathcal{R}(z) > 0$, $\hfill$ (6b);

8c) $\quad = \displaystyle\int_0^\infty \left[\dfrac{t^{z-1}}{(t+1)^z} - \dfrac{t^{y-1}}{(t+1)^y}\right] dt$, $\mathcal{R}(y) > 0, \mathcal{R}(z) > 0$, (8b, $u = \dfrac{t}{t+1}$);

8d) $\Psi(1-z) - \Psi(z) = \pi \operatorname{ctg}\pi z$, $\hfill$ (4a);

8e) $\Psi(z) + \Psi\left(z + \dfrac{1}{m}\right) + \Psi\left(z + \dfrac{2}{m}\right) + \cdots + \Psi\left(z + \dfrac{m-1}{m}\right) = -m\log m + m\Psi(mz)$,
$\hfill m = 2, 3, \ldots \quad$ (5).

411

9a) $$B(\kappa,\lambda) = \int_0^1 x^{\kappa-1}(1-x)^{\lambda-1}dx = \int_0^\infty \frac{y^{\kappa-1}}{(y+1)^{\kappa+\lambda}}dy, \quad \mathcal{R}(\kappa)>0, \mathcal{R}(\lambda)>0, \left(x=\frac{y}{1+y}\right);$$

Eulersches Integral 1.Gattung oder Betafunktion;

9b) $$= 2\int_0^{\pi/2} \sin^{2\kappa-1}\varphi \cos^{2\lambda-1}\varphi\, d\varphi, \qquad (9a, x=\sin^2\varphi);$$

9c) $$= B(\lambda,\kappa) = \frac{\Gamma(\kappa)\Gamma(\lambda)}{\Gamma(\kappa+\lambda)}, \qquad (031.15);$$

9d) $$= \int_0^1 \frac{x^{\kappa-1}+x^{\lambda-1}}{(x+1)^{\kappa+\lambda}}dx = \int_1^\infty \sim = \frac{1}{2}\int_0^\infty \sim, \qquad (9a,9c);$$

9e) $$= \frac{\kappa+\lambda}{\kappa\lambda}\prod_{n=1}^\infty \frac{n(n+\kappa+\lambda)}{(n+\kappa)(n+\lambda)}, \quad \kappa,\lambda \neq 0,-1,-2,\ldots \qquad (2,9c);$$

9f) $$B(\kappa,1-\kappa) = \frac{\pi}{\sin\pi\kappa}, \quad \kappa \neq 0,\pm 1,\pm 2,\ldots \qquad (9c,4a);$$

9g) $$B(\kappa,n-\kappa) = \binom{n-\kappa-1}{n-1}\frac{\pi}{\sin\pi\kappa}, \quad \kappa \neq 0,\pm 1,\pm 2,\ldots \qquad (3b,4a).$$

10a) $$\mathcal{E} = \lim_{m\to\infty}\left[1+\frac{1}{2}+\cdots+\frac{1}{m}-\log m\right] = 0.5772157\ldots \text{ Eulersche Konstante};$$

10b) $$= \int_0^1 \left[\frac{1}{1-u}+\frac{1}{\log u}\right]du, \qquad (6b,7b);$$

10c) $$= \int_0^1 \frac{1-e^{-t}-e^{-\frac{1}{t}}}{t}dt, \qquad (10b)^{*)};$$

10d) $$= \int_0^\infty \left[\frac{1}{t+1}-e^{-t}\right]\frac{dt}{t}, \qquad (6d,7b);$$

10e) $$= \int_0^\infty \left[\frac{1}{e^t-1}-\frac{1}{te^t}\right]dt, \qquad (6b,7b).$$

---

*) Im ersten Summanden verwende man die Substitution $1-u=t$, im zweiten $u=e^{-1/t}$ für $0 \leq u \leq e^{-1}$ und $u=e^{-t}$ für $e^{-1} \leq u \leq 1$.

411

11a) $$\log\Gamma(z) = \int_0^\infty \left[(z-1)e^{-t} + \frac{(1+t)^{-z}-(1+t)^{-1}}{\log(1+t)}\right]\frac{dt}{t}, \quad \mathcal{R}(z)>0, \qquad \text{(Féaux, 6d)};$$

11b) $$= \int_0^\infty \left[(z-1)e^{-t} + \frac{e^{-tz}-e^{-t}}{1-e^{-t}}\right]\frac{dt}{t}, \quad \mathcal{R}(z)>0, \qquad \text{(6b, Plana)};$$

11c) $$= (\tfrac{1}{2}-z)(\mathscr{E}+\log 2) + (1-z)\log\pi - \tfrac{1}{2}\log(\sin\pi z) + \sum_{n=1}^\infty \frac{\log n}{n\pi}\sin 2n\pi z,$$
$$0<z<1, \qquad \text{(16a-b; Kummer)};$$

11d) $$= (z-\tfrac{1}{2})\log z - z + \tfrac{1}{2}\log 2\pi + \int_0^\infty e^{-zt}\left(\tfrac{1}{2} - \tfrac{1}{t} + \tfrac{1}{e^t-1}\right)\frac{dt}{t}, \quad \mathcal{R}(z)>0,$$
$$\text{(Binet)};$$

11e) $$= (z-\tfrac{1}{2})\log z - z + \tfrac{1}{2}\log 2\pi + 2\int_0^\infty \frac{\operatorname{arc\,tg}\frac{t}{z}}{e^{2\pi t}-1}\,dt, \quad \mathcal{R}(z)>0, \quad \text{(Binet)}.$$

12) $$\int_\alpha^{\alpha+1} \log\Gamma(x)\cdot f(x)\,dx = \int_0^1 \log\Gamma(x)\cdot f(x)\,dx + \int_0^\alpha \log x\cdot f(x)\,dx,$$
$$\alpha\geq 0, \text{ wenn } f(x+1)=f(x) \text{ ist.}^{*)}$$

13) $$\int_0^1 \log\Gamma(x)\cdot f(x)\,dx = \tfrac{1}{2}\log\pi \int_0^1 f(x)\,dx - \tfrac{1}{2}\int_0^1 \log(\sin\pi x)\cdot f(x)\,dx,$$
$$\text{wenn } f(1-x)=f(x) \text{ ist}, \qquad (031.5,4a).$$

14) $$\int_0^1 \log\Gamma(x)\cdot f(mx)\,dx =$$
$$= \left(\tfrac{1}{2}\log 2\pi + \tfrac{1}{2m}\log\tfrac{m}{2\pi}\right)\int_0^1 f(x)\,dx - \tfrac{\log m}{m}\int_0^1 x f(x)\,dx + \tfrac{1}{m}\int_0^1 \log\Gamma(x)\cdot f(x)\,dx,$$
$$\text{wenn } f(x+1)=f(x), \ m=1,2,\ldots \qquad (021.8,5).$$

$^{*)}$Wegen 3a gilt: $\int_\alpha^{\alpha+1}\log\Gamma(x)\cdot f(x)\,dx = \int_\alpha^{\alpha+1}\log(x-1)\cdot f(x)\,dx + \int_\alpha^{\alpha+1}\log\Gamma(x-1)\cdot f(x)\,dx =$

$= \sum_{\nu=1}^n \int_{\alpha}^{\alpha+1}\log(x-\nu)\cdot f(x-\nu)\,dx + \int_\alpha^{\alpha+1}\log\Gamma(x-n)\cdot f(x-n)\,dx = \int_{\alpha-n}^{\alpha}\log x\cdot f(x)\,dx +$

$+ \int_{\alpha-n}^{\alpha-n+1}\log\Gamma(x)\cdot f(x)\,dx;$ man setze $n=[\alpha]$, spalte das letzte Integral auf:

$\int_{\alpha-n}^{1} + \int_{1}^{\alpha-n+1}$, und reduziere den zweiten Teil auf $\int_0^{\alpha-n}$

411

15) $\displaystyle\int_{\alpha}^{\alpha+1} \log\Gamma(x)\,dx = \alpha\log\alpha - \alpha + \log\sqrt{2\pi}$, $\quad \alpha\geq 0$, $\quad$ (12,13,322.5a, Raabe).

16a) $\displaystyle\int_{0}^{1} \log\Gamma(x)\sin 2n\pi x\,dx = \frac{\mathscr{E}+\log 2n\pi}{2n\pi}$, $\quad n=1,2,\ldots \quad$ (11b oder 11c);

16b) $\displaystyle\int_{0}^{1} \log\Gamma(x)\sin(2n+1)\pi x\,dx = \frac{1}{(2n+1)\pi}\left[\log\frac{\pi}{2} + \frac{2}{1} + \frac{2}{3} + \cdots + \frac{2}{2n-1} + \frac{1}{2n+1}\right]$,

$\qquad\qquad n=0,1,2,\ldots \qquad$ (11c oder 13,338.3b);

16c) $\displaystyle\int_{0}^{1} \log\Gamma(x)\cos 2n\pi x\,dx = \frac{-1}{2n\pi}\int_{0}^{1}\Psi(x)\sin 2n\pi x\,dx = \frac{1}{4n}$, $\quad n=1,2,\ldots$

$\qquad\qquad$ (n=0 siehe 15; 11b,11c oder 13,338.3c);

16d) $\displaystyle\int_{0}^{1} \log\Gamma(x)\cos(2n+1)\pi x\,dx = \frac{-1}{(2n+1)\pi}\int_{0}^{1}\Psi(x)\sin(2n+1)\pi x\,dx =$

$\qquad\qquad = \dfrac{2(\mathscr{E}+\log 2\pi)}{(2n+1)^2\pi^2} + \dfrac{1}{\pi^2}\displaystyle\sum_{\nu=2}^{\infty}\dfrac{\log\nu}{\nu^2-(n+1/2)^2}$,

$\qquad\qquad n=0,1,2,\ldots \qquad$ (11c).

17) $\displaystyle\frac{1}{2\pi i}\int_{-i\infty}^{i\infty}\frac{\Gamma(-z)}{\Gamma(\nu+z+1)}\left(\frac{x}{2}\right)^{\nu+2z}dz = J_{\nu}(x)$, $\quad x>0, \nu>0$. $\qquad$ *)

18) $\displaystyle\int_{-\infty}^{\infty}\frac{e^{itx}\,dx}{\Gamma(\mu+x)\Gamma(\nu-x)} = \begin{cases}\dfrac{(2\cos\frac{t}{2})^{\mu+\nu-2}}{\Gamma(\mu+\nu-1)}e^{\frac{1}{2}it(\nu-\mu)} & \text{für } -\pi<t<\pi, \\ 0 & \text{für } |t|>\pi,\end{cases}$

$\qquad\qquad \mathfrak{R}(\mu+\nu)>1$, $\qquad$ (332.9c, 031.17a).

---

*) Der Integrationsweg kann so abgeändert werden, daß das Integral gleich der Summe der negativen Residuen des Integranden in dessen Polen $z=0,1,2,\ldots$ wird. Wegen $\displaystyle\lim_{z\to n}(z-n)\Gamma(-z) = \frac{(-1)^{n+1}}{n!}$ ist das Residuum des Integranden im Punkte $z=n$:
$\dfrac{(-1)^{n+1}}{n!(\nu+n)!}\left(\dfrac{x}{2}\right)^{\nu+2n}$.

421. Potenzprodukte von linearen Ausdrücken mit allgemeinen Exponenten.[*]

1) $\int_0^1 x^{\kappa-1}(1-x)^{\lambda-1}dx = \int_0^1 x^{\lambda-1}(1-x)^{\kappa-1}dx = B(\kappa,\lambda) = \dfrac{\Gamma(\kappa)\,\Gamma(\lambda)}{\Gamma(\kappa+\lambda)},\ \kappa>0,\ \lambda>0,$ (411.9a-c);

1a) $\phantom{\int_0^1 x^{\kappa-1}(1-x)^{\lambda-1}dx} = \binom{\lambda-1}{n-1}\dfrac{\pi}{\sin\pi\kappa},\ \kappa+\lambda=n=1,2,\ldots,\ \kappa>0,\ \lambda>0\ [**],$ (411.3b, 411.4a).

2a) $\int_a^b (x-a)^{\kappa-1}(b-x)^{\lambda-1}dx = \int_a^b (x-a)^{\lambda-1}(b-x)^{\kappa-1}dx = (b-a)^{\kappa+\lambda-1}B(\kappa,\lambda),\ \kappa>0,\ \lambda>0,$ $(x=(b-a)y+a,1);$

2b) $ = (b-a)^{n-1}\binom{\lambda-1}{n-1}\dfrac{\pi}{\sin\pi\kappa},\ \kappa+\lambda=n=1,2,\ldots,\ \kappa>0,\ \lambda>0,\ [**]$ (1a);

2c) $ = (b-a)^{m+n}\dfrac{(\kappa-m;1,m)(\lambda-n;1,n)}{(\kappa+\lambda-m-n;1,m+n)}\int_a^b (x-a)^{\kappa-m-1}(b-x)^{\lambda-n-1}dx,$
$m=0,\pm1,\pm2,\ldots<\kappa,\ n=0,\pm1,\pm2,\ldots<\lambda,\ (2a, 021.3).$

3) $\int_{-a}^b (x+a)^{\kappa-1}(b-x)^{\lambda-1}dx = (a+b)^{\kappa+\lambda-1}B(\kappa,\lambda),\ \kappa>0,\ \lambda>0;$ (2a);

3a) $\int_{-a}^a (a^2-x^2)^\kappa dx = 2\int_0^a \sim\ = (2a)^{2\kappa+1}B(\kappa+1,\kappa+1),\ \kappa>-1,$ (3);

3b) $\int_{-1}^1 \left(\dfrac{1-x}{1+x}\right)^\kappa dx = \dfrac{2\pi\kappa}{\sin\pi\kappa},\ |\kappa|<1,$ (2b).

---

[*] Die als Exponenten verwendeten griechischen Buchstaben $\kappa,\lambda,\ldots$ bedeuten reelle Zahlen, welche in den jeweils angegebenen Schranken liegen. Ein großer Teil der Formeln dieses und der folgenden Abschnitte bleibt auch noch gültig, wenn $\kappa,\lambda,\ldots$ komplexe Zahlen sind, doch müssen dann die Bedingungen sinngemäß abgeändert werden, z.B. statt $\kappa>0$ muß $\mathcal{R}(\kappa)>0$ gesetzt werden. Die Exponentialfunktionen, die in den Integranden und im Resultat auftreten, sind in der Regel so zu bestimmen, daß sie die Hauptwerte auf der positiven reellen Achse annehmen. Die Formeln gelten auch, wenn nicht ausdrücklich anders angegeben, für rational ganzzahlige Exponenten und enthalten infolgedessen viele Formeln des 1. Abschnittes (111-161) als Spezialfälle.

[**] κ und λ nicht ganzzahlig.

4) $\int_a^b \frac{(x-a)^{\kappa-1}(b-x)^{\lambda-1}}{(cx+d)^{\kappa+\lambda}}dx = \frac{(b-a)^{\kappa+\lambda-1} B(\kappa,\lambda)}{(bc+d)^\kappa (ac+d)^\lambda}$, $(ac+d)(bc+d)>0, \kappa>0, \lambda>0$,

$$\left(x = \frac{d(b-a)y + a(bc+d)}{-c(b-a)y + (bc+d)}, \; 1\right);$$

4a) $\int_a^b \frac{(x-a)^{\kappa-1}}{(cx+d)^{\kappa+1}}dx = \frac{(b-a)^\kappa}{\kappa(ac+d)(bc+d)^\kappa}$, $\kappa>0$, $(ac+d)(bc+d)>0$, $(4, \lambda=1)$;

4b) $\int_a^b \frac{(b-x)^{\lambda-1}}{(cx+d)^{\lambda+1}}dx = \frac{(b-a)^\lambda}{\lambda(bc+d)(ac+d)^\lambda}$, $\lambda>0$, $(ac+d)(bc+d)>0$, $(4, \kappa=1)$.

5) $\int_a^b \frac{(x-a)^{\kappa-1}(b-x)^{\lambda-1}}{(cx+d)^{\kappa+\lambda+n}}dx = \frac{(b-a)^{\kappa+\lambda-1}}{(bc+d)^\kappa(ac+d)^\lambda}\sum_{\nu=0}^n \binom{n}{\nu}\frac{B(\kappa+\nu,\lambda+n-\nu)}{(bc+d)^\nu(ac+d)^{n-\nu}}$,

$(ac+d)(bc+d)>0, \kappa>0, \lambda>0, n=0,1,2,\ldots$ $(4, 021.5)$;

5a) $\int_a^b \frac{(x-a)^{\kappa-1}}{(cx+d)^{\kappa+n+1}}dx = \frac{(b-a)^\kappa}{(ac+d)(bc+d)^\kappa}\sum_{\nu=0}^n \binom{n}{\nu}\frac{B(\kappa+\nu,n-\nu+1)}{(bc+d)^\nu(ac+d)^{n-\nu}}$,

$(ac+d)(bc+d)>0, \kappa>0, n=0,1,2,\ldots$ $(5, \lambda=1)$;

5b) $\int_a^b \frac{(b-x)^{\lambda-1}}{(cx+d)^{\lambda+n+1}}dx = \frac{(b-a)^\lambda}{(bc+d)(ac+d)^\lambda}\sum_{\nu=0}^n \binom{n}{\nu}\frac{B(\nu+1,\lambda+n-\nu)}{(bc+d)^\nu(ac+d)^{n-\nu}}$,

$(ac+d)(bc+d)>0, \lambda>0, n=0,1,2,\ldots$ $(5, \kappa=1)$.

6) $\int_a^b \frac{(x-a)^{\kappa-1}(b-x)^{\lambda-1}(x+\gamma)^m}{(cx+d)^{\kappa+\lambda+n}}dx =$

$= \frac{(b-a)^{\kappa+\lambda-1}}{(bc+d)^\kappa(ac+d)^\lambda}\sum_{\nu=0}^n \frac{B(\kappa+\nu,\lambda+n-\nu)}{(bc+d)^\nu(ac+d)^{n-\nu}}\sum_{\mu=0}^\nu \binom{m}{\mu}\binom{n-m}{\nu-\mu}(b+\gamma)^\mu(a+\gamma)^{m-\mu}$,

$(ac+d)(bc+d)>0, \kappa>0, \lambda>0, m\leq n, m,n=0,1,2,\ldots$ $(4)^{*)}$;

6a) $\int_a^b \frac{x^m(x-a)^{\kappa-1}}{(cx+d)^{\kappa+m+1}}dx = \frac{(b-a)^\kappa}{(ac+d)(bc+d)^\kappa}\sum_{\mu=0}^m \binom{m}{\mu}b^\mu a^{m-\mu}\frac{B(\kappa+\mu,m-\mu+1)}{(bc+d)^\mu(ac+d)^{m-\mu}}$,

$(ac+d)(bc+d)>0, \kappa>0, m=0,1,2,\ldots$ $(6, m=n, \lambda=1, \gamma=0)$;

6b) $\int_a^b \frac{x^m(b-x)^{\lambda-1}}{(cx+d)^{\lambda+m+1}}dx = \frac{(b-a)^\lambda}{(bc+d)(ac+d)^\lambda}\sum_{\mu=0}^m \binom{m}{\mu}b^\mu a^{m-\mu}\frac{B(\mu+1,\lambda+m-\mu)}{(bc+d)^\mu(ac+d)^{m-\mu}}$,

$(ac+d)(bc+d)>0, \lambda>0, m=0,1,2,\ldots$ $(6, m=n, \kappa=1, \gamma=0)$.

---

*) Man setze in 4: $x=y-\gamma$, $d=c\gamma+d'$, differenziere m-mal nach c, (n-m)-mal nach d', und gehe wieder auf x und d zurück.

421

7) $\int_a^b \left(\frac{x-a}{b-x}\right)^k (x-a)^n dx = \int_a^b \left(\frac{b-x}{x-a}\right)^k (b-x)^n dx = (b-a)^{n+1} \binom{k+n}{n+1} \frac{\pi}{\sin \pi k}$,

$\qquad -n-1 < k < 1,\ k \neq 0,-1,-2,\ldots,\ n=0,1,2,\ldots$ (2b).

8) $\int_0^1 \left[\frac{x^{k-1}}{(cx+d)^\lambda} + \frac{x^{\lambda-k-1}}{(dx+c)^\lambda}\right] dx = \int_1^\infty \sim = \frac{1}{2}\int_0^\infty \sim = \frac{B(k,\lambda-k)}{c^k d^{\lambda-k}},\ \lambda > k > 0,\ cd > 0$,

$\qquad\qquad\qquad$ (13a);

8a) $\int_0^1 \frac{x^{k-1}}{(x+1)^{2k}} dx = \int_1^\infty \sim = \frac{1}{2}\int_0^\infty \sim = \frac{1}{2}B(k,k),\ k > 0,\qquad (8,\lambda=2k,c=d=1)$.

9) $\int_a^b \frac{(x-a)^{k-1}}{(b-x)^k (c_1 x+d_1)(c_2 x+d_2)} dx = \frac{\pi}{(c_1 d_2 - c_2 d_1)\sin\pi k}\left[\frac{c_1(ac_1+d_1)^{k-1}}{(bc_1+d_1)^k} - \frac{c_2(ac_2+d_2)^{k-1}}{(bc_2+d_2)^k}\right]$,

$\qquad 0 < k < 1,\ c_1 d_2 - c_2 d_1 \neq 0,\ (ac_i+d_i)(bc_i+d_i) > 0\ \text{für}\ i=1,2,$
$\qquad\qquad (4,\lambda=1-k, 021.4b, 411.9f).$

10a) $\int_0^a \frac{x^{k-1}}{x+a} dx = \frac{a^{k-1}}{2}\left[\Psi\left(\frac{k+1}{2}\right) - \Psi\left(\frac{k}{2}\right)\right],\ k > 0,\qquad (021.7, 411.8a);$

10b) $\int_0^a \frac{x^{k-1}}{(x+a)^2} dx = \frac{a^{k-2}}{2} - \frac{k-1}{2}a^{k-2}\left[\Psi\left(\frac{k+1}{2}\right) - \Psi\left(\frac{k}{2}\right)\right],\ k > 0,\qquad (10a, 021.5).$

11) $\int_0^1 \{u^k x^{k-1}(u+v-ux)^{\lambda-1} + v^\lambda x^{\lambda-1}(u+v-vx)^{k-1}\} dx = (u+v)^{k+\lambda-1} B(k,\lambda)$,

$\qquad\qquad k,\lambda,u,v > 0,\quad (1)^*)$

11a) $\int_0^1 x^{k-1}(a-x)^{\lambda-1} dx = a^{k+\lambda-1} B(k,\lambda) - (a-1)^{k+\lambda-1}\int_0^1 x^{\lambda-1}\left(\frac{a}{a-1}-x\right)^{k-1} dx$,

$\qquad\qquad k > 0,\ \lambda > 0,\ a > 1,\qquad (11, a=\frac{u+v}{u});$

11b) $\int_0^1 x^{k-1}(2-x)^{k-1} dx = 2^{2k-2} B(k,k),\ k > 0,\qquad (11, k=\lambda, u=v).$

12) $\int_0^1 \frac{x^{\alpha-1}(1-x)^{\gamma-\alpha-1}}{(1-tx)^\beta} dx = B(\alpha,\gamma-\alpha)\cdot F(\alpha,\beta,\gamma;t),\ \gamma > \alpha > 0,\ |t| < 1$,

$\qquad\qquad (021.7; \text{Legendre});$

12a) $\int_0^1 \frac{x^{k-1} dx}{(1-x)^{k+1/2}(1-tx)^{k+1/2}} = \frac{\Gamma(k)\Gamma(1/2-k)}{2\sqrt{\pi}}\left[(1+\sqrt{t})^{-2k} + (1-\sqrt{t})^{-2k}\right]$,

$\qquad\qquad 0 < k < \frac{1}{2},\ |t| < 1,\qquad (12)^{**)}$

---

*) Man substituiere $x = \frac{u+v}{u} y$ im ersten Summanden, $x = \frac{u+v}{v}(1-y)$ im zweiten.

**) $F\left(\frac{\alpha}{2}, \frac{\alpha+1}{2}, \frac{1}{2}; z^2\right) = \sum_{\nu=0}^\infty \binom{-\alpha}{2\nu} z^{2\nu} = \frac{1}{2}\left[(1+z)^{-\alpha} + (1-z)^{-\alpha}\right],\qquad (011.6).$

421

12b) $\displaystyle\int_0^1 \frac{x^{k-1}dx}{(1-x)^{k-1/2}(1-tx)^{k+1/2}} = \frac{\Gamma(k)\,\Gamma(1/2-k)}{2\sqrt{\pi t}}\left[(1+\sqrt{t})^{1-2k}-(1-\sqrt{t})^{1-2k}\right],$

$\qquad\qquad\qquad 0<k<\frac{3}{2},\ k\neq\frac{1}{2},\ |t|<1,\qquad (12)^{*)};$

12c) $\displaystyle\int_0^1 \frac{x^{k-1/2}dx}{(1-x)^k(1-tx)^k} = \frac{\Gamma(k-1/2)\,\Gamma(1-k)}{2\sqrt{\pi t}}\left[(1-\sqrt{t})^{1-2k}-(1+\sqrt{t})^{1-2k}\right],$

$\qquad\qquad\qquad -\frac{1}{2}<k<1,\ k\neq\frac{1}{2},\ |t|<1,\qquad (12)^{*)};$

12d) $\displaystyle\int_0^1 \frac{x^{k-1/2}dx}{(1-x)^k(1+tx)^k} = \frac{\Gamma(k-1/2)\,\Gamma(1-k)}{\sqrt{\pi t}\,(1+t)^{k-1/2}} \sin(2k-1)\varphi,$

$\qquad\qquad\qquad -\frac{1}{2}<k<1,\ k\neq\frac{1}{2},\ t>0,\ \varphi=\operatorname{Arctg}\sqrt{t},\qquad (12c).$

13) $\displaystyle\int_a^\infty \frac{(x-a)^{k-1}}{(cx+d)^\lambda}dx = \frac{B(k,\lambda-k)}{c^k(ac+d)^{\lambda-k}},\quad c(ac+d)>0,\ \lambda>k>0,\qquad \left(x=\frac{dy+ac}{-cy+c},1\right);$

13a) $\displaystyle\int_0^\infty \frac{x^{k-1}}{(cx+d)^\lambda}dx = \frac{B(k,\lambda-k)}{c^k d^{\lambda-k}},\quad cd>0,\ \lambda>k>0,\qquad (13);$

13b) $\displaystyle\int_0^\infty \frac{x^{k-1}}{(x+1)^\lambda}dx = B(k,\lambda-k),\quad \lambda>k>0,\qquad (13a);$

13c) $\displaystyle\int_0^\infty \frac{x^{k-1}}{(x+1)^n}dx = \binom{n-k-1}{n-1}\frac{\pi}{\sin \pi k},\ 0<k<n,\ k\neq 1,2,\ldots,n-1;\ n=1,2,\ldots\ (13b,411.9g);$

13d) $\displaystyle\int_0^\infty \frac{dx}{x^k(x+1)} = \int_0^\infty \frac{x^{k-1}}{x+1}dx = \frac{\pi}{\sin\pi k},\ 0<k<1,\qquad (13c);$

13e) $\displaystyle\int_0^\infty \frac{x^{k-1}}{cx+d}dx = \frac{\pi}{c^k d^{1-k}\sin\pi k},\ 0<k<1,\ cd>0,\qquad (13a);$

13f) $\displaystyle\int_0^\infty \frac{dx}{x^k(cx+d)} = \frac{\pi}{c^{1-k}d^k\sin\pi k},\ 0<k<1,\ cd>0,\qquad (13a).$

14) $\displaystyle\int_{-\infty}^a \frac{(a-x)^{k-1}}{(cx+d)^\lambda}dx = \frac{B(k,\lambda-k)}{(-c)^k(ac+d)^{\lambda-k}},\ \lambda>k>0,\ c(ac+d)<0,$

$\qquad\qquad\qquad\qquad\qquad \left(x=\frac{-dy+ac+d}{cy},1\right).$

15) $\displaystyle\int_0^\infty \frac{x^{k-1}}{(x+\varrho e^{i\vartheta})^\lambda}dx = e^{i\vartheta(k-\lambda)}\frac{B(k,\lambda-k)}{\varrho^{\lambda-k}},\ \varrho>0,\ -\pi<\vartheta<\pi,\ \lambda>k>0,$

$\qquad\qquad\qquad\qquad\qquad\qquad (021.12,13);$

$^{*)}\mathcal{F}\left(\dfrac{\alpha}{2},\dfrac{\alpha+1}{2},\dfrac{3}{2};z^2\right) = \dfrac{1}{(1-\alpha)z}\displaystyle\sum_{\nu=0}^\infty \binom{1-\alpha}{2\nu+1}z^{2\nu+1} = \dfrac{1}{2(1-\alpha)z}\left[(1+z)^{1-\alpha}-(1-z)^{1-\alpha}\right],$

$\qquad\qquad\qquad\qquad\qquad\qquad (011.6).$

421

15a) $\int_0^\infty \dfrac{x^{\kappa-1}}{x+e^{i\vartheta}}dx = \dfrac{\pi e^{i\vartheta(\kappa-1)}}{\sin\pi\kappa}$, $-\pi<\vartheta<\pi$, $0<\kappa<1$, (15).

16) $\int_{-\infty}^\infty \dfrac{x^{\kappa-1}}{(x+\varrho e^{i\vartheta})^\lambda}dx = 0$, $\varrho>0$, $\lambda>\kappa>0$, $0<|\vartheta|<\pi$, (021.12).

17a) $\int_{-\infty}^\infty \dfrac{(x-\varrho_1 e^{i\vartheta_1})^{\kappa-1}}{(x+\varrho_2 e^{i\vartheta_2})^\lambda}dx = 0$, $\varrho_1>0, \varrho_2>0, 0<|\vartheta_1|<\pi, 0<|\vartheta_2|<\pi, \vartheta_1\vartheta_2<0, \lambda>\kappa$,
  (021.12);

17b) $= \varepsilon\, e^{\varepsilon i\pi\kappa - i(\vartheta_1+\vartheta_3)(\lambda-\kappa)} \dfrac{2\pi i}{\kappa B(\lambda,-\kappa)\varrho_3^{\lambda-\kappa}}$, $\varrho_1>0, \varrho_2>0, \lambda>\kappa$,

$\varepsilon = \begin{cases} -1 & \text{für } 0<\vartheta_1<\pi,\ 0<\vartheta_2<\pi; \\ +1 & \text{für } 0>\vartheta_1>-\pi,\ 0>\vartheta_2>-\pi; \end{cases}$ $\varrho_3 = \sqrt{\varrho_1^2+\varrho_2^2+2\varrho_1\varrho_2\cos(\vartheta_2-\vartheta_1)}$,

$\sin\vartheta_3 = \dfrac{\varrho_2}{\varrho_3}\sin(\vartheta_2-\vartheta_1), \cos\vartheta_3 = \dfrac{1}{\varrho_3}[\varrho_1+\varrho_2\cos(\vartheta_2-\vartheta_1)], |\vartheta_3|<\pi$,
  (021.12)[*]

18a) $\int_{-\infty}^\infty \dfrac{dx}{(a+ix)^\kappa (b-ix)^\lambda} = \dfrac{2\pi\,\Gamma(\kappa+\lambda-1)}{\Gamma(\kappa)\Gamma(\lambda)(a+b)^{\kappa+\lambda-1}}$, $a>0, b>0, \kappa+\lambda>1$, (17b, 021.3);

18b) $\qquad\qquad = 0$, $ab<0$, $\kappa+\lambda>1$, (17a).

19) $\int_0^\infty \dfrac{\alpha x^{\kappa-1}(x+\alpha)^{\lambda-1}+\beta x^{\lambda-1}(x+\beta)^{\kappa-1}}{[(\alpha+\beta)x+\alpha\beta]^{\kappa+\lambda}}dx = \dfrac{B(\kappa,\lambda)}{\alpha^\kappa\beta^\lambda}$, $\kappa>0, \lambda>0, \alpha>0, \beta>0$, (13)[**];

19a) $\int_0^\infty \dfrac{x^{\kappa-1}(x+\alpha)^{\kappa-1}}{(2x+\alpha)^{2\kappa}}dx = \dfrac{B(\kappa,\kappa)}{2\alpha}$, $\kappa>0, \alpha>0$, (19, $\kappa=\lambda, \alpha=\beta$).

20) $\oint_0^\infty \dfrac{x^{\kappa-1}}{cx-d}dx = \dfrac{-\pi\operatorname{ctg}\pi\kappa}{c^\kappa d^{1-\kappa}}$, $0<\kappa<1, cd>0$, (15, $\vartheta\to\pm\pi$, wegen $2\oint = \int_\curvearrowleft + \int_\curvearrowright$).

---

[*] Der Integrationsweg kann auf eine Schleife um die Punkte $\varrho_1 e^{i\vartheta_1}$ und ∞ zusammengezogen werden. Die Exponentialfunktionen müssen ihre Hauptwerte auf der positiven reellen Achse annehmen. Der Fall $\kappa<0$ kann durch partielle Integration auf $\kappa>0$ zurückgeführt werden.

[**] Substitution $x = \dfrac{\alpha\beta y}{\alpha-\beta y}$ im ersten Summanden, $x = \dfrac{\alpha\beta}{\beta y-\alpha}$ im zweiten.

431. Potenzprodukte von zweigliedrigen Ausdrücken mit allgemeinen Exponenten.[*]

1) $\int_0^1 x^{\kappa-1}(1-x^\alpha)^{\lambda-1}dx = \frac{1}{\alpha} B\left(\frac{\kappa}{\alpha},\lambda\right),\ \alpha>0,\kappa>0,\lambda>0,$ \hfill $(x^\alpha=y,\ 421.1);$

1a) $\int_0^1 (1-x^\alpha)^{\lambda-1}dx = \frac{1}{\alpha} B\left(\frac{1}{\alpha},\lambda\right),\ \alpha>0,\lambda>0,$ \hfill $(1,\kappa=1).$

2) $\int_0^a x^{\kappa-1}(a^\alpha-x^\alpha)^{\lambda-1}dx = \frac{1}{\alpha} a^{\kappa+\alpha\lambda-\alpha} B\left(\frac{\kappa}{\alpha},\lambda\right),\ \alpha>0,\kappa>0,\lambda>0,$ \hfill $(1,x=ay);$

2a) $\int_0^a \frac{x^{\kappa-1}}{\sqrt[n]{a^n-x^n}}dx = \frac{1}{n} a^{\kappa-1} B\left(\frac{\kappa}{n},\frac{n-1}{n}\right),\ \kappa>0,\ n=2,3,\ldots$ \hfill $(2,\alpha=n,\lambda=\frac{n-1}{n});$

2b) $\int_0^a x^{\kappa-1}\sqrt[n]{a^n-x^n}\,dx = \frac{1}{n} a^{\kappa+1} B\left(\frac{\kappa}{n},\frac{n+1}{n}\right),\ \kappa>0,\ n=1,2,\ldots$ \hfill $(2,\alpha=n,\lambda=\frac{n+1}{n});$

2c) $\int_0^1 \frac{dx}{\sqrt[n]{1-x^n}} = \frac{\pi}{n\sin\frac{\pi}{n}},\ n=2,3,\ldots$ \hfill $(2a,\ 411.9f).$

3a) $\int_0^1 \frac{1-x^{\kappa-1}}{1-x}dx = \mathscr{E}+\Psi(\kappa),\ \kappa>0,$ \hfill $(411.8b,\ z=1,\ y=\kappa,\ 411.7b);$

3b) $\int_0^a \frac{a^{\kappa-1}-x^{\kappa-1}}{a-x}dx = a^{\kappa-1}[\mathscr{E}+\Psi(\kappa)],\ \kappa>0,a>0,$ \hfill $(3a).$

4) $\int_0^1 \frac{x^{\kappa-1}-x^{\lambda-1}}{1-x^\alpha}dx = \frac{1}{\alpha}\left[\Psi\left(\frac{\lambda}{\alpha}\right)-\Psi\left(\frac{\kappa}{\alpha}\right)\right],\ \alpha>0,\kappa>0,\lambda>0,$ \hfill $(411.8b,\ u=x^\alpha);$

4a) $\int_0^1 \frac{x^{\kappa-1}-x^{\alpha-\kappa-1}}{1-x^\alpha}dx = \int_1^\infty \sim\ = \frac{1}{2}\int_0^\infty \sim\ = \frac{\pi}{\alpha} \operatorname{ctg}\frac{\pi\kappa}{\alpha},\ \alpha>\kappa>0,$ \hfill $(4,\lambda=\alpha-\kappa,\ 411.8d);$

4b) $\int_0^1 \frac{1-x^\kappa}{1-x^\lambda}dx = \frac{1}{\lambda}\left[\Psi\left(\frac{\kappa+1}{\lambda}\right)-\Psi\left(\frac{1}{\lambda}\right)\right],\ \kappa>-1,\lambda>0,$ \hfill $(4);$

4c) $\int_0^a \frac{a^\kappa-x^\kappa}{a^\lambda-x^\lambda}dx = \frac{1}{\lambda}a^{\kappa-\lambda+1}\left[\Psi\left(\frac{\kappa+1}{\lambda}\right)-\Psi\left(\frac{1}{\lambda}\right)\right],\ \kappa>-1,\lambda>0,a>0,$ \hfill $(4b).$

---

[*] Vgl. Anmerkung zu 421.

431

5) $\int_0^a \dfrac{a^k - x^k}{a^\lambda - x^\lambda} x^\mu \, dx = \dfrac{1}{\lambda} a^{\mu+k-\lambda+1} \left[\Psi\left(\dfrac{k+\mu+1}{\lambda}\right) - \Psi\left(\dfrac{\mu+1}{\lambda}\right) \right],$
$\quad k>0, \lambda>0, \mu>-1, a>0, \quad (411.8b, x=au^{1/\lambda});$

5a) $\int_0^a \dfrac{a^{2k} - x^{2k}}{a^{2\lambda} - x^{2\lambda}} x^{\lambda-k-1} \, dx = \dfrac{\pi}{2\lambda} a^{k-\lambda} \operatorname{tg} \dfrac{\pi k}{2\lambda}, \quad \lambda>k>0, a>0, \quad (5, 411.8d).$

6) $\int_0^a \dfrac{a^{\lambda-1} x^{k-1} + a^{k-1} x^{\lambda-1}}{(x+a)^{k+\lambda}} \, dx = \int_a^\infty \sim = \dfrac{1}{2} \int_0^\infty \sim = \dfrac{1}{a} B(k,\lambda), \, k>0, \lambda>0, a>0,$
$\quad (421.8);$

6a) $\int_0^a \dfrac{x^{k-1} + a^{2k-1} x^{-k}}{x+a} \, dx = \int_a^\infty \sim = \dfrac{1}{2} \int_0^\infty \sim = \dfrac{\pi a^{k-1}}{\sin \pi k}, \, 0<k<1, a>0, \quad (6);$

6b) $\int_0^1 \dfrac{x^{k-1} + x^{n-k-1}}{(x+1)^n} \, dx = \int_1^\infty \sim = \dfrac{1}{2} \int_0^\infty \sim = \binom{n-k-1}{n-1} \dfrac{\pi}{\sin \pi k},$
$\quad 0<k<n \, (k \neq 1,2,\ldots,n-1), n=1,2,\ldots \quad (6).$

7) $\int_0^1 \dfrac{x^{k-1} + x^{\lambda-1}}{(x^\alpha+1)^{\frac{k+\lambda}{\alpha}}} \, dx = \int_1^\infty \sim = \dfrac{1}{2} \int_0^\infty \sim = \dfrac{1}{\alpha} B\left(\dfrac{k}{\alpha}, \dfrac{\lambda}{\alpha}\right), k>0, \lambda>0, \alpha>0,$
$\quad (6, x^\alpha=y);$

7a) $\int_0^1 \dfrac{x^{k-1}}{(x^\alpha+1)^{2k/\alpha}} \, dx = \int_1^\infty \sim = \dfrac{1}{2} \int_0^\infty \sim = \dfrac{1}{2\alpha} B\left(\dfrac{k}{\alpha}, \dfrac{k}{\alpha}\right), \, \alpha>0, k>0, \quad (7);$

7b) $\int_0^1 \dfrac{x^{k-1} + x^{\lambda-1}}{x^{k+\lambda}+1} \, dx = \int_1^\infty \sim = \dfrac{1}{2} \int_0^\infty \sim = \dfrac{\pi}{(k+\lambda)\sin \frac{\pi k}{k+\lambda}}, \, k>0, \lambda>0,$
$\quad (7, \alpha=k+\lambda, 411.4a).$

8) $\int_0^1 \dfrac{x^{k-1}}{x^\alpha+1} \, dx = \dfrac{1}{2\alpha} \left[\Psi\left(\dfrac{k+\alpha}{2\alpha}\right) - \Psi\left(\dfrac{k}{2\alpha}\right) \right], \, \alpha>0, k>0, \quad (421.10a, x^\alpha=y);$

8a) $\int_0^1 \dfrac{x^{k-1}}{x^{2k}+1} \, dx = \int_1^\infty \sim = \dfrac{1}{2} \int_0^\infty \sim = \dfrac{\pi}{4k}, \, k>0, \quad (8, 411.8d, 7b);$

8b) $\int_0^1 \dfrac{x^{k-1}}{(x^\alpha+1)^2} \, dx = \dfrac{1}{2\alpha} - \dfrac{k-\alpha}{2\alpha^2} \left[\Psi\left(\dfrac{k+\alpha}{2\alpha}\right) - \Psi\left(\dfrac{k}{2\alpha}\right) \right], \, \alpha>0, k>0,$
$\quad (x^\alpha=y, 421.10b);$

9a) $\int_0^1 \dfrac{x^{k-1} + x^{\lambda-1}}{(1-x^\alpha)^{\frac{k+\lambda}{\alpha}}} \, dx = \dfrac{\cos \pi \frac{\lambda-k}{2\alpha}}{\alpha \cos \pi \frac{\lambda+k}{2\alpha}} B\left(\dfrac{k}{\alpha}, \dfrac{\lambda}{\alpha}\right), k>0, \lambda>0, \alpha>k+\lambda, \quad (1, 411.4a);$

9b) $\int_0^1 \dfrac{x^{k-1} - x^{\lambda-1}}{(1-x^\alpha)^{\frac{k+\lambda}{\alpha}}} \, dx = \dfrac{\sin \pi \frac{\lambda-k}{2\alpha}}{\alpha \sin \pi \frac{\lambda+k}{2\alpha}} B\left(\dfrac{k}{\alpha}, \dfrac{\lambda}{\alpha}\right), k>0, \lambda>0, 2\alpha>k+\lambda, \quad (1, 411.4a).$

431

10) $\int_0^a \dfrac{dx}{cx+dx^{1-k}} = \dfrac{1}{kc}\log\dfrac{ca^k+d}{d}$, $k>0, c\neq 0, d(ca^k+d)>0, a>0$,

$\hfill (x^k=y, \mathrm{I}\,11.4a).$

11) $\int_0^a \dfrac{dx}{c^2 x^{1+k}+d^2 x^{1-k}} = \dfrac{1}{kcd}\,\mathrm{Arctg}\,\dfrac{ca^k}{d}$, $k>0, cd>0, a>0$, $(x^k=y, \mathrm{I}\,15.12)$;

11a) $\int_0^\infty \sim \;=\dfrac{\pi}{2kcd}$, $k>0, cd>0$, $\hfill (11)$;

11b) $\int_0^1 \dfrac{dx}{x^{1+k}+x^{1-k}} = \dfrac{1}{2}\int_0^\infty \sim \;=\dfrac{\pi}{4k}$, $k>0$, $\hfill (11a).$

12) $\int_0^1 \dfrac{x^k+x^{-k}}{x^2+1}dx = \dfrac{1}{2}\int_0^\infty \sim \;=\dfrac{\pi}{2\cos\frac{\pi k}{2}}$, $|k|<1$, $\hfill (8,411.8d).$

13a) $\int_0^1 \dfrac{x^k-x^{-k}}{x^2+1}dx = -\int_1^\infty \sim \;=\dfrac{1}{2}\left[\Psi\!\left(\dfrac{k+3}{4}\right)-\Psi\!\left(\dfrac{k+1}{4}\right)\right] - \dfrac{\pi}{2\cos\frac{\pi k}{2}}$, $|k|<1$,

$\hfill (8,411.8d);$

13b) $\int_0^\infty \sim \;=0$, $|k|<1$, $\hfill (13a).$

14a) $\int_0^1 \dfrac{x^{1+k}-x^{1-k}}{x^2+1}dx = \dfrac{1}{k} - \dfrac{\pi}{2\sin\frac{\pi k}{2}}$, $0<|k|<2$, $\hfill (8,411.7a,411.8d);$

14b) $\int_0^1 \dfrac{x^{1+k}+x^{1-k}}{x^2+1}dx = \dfrac{1}{k} + \dfrac{\pi}{2\sin\frac{\pi k}{2}} + \dfrac{1}{2}\left[\Psi\!\left(\dfrac{k}{4}\right)-\Psi\!\left(\dfrac{k+2}{4}\right)\right]$, $0<|k|<2$, $\hfill (8).$

15) $\int_0^\infty \dfrac{x^{k-1}}{(x^\alpha+1)^\lambda}dx = \dfrac{1}{\alpha}\mathrm{B}\!\left(\dfrac{k}{\alpha},\lambda-\dfrac{k}{\alpha}\right)$, $\alpha>0, \lambda>\dfrac{k}{\alpha}>0$, $\hfill (x^\alpha=y, 4\,21.13b);$

15a) $\int_0^\infty \dfrac{x^{k-1}}{(x^\alpha+1)^n}dx = \binom{n-\frac{k}{\alpha}-1}{n-1}\dfrac{\pi}{\alpha\sin\frac{\pi k}{\alpha}}$,

$n=1,2,\ldots; \alpha>0, 0<\dfrac{k}{\alpha}<n\;(\dfrac{k}{\alpha}\neq 1,2,\ldots,n-1)$, $\hfill (421.13c).$

16) $\int_0^\infty \dfrac{x^{k-1}}{(cx^\alpha+d)^\lambda}dx = \dfrac{\mathrm{B}\!\left(\frac{k}{\alpha},\lambda-\frac{k}{\alpha}\right)}{\alpha c^{k/\alpha} d^{\lambda-k/\alpha}}$, $\alpha>0, \lambda>\dfrac{k}{\alpha}>0, cd>0$, $\hfill (421.13a);$

16a) $\int_0^\infty \dfrac{x^{k-1}}{(cx^\alpha+d)^n}dx = \binom{n-\frac{k}{\alpha}-1}{n-1}\dfrac{\pi}{\alpha c^{k/\alpha} d^{n-k/\alpha}\sin\frac{\pi k}{\alpha}}$,

$n=1,2,\ldots; \alpha>0, 0<\dfrac{k}{\alpha}<n\;(\dfrac{k}{\alpha}\neq 1,2,\ldots,n-1), cd>0$, $\hfill (16,411.9g);$

431

16b) $\displaystyle\int_0^\infty \frac{x^{\frac{\alpha}{2}-1}}{cx^\alpha+d}dx = \frac{\pi}{\alpha\sqrt{cd}}$, $\alpha>0, cd>0$, (16a);

16c) $\displaystyle\int_0^\infty \frac{dx}{cx^k+dx^\lambda} = \frac{\pi}{(k-\lambda)c^{\frac{1-\lambda}{k-\lambda}}d^{\frac{k-1}{k-\lambda}}\sin\pi\frac{1-\lambda}{k-\lambda}}$, $k>1>\lambda, cd>0$, (16a).

17) $\displaystyle\int_0^\infty \frac{x^{k-1}}{(cx^\alpha+dx^{-\alpha})^\lambda}dx = \frac{B\left(\frac{\lambda}{2}+\frac{k}{2\alpha},\frac{\lambda}{2}-\frac{k}{2\alpha}\right)}{2\alpha c^{\frac{\lambda}{2}+\frac{k}{2\alpha}}d^{\frac{\lambda}{2}-\frac{k}{2\alpha}}}$, $\alpha>0, |k|<\alpha\lambda, cd>0$, (16);

17a) $\displaystyle\int_0^\infty \frac{x^{k-1}}{(cx^\alpha+dx^{-\alpha})^{2n}}dx = \frac{\left(\frac{k}{2\alpha};1;n\right)\left(1-\frac{k}{2\alpha};1;n-1\right)\pi}{2\alpha(2n-1)!c^{n+\frac{k}{2\alpha}}d^{n-\frac{k}{2\alpha}}\sin\frac{\pi k}{2\alpha}}$,

$\alpha>0, |k|<2\alpha n, \left(\frac{k}{2\alpha}\neq 0,\pm 1,\pm 2,\ldots\right), cd>0, n=1,2,\ldots$

(17, 411.3b, 411.4a);

17b) $\displaystyle\int_0^\infty \frac{x^{k-1}}{(cx^\alpha+dx^{-\alpha})^{2n+1}}dx = \frac{\left(\frac{1}{2}+\frac{k}{2\alpha};1;n\right)\left(\frac{1}{2}-\frac{k}{2\alpha};1;n\right)\pi}{2\alpha(2n)!c^{n+\frac{1}{2}+\frac{k}{2\alpha}}d^{n+\frac{1}{2}-\frac{k}{2\alpha}}\cos\frac{\pi k}{2\alpha}}$,

$\alpha>0, |k|<\alpha(2n+1), \left(\frac{k}{\alpha}\neq 0,\pm 1,\pm 2,\ldots\right), cd>0, n=0,1,2,\ldots$

(17, 411.3b, 411.4b).

18) $\displaystyle\int_0^\infty \frac{x^{k-1}+x^{-k-1}}{(x^\alpha+x^{-\alpha})^\lambda}dx = 2\int_0^1 \sim = \frac{1}{\alpha}B\left(\frac{\lambda}{2}+\frac{k}{2\alpha},\frac{\lambda}{2}-\frac{k}{2\alpha}\right)$, $\alpha>0, 0<k<\alpha\lambda$, (17);

18a) $\displaystyle\int_0^\infty \frac{x^{k-1}+x^{-k-1}}{x^\alpha+x^{-\alpha}}dx = \frac{\pi}{\alpha\cos\frac{\pi k}{2\alpha}}$, $0<k<\alpha$, (18, 411.4b).

19) $\displaystyle\int_0^\infty \frac{dx}{(cx^2+d)^\lambda} = \frac{1}{2}\int_{-\infty}^\infty \sim = \sqrt{\frac{\pi d}{c}}\frac{\Gamma(\lambda-\frac{1}{2})}{2d^\lambda\Gamma(\lambda)}$, $\lambda>\frac{1}{2}, cd>0$, (16).

20) $\displaystyle\int_0^\infty \frac{(1+x)^k-1}{(1+x)^{k+\lambda}}\cdot\frac{dx}{x} = \Psi(k+\lambda)-\Psi(\lambda)$, $k>0, \lambda>0$, $\left(4, x=\frac{1-y}{y}\right)$.

21) $\displaystyle\int_0^\infty \frac{x^{k-1}-x^{\lambda-1}}{x^\alpha-1}dx = \frac{\pi}{\alpha}\left(\text{ctg}\frac{\pi\lambda}{\alpha}-\text{ctg}\frac{\pi k}{\alpha}\right)$, $\alpha>k>0, \alpha>\lambda>0$, (021.8, 4a);

21a) $\displaystyle\int_0^\infty \frac{x^{k-1}-1}{x^\alpha-1}dx = \frac{\pi}{\alpha}\left(\text{ctg}\frac{\pi}{\alpha}-\text{ctg}\frac{\pi k}{\alpha}\right)$, $\alpha>k>0, \alpha>1$, (21);

21b) $\displaystyle\int_0^\infty \frac{x^{k-1}-x^{\lambda-1}}{x^{2k}-1}dx = \frac{\pi}{2k}\text{ctg}\frac{\pi\lambda}{2k}$, $2k>\lambda>0$, (21);

431

21c) $\displaystyle\int_0^\infty \frac{x^{2k-1}-x^{k-1}}{x^{4k}-1}\,dx = \frac{\pi}{4k}$, $\quad k>0$, (21b).

22a) $\displaystyle\int_0^\infty \frac{x^k - x^{-k}}{x^\lambda - x^{-\lambda}} x^{\mu-1}\,dx = \frac{\pi \sin\frac{\pi k}{\lambda}}{\lambda\left(\cos\frac{\pi k}{\lambda}+\cos\frac{\pi\mu}{\lambda}\right)}$, $\lambda > \mu+k > \mu > k-\lambda$, (21);

22b) $\displaystyle\int_0^\infty \frac{x^k - x^{-k}}{x^\lambda - x^{-\lambda}} \cdot \frac{dx}{x} = \frac{\pi}{\lambda}\,\mathrm{tg}\,\frac{\pi k}{2\lambda}$, $\lambda > k > 0$, (22a, $\mu=0$).

23a) $\displaystyle\int_0^\infty \left(\frac{x^k - x^{-k}}{x^\lambda - x^{-\lambda}}\right)^2 \frac{dx}{x} = \frac{1}{\lambda} - \frac{\pi k}{\lambda^2}\,\mathrm{ctg}\,\frac{\pi k}{\lambda}$, $0 < k < \lambda$, ($x^{2\lambda}=y$, 421.15, $\vartheta\to\pi$);

23b) $\displaystyle\int_0^\infty \left(\frac{x^k - x^{-k}}{x^\lambda - x^{-\lambda}}\right)^3 \frac{dx}{x} = \frac{\pi}{8\lambda^3}\left[3(\lambda^2-k^2)\,\mathrm{tg}\,\frac{\pi k}{2\lambda} - (\lambda^2-9k^2)\,\mathrm{tg}\,\frac{3\pi k}{2\lambda}\right]$, $0 < k < \lambda$, (wie 23a).

24) $\displaystyle\int_0^\infty \frac{x^{k-1}}{c^2 x^2 - d^2}\,dx = \frac{-\pi}{2 c^k d^{2-k}}\,\mathrm{ctg}\,\frac{\pi k}{2}$, $0<k<2, c>0, d>0$, (021.4b, 421.13e, 421.20).

25) $\displaystyle\int_a^\infty \frac{dx}{x^k(x^\alpha - a^\alpha)^\lambda} = \frac{a^{1-k-\alpha\lambda}}{\alpha} B\left(\lambda + \frac{k-1}{\alpha},\, 1-\lambda\right)$, $a>0, \alpha>0, \frac{1-k}{\alpha}<\lambda<1$, ($x = \frac{a^2}{y}$, 2);

25a) $\displaystyle\int_a^\infty \frac{dx}{x(x^\alpha - a^\alpha)^\lambda} = \frac{\pi}{\alpha a^{\alpha\lambda} \sin \pi\lambda}$, $a>0, \alpha>0, 0<\lambda<1$, (25).

441

441. Potenzprodukte von mehrgliedrigen Ausdrücken mit allgemeinen Exponenten.[*]

1) $\displaystyle\int_0^1 \frac{a_0 x^{k_0-1} - a_1 x^{k_1-1} - \ldots - a_n x^{k_n-1}}{1-x^\lambda}\,dx = \frac{1}{\lambda}\left\{a_1 \Psi\!\left(\frac{k_1}{\lambda}\right) + \cdots + a_n \Psi\!\left(\frac{k_n}{\lambda}\right) - a_0 \Psi\!\left(\frac{k_0}{\lambda}\right)\right\}$,

wenn $a_0 = a_1 + a_2 + \cdots + a_n, k_i > 0\ (i=0,1,\ldots,n), \lambda > 0$, (431.4).

1a) $\displaystyle\int_0^1 \frac{x^{k-1} + x^{k-\frac{n-1}{n}} + \cdots + x^{k-\frac{1}{n}} - n x^{nk-1}}{1-x}\,dx = n\log n$, $k>0, n=1,2,\ldots$ (1, 411.8e).

---

[*] Vgl. Anmerkung zu 421.

441

2a) $\displaystyle\int_0^\infty \frac{x^{k-1}}{ax^2+2bx+c}dx = \frac{(\beta^{k-1}-\alpha^{k-1})\pi}{a(\alpha-\beta)\sin\pi k} = \frac{\pi \operatorname{Sin}(1-k)\varphi}{a\varrho^{2-k}\sin\pi k \operatorname{Sin}\varphi},$

$0<k<1,\ b^2>ac>0,\ ab>0,$

${\alpha \atop \beta} = \frac{1}{a}(b\pm\sqrt{b^2-ac}),\ \varrho=\sqrt{\frac{c}{a}},\ \varphi=\operatorname{Ar Cof}\frac{|b|}{\sqrt{ac}},$

(021.4b, 421.13a, 421.15);

2b) $\displaystyle\oint_0^\infty \sim\ = \frac{-\pi(\alpha^{k-1}+\beta^{k-1}\cos\pi k)}{a(\alpha+\beta)\sin\pi k},\ 0<k<1,\ ac<0,\ {\alpha\atop\beta}=\frac{1}{a}(\pm b+\sqrt{b^2-ac}),$

(021.4b, 421.20);

2c) $\displaystyle\oint_0^\infty \sim\ = \frac{\pi(\beta^{k-1}-\alpha^{k-1})}{a(\alpha-\beta)}\operatorname{ctg}\pi k = \frac{\pi\operatorname{Sin}(1-k)\varphi}{a\varrho^{2-k}\operatorname{Sin}\varphi}\operatorname{ctg}\pi k,$

$0<k<1,\ b^2>ac>0,\ ab<0,$

${\alpha\atop\beta}=\frac{1}{a}(-b\pm\sqrt{b^2-ac}),\ \varrho=\sqrt{\frac{c}{a}},\ \varphi=\operatorname{Ar Cof}\frac{|b|}{\sqrt{ac}},$

(021.4b, 421.20, 421.15);

2d) $\displaystyle\int_0^\infty \sim\ = \frac{\pi\sin(1-k)\vartheta}{a\varrho^{2-k}\sin\vartheta\sin\pi k},\ ac>b^2,\ 0<k<1,\ \varrho=\sqrt{\frac{c}{a}},\ \vartheta=\operatorname{Arc cos}\frac{b}{\sqrt{ac}},$

(021.4b, 421.15).

3a) $\displaystyle\int_0^\infty \frac{x^{k-1}\cos\left[\lambda\operatorname{arc tg}\frac{\varrho\sin\vartheta}{x+\varrho\cos\vartheta}\right]}{(x^2+2x\varrho\cos\vartheta+\varrho^2)^{\lambda/2}}dx = \frac{B(k,\lambda-k)}{\varrho^{\lambda-k}}\cos(\lambda-k)\vartheta,$

$0<k<\lambda,\ \varrho>0,\ 0\le\vartheta<\pi,$ (421.15)*⁾;

3b) $\displaystyle\int_0^\infty \frac{x^{k-1}\sin\left[\lambda\operatorname{arc tg}\frac{\varrho\sin\vartheta}{x+\varrho\cos\vartheta}\right]}{(x^2+2x\varrho\cos\vartheta+\varrho^2)^{\lambda/2}}dx = \frac{B(k,\lambda-k)}{\varrho^{\lambda-k}}\sin(\lambda-k)\vartheta,$

$0<k<\lambda,\ \varrho>0,\ 0\le\vartheta<\pi,$ (421.15)*⁾;

4) $\displaystyle\int_0^\infty \frac{x^{k-1}}{(x^2+2x\varrho\cos\vartheta+\varrho^2)^\lambda}dx = \frac{1}{2\varrho^{2\lambda-k}}\left\{B\left(\frac{k}{2},\lambda-\frac{k}{2}\right)\mathcal{F}\left(\frac{k}{2},\lambda-\frac{k}{2},\frac{1}{2};\cos^2\vartheta\right)\right.$

$\left.-(k-1)\cos\vartheta\,B\left(\frac{k-1}{2},\lambda-\frac{k-1}{2}\right)\mathcal{F}\left(\frac{k+1}{2},\lambda-\frac{k-1}{2},\frac{3}{2};\cos^2\vartheta\right)\right\},$

$\varrho>0,\ 0<\vartheta<\pi,\ 2\lambda>k>0,$ (021.7, 431.16).

---

*⁾ Die Funktion $\operatorname{arc tg}$ ist hier im Intervall $[0,\pi]$ zu bestimmen. Diese Formeln können zur Berechnung der nachfolgenden Integrale mit ganzzahligem λ dienen; es gilt für $\lambda=1,2,\ldots$

$\cos\left[\lambda\operatorname{arc tg}\frac{\varrho\sin\vartheta}{x+\varrho\cos\vartheta}\right] = (x^2+2x\varrho\cos\vartheta+\varrho^2)^{-\lambda/2}\left[x^\lambda+\binom{\lambda}{1}x^{\lambda-1}\varrho\cos\vartheta+\binom{\lambda}{2}x^{\lambda-2}\varrho^2\cos 2\vartheta+\cdots+\varrho^\lambda\cos\lambda\vartheta\right],$

$\sin\left[\lambda\operatorname{arc tg}\frac{\varrho\sin\vartheta}{x+\varrho\cos\vartheta}\right] = (x^2+2x\varrho\cos\vartheta+\varrho^2)^{-\lambda/2}\left[\binom{\lambda}{1}x^{\lambda-1}\varrho\sin\vartheta+\binom{\lambda}{2}x^{\lambda-2}\varrho^2\sin 2\vartheta+\cdots+\varrho^\lambda\sin\lambda\vartheta\right].$

441

5a) $\displaystyle\int_0^\infty \frac{x^{\kappa-1}}{x^2+2x\varrho\cos\vartheta+\varrho^2}\,dx = \frac{\pi\sin(1-\kappa)\vartheta}{\varrho^{2-\kappa}\sin\vartheta\sin\pi\kappa},\ \varrho>0,\ 0<\vartheta<\pi,\ 0<\kappa<2,{}^{*)}$ (2d);

5b) $\displaystyle\int_0^\infty \frac{x^{\kappa-1}}{(x^2+2x\varrho\cos\vartheta+\varrho^2)^2}\,dx = \frac{\pi[\sin(1-\kappa)\vartheta-(1-\kappa)\sin\vartheta\cos(2-\kappa)\vartheta]}{2\varrho^{4-\kappa}\sin^3\vartheta\sin\pi\kappa},$

$\varrho>0,\ 0<\vartheta<\pi,\ 0<\kappa<4,{}^{**)}$ (3a-b, $\lambda=2$);

5c) $\displaystyle\int_0^\infty \frac{x^{\kappa-1}}{(x^2+2x\varrho\cos\vartheta+\varrho^2)^3}\,dx =$

$= \dfrac{\pi[3\sin(1-\kappa)\vartheta - 3(1-\kappa)\sin\vartheta\cos(2-\kappa)\vartheta - (1-\kappa)(2-\kappa)\sin^2\vartheta\sin(3-\kappa)\vartheta]}{8\varrho^{6-\kappa}\sin^5\vartheta\sin\pi\kappa}$

$\varrho>0,\ 0<\vartheta<\pi,\ 0<\kappa<6,{}^{***)}$ (3a-b, $\lambda=3$).

6a) $\displaystyle\int_0^\infty \frac{x^\kappa\,dx}{(ax^2+2bx+c)^{\kappa+1/2}} = \frac{\sqrt{\pi}\,\Gamma(\kappa)}{\sqrt{a}\,[2\sqrt{ac}+2b]^\kappa\,\Gamma(\kappa+1/2)},\ \kappa>0,\ a>0,\ c>0,\ b>-\sqrt{ac},$ (031.13a, 421.13a);

6b) $\displaystyle\int_0^\infty \frac{x^\kappa\,dx}{(ax^2+2bx+c)^{\kappa+3/2}} = \frac{\sqrt{\pi}\,\Gamma(\kappa+1)}{\sqrt{c}\,[2\sqrt{ac}+2b]^{\kappa+1}\,\Gamma(\kappa+3/2)},\ \kappa>-1,\ a>0,\ c>0,\ b>-\sqrt{ac},$ (031.13c, 421.13a);

6c) $\displaystyle\int_0^\infty \frac{x^\kappa\,dx}{(ax^2+2bx+c)^{\kappa-1/2}} = \frac{[(\kappa-1)\sqrt{ac}+b]\sqrt{\pi}\,\Gamma(\kappa-2)}{a^{3/2}[2\sqrt{ac}+2b]^{\kappa-1}\,\Gamma(\kappa-1/2)},\ \kappa>2,\ a>0,\ c>0,\ b>-\sqrt{ac},$ (031.13b, 421.13a);

6d) $\displaystyle\int_0^\infty \frac{x^\kappa\,dx}{(ax^2+2bx+c)^{\kappa-3/2}} = \frac{[(\kappa-1)(\kappa-3)ac+3(\kappa-2)b\sqrt{ac}+3b^2]\sqrt{\pi}\,\Gamma(\kappa-4)}{a^{5/2}[2\sqrt{ac}+2b]^{\kappa-2}\,\Gamma(\kappa-3/2)},$

$\kappa>4,\ a>0,\ c>0,\ b>-\sqrt{ac},$ (031.13d, 421.13a).

---

*) Für $\kappa=1$ hat das Integral den Wert (Grenzwert $\kappa\to 1$): $\dfrac{\vartheta}{\varrho\sin\vartheta}$, in Übereinstimmung mit 131.11a.

**) Für $\kappa=1,2,3$ gelten die Grenzwerte:

$\dfrac{2\vartheta-\sin 2\vartheta}{4\varrho^3\sin^3\vartheta}$ für $\kappa=1$; $\dfrac{\sin\vartheta-\vartheta\cos\vartheta}{2\varrho^2\sin^3\vartheta}$ für $\kappa=2$, $\dfrac{2\vartheta-\sin 2\vartheta}{4\varrho\sin^3\vartheta}$ für $\kappa=3$.

***) Für $\kappa=1,2,\ldots,5$ gelten folgende Grenzwerte:

$\dfrac{12\vartheta-8\sin 2\vartheta+\sin 4\vartheta}{32\varrho^5\sin^5\vartheta}$ für $\kappa=1$; $\dfrac{9\sin\vartheta+\sin 3\vartheta-12\vartheta\cos\vartheta}{32\varrho^4\sin^5\vartheta}$ für $\kappa=2$;

$\dfrac{2\vartheta(2+\cos 2\vartheta)-3\sin 2\vartheta}{16\varrho^3\sin^5\vartheta}$ für $\kappa=3$; $\dfrac{9\sin\vartheta+\sin 3\vartheta-12\vartheta\cos\vartheta}{32\varrho^2\sin^5\vartheta}$ für $\kappa=4$;

$\dfrac{12\vartheta-8\sin 2\vartheta+\sin 4\vartheta}{32\varrho\sin^5\vartheta}$ für $\kappa=5$.

441

7a) $$\int_0^\infty \frac{x^{k-1/2}\,dx}{[(x+a)(x+b)]^k} = \frac{\sqrt{\pi}\,\Gamma(k-1/2)}{(\sqrt{a}+\sqrt{b})^{2k-1}\,\Gamma(k)}, \quad a>0, b>0, k>\frac{1}{2}, \tag{6a}$$

7b) $$\int_0^\infty \frac{x^{k+1/2}\,dx}{[(x+a)(x+b)]^k} = \frac{[a+b+(2k-1)\sqrt{ab}]\sqrt{\pi}\,\Gamma(k-3/2)}{2(\sqrt{a}+\sqrt{b})^{2k-1}\,\Gamma(k)}, \quad a>0, b>0, k>\frac{3}{2}, \tag{6c}$$

8) $$\int_0^\infty \frac{x^{k-1}\,dx}{(x^{2\alpha}+1)(x^{3\alpha}+1)} = \frac{\pi}{6\alpha \sin\frac{\pi k}{\alpha}}\left[1+3\sqrt{2}\sin\left(\frac{\pi k}{2\alpha}+\frac{\pi}{4}\right)-4\sin\left(\frac{2\pi k}{3\alpha}-\frac{\pi}{6}\right)\right], \quad 0<k<\alpha,$$
(021.4b, 431.15a).

9) $$\int_0^\infty \frac{x^{k-1}\,dx}{x^\lambda+2\rho\cos\vartheta+\rho^2 x^{-\lambda}} = \frac{\pi \sin\frac{\vartheta k}{\lambda}}{\lambda \rho^{1-k/\lambda}\sin\vartheta \sin\frac{\pi k}{\lambda}}, \quad \rho>0, 0<\vartheta<\pi, |k|<\lambda,$$
$(x^\lambda=y, 5a)$.

10) $$\int_0^1 \frac{x^k+x^{-k}}{x^2+2x\cos\vartheta+1}\,dx = \int_1^\infty \sim\; = \frac{1}{2}\int_0^\infty \sim\; = \frac{\pi \sin\vartheta k}{\sin\vartheta \sin\pi k}, \quad 0<\vartheta<\pi, 0<k<1, \tag{5a}$$

10a) $$\int_0^1 \frac{x^k+x^{-k}}{x^\lambda+2\cos\vartheta+x^{-\lambda}}\cdot\frac{dx}{x} = \int_1^\infty \sim\; = \frac{1}{2}\int_0^\infty \sim\; = \frac{\pi \sin\frac{\vartheta k}{\lambda}}{\lambda \sin\vartheta \sin\frac{\pi k}{\lambda}}, \quad 0<\vartheta<\pi, 0<k<\lambda,$$
$(x^\lambda=y, 10)$.

11a) $$\int_0^\infty \frac{|x^2-1|^{2k} x^{2\lambda-2k}}{(x^4+2bx^2+1)^\lambda}\,dx = \int_0^\infty \frac{|x^2-1|^{2k} x^{2\lambda-2k-2}}{(x^4+2bx^2+1)^\lambda}\,dx = \frac{B(k+1/2, \lambda-k-1/2)}{2(2+2b)^{\lambda-k-1/2}},$$
$2\lambda>2k+1>0, b>-1$, (031.12a-b, 431.16);

11b) $$\int_0^\infty \frac{|x^2-1|^{2k} x^{2\lambda-2k+2}}{(x^4+2bx^2+1)^\lambda}\,dx = \int_0^\infty \frac{|x^2-1|^{2k} x^{2\lambda-2k-4}}{(x^4+2bx^2+1)^\lambda}\,dx = \frac{[\lambda+k-1/2+(2k+1)b]B(k+1/2,\lambda-k-3/2)}{2(\lambda-1)(2+2b)^{\lambda-k-1/2}},$$
$2\lambda>2k+3>2, b>-1$, (031.12c-d, 431.16).

12a) $$\int_0^1 \frac{x^{k+1/2}(1-x)^{k-1/2}}{(ax^2+2bx+c)^{k+1}}\,dx = \frac{\sqrt{\pi}\,\Gamma(k+1/2)}{\sqrt{a+2b+c}\,[2b+2c+2\sqrt{c}\sqrt{a+2b+c}]^{k+1/2}\,\Gamma(k+1)},$$
$a+2b+c>0, c>0, a<(\sqrt{c}+\sqrt{a+2b+c})^2, k>-\frac{1}{2}$,
$(x=\frac{y}{y+1}, 6a)$;

12b) $$\int_0^1 \frac{x^{k+3/2}(1-x)^{k-3/2}}{(ax^2+2bx+c)^{k+1}}\,dx = \frac{[b+c+(k+1/2)\sqrt{c}\sqrt{a+2b+c}]\sqrt{\pi}\,\Gamma(k-1/2)}{(a+2b+c)^{3/2}[2b+2c+2\sqrt{c}\sqrt{a+2b+c}]^{k+1/2}\,\Gamma(k+1)},$$
$a+2b+c>0, c>0, a<(\sqrt{c}+\sqrt{a+2b+c})^2, k>\frac{1}{2}$,
$(x=\frac{y}{y+1}, 6c)$;

12c) $$\int_0^1 \frac{x^{k-1/2}(1-x)^{k+1/2}}{(ax^2+2bx+c)^{k+1}}\,dx = \frac{\sqrt{\pi}\,\Gamma(k+1/2)}{\sqrt{c}\,[2b+2c+2\sqrt{c}\sqrt{a+2b+c}]^{k+1/2}\,\Gamma(k+1)},$$
$a+2b+c>0, c>0, a<(\sqrt{c}+\sqrt{a+2b+c})^2, k>-\frac{1}{2}$,
$(x=\frac{y}{y+1}, 6b)$.

5. Abschnitt: Integrale von Zylinderfunktionen.

511. Zylinderfunktionen (Besselsche Funktionen).

Zylinderfunktionen $\mathcal{Z}_\nu(z)$ sind Lösungen der Besselschen Differentialgleichung:

1) $$z^2 \frac{d^2 y}{dz^2} + z \frac{dy}{dz} + (z^2 - \nu^2) y = 0.$$

Besselsche Funktionen 1. Art:

2) $$J_\nu(z) = \sum_{m=0}^{\infty} \frac{(-1)^m}{m!\, \Gamma(\nu+m+1)} \left(\frac{z}{2}\right)^{\nu+2m}$$

Besselsche Funktionen 2. Art oder Neumannsche Funktionen:

3) $$\mathcal{N}_\nu(z) = \frac{1}{\sin\nu\pi} \left[\cos\nu\pi \cdot J_\nu(z) - J_{-\nu}(z) \right], \quad \nu \neq 0, \pm 1, \pm 2, \ldots \quad ;^{*)}$$

3a) $$\mathcal{N}_n(z) = \frac{1}{\pi} \left[\frac{\partial J_\nu}{\partial \nu} - (-1)^\nu \frac{\partial J_{-\nu}}{\partial \nu} \right]_{\nu=n}, \quad n = 0, 1, 2, \ldots \quad ;$$

3b) $$= \frac{2}{\pi} J_n(z) \log \frac{z}{2} - \frac{1}{\pi} \sum_{\mu=0}^{n-1} \frac{(n-\mu-1)!}{\mu!} \left(\frac{z}{2}\right)^{2\mu-n} -$$
$$- \frac{1}{\pi} \sum_{\mu=0}^{\infty} \frac{(-1)^\mu \left[\Psi(n+\mu+1) + \Psi(\mu+1) \right]}{\mu!\,(n+\mu)!} \left(\frac{z}{2}\right)^{2\mu+n}.$$

Besselsche Funktionen 3. Art oder Hankelsche Funktionen:

4a) $$\mathcal{H}_\nu^{(1)}(z) = J_\nu(z) + i \mathcal{N}_\nu(z),$$

4b) $$\mathcal{H}_\nu^{(2)}(z) = J_\nu(z) - i \mathcal{N}_\nu(z).$$

5) $$\mathcal{H}_\nu^{(1)}(z) = \frac{J_{-\nu}(z) - e^{-i\nu\pi} J_\nu(z)}{i \sin\nu\pi}, \quad \mathcal{H}_\nu^{(2)}(z) = \frac{J_{-\nu}(z) - e^{i\nu\pi} J_\nu(z)}{-i \sin\nu\pi}.$$

---

*) Vielfach mit $Y_\nu(z)$ bezeichnet; für ganzzahliges ν gilt der Grenzwert 3a).

511

6a) $\quad J_\nu(z) = \frac{1}{2}\left[\mathcal{H}_\nu^{(1)}(z) + \mathcal{H}_\nu^{(2)}(z)\right],$

6b) $\quad \mathcal{N}_\nu(z) = \frac{1}{2i}\left[\mathcal{H}_\nu^{(1)}(z) - \mathcal{H}_\nu^{(2)}(z)\right],$

7a) $\quad e^{\frac{z}{2}(t-\frac{1}{t})} = \sum_{n=-\infty}^{\infty} J_n(z)\, t^n,$ „Erzeugende Funktion";

7b) $\quad e^{iz\sin\varphi} = \sum_{n=-\infty}^{\infty} J_n(z)\, e^{in\varphi},$ $\hfill (7a, t=e^{i\varphi});$

7c) $\quad \cos(z\sin\varphi) = J_0(z) + 2\sum_{n=1}^{\infty} J_{2n}(z)\cos 2n\varphi,$ $\hfill (7b);$

7d) $\quad \sin(z\sin\varphi) = 2\sum_{n=0}^{\infty} J_{2n+1}(z)\sin(2n+1)\varphi,$ $\hfill (7b).$

8a) $\quad J_{-n}(z) = (-1)^n J_n(z),\qquad \mathcal{N}_{-n}(z) = (-1)^n \mathcal{N}_n(z),\quad n=0,1,2,\ldots$ $\hfill (7a);$

8b) $\quad J_{\nu-1}(z) + J_{\nu+1}(z) = \frac{2\nu}{z} J_\nu(z),\qquad \mathcal{N}_{\nu-1}(z) + \mathcal{N}_{\nu+1}(z) = \frac{2\nu}{z}\mathcal{N}_\nu(z),$ $\hfill (2,3);$

8c) $\quad J_{\nu-1}(z) - J_{\nu+1}(z) = 2\frac{dJ_\nu}{dz},\qquad \mathcal{N}_{\nu-1}(z) - \mathcal{N}_{\nu+1}(z) = 2\frac{d\mathcal{N}_\nu}{dz},$ $\hfill (2,3);$

8d) $\quad J_{\nu+n}(z) = (-1)^n z^{\nu+n}\left(\frac{d}{z\,dz}\right)^n\left(z^{-\nu} J_\nu(z)\right),\quad n=0,1,2,\ldots$ $\hfill (2);$

8e) $\quad J_{\nu-n}(z) = z^{n-\nu}\left(\frac{d}{z\,dz}\right)^n\left(z^\nu J_\nu(z)\right),\quad n=0,1,2,\ldots$ $\hfill (2).$

9a) $\quad J_{\frac{1}{2}}(z) = \sqrt{\frac{2}{\pi z}}\sin z,\qquad J_{-\frac{1}{2}}(z) = \sqrt{\frac{2}{\pi z}}\cos z,$ $\hfill (2);$

9b) $\quad J_{n+\frac{1}{2}}(z) = (-1)^n \sqrt{\frac{2z}{\pi}}\, z^n\left(\frac{d}{z\,dz}\right)^n\left(\frac{\sin z}{z}\right),\quad n=0,1,2,\ldots$ $\hfill (9a,8d);$

9c) $\quad J_{-n+\frac{1}{2}}(z) = \sqrt{\frac{2}{\pi z}}\, z^n\left(\frac{d}{z\,dz}\right)^n(\sin z),\quad n=0,1,2,\ldots$ $\hfill (9a,8e).$

10) $\mathcal{H}^{(1)}_{-\nu}(z) = e^{i\nu\pi}\mathcal{H}^{(1)}_{\nu}(z)$, $\mathcal{H}^{(2)}_{-\nu}(z) = e^{-i\nu\pi}\mathcal{H}^{(2)}_{\nu}(z)$, (5).

Integraldarstellungen der Zylinderfunktionen:

11a) $J_{\nu}(z) = C_{\nu}\int_{-1}^{1} e^{izx}(1-x^2)^{\nu-1/2}dx$, $\mathcal{R}(\nu) > -\frac{1}{2}$,[*] (Poisson, 021.7);

11b) $\phantom{J_{\nu}(z)} = 2C_{\nu}\int_{0}^{1}\cos(zx)\cdot(1-x^2)^{\nu-1/2}dx$, $\mathcal{R}(\nu) > -\frac{1}{2}$,[*] (11a);

11c) $\phantom{J_{\nu}(z)} = 2C_{\nu}\int_{0}^{\pi/2}\cos(z\cos\varphi)\sin^{2\nu}\varphi\, d\varphi$, $\mathcal{R}(\nu) > -\frac{1}{2}$,[*] (11b, $x=\cos\varphi$);

11d) $\phantom{J_{\nu}(z)} = 2C_{\nu}\int_{0}^{\pi/2}\cos(z\sin\varphi)\cos^{2\nu}\varphi\, d\varphi$, $\mathcal{R}(\nu) > -\frac{1}{2}$,[*] (11b, $x=\sin\varphi$).

12) $J_{\nu}(z) = \frac{1}{2\pi}\int_{\mathcal{L}} e^{-iz\sin(\xi-\alpha)+i\nu(\xi-\alpha)}d\xi$, $-\frac{\pi}{2}-\alpha < \arg z < \frac{\pi}{2}-\alpha$,[**]

(Sommerfeld);

12a) $\phantom{J_{\nu}(z)} = \frac{1}{2\pi}\int_{\mathcal{L}} e^{-iz\sin\xi+i\nu\xi}d\xi$, $\mathcal{R}(z) > 0$,[**] (12, $\alpha=0$);

12b) $\phantom{J_{\nu}(z)} = \frac{1}{2\pi}e^{-\frac{i\nu\pi}{2}}\int_{\mathcal{L}} e^{izcos\xi+i\nu\xi}d\xi$, $\mathcal{R}(iz) > 0$,[**] (12, $\alpha=\frac{\pi}{2}$);

12c) $\phantom{J_{\nu}(z)} = \frac{1}{2\pi}e^{\frac{i\nu\pi}{2}}\int_{\mathcal{L}} e^{-izcos\xi+i\nu\xi}d\xi$, $\mathcal{R}(iz) < 0$,[**] (12, $\alpha=-\frac{\pi}{2}$);

12d) $\phantom{J_{\nu}(z)} = \frac{1}{2\pi}e^{-i\nu\pi}\int_{\mathcal{L}} e^{iz\sin\xi+i\nu\xi}d\xi$, $\mathcal{R}(z) < 0$,[**] (12, $\alpha=\pi$).

13a) $J_{\nu}(z) = \frac{1}{\pi}\int_{0}^{\pi}\cos(z\sin x - \nu x)dx - \frac{\sin\nu\pi}{\pi}\int_{0}^{\infty} e^{-z\sinh x - \nu x}dx$, $\mathcal{R}(z) > 0$, (12a);

13b) $\phantom{J_{\nu}(z)} = \frac{1}{\pi}e^{-\frac{i\nu\pi}{2}}\left\{\int_{0}^{\pi} e^{iz\cos x}\cos\nu x\, dx - \sin\nu\pi\int_{0}^{\infty} e^{-iz\cosh x - \nu x}dx\right\}$, $\mathcal{R}(iz) > 0$, (12b).

---

[*] $C_{\nu} = \dfrac{1}{\Gamma(\frac{1}{2})\Gamma(\nu+\frac{1}{2})}\left(\dfrac{z}{2}\right)^{\nu}$.

[**] Der Integrationsweg $\mathcal{L}$ führt in der komplexen ξ-Ebene von $-\pi+i\infty$ über $-\pi, \pi$ nach $\pi+i\infty$:

511

14a) $$J_\nu(z) = \frac{1}{2\pi i}\int_{\mathcal{L}} e^{\frac{z}{2}(\xi-\frac{1}{\xi})}\xi^{-\nu-1}d\xi, \quad \mathcal{R}(z) > 0,^{*)} \qquad (12a, \xi = e^{i\xi});$$

14b) $$= \frac{1}{2\pi i}\left(\frac{z}{2}\right)^\nu \int_{\mathcal{L}} e^{\tau - \frac{z^2}{4\tau}}\frac{d\tau}{\tau^{\nu+1}}, \quad z \text{ und } \nu \text{ beliebig komplex},^{*)} \quad (14a, \xi = \frac{2\tau}{z});$$

14c) $$= \frac{1}{\pi}\left(\frac{z}{2}\right)^\nu\left\{\int_0^\pi e^{(1-\frac{z^2}{4})\cos x}\cos\left[(1+\frac{z^2}{4})\sin x - \nu x\right]dx - \sin\nu\pi\int_1^\infty e^{-x+\frac{z^2}{4x}}\frac{dx}{x^{\nu+1}}\right\}, \qquad (14b).$$

15a) $$J_n(z) = \frac{1}{\pi}\int_0^\pi \cos(z\sin x - nx)dx = \frac{1}{2\pi}\int_0^{2\pi}\sim, \quad n=0,\pm 1,\pm 2,\ldots \quad (13a, \text{Bessel});$$

15b) $$= \frac{1}{\pi}e^{-\frac{in\pi}{2}}\int_0^\pi e^{iz\cos x}\cos nx\, dx, \quad n=0,\pm 1,\pm 2,\ldots \qquad (13b, \text{Hansen}).$$

16a) $$J_{2n}(z) = \frac{2}{\pi}\int_0^{\pi/2}\cos(z\sin x)\cdot\cos 2nx\, dx, \quad n=0,\pm 1,\pm 2,\ldots \qquad (15a);$$

16b) $$= (-1)^n\frac{2}{\pi}\int_0^{\pi/2}\cos(z\cos x)\cdot\cos 2nx\, dx, \quad n=0,\pm 1,\pm 2,\ldots \qquad (15b).$$

17a) $$J_{2n+1}(z) = \frac{2}{\pi}\int_0^{\pi/2}\sin(z\sin x)\cdot\sin(2n+1)x\, dx, \quad n=0,\pm 1,\pm 2,\ldots \qquad (15a);$$

17b) $$= (-1)^n\frac{2}{\pi}\int_0^{\pi/2}\sin(z\cos x)\cdot\cos(2n+1)x\, dx, \quad n=0,\pm 1,\pm 2,\ldots \qquad (15b).$$

18a) $$\mathcal{H}_\nu^{(1)}(z) = \frac{\Gamma(1/2-\nu)}{i\pi\,\Gamma(1/2)}\left(\frac{z}{2}\right)^\nu\int_{\mathcal{L}_1}e^{iz\xi}(\xi^2-1)^{\nu-1/2}d\xi,\quad^{**)} \qquad (W);$$

18b) $$\mathcal{H}_\nu^{(2)}(z) = \frac{-\Gamma(1/2-\nu)}{i\pi\,\Gamma(1/2)}\left(\frac{z}{2}\right)^\nu\int_{\mathcal{L}_2}e^{iz\xi}(\xi^2-1)^{\nu-1/2}d\xi,\quad^{**)} \qquad (W).$$

---

*) Der Integrationsweg $\mathcal{L}$ besteht aus einer Schleife um die negative reelle Achse:

**) $\mathcal{L}_1$ und $\mathcal{L}_2$ bedeuten Schleifenwege, welche den Punkt $+1$, bzw. -1, einschließen:

Die Integrale konvergieren für $-\alpha < \arg z < \pi - \alpha$.

511

19a) $\quad \mathcal{H}_\nu^{(\varepsilon)}(z) = \dfrac{\delta i e^{\delta i \nu \pi} z^\nu}{2^{\nu-1}\Gamma(1/2)\Gamma(1/2+\nu)} \displaystyle\int_1^{1-\delta i\infty} e^{-\delta i z \xi}(\xi^2-1)^{\nu-1/2} d\xi$,

$\mathcal{R}(z) > 0,\ \mathcal{R}(\nu) > -\dfrac{1}{2};\ \varepsilon = 1,2;\ \delta = (-1)^\varepsilon,\quad$ (18a,b mit $\alpha = \dfrac{\pi}{2}$);

19b) $\quad \mathcal{H}_\nu^{(\varepsilon)}(z) = \dfrac{\delta i\, 2^{\nu+1}}{\Gamma(1/2)\Gamma(1/2-\nu) z^\nu} \displaystyle\int_1^\infty \dfrac{e^{-\delta i z x}}{(x^2-1)^{\nu+1/2}} dx$,

$\delta \mathcal{R}(iz) > 0,\ \mathcal{R}(\nu) < \dfrac{1}{2},\ \text{und } \mathcal{R}(iz)=0, |\mathcal{R}(\nu)| < \dfrac{1}{2};\ \varepsilon = 1,2;\ \delta = (-1)^\varepsilon$,

(18a,b mit $\alpha = 0,\pi$);

19c) $\quad \mathcal{H}_\nu^{(1)}(iz) = \dfrac{2^\nu \Gamma(\nu+1/2)}{i\pi \Gamma(1/2)(iz)^\nu} \displaystyle\int_{-\infty}^\infty \dfrac{e^{\pm izx}}{(x^2+1)^{\nu+1/2}} dx, \quad z>0, |\mathcal{R}(\nu)| < \dfrac{1}{2}, (10,18a)$;

19d) $\quad\qquad = \dfrac{(2z)^\nu \Gamma(\nu+1/2)}{i^{\nu+1}\pi \Gamma(1/2)} \displaystyle\int_{-\infty}^\infty \dfrac{e^{\pm ix}}{(x^2+z^2)^{\nu+1/2}} dx, \quad z>0, |\mathcal{R}(\nu)| < \dfrac{1}{2},\quad$ (19c).

20a) $\quad \mathcal{H}_\nu^{(\varepsilon)}(z) = \dfrac{1}{\pi} \displaystyle\int_{\mathcal{L}_\varepsilon} e^{-iz\sin\xi + i\nu\xi} d\xi, \quad \varepsilon = 1,2$;

$\mathcal{L}_1$: from $-\xi-\pi+i\infty$ down to $-\xi-\pi$, across to ξ, down to $\xi-i\infty$; $\begin{cases}\xi \geq -\dfrac{\pi}{2}\\ -\dfrac{\pi}{2}-\xi < \arg z < \dfrac{\pi}{2}-\xi;\end{cases}$

$\mathcal{L}_2$: from $-\xi-i\infty$ up to $-\xi$, across to $\xi+\pi$, up to $\xi+\pi+i\infty$; $\begin{cases}\xi \geq -\dfrac{\pi}{2}\\ \xi-\dfrac{\pi}{2} < \arg z < \xi+\dfrac{\pi}{2};\end{cases}$

(Sommerfeld);

20b) $\quad \mathcal{H}_\nu^{(\varepsilon)}(z) = \dfrac{1}{\pi} \displaystyle\int_{\mathcal{L}_\varepsilon} e^{iz\cos\xi + i\nu(\xi-\pi/2)} d\xi, \quad \varepsilon = 1,2$;

$\mathcal{L}_1$: from $-\eta+i\infty$ down to $-\eta$, across to η, down to $\eta-i\infty$; $\begin{cases}\eta \geq 0\\ -\eta < \arg z < \pi-\eta;\end{cases}$

$\mathcal{L}_2$: from $\eta-i\infty$ up to η, across to $2\pi-\eta$, up to $2\pi-\eta+i\infty$; $\begin{cases}\eta \leq \pi\\ -\eta < \arg z < \pi-\eta;\end{cases}$

(20a, $\xi = \xi - \dfrac{\pi}{2}$);

20c) $\quad \mathcal{H}_\nu^{(1)}(z) = \dfrac{e^{-\frac{i\nu\pi}{2}}}{i\pi} \displaystyle\int_{-\infty}^\infty e^{iz\mathfrak{Cof} x - \nu x} dx, \quad \mathcal{R}(iz) < 0,\quad$ (20b, $\varepsilon=1, \eta=0$);

20d) $\quad \mathcal{H}_\nu^{(2)}(z) = \dfrac{e^{\frac{i\nu\pi}{2}}}{-i\pi} \displaystyle\int_{-\infty}^\infty e^{-iz\mathfrak{Cof} x - \nu x} dx, \quad \mathcal{R}(iz) > 0,\quad$ (20a, $\varepsilon=2, \xi=-\dfrac{\pi}{2}$).

21) $$\mathcal{N}_\nu(z) = \frac{1}{\pi}\int_0^\pi \sin(z\sin x - \nu x)\,dx - \frac{1}{\pi}\int_0^\infty e^{-z\sinh x}[e^{\nu x} + e^{-\nu x}\cos\nu\pi]\,dx, \quad \mathcal{R}(z)>0,$$
$$(\text{Schläfli}, 20b, \eta=\tfrac{\pi}{2}, 6b);$$

21a) $$\mathcal{N}_{2n}(z) = \frac{1}{\pi}\int_0^\pi \sin(z\sin x - 2nx)\,dx - \frac{2}{\pi}\int_0^\infty e^{-z\sinh x}\cosh 2nx\,dx, \quad \mathcal{R}(z)>0, \quad (21);$$

21b) $$\mathcal{N}_{2n+1}(z) = \frac{1}{\pi}\int_0^\pi \sin(z\sin x - (2n+1)x)\,dx - \frac{2}{\pi}\int_0^\infty e^{-z\sinh x}\sinh(2n+1)x\,dx, \quad \mathcal{R}(z)>0,$$
$$(21).$$

22a) $$\mathcal{N}_\nu(z) = \frac{-2^{\nu+1}}{\Gamma(\tfrac{1}{2})\Gamma(\tfrac{1}{2}-\nu)z^\nu}\int_1^\infty \frac{\cos zx}{(x^2-1)^{\nu+1/2}}\,dx, \quad \mathcal{R}(iz)=0,\ |\mathcal{R}(\nu)|<\tfrac{1}{2},$$
$$(6b, 19b);$$

22b) $$= \frac{-2^{\nu+1}}{\Gamma(\tfrac{1}{2})\Gamma(\tfrac{1}{2}-\nu)z^\nu}\int_0^\infty \cos(z\cosh x)\sinh^{-2\nu}x\,dx, \quad \mathcal{R}(iz)=0,\ |\mathcal{R}(\nu)|<\tfrac{1}{2},$$
$$(22a);$$

22c) $$\mathcal{N}_0(z) = -\frac{2}{\pi}\int_0^\infty \cos(z\cosh x)\,dx, \quad \mathcal{R}(iz)=0, \qquad (22b).$$

512. Modifizierte Zylinderfunktionen (Besselsche Funktionen mit rein imaginärem Argument).

Diese Funktionen sind Lösungen der Differentialgleichung:

1) $$z^2\frac{d^2y}{dz^2} + z\frac{dy}{dz} - (z^2+\nu^2)y = 0.$$

Modifizierte Besselsche Funktionen 1. Art:

2a) $$I_\nu(z) = \sum_{m=0}^\infty \frac{\left(\tfrac{z}{2}\right)^{\nu+2m}}{m!\,\Gamma(\nu+m+1)},$$

2b) $$= e^{-\tfrac{\nu\pi i}{2}} J_\nu(iz).$$

Modifizierte Besselsche Funktionen 2. Art:

3a) $$\mathcal{K}_\nu(z) = \frac{\pi}{2\sin\nu\pi}[I_{-\nu}(z) - I_\nu(z)], \qquad \nu\neq 0, \pm 1, \pm 2, \ldots$$

512

3b) $\quad \mathcal{K}_\nu(z) = \dfrac{i\pi}{2} e^{\frac{\nu\pi i}{2}} \mathcal{H}^{(1)}_\nu(iz),$ \hfill (511.6a, 511.10);

3c) $\quad \mathcal{K}_n(z) = \dfrac{(-1)^n}{2}\left[\dfrac{\partial I_{-\nu}}{\partial \nu} - \dfrac{\partial I_\nu}{\partial \nu}\right]_{\nu=n},\quad n=0,1,2,\ldots$

3d) $\quad = (-1)^{n-1} I_n(z) \log\dfrac{z}{2} + \dfrac{1}{2}\sum\limits_{\mu=0}^{n-1}\dfrac{(-1)^\mu (n-\mu-1)!}{\mu!}\left(\dfrac{z}{2}\right)^{2\mu-n} +$

$\qquad\qquad + \dfrac{(-1)^n}{2}\sum\limits_{\mu=0}^{\infty}\dfrac{\Psi(n+\mu+1)+\Psi(\mu+1)}{\mu!(n+\mu)!}\left(\dfrac{z}{2}\right)^{n+2\mu},\quad n=0,1,2,\ldots$

4a) $\quad I_\nu(z) = \dfrac{z^\nu}{2^\nu \sqrt{\pi}\,\Gamma(\nu+1/2)}\int\limits_{-1}^{1} e^{-zx}(1-x^2)^{\nu-1/2}\,dx,\qquad \mathcal{R}(\nu)>-\dfrac{1}{2},\ (511.11a);$

4b) $\quad = \dfrac{z^\nu}{2^\nu \sqrt{\pi}\,\Gamma(\nu+1/2)}\int\limits_{0}^{\pi}\mathfrak{Cof}(z\cos x)\sin^{2\nu}x\,dx,\quad \mathcal{R}(\nu)>-\dfrac{1}{2},\ (511.11c);$

4c) $\quad = \dfrac{z^\nu}{2^\nu \sqrt{\pi}\,\Gamma(\nu+1/2)}\int\limits_{-\pi/2}^{\pi/2}\mathfrak{Cof}(z\sin x)\cos^{2\nu}x\,dx,\quad \mathcal{R}(\nu)>-\dfrac{1}{2},\ (511.11d).$

5) $\quad I_\nu(z) = \dfrac{1}{2\pi}\int\limits_{\mathcal{L}} e^{z\cos\xi + i\nu\xi}\,d\xi,\quad \mathcal{R}(z)>0,$ \hfill (511.12c);

(Contour $\mathcal{L}$: from $-\pi+i\infty$ down to $-\pi$, across to π, up to $\pi+i\infty$.)

5a) $\quad = \dfrac{1}{\pi}\int\limits_{0}^{\pi} e^{z\cos x}\cos\nu x\,dx - \dfrac{\sin\nu\pi}{\pi}\int\limits_{0}^{\infty} e^{-z\mathfrak{Cof}\,x - \nu x}\,dx,\quad \mathcal{R}(z)>0,\quad (5);$

5b) $\quad I_n(z) = \dfrac{1}{\pi}\int\limits_{0}^{\pi} e^{z\cos x}\cos nx\,dx,\qquad n=0,\pm 1,\pm 2,\ldots$ \hfill (5a);

5c) $\quad = \dfrac{1}{\pi}\int\limits_{-\pi/2}^{\pi/2} e^{-z\sin x}\cos n\!\left(x+\dfrac{\pi}{2}\right)dx,\quad n=0,\pm 1,\pm 2,\ldots$ \hfill $(5b, x\to x+\tfrac{\pi}{2}).$

6a) $\quad I_{2n}(z) = (-1)^n \dfrac{2}{\pi}\int\limits_{0}^{\pi/2}\mathfrak{Cof}(z\sin x)\cos 2nx\,dx,\qquad n=0,\pm 1,\pm 2,\ldots$ \hfill (5c);

6b) $\quad I_{2n+1}(z) = (-1)^n \dfrac{2}{\pi}\int\limits_{0}^{\pi/2}\mathfrak{Sin}(z\sin x)\sin(2n+1)x\,dx,\quad n=0,\pm 1,\pm 2,\ldots$ \hfill (5c).

7a) $\quad I_{2n}(z) = \dfrac{2}{\pi}\int\limits_{0}^{\pi/2}\mathfrak{Cof}(z\cos x)\cos 2nx\,dx,\quad n=0,\pm 1,\pm 2,\ldots$ \hfill (5b);

512

7b) $\quad I_{2n+1}(z) = \dfrac{2}{\pi}\displaystyle\int_0^{\pi/2}\sin(z\cos x)\cos(2n+1)x\,dx, \quad n=0,\pm1,\pm2,\ldots \hfill (5b).$

8) $\quad \mathcal{K}_{-\nu}(z) = \mathcal{K}_\nu(z), \hfill (3a\text{-}b, 511.10).$

9a) $\quad \mathcal{K}_\nu(z) = \dfrac{1}{2}\displaystyle\int_{-\infty}^{\infty} e^{-z\cosh x - \nu x}\,dx, \quad \mathcal{R}(z)>0, \hfill (3b, 511.20c);$

9b) $\quad = \displaystyle\int_0^{\infty} e^{-z\cosh x}\cosh\nu x\,dx = \dfrac{1}{2}\displaystyle\int_{-\infty}^{\infty}\sim\;, \quad \mathcal{R}(z)>0, \hfill (9a);$

9c) $\quad = \dfrac{1}{2}e^{\nu\pi i/2}\displaystyle\int_{-\infty}^{\infty} e^{iz\sinh x - \nu x}\,dx, \quad z>0,\; -1<\mathcal{R}(\nu)<1, \hfill (9a, 021.12).$

10a) $\quad \mathcal{K}_\nu(z) = \dfrac{2^\nu\sqrt{\pi}}{z^\nu\,\Gamma(1/2-\nu)}\displaystyle\int_1^{\infty}\dfrac{e^{-zx}}{(x^2-1)^{\nu+1/2}}\,dx, \quad \begin{cases}\mathcal{R}(z)>0,\;\mathcal{R}(\nu)<\tfrac{1}{2},\\ \mathcal{R}(z)=0(z\neq 0),\;|\mathcal{R}(\nu)|<\tfrac{1}{2},\end{cases} \hfill (3b, 511.19b);$

10b) $\quad = \dfrac{2^\nu\sqrt{\pi}}{z^\nu\,\Gamma(1/2-\nu)}\displaystyle\int_0^{\infty} e^{-z\cosh x}\sinh^{-2\nu}x\,dx, \hfill (\text{wie }10a);$

10c) $\quad = \dfrac{z^\nu\sqrt{\pi}}{2^\nu\,\Gamma(1/2+\nu)}\displaystyle\int_0^{\infty} e^{-z\cosh x}\sinh^{2\nu}x\,dx, \hfill (\text{wie }10a, 8);$

10d) $\quad \mathcal{K}_0(z) = \displaystyle\int_0^{\infty} e^{-z\cosh x}\,dx = \displaystyle\int_1^{\infty}\dfrac{e^{-zx}}{\sqrt{x^2-1}}\,dx, \hfill (10c).$

11a) $\quad \mathcal{K}_\nu(z) = \dfrac{2^\nu\,\Gamma(\nu+1/2)}{z^\nu\sqrt{\pi}}\displaystyle\int_0^{\infty}\dfrac{\cos zx}{(x^2+1)^{\nu+1/2}}\,dx, \quad z>0,\;|\mathcal{R}(\nu)|<\tfrac{1}{2}, \hfill (511.19c);$

11b) $\quad = \dfrac{(2z)^\nu\,\Gamma(\nu+1/2)}{\sqrt{\pi}}\displaystyle\int_0^{\infty}\dfrac{\cos x}{(x^2+z^2)^{\nu+1/2}}\,dx, \quad z>0,\;|\mathcal{R}(\nu)|<\tfrac{1}{2}, \hfill (511.19d).$

513. Verwandte Funktionen.

1a) $\quad \mathcal{A}_\nu(z) = \dfrac{1}{\pi} \displaystyle\int_0^\pi \cos(z\sin x - \nu x)\,dx, \qquad$ (Anger);

1b) $\quad = \dfrac{\sin\nu\pi}{\nu\pi} \displaystyle\sum_{m=0}^\infty \dfrac{(-1)^m z^{2m}}{(2+\nu,2;m)(2-\nu,2;m)} + \dfrac{\sin\nu\pi}{\pi} \sum_{m=0}^\infty \dfrac{(-1)^m z^{2m+1}}{(1+\nu,2;m+1)(1-\nu,2;m+1)},$
$\qquad \nu \neq 0, \pm 1, \pm 2, \ldots \qquad$ (021.7);

1c) $\quad \mathcal{A}_n(z) = J_n(z), \qquad n = 0, \pm 1, \pm 2, \ldots \qquad$ (511.15a).

2a) $\quad \Omega_\nu(z) = \dfrac{1}{\pi} \displaystyle\int_0^\pi \sin(z\sin x - \nu x)\,dx, \qquad$ (H. F. Weber und Lommel);

2b) $\quad = \dfrac{\cos\nu\pi - 1}{\nu\pi} \displaystyle\sum_{m=0}^\infty \dfrac{(-1)^m z^{2m}}{(2+\nu,2;m)(2-\nu,2;m)} + \dfrac{\cos\nu\pi + 1}{\pi} \sum_{m=0}^\infty \dfrac{(-1)^m z^{2m+1}}{(1+\nu,2;m+1)(1-\nu,2;m+1)},$
$\qquad \nu \neq 0, \pm 1, \pm 2, \ldots \qquad$ (021.7, 332.9a–b);

2c) $\quad \Omega_{2n}(z) = \dfrac{2}{\pi} \displaystyle\sum_{m=0}^\infty \dfrac{(-1)^m z^{2m+1}}{(1+2n,2;m+1)(1-2n,2;m+1)}, \quad n=0,\pm1,\pm2,\ldots \qquad$ (2b);

2d) $\quad \Omega_{2n+1}(z) = \dfrac{-2}{(2n+1)\pi} \displaystyle\sum_{m=0}^\infty \dfrac{(-1)^m z^{2m}}{(3+2n,2;m)(1-2n,2;m)}, \quad n=0,\pm1,\pm2,\ldots \qquad$ (2b).

3a) $\quad \mathcal{T}_\nu(z) = \dfrac{z^\nu}{2^{\nu-1}\sqrt{\pi}\,\Gamma(\nu+\tfrac{1}{2})} \displaystyle\int_0^{\pi/2} \sin(z\cos x)\sin^{2\nu} x\,dx, \quad \mathcal{R}(\nu) > -\tfrac{1}{2},$
$\qquad$ (Struwe);

3b) $\quad = \dfrac{z^\nu}{2^{\nu-1}\sqrt{\pi}\,\Gamma(\nu+\tfrac{1}{2})} \displaystyle\int_0^1 \sin(zx)(1-x^2)^{\nu-1/2}\,dx, \quad \mathcal{R}(\nu) > -\tfrac{1}{2}, \qquad$ (3a);

3c) $\quad = \displaystyle\sum_{m=0}^\infty \dfrac{(-1)^m}{\Gamma(m+\tfrac{3}{2})\,\Gamma(m+\nu+\tfrac{3}{2})} \left(\dfrac{z}{2}\right)^{2m+\nu+1}, \qquad$ (3a, 021.7, 331.21).

4) $\quad \mathcal{A}_\nu(z) + i\Omega_\nu(z) = \dfrac{1}{\pi} \displaystyle\int_0^\pi e^{iz\sin x - i\nu x}\,dx, \qquad$ (1a, 2a).

5) $\quad J_\nu(z) + i\mathcal{T}_\nu(z) = \dfrac{z^\nu}{2^{\nu-1}\sqrt{\pi}\,\Gamma(\nu+\tfrac{1}{2})} \displaystyle\int_0^{\pi/2} e^{iz\cos x} \sin^{2\nu} x\,dx, \quad$ (3a, 511.11c).

6a) $\quad \mathcal{L}_\nu(z) = \dfrac{z^\nu}{2^{\nu-1}\sqrt{\pi}\,\Gamma(\nu+\tfrac{1}{2})} \displaystyle\int_0^{\pi/2} \sin(z\cos x)\sin^{2\nu} x\,dx, \quad \mathcal{R}(\nu) > -\tfrac{1}{2},$
$\qquad$ (Nicholson);

513

6b) $\quad \mathscr{L}_\nu(z) = \sum_{m=0}^{\infty} \frac{1}{\Gamma(m+3/2)\,\Gamma(m+\nu+3/2)} \left(\frac{z}{2}\right)^{2m+\nu+1},\qquad$ (6a, 021.7, 331.21).

7) $\quad \mathscr{T}_\nu(z) - \mathscr{N}_\nu(z) = \frac{2 z^\nu}{2^\nu \sqrt{\pi}\,\Gamma(\nu+1/2)} \int_0^\infty e^{-zx}(x^2+1)^{\nu-1/2}\,dx,\quad \mathscr{R}(z)>0,\qquad$ (W).

521

521. Integrale der Form $\int F(x, \mathcal{J}_\nu(x))\,dx$.

1) $\quad \int_0^\infty J_\nu(x)\,\frac{dx}{x^k} = \frac{\Gamma\!\left(\frac{\nu-k+1}{2}\right)}{2^k\,\Gamma\!\left(\frac{\nu+k+1}{2}\right)},\quad -\frac{1}{2}<\mathscr{R}(k)<\mathscr{R}(\nu)+1,$
$\hfill$ (511.11c, 333.10b, 331.21);

1a) $\quad \int_0^\infty J_0(x)\,dx = 1,\hfill$ (1);

1b) $\quad \int_0^\infty J_1(ax)\,\frac{dx}{x} = 1,\quad a>0,\hfill$ (1).

2) $\quad \int_0^\infty \mathscr{N}_\nu(x)\,\frac{dx}{x^k} = \frac{-1}{2^k\,\pi}\,\Gamma\!\left(\frac{1+\nu-k}{2}\right)\Gamma\!\left(\frac{1-\nu-k}{2}\right)\sin\frac{(\nu+k)\pi}{2},$
$\qquad |\mathscr{R}(\nu)|<1-\mathscr{R}(k)<\frac{3}{2},\qquad$ (511.22b, 333.10b, 351.12);

2a) $\quad \int_0^\infty \mathscr{N}_\nu(x)\,dx = -\mathrm{tg}\,\frac{\nu\pi}{2},\quad |\mathscr{R}(\nu)|<1,\hfill$ (2);

2b) $\quad \int_0^\infty \mathscr{N}_0(x)\,dx = 0,\hfill$ (2a).

3) $\quad \int_0^\infty \mathscr{T}_\nu(x)\,\frac{dx}{x^k} = \frac{\pi}{2^k\,\Gamma\!\left(\frac{1+\nu+k}{2}\right)\Gamma\!\left(\frac{1-\nu+k}{2}\right)\sin\frac{(k-\nu)\pi}{2}},$
$\qquad \mathscr{R}(k)>-\frac{1}{2},\ 0<\mathscr{R}(k)-\mathscr{R}(\nu)<2,\quad$ (513.3b, 333.10a, 431.1);

3a) $\quad \int_0^\infty \mathscr{T}_1(x)\,\frac{dx}{x^2} = \frac{\pi}{4},\hfill$ (3);

3b) $\quad \int_0^\infty \mathscr{T}_0(ax)\,\frac{dx}{x} = \frac{\pi}{2},\quad a>0,\hfill$ (3).

4) $\int_0^\infty \mathcal{K}_\nu(x) x^{k-1} dx = 2^{k-2} \Gamma\left(\frac{k+\nu}{2}\right)\Gamma\left(\frac{k-\nu}{2}\right)$, $\mathcal{R}(k) > |\mathcal{R}(\nu)|$,

(512.10a, 312.2, 431.1);

4a) $\int_0^\infty \mathcal{K}_0(x) dx = \frac{\pi}{2}$, (4);

4b) $\int_0^\infty \mathcal{K}_0(x) x\, dx = 1$, (4);

4c) $\int_0^\infty \mathcal{K}_1(x) x\, dx = \frac{\pi}{2}$, (4).

5) $\int_0^\infty \frac{x^{\varrho-1} J_\nu(ax)}{(x^2+k^2)^{\mu+1}} dx = \frac{a^\nu k^{\varrho+\nu-2\mu-2} \Gamma\left(\frac{\varrho+\nu}{2}\right)\Gamma\left(\mu+1-\frac{\varrho+\nu}{2}\right)}{2^{\nu+1}\Gamma(\mu+1)\Gamma(\nu+1)} {}_1F_2\left(\frac{\varrho+\nu}{2};\frac{\varrho+\nu}{2}-\mu,\nu+1;\frac{a^2k^2}{4}\right) +$

$+ \frac{a^{2\mu+2-\varrho}\Gamma\left(\frac{\varrho+\nu}{2}-\mu-1\right)}{2^{2\mu+3-\varrho}\Gamma\left(\mu+2+\frac{\nu-\varrho}{2}\right)} {}_1F_2\left(\mu+1;\mu+2+\frac{\nu-\varrho}{2},\mu+2-\frac{\varrho+\nu}{2};\frac{a^2k^2}{4}\right)$, *)

$a>0, k>0, -\mathcal{R}(\nu)<\mathcal{R}(\varrho)<2\mathcal{R}(\mu)+\frac{7}{2}$,

(411.17, 431.16, 021.12; W).

6) $\int_0^\infty \frac{x^{\nu+1}}{(x^2+k^2)^{\mu+1}} J_\nu(ax) dx = \frac{a^\mu k^{\nu-\mu}}{2^\mu \Gamma(\mu+1)} \mathcal{K}_{\mu-\nu}(ak)$,

$a>0, k>0, -1<\mathcal{R}(\nu)<2\mathcal{R}(\mu)+\frac{3}{2}$, (5, 512.2a-3a);

6a) $\int_0^\infty \frac{x J_0(ax)}{x^2+k^2} dx = \mathcal{K}_0(ak)$, $a>0, k>0$, (6).

7) $\int_0^\infty \frac{J_\nu(ax)}{x^\nu(x^2+k^2)} dx = \frac{\pi}{2k^{\nu+1}}\left[I_\nu(ak) - \mathcal{L}_\nu(ak)\right]$, $a>0, k>0, \mathcal{R}(\nu)>-\frac{5}{2}$,

(5, 512.2a, 513.6b).

8) $\int_0^\infty \frac{J_\nu(ax)}{\sqrt{x^2+k^2}} dx = I_{\nu/2}\left(\frac{ak}{2}\right)\mathcal{K}_{\nu/2}\left(\frac{ak}{2}\right)$, $a>0, k>0, \mathcal{R}(\nu)>-1$, (5, 512.3a, W) **)

9a) $\int_0^\infty \frac{x^\nu}{x^2+k^2} \mathcal{K}_\nu(ax) dx = \frac{\pi^2 k^{\nu-1}}{4\cos\nu\pi}\left[\mathcal{Y}_{-\nu}(ak) - \mathcal{N}_{-\nu}(ak)\right]$, $a>0, k>0, \mathcal{R}(\nu)>-\frac{1}{2}$,

(512.11a, 333.67a, 513.7);

9b) $\int_0^\infty \frac{\mathcal{K}_\nu(ax)}{x^\nu(x^2+k^2)} dx = \frac{\pi^2}{4k^{\nu+1}\cos\nu\pi}\left[\mathcal{Y}_\nu(ak) - \mathcal{N}_\nu(ak)\right]$, $a>0, k>0, \mathcal{R}(\nu)<\frac{1}{2}$,

(9a, $\nu \to -\nu$).

---

*) ${}_1F_2(\alpha;\beta,\gamma;z) = \sum_{n=0}^\infty \frac{(\alpha;1;n) z^n}{(\beta;1;n)(\gamma;1;n) n!}$.

**) Mit Benützung der Formel: $I_\nu(z) I_\mu(z) = \sum_{n=0}^\infty \frac{(\mu+\nu+n+1;1;n)}{\Gamma(\mu+n+1)\Gamma(\nu+n+1) n!}\left(\frac{z}{2}\right)^{\mu+\nu+2n}$

531. Integrale der Form $\int F(x, e^x, \log x, \mathcal{J}_\nu(x)) dx$.[*]

1a) $\int_0^\infty e^{-ax} x^{\mu-1} J_\nu(bx) dx = \dfrac{b^\nu \Gamma(\mu+\nu)}{2^\nu a^{\mu+\nu} \Gamma(\nu+1)} \mathcal{F}\left(\dfrac{\mu+\nu}{2}, \dfrac{\mu+\nu+1}{2}, \nu+1, -\dfrac{b^2}{a^2}\right)$,

$\mathcal{R}(\mu+\nu) > 0,\ \mathcal{R}(a) > |\mathcal{R}(ib)|,\ |a| > |b|$, (312.17);

1b) $\qquad = \dfrac{b^\nu \Gamma(\mu+\nu)}{2^\nu (a^2+b^2)^{\frac{\mu+\nu}{2}} \Gamma(\nu+1)} \mathcal{F}\left(\dfrac{\mu+\nu}{2}, \dfrac{1-\mu+\nu}{2}, \nu+1; \dfrac{b^2}{a^2+b^2}\right)$,

$\mathcal{R}(\mu+\nu) > 0,\ \mathcal{R}(a) > |\mathcal{R}(ib)|,\ |a^2+b^2| > |b^2|$, (1a; W).

2a) $\int_0^\infty e^{-ax} J_1(bx) dx = \dfrac{1}{b}\left(1 - \dfrac{a}{\sqrt{a^2+b^2}}\right),\qquad \mathcal{R}(a) > |\mathcal{R}(ib)|$, (312.17a);

2b) $\int_0^\infty e^{-ax} J_1(bx) x\, dx = \dfrac{b}{(a^2+b^2)^{3/2}},\qquad \mathcal{R}(a) > |\mathcal{R}(ib)|$, (312.17c);

2c) $\int_0^\infty e^{-ax} J_1(bx) x^2 dx = \dfrac{3ab}{(a^2+b^2)^{5/2}},\qquad \mathcal{R}(a) > |\mathcal{R}(ib)|$, (312.17d);

2d) $\int_0^\infty e^{-ax} J_1(bx) \dfrac{dx}{x} = \dfrac{\sqrt{a^2+b^2}-a}{b},\qquad \mathcal{R}(a) > |\mathcal{R}(ib)|$, (312.17b).

3) $\int_0^\infty \dfrac{1-e^{-ax}}{x} J_0(bx) dx = \log \dfrac{a+\sqrt{a^2+b^2}}{b},\qquad \mathcal{R}(a) > |\mathcal{R}(ib)|$,

(312.18a, 021.6).

4a) $\int_0^\infty e^{-a^2 x^2} x^{\mu-1} J_\nu(bx) dx = \dfrac{b^\nu \Gamma\left(\frac{\mu+\nu}{2}\right)}{2^{\nu+1} a^{\mu+\nu} \Gamma(\nu+1)} \mathcal{F}\left(\dfrac{\mu+\nu}{2}; \nu+1; -\dfrac{b^2}{4a^2}\right)$,

$\mathcal{R}(\mu+\nu) > 0,\ \mathcal{R}(a^2) > 0$, (021.7, 511.2, 314.2);

4b) $\qquad = \dfrac{b^\nu \Gamma\left(\frac{\mu+\nu}{2}\right)}{2^{\nu+1} a^{\mu+\nu} \Gamma(\nu+1)} e^{-\frac{b^2}{4a^2}} \mathcal{F}\left(\dfrac{\nu-\mu}{2}+1; \nu+1; \dfrac{b^2}{4a^2}\right)$,

$\mathcal{R}(\mu+\nu) > 0,\ \mathcal{R}(a^2) > 0$, (4a).[**]

5) $\int_0^\infty e^{-a^2 x^2} x^{\nu+1} J_\nu(bx) dx = b^\nu (2a^2)^{-\nu-1} e^{-\frac{b^2}{4a^2}},\qquad \mathcal{R}(\nu+1) > 0,\ \mathcal{R}(a^2) > 0$,

(4b; 312.19).

---

[*] Vergleiche auch die Formeln 312.17–19.

[**] $\mathcal{F}(a; b; z) = e^z \mathcal{F}(b-a; b; -z)$, (011.6).

531

6a) $$\int_0^\infty e^{-ax} x^{\mu-1} I_\nu(bx)\,dx = \frac{b^\nu \Gamma(\mu+\nu)}{2^\nu a^{\mu+\nu} \Gamma(\nu+1)} F\left(\frac{\mu+\nu}{2}, \frac{\mu+\nu+1}{2}, \nu+1; \frac{b^2}{a^2}\right),$$
$$\mathcal{R}(\mu+\nu)>0,\ \mathcal{R}(a)>|\mathcal{R}(b)|,\ |a|>|b|, \qquad (1a, 512.2b);$$

6b) $$= \frac{b^\nu \Gamma(\mu+\nu)}{2^\nu (a^2-b^2)^{\frac{\mu+\nu}{2}} \Gamma(\nu+1)} F\left(\frac{\mu+\nu}{2}, \frac{1-\mu+\nu}{2}, \nu+1; \frac{b^2}{b^2-a^2}\right),$$
$$\mathcal{R}(\mu+\nu)>0,\ \mathcal{R}(a)>|\mathcal{R}(b)|,\ |b^2-a^2|>|b^2|, \qquad (1b, 512.2b).$$

7) $$\int_0^\infty e^{-ax} N_0(bx)\,dx = \frac{2}{\pi\sqrt{a^2+b^2}} \log\frac{\sqrt{a^2+b^2}-a}{b},\ a\geq 0,\ b>0,$$
$$(511.22c, 312.6d, 351.10b).$$

8) $$\int_0^\infty e^{-x\,\mathrm{Cof}\,\alpha} K_\nu(x)\,dx = \frac{\pi \sin\nu\alpha}{\sin\nu\pi\,\mathrm{Sin}\,\alpha},\quad \mathcal{R}(\mathrm{Cof}\,\alpha)>-1,\ |\mathcal{R}(\nu)|<1,$$
$$(512.9a, 311.2a, 021.4b, 311.9).$$

8a) $$\int_0^\infty e^{-ax} K_0(bx)\,dx = \begin{cases} \dfrac{1}{\sqrt{b^2-a^2}} \operatorname{Arc\,cos}\dfrac{a}{b}, & b>a\geq 0, \\[2mm] \dfrac{1}{\sqrt{a^2-b^2}} \log\dfrac{a+\sqrt{a^2-b^2}}{b}, & a>b>0, \end{cases} \qquad (8).$$

9) $$\int_0^\infty J_\nu(x) \log x\,dx = \log 2 + \Psi\left(\frac{\nu+1}{2}\right),\quad \mathcal{R}(\nu)>-1, \qquad (10);$$

9a) $$\int_0^\infty J_0(x) \log x\,dx = -\mathscr{E} - \log 2, \qquad (9, 411.7c).$$

10) $$\int_0^\infty J_\nu(x) \log x \frac{dx}{x^\kappa} = \frac{\Gamma\left(\frac{\nu-\kappa+1}{2}\right)}{2^{\kappa+1}\Gamma\left(\frac{\nu+\kappa+1}{2}\right)} \left[\Psi\left(\frac{\nu-\kappa+1}{2}\right) + \Psi\left(\frac{\nu+\kappa+1}{2}\right) + 2\log 2\right],$$
$$-\frac{1}{2}<\mathcal{R}(\kappa)<\mathcal{R}(\nu)+1, \qquad (021.5, 521.1).$$

11) $$\int_0^\infty e^{i\frac{\omega}{2}x^2} J_{\nu-1}(ax) x^\nu\,dx = \frac{a^{\nu-1}}{\omega^\nu} e^{i\left(\frac{\nu\pi}{2}-\frac{a^2}{2\omega}\right)},\ 0<\nu<\frac{3}{2},\ \omega>0,\ a\ \text{reell},$$
$$(021.12, 511.2, 314.2, W).$$

541. Integrale der Form $\int F(x, \sin x, \cos x, \mathfrak{Z}_\nu(x))\,dx$.

1a) $\displaystyle\int_0^\infty J_\nu(ax)\sin bx\,dx = \begin{cases} \dfrac{\sin(\nu\operatorname{Arc}\sin\frac{b}{a})}{\sqrt{a^2-b^2}}, & 0<b<a, \\[2mm] \dfrac{a^\nu \cos\frac{\nu\pi}{2}}{\sqrt{b^2-a^2}(b+\sqrt{b^2-a^2})^\nu}, & 0<a<b, \end{cases}$ $\mathfrak{R}(\nu)>-2,$

(551.2a, 511.9a);

1b) $\displaystyle\int_0^\infty J_\nu(ax)\cos bx\,dx = \begin{cases} \dfrac{\cos(\nu\operatorname{Arc}\sin\frac{b}{a})}{\sqrt{a^2-b^2}}, & 0<b<a, \\[2mm] \dfrac{-a^\nu \sin\frac{\nu\pi}{2}}{\sqrt{b^2-a^2}(b+\sqrt{b^2-a^2})^\nu}, & 0<a<b, \end{cases}$ $\mathfrak{R}(\nu)>-1,$

(551.2a, 511.9a).

2a) $\displaystyle\int_0^\infty J_0(ax)\sin bx\,dx = \begin{cases} 0, & 0<b<a, \\[2mm] \dfrac{1}{\sqrt{b^2-a^2}}, & 0<a<b, \end{cases}$ (1a);

2b) $\displaystyle\int_0^\infty J_0(ax)\cos bx\,dx = \begin{cases} \dfrac{1}{\sqrt{a^2-b^2}}, & 0<b<a, \\[2mm] 0, & 0<a<b, \end{cases}$ (1b).

3a) $\displaystyle\int_0^\infty J_1(ax)\sin bx\,dx = \begin{cases} \dfrac{b}{a\sqrt{a^2-b^2}}, & 0<b<a, \\[2mm] 0, & 0<a<b, \end{cases}$ (1a);

3b) $\displaystyle\int_0^\infty J_1(ax)\cos bx\,dx = \begin{cases} \dfrac{1}{a}, & 0<b<a, \\[2mm] \dfrac{1}{a}\left[1-\dfrac{b}{\sqrt{b^2-a^2}}\right], & 0<a<b, \end{cases}$ (1b).

4a) $\displaystyle\int_0^\infty J_\nu(ax)\sin bx\,\dfrac{dx}{x} = \begin{cases} \dfrac{1}{\nu}\sin(\nu\operatorname{Arc}\sin\frac{b}{a}), & 0<b\le a, \\[2mm] \dfrac{a^\nu \sin\frac{\nu\pi}{2}}{\nu(b+\sqrt{b^2-a^2})^\nu}, & 0<a\le b, \end{cases}$ $\mathfrak{R}(\nu)>-1,$

(551.2a, 511.9a);

541

4b) $\displaystyle\int_0^\infty J_\nu(ax)\cos bx\,\frac{dx}{x} = \begin{cases} \dfrac{1}{\nu}\cos(\nu\,\mathrm{Arc}\sin\frac{b}{a}), & 0<b\leq a, \\ \dfrac{a^\nu\cos\frac{\nu\pi}{2}}{\nu(b+\sqrt{b^2-a^2})^\nu}, & 0<a\leq b, \end{cases}\quad \mathcal{R}(\nu)>0,$

(551.2a, 511.9a).

5) $\displaystyle\int_0^{\pi/2} J_\nu(z\sin x)\sin^{\nu+1}x\,\cos^{2\mu+1}x\,dx = \frac{2^\mu\,\Gamma(\mu+1)}{z^{\mu+1}}\,J_{\mu+\nu+1}(z),$

$\mathcal{R}(\mu)>-1,\ \mathcal{R}(\nu)>-1,$ (021.7, 331.21).

6a) $\displaystyle\int_0^a J_0(x)\sin(a-x)\,dx = a\,J_1(a),$ (021.10);

6b) $\displaystyle\int_0^a J_0(x)\cos(a-x)\,dx = a\,J_0(a),$ (6a, 021.5).

7) $\displaystyle\int_{-\infty}^\infty J_\nu(bx)\,\frac{\sin a(c+x)}{x^\nu(c+x)}\,dx = \frac{\pi}{c^\nu}\,J_\nu(bc),\ a\geq b>0,\ c\ \text{reell},\ \mathcal{R}(\nu)>-\frac{1}{2},$

(511.11c, 333.23);

7a) $\displaystyle\int_{-\infty}^\infty J_0(bx)\,\frac{\sin a(c+x)}{c+x}\,dx = \pi\,J_0(bc),\ a\geq b>0,\ c\ \text{reell},$ (7).

8a) $\displaystyle\int_0^\infty \mathcal{K}_\nu(ax)\cos bx\,dx = \frac{\pi}{4\sqrt{a^2+b^2}\cos\frac{\nu\pi}{2}}\left[\left(\frac{b+\sqrt{a^2+b^2}}{a}\right)^\nu + \left(\frac{b+\sqrt{a^2+b^2}}{a}\right)^{-\nu}\right],$

$a>0,\ b>0,\ |\mathcal{R}(\nu)|<1,$ (531.8, $\mathcal{L}o|\alpha=ib$);

8b) $\displaystyle\int_0^\infty \mathcal{K}_\nu(ax)\sin bx\,dx = \frac{\pi}{4\sqrt{a^2+b^2}\sin\frac{\nu\pi}{2}}\left[\left(\frac{b+\sqrt{a^2+b^2}}{a}\right)^\nu - \left(\frac{b+\sqrt{a^2+b^2}}{a}\right)^{-\nu}\right],$

$a>0,\ b>0,\ |\mathcal{R}(\nu)|<1,$ (531.8, $\mathcal{L}o|\alpha=ib$);

8c) $\displaystyle\int_0^\infty \mathcal{K}_0(ax)\sin bx\,dx = \frac{1}{\sqrt{a^2+b^2}}\log\left(\frac{b+\sqrt{a^2+b^2}}{a}\right),\ a>0,\ b>0,$ (8b, $\nu\to 0$).

9a) $\displaystyle\int_0^\infty J_\nu(ax)\cos\frac{\omega x^2}{2}\,x^{\nu+1}\,dx = \frac{a^\nu}{\omega^{\nu+1}}\sin\left(\frac{a^2}{2\omega}-\frac{\nu\pi}{2}\right),\ -1<\nu<\frac{1}{2},\ \omega>0,\ a\ \text{reell},$

(531.11);

9b) $\displaystyle\int_0^\infty J_\nu(ax)\sin\frac{\omega x^2}{2}\,x^{\nu+1}\,dx = \frac{a^\nu}{\omega^{\nu+1}}\cos\left(\frac{a^2}{2\omega}-\frac{\nu\pi}{2}\right),\ -2<\nu<\frac{1}{2},\ \omega>0,\ a\ \text{reell},$

(531.11).

10) $\displaystyle\int_0^{\pi/2} J_\nu(2z\cos x)\cos\mu x\,dx = \frac{\pi}{2}\,J_{\frac{\nu+\mu}{2}}(z)\,J_{\frac{\nu-\mu}{2}}(z),\quad \mathcal{R}(\nu)>-1,$

(021.7, 332.9c).

551. Integrale der Form $\int F(x, J_\nu(x), J_\mu(x))\,dx$.

1) $\int_0^1 J_\nu(j_m x)\, J_\nu(j_n x)\, x\, dx = \begin{cases} 0, & \text{für } j_m \neq j_n, \\ \frac{1}{2}\left[J'_\nu(j_n)\right]^2, & \text{für } j_m = j_n, b = 0, \\ \frac{1}{2 j_n^2}\left[\frac{a^2}{b^2} + j_n^2 - \nu^2\right]\left[J_\nu(j_n)\right]^2, & \text{für } j_m = j_n, b \neq 0, \nu \geq 0, \end{cases}$

(511.1);

$j_1, j_2, \ldots$ bedeuten die positiven Nullstellen von $aJ_\nu(x) + bx J'_\nu(x) = 0$, wo a, b reelle Konstante sind, die nicht beide zugleich verschwinden.

2a) $\int_0^\infty J_\mu(ax) J_\nu(bx) \frac{dx}{x^k} = \frac{b^\nu \Gamma\left(\frac{\mu+\nu-k+1}{2}\right)}{2^k a^{\nu-k+1} \Gamma(\nu+1) \Gamma\left(\frac{k+\mu-\nu+1}{2}\right)} \mathscr{F}\left(\frac{\mu+\nu-k+1}{2}, \frac{\nu-\mu-k+1}{2}, \nu+1; \frac{b^2}{a^2}\right)$,

$0 < b < a$, $\mathscr{R}(\mu+\nu-k) > -1$, $\mathscr{R}(k) > -1$, (W);

2b) $\int_0^\infty J_\mu(ax) J_\nu(ax) \frac{dx}{x^k} = \frac{a^{k-1} \Gamma(k) \Gamma\left(\frac{\mu+\nu-k+1}{2}\right)}{2^k \Gamma\left(\frac{k-\mu+\nu+1}{2}\right) \Gamma\left(\frac{k+\mu-\nu+1}{2}\right) \Gamma\left(\frac{k+\mu+\nu+1}{2}\right)}$,

$\mathscr{R}(\mu+\nu+1) > \mathscr{R}(k) > 0$, $a > 0$, (W).

3) $\int_0^\infty J_\mu(x) J_\nu(x) \frac{dx}{x^{\mu+\nu}} = \frac{\sqrt{\pi}\, \Gamma(\mu+\nu)}{2^{\mu+\nu} \Gamma\left(\mu+\frac{1}{2}\right) \Gamma\left(\nu+\frac{1}{2}\right) \Gamma\left(\mu+\nu+\frac{1}{2}\right)}$, $\mathscr{R}(\mu+\nu) > 0$, (2b).

4) $\int_0^\infty J_\mu(ax) J_\nu(ax) \frac{dx}{x} = \frac{2 \sin\frac{(\mu-\nu)\pi}{2}}{\pi(\mu^2-\nu^2)}$, $\mathscr{R}(\mu+\nu) > 0$, $a > 0$, (2b).

5) $\int_0^\infty J_\nu(ax) J_\nu(bx) \frac{dx}{x} = \begin{cases} \frac{1}{2\nu}\left(\frac{b}{a}\right)^\nu, & 0 < b \leq a, \\ \frac{1}{2\nu}\left(\frac{a}{b}\right)^\nu, & 0 < a \leq b, \end{cases}$ $\mathscr{R}(\nu) > 0$, (2a).

6) $\int_0^\infty J_\nu(ax) J_{\nu-1}(bx)\, dx = \begin{cases} \frac{b^{\nu-1}}{a^\nu}, & 0 < b < a, \\ \frac{1}{2a}, & 0 < b = a, \\ 0, & 0 < a < b, \end{cases}$ $\mathscr{R}(\nu) > 0$, (2a, 2b);

551

6a) $\displaystyle\int_0^\infty J_1(ax)J_0(bx)\,dx = \begin{cases} \dfrac{1}{a}, & 0<b<a, \\ \dfrac{1}{2a}, & 0<b=a, \\ 0, & 0<a<b, \end{cases}$ \hfill (6).

7) $\displaystyle\int_0^\infty \mathcal{K}_\mu(ax)J_\nu(bx)\dfrac{dx}{x^k} = \dfrac{b^\nu\,\Gamma\!\left(\tfrac{\nu+\mu-k+1}{2}\right)\Gamma\!\left(\tfrac{\nu-\mu-k+1}{2}\right)}{2^{k+1}a^{\nu-k+1}\Gamma(\nu+1)}\mathcal{F}\!\left(\tfrac{\nu+\mu-k+1}{2},\tfrac{\nu-\mu-k+1}{2},\nu+1;-\tfrac{b^2}{a^2}\right),$

$\mathcal{R}(a) > |\mathcal{R}(ib)|,\ |a^2| > |b^2|,\ \mathcal{R}(\nu-k+1) > |\mathcal{R}(\mu)|,$
(021.7, 511.2, 521.4).

7a) $\displaystyle\int_0^\infty \mathcal{K}_\mu(ax)J_\nu(bx)x^{\mu+\nu+1}\,dx = \dfrac{(2a)^\mu(2b)^\nu\,\Gamma(\mu+\nu+1)}{(a^2+b^2)^{\mu+\nu+1}},$

$\mathcal{R}(a) > |\mathcal{R}(ib)|,\ \mathcal{R}(\mu+2\nu+2) > |\mathcal{R}(\mu)|,$ \hfill (7).

8) $\displaystyle\int_0^\infty \mathcal{T}_\mu(x)\mathcal{T}_\nu(x)\dfrac{dx}{x^{\mu+\nu}} = \dfrac{\sqrt{\pi}\,\Gamma(\mu+\nu)}{2^{\mu+\nu}\Gamma(\mu+\tfrac{1}{2})\Gamma(\nu+\tfrac{1}{2})\Gamma(\mu+\nu+\tfrac{1}{2})},\quad \mathcal{R}(\mu+\nu)>0,$

(513.3a*), 333.14b, 333.29, 331.21; W).

9) $\displaystyle\int_{-\infty}^\infty \dfrac{J_{\mu+x}(\xi)J_{\nu-x}(\eta)}{\xi^{\mu+x}\,\eta^{\nu-x}}e^{itx}\,dx = \left(\dfrac{2\cos\tfrac{t}{2}}{\xi^2 e^{-\tfrac{1}{2}it}+\eta^2 e^{\tfrac{1}{2}it}}\right)^{\tfrac{\mu+\nu}{2}} e^{\tfrac{1}{2}it(\nu-\mu)} J_{\mu+\nu}\!\left[\sqrt{2\cos\tfrac{t}{2}\left(\xi^2 e^{-\tfrac{1}{2}it}+\eta^2 e^{\tfrac{1}{2}it}\right)}\right],$

für $-\pi < t < \pi,\ \mathcal{R}(\mu+\nu) > 1,$

$= 0,$ für $|t| > \pi,\ \mathcal{R}(\mu+\nu) > 1,$
(021.7, 411.18).

9a) $\displaystyle\int_{-\infty}^\infty J_{\mu+x}(\xi)J_{\nu-x}(\xi)\,dx = J_{\mu+\nu}(2\xi),\quad \xi\geq 0,\ \mathcal{R}(\mu+\nu)>1,$ \hfill (9).

10) $\displaystyle\int_0^\infty e^{-ax}J_\nu(bx)J_\nu(cx)\,dx = \dfrac{1}{\pi\sqrt{bc}}\,Q_{\nu-\tfrac{1}{2}}\!\left(\dfrac{a^2+b^2+c^2}{2bc}\right),$

$\mathcal{R}(a) > |\mathcal{R}(ib)| + |\mathcal{R}(ic)|,\ \mathcal{R}(\nu) > -\tfrac{1}{2},$ (W),

mit $\quad Q_{\nu-\tfrac{1}{2}}(z) = \dfrac{\sqrt{2\pi}\,\Gamma(\nu+\tfrac{1}{2})}{2^{\nu+1}\Gamma(\nu+1)}\, z^{-\nu-\tfrac{1}{2}}\,\mathcal{F}\!\left(\tfrac{2\nu+1}{4},\tfrac{2\nu+3}{4},\nu+1;\tfrac{1}{z^2}\right)$

(Legendresche Funktion 2. Art).

---

*) Durch partielle Integration von 513.3a erhält man:

$\mathcal{T}_\nu(z) = \dfrac{(2\nu-1)z^{\nu-1}}{2^{\nu-1}\sqrt{\pi}\,\Gamma(\nu+\tfrac{1}{2})}\displaystyle\int_0^{\pi/2}[1-\cos(z\cos x)]\sin^{2\nu-2}x\,\cos x\,dx,$

$\mathcal{R}(\nu) > \tfrac{1}{2}.$

551

11) $$\int_0^\infty e^{-2ax} J_\mu(bx) J_\nu(bx) x^{\mu+\nu} dx = \pi^{-3/2} b^{\mu+\nu} \Gamma\left(\mu+\nu+\tfrac{1}{2}\right) \int_0^{\pi/2} \frac{\cos^{\mu+\nu}\varphi \cos(\mu-\nu)\varphi}{(a^2+b^2\cos^2\varphi)^{\mu+\nu+1/2}} d\varphi,$$
$$\mathcal{R}(\mu+\nu) > -\tfrac{1}{2},\ \mathcal{R}(a) > |\mathcal{R}(ib)|, \qquad (541.10, 531.1b);$$

11a) $$\int_0^\infty e^{-2ax} J_0^2(bx) dx = \frac{1}{\pi\sqrt{a^2+b^2}} \mathbf{K}\left(\frac{b}{\sqrt{a^2+b^2}}\right),\quad a>0,\ b\ \text{reell}, \qquad (11);$$

11b) $$\int_0^\infty e^{-2ax} J_0(bx) J_1(bx) x\, dx = \frac{1}{2\pi b\sqrt{a^2+b^2}} \left[\mathbf{K}\left(\frac{b}{\sqrt{a^2+b^2}}\right) - \mathbf{E}\left(\frac{b}{\sqrt{a^2+b^2}}\right)\right],$$
$$a>0,\ b\ \text{reell}, \qquad (11).$$

12) $$\int_0^\infty e^{-a^2 x^2} J_\nu(bx) J_\nu(cx) x\, dx = \frac{1}{2a^2} e^{-\frac{b^2+c^2}{4a^2}} I_\nu\left(\frac{bc}{4a^2}\right),$$
$$\mathcal{R}(\nu)>-1,\ |\arg a|<\tfrac{\pi}{4}, \qquad (W).$$

13) $$\int_0^\infty J_\mu(ax) J_\nu(bx) J_\nu(cx) x^{1-\mu} dx =$$
$$= \frac{(bc)^\nu}{2^{\mu-1} a^\mu \sqrt{\pi}\, \Gamma(\nu+\tfrac{1}{2}) \Gamma(\mu-\nu)} \int_0^A [a^2-b^2-c^2+2bc\cos\varphi]^{\mu-\nu-1} \sin^{2\nu}\varphi\, d\varphi,$$

$$\mathcal{R}(\mu)>-\tfrac{1}{2},\ \mathcal{R}(\nu)>-\tfrac{1}{2},\ a>0, b>0, c>0,\ A = \begin{cases} 0 & \text{für } a<|b-c|, \\ \operatorname{Arccos}\frac{b^2+c^2-a^2}{2bc} & \text{\textquotedbl}\ |b-c|<a<b+c, \\ \pi & \text{\textquotedbl}\ a>b+c, \end{cases}$$
$$(W);$$

13a) $$\int_0^\infty J_{\nu+1}(ax) J_\nu(bx) J_\nu(cx) \frac{dx}{x^\nu} = \frac{(bc)^\nu}{2^\nu a^{\nu+1} \sqrt{\pi}\, \Gamma(\nu+\tfrac{1}{2})} \int_0^A \sin^{2\nu}\varphi\, d\varphi,$$
$$\mathcal{R}(\nu)>-\tfrac{1}{2},\ a,b,c>0,\ A\ \text{wie in 13}, \qquad (13);$$

13b) $$\int_0^\infty J_\nu(ax) J_\nu(bx) J_\nu(cx) \frac{dx}{x^{\nu-1}} = \frac{2^{\nu-1} \Delta^{2\nu-1}}{(abc)^\nu \sqrt{\pi}\, \Gamma(\nu+\tfrac{1}{2})},\quad \mathcal{R}(\nu)>-\tfrac{1}{2},\ a,b,c>0,$$

Δ = Inhalt des Dreieckes mit den Seiten a,b,c;
$\Delta = 0$, falls kein Dreieck mit diesen Seiten existiert.
$$(13, W).$$

If you have any concerns about our products,
you can contact us on
ProductSafety@springernature.com

In case Publisher is established outside the EU,
the EU authorized representative is:
Springer Nature Customer Service Center GmbH
Europaplatz 3, 69115 Heidelberg, Germany

Printed by Libri Plureos GmbH
in Hamburg, Germany